动植物育种遗传数据分析

Genetic Data Analysis for Plant and Animal Breeding

〔美〕F. 艾斯克　J. 霍兰德　C. 蒙特卡　编著

林元震　丁昌俊　主译

科学出版社

北　京

图字：01-2018-8366 号

内 容 简 介

本书不仅系统介绍了动植物经典数量遗传数据分析中育种值预测、空间模型、多变量模型和多环境模型及其遗传参数估算等内容，而且还介绍了基因组选择及其相关统计方法等方面的最新研究成果，充分反映遗传评估的新方法、新技术和新成果。全书共 12 章，第 1 章介绍 ASReml 软件及其用法，第 2 章概述线性混合模型和 REML 算法，第 3 章是方差-协方差结构的总体介绍，第 4 章和第 5 章介绍使用家系模型和个体模型预测育种值，第 6 章介绍多变量模型与遗传参数估算，第 7 章介绍空间分析模型以解释田间试验的环境异质性，第 8 章介绍多环境试验的基因型与环境互作($G\times E$)以及各种复杂方差-协方差结构的建模，第 9 章介绍典型标记数据的探索性分析，第 10 章介绍缺失基因型的填补，第 11 章涵盖使用 DNA 标记预测育种群体中个体间的基因组关系和预测个体基因组育种值的内容，第 12 章介绍基因组选择和相关统计方法的最新研究成果。

本书可作为高等院校动植物学相关专业高年级本科生及遗传育种学相关专业的研究生教材或教学参考书，也可作为从事动植物育种工作的科技工作者的参考书，还可供其他相关专业的研究生和科技工作者参考使用。

图书在版编目(CIP)数据

动植物育种遗传数据分析 / (美) F. 艾斯克(Fikret Isik)，(美) J. 霍兰德(James Holland)，(美) C. 蒙特卡(Christian Maltecca)编著；林元震，丁昌俊主译. —北京：科学出版社，2019.9

书名原文：Genetic Data Analysis for Plant and Animal Breeding

ISBN 978-7-03-062083-5

Ⅰ. ①动… Ⅱ. ①F… ②J… ③C… ④林… ⑤丁… Ⅲ. ①动物–遗传育种–数据处理 ②植物育种–数据处理 Ⅳ. ①Q953 ②S33

中国版本图书馆 CIP 数据核字(2019)第 181011 号

责任编辑：李 悦 刘 晶 / 责任校对：严 娜
责任印制：赵 博 / 封面设计：北京图阅盛世文化传媒有限公司

科学出版社 出版
北京东黄城根北街 16 号
邮政编码：100717
http://www.sciencep.com

北京市金木堂数码科技有限公司印刷
科学出版社发行 各地新华书店经销
*
2019 年 9 月第 一 版 开本：787×1092 1/16
2025 年 1 月第五次印刷 印张：20 3/4
字数：492 000

定价：168.00 元

(如有印装质量问题，我社负责调换)

《动植物育种遗传数据分析》译校人员名单

本书翻译人员

（按姓氏汉语拼音排序）

丁昌俊　副研究员（中国林业科学研究院林业研究所）

林元震　副教授（华南农业大学）

刘天颐　副教授（华南农业大学）

本书校对人员

（按姓氏汉语拼音排序）

丁昌俊　副研究员（中国林业科学研究院林业研究所）

董雷鸣　博　士（中国林业科学研究院林业研究所）

姜　鹏　硕　士（中国水产科学研究院珠江水产研究所）

林元震　副教授（华南农业大学）

苏　惠　硕　士（瓦格宁根大学）

王卫军　副教授（鲁东大学）

吴富村　副研究员（中国科学院海洋研究所）

项伟波　博　士（中国林业科学研究院林业研究所）

张卫华　教授级高工（广东省林业科学研究院）

中文版序言(一)

众所周知，数量遗传学理论对指导动植物遗传改良实践具有重要意义。在数量遗传学著作方面，D. S. Falconer 和 T. Mackay 主编的 *Introduction to Quantitative Genetics*（4th Ed)，以及 Michael Lynch 和 Bruce Walsh 所著的 *Genetics and Analysis of Quantitative Traits* 是两部具有世界影响力的经典教材。国内也出版了几部相关的著作或教材，其中有马育华教授编著的《植物育种的数量遗传学基础》、孔繁玲教授编著的《植物数量遗传学》、续九如教授编著的《林木数量遗传学》等。毋庸讳言，上述著作或教材在动植物育种上起了积极的指导作用。另外，伴随着数量遗传学发展起来的 SAS、DMU、BLUP90 和 ASReml 等遗传统计软件，在动植物育种上也发挥了重要作用。随着基因测序和高通量基因分型技术的迅猛发展，将会不断产生和累积海量数据。运用统计分析方法提取海量数据中蕴含的有效信息，用于改进动植物育种工作将是未来趋势。

《动植物育种遗传数据分析》作为数量遗传学知识与遗传评估先锋软件 ASReml 的衔接，恰逢其时。概括起来，该书具有三个鲜明的特点。第一是系统性强。该书不仅涵盖了动植物经典数量遗传数据分析中育种值预测、空间模型、多变量模型和多环境模型及其遗传参数估算等内容，而且还介绍了最新的基因组选择等研究成果，更加系统和完善。第二是实用性强。该书引用和提供了大量动植物试验实例和详实的分析程序与脚本，引导读者通过遗传评估软件把数量遗传学理论应用于动植物改良实践，获得更好的育种效果。第三是权威性强。该书由著名统计软件 SAS 发源地美国北卡罗来纳州立大学的艾斯克教授和霍兰德教授等编著，他们长期积累的动植物遗传育种教学和科研的丰富经验，无疑是该书可靠性和权威性的保障。

该书中译本由华南农业大学林元震博士领衔翻译。林元震博士近年来主编了 R 语言与 ASReml-R 软件的两部教材，为 R 语言与 ASReml 软件在我国的普及起到了很好的促进作用。同时也很高兴看到我的学生张卫华博士、董雷鸣博士和项伟波博士生共同参与了该著作的译校工作。赞赏这些年轻人勇于接受挑战，做了一件很有意义的事情，相信该书的出版发行将会对我国相关领域的科研教学和育种实践起到积极的推动作用。值此译作付梓之际，我可能比这些亲为者更加期待读者的认可和反应，短文回顾记于此，是为序。

中国工程院院士

2018 年 11 月

中文版序言(二)*

从 2009 年起，我开始在中国讲授 ASReml 与试验设计，但可用的教材和教学资源非常有限。2010 年，当我与 Arthur Gilmour 博士(ASReml 软件主要作者)和 Robin Thompson 教授(REML 理论和算法的主要发明者)在美丽的华南农业大学举办 ASReml 课程“使用 ASReml 估算遗传参数和预测育种值”时，发现动植物育种工作者明显需要一部教科书或手册。2011 年，参加了由澳大利亚 ASReml-R 开发者 David Butler 博士、Damian Collins 博士和 Brian Cullis 教授组织的培训班后，我尽量努力地去学 ASReml-R。之所以尽量努力，是因为我还不太愿意放弃已积累了 20 多年的 SAS 编程经验，而转到一个对我来说全新的 R 语言编程环境。但是我也意识到，对于动植物遗传学和育种工作者来说，R 语言与 ASReml 软件的组合(如在 R 环境中运行 ASReml)将是一个完美的结合，因为 R 是一个通用的统计和绘图软件，它也是免费的，这对于发展中国家特别有吸引力。与此同时，我在澳大利亚和瑞典的博士及博士后在使用 R 软件和 ASReml-R 方面都领先于我。这也激励我学习更多关于 R 编程和 ASReml-R 的知识，以便能够与学生们更加容易地交流，并帮助林业数量遗传学的教学。然而，我再一次意识到，一本将 R 与 ASReml 结合起来的数量遗传分析的书籍会极大地方便学生的学习和老师的教学。非常感谢 Fikret Isik 教授及其美国北卡罗来纳州立大学的同事们出版这本书。《动植物育种遗传数据分析》不仅涵盖了植物和林木育种数量遗传数据分析的内容，还包括育种值预测及空间模型、多性状模型和多环境基因型-环境互作的统计分析。本书也给出了很多详细的 ASReml-R 程序例子和脚本，还介绍了基因组选择和相关统计方法的最新进展。

在过去的三年里，在南京林业大学，我与 Isik 教授合作讲授数量遗传学博士课程时，使用了这本优秀的教材。把这本教材译成中文是及时的。祝贺林元震博士等翻译这样一本详细的技术著作，我也衷心希望国内的动植物育种工作者今后若干年都能从这本书中受益。

Harry Wu

瑞典农业大学林木遗传育种系主任，教授

Umeå 植物科学中心 教授

澳大利亚 CSIRO 荣誉研究员

---

* 译者注：此序是 Harry Wu 教授为此书所作序的中文版，由林元震博士翻译，Harry Wu 教授亲自校对。

Preface for Chinese Version

I started to teach ASReml and experimental design in China from 2009 with very limited resource of text book and manual. It was apparent at our 2010 ASReml course "Estimation of Genetic Parameters and Prediction of Breeding Values Using ASReml" with Dr. Arthur Gilmour (The leading author of ASReml software) and Professor Robin Thompson (The main inventor of REML theory and algorithm) at the beautiful Southern China Agriculture University, that a teaching book or manual was required for plant and animal breeders. In 2011, I reluctantly migrated to ASReml-R after participating an ASReml-R workshop by the Australian developer Dr. David Butler, Dr. Damian Collins, and Professor Brian Cullis. I was reluctant because I was still struggling to migrate from my SAS programming of more than 20 years to R programming environment. But I also realized that a combination of R language and ASReml software (e.g. running ASReml in R environment) would be a perfect marriage for plant and animal geneticists and breeders since R is a generic statistical and graphic software and it is also free, which is particular attractive to developing countries. At the same time, my PhD students and Postdocs in Australia and Sweden were all ahead of me in using R software and ASReml-R. This also motivated me to learn more about R programming and ASReml-R in order to be able to comfortably communicate with my students and for future teaching in Forest Quantitative Genetics. However, I realized a book to combining the R with ASReml would greatly facility student learning, and for Professor's teaching. We are grateful that this book was produced by Professor Fikret Isik, and his colleagues from North Carolina State University, USA. The "Genetic Data Analysis for Plant and Animal Breeding" not only covers all aspects of plant and tree breeding data analyses, including breeding value prediction, statistical analyses of spatial models, multiple-trait and multi-environment genotype by environment interactions. The book also presents detailed examples and scripts of ASReml-R programs. Recent advances on genomic selection and related statistical methods were also presented.

I have teamed up with Professor Isik to teach a PhD course of Quantitative Genetics at Nanjing Forestry University in the last three years using this excellent book. It is timely to have the book translated into Chinese. Congratulation for the handwork of Dr Yuanzhen Lin and others in translating such a detailed technical book, and I sincerely wish Chinese plant and animal breeders will greatly benefit from the book for many years to come.

Harry X. Wu
Professor and Chair of Forest Genetics and Tree Breeding
Umeå Plant Science Centre
Swedish University of Agricultural Sciences, Sweden
and Honorary Research Fellow, CSIRO, Australia

译 者 序

2012 年，在国家留学基金的资助下，我有幸到知名数量遗传学家 Harry Wu 教授在澳大利亚联邦科学与工业研究组织的团队访学一年，在那里我开始接触 ASReml 软件，并加深了对数量遗传学的了解。同时，我才真正意识到数量遗传学对育种工作的重要性。回国之后，我主编了一部教材《R 与 ASReml-R 统计分析教程》，但还是觉得这本教材在数量遗传学知识与统计软件应用的衔接方面仍有不足。

2015 年，Harry Wu 教授和 Fikret Isik 教授应邀在南京林业大学为该校研究生讲授数量遗传学。当时我正好打算去 Harry Wu 教授现所在的瑞典农业大学短期访问。Wu 教授告知他和 Fikret Isik 教授将会在南京林业大学授课，希望我去旁听。于是，机缘巧合之下，获悉 Isik 教授正在编写一部著作。见到这本书的草稿时，我就知道这本书正好弥补自己之前所思的遗憾。当时就萌生了翻译本书的念头，而翻译工作实际上始于 2016 年 5 月，那时本书还是从 Isik 教授的个人主页下载的草稿版。2016 年 6～8 月，我在瑞典农业大学短期访问，除了学习外，空闲时间均用于翻译本书。到 2016 年年底时，本书草稿版已翻译完毕，部分章节由四川农业大学的吴元奇博士翻译。译完草稿版增强了我出版中译本的信念。终于该书在 2017 年 9 月正式出版了。对比了草稿版和发行版，发现部分章节改动很大。为了让本书中译本尽快面世，我组织了另两位青年博士一起参与本书的翻译。其中，华南农业大学的刘天颐博士翻译第 9 章和第 10 章，中国林业科学研究院的丁昌俊博士翻译第 2 章、第 5 章和第 6 章，其余部分均由我翻译。全书由我统稿。

这部著作充分衔接了数量遗传学知识与遗传评估先锋软件 ASReml，全书不仅案例典型、丰富，而且程序代码详实，同时兼具了权威性、实用性和系统性等特点，是动植物遗传改良领域内难得的一部好著作。

非常感谢本书作者 Fikret Isik 教授提供中译本版权，也感谢本书版权所有者、瑞士 Springer International Publishing AG 授权科学出版社在中国出版发行本书中译本。感谢中国工程院院士张守攻研究员和瑞典农业大学 Harry Wu 教授为本书中译本作序。感谢科学出版社的李悦编辑对此中译本的大力支持。感谢广东省林业科学院张卫华教授级高工，中国科学院海洋研究所的吴富村副研究员，鲁东大学的王卫军副教授。瓦格宁根大学的苏惠硕士，中国林科院的项伟波博士生、董雷鸣博士，以及中国水产科学研究院珠江水产研究所的姜鹏硕士审校了本书中译本的部分章节，并提出了许多好建议。感谢硕士生张紫阳录入了全书的公式。感谢大连海洋大学的张伟杰和江门市林业科学研究所的刘一贞，以及一些网友对此中译本出版的积极支持！感谢国家自然科学基金（31470673，31870662）和中国林业科学院专项（CAFYBB2017ZY006）对此中译本出版的经费支持！感谢家人们对此书翻译工作的全力支持！对所有这些支持与鼓励，我谨表衷心感谢！

谨以此中译本悼念我的研究生导师张志毅教授！

由于译者水平所限，书中会有不妥之处，恳请同行专家和广大读者不吝赐教！如对此中译本有任何建议或意见，请发邮件至 yzhlinscau@163.com。

林元震

华南农业大学

2018 年 10 月

原书前言

我们编写这本书来填补数量遗传学教科书和软件手册之间的空白。这些软件手册虽然提供了分析方法的细节，但是关于哪些方法最适合于特定应用的内容或观点非常少。本书不覆盖数量遗传学理论的基础；我们建议读者应熟读关于数量遗传学的两部经典教材：D.S. Falconer 和 T. Mackay 主编的《数量遗传学概论》(第 4 版)(*Introduction to Quantitative Genetics*，4th Ed)，以及 Michael Lynch 和 Bruce Walsh 所著的《数量性状的遗传分析》(*Genetics and Analysis of Quantitative Traits*)。我们希望将数量遗传学的概念应用于对动植物育种家有用的特定分析案例，主要侧重于育种值的预测方法。本书在可能的情况下，会使用免费软件(如 R 程序包)演示分析，但我们也非常关注商业软件 ASReml，因为它为育种试验数据的分析提供了非常强的灵活性和实用性。ASReml 可以免费试用但有时限，多数发展中国家(不包括中国)的公共机构可免费获得该软件的“发现”版本(http://www.vsni.co.uk/free-to-use/asreml-discovery)。此外，我们还加入了一些 SAS 分析的信息用于比较，因为 SAS 广泛应用于育种界。

本书由两个主要部分组成。第一部分(第 1 章至第 8 章)涵盖了动植物育种计划中育种值预测的传统表型数据分析的内容。第 1 章介绍 ASReml 软件，因为它是最流行和最强大的软件之一，可使用混合模型来分析育种计划中的数据。第 2 章简要回顾线性混合模型，并将其与读者可能更熟悉的普通最小二乘方差分析进行比较。接着是对混合模型中使用的方差-协方差结构的总体介绍(第 3 章)。第 4 章和第 5 章介绍了使用家系(或一般配合力)模型和个体模型(或动物模型)预测育种值。第 6 章关于多变量模型，当育种家想同时分析多个性状并估算性状之间的遗传相关时，可使用此模型。第 7 章介绍了林木和作物育种田间试验的空间分析，以解释环境内的环境异质性。第 8 章介绍了多环境试验的基因型与环境互作($G×E$)和用于建模 $G×E$ 与环境间误差变异异质性的各种方差-协方差结构。

在第二部分(第 9 章至第 12 章)，本书介绍了利用 DNA 标记预测育种群体遗传价值的一些概念和可用软件概述。近年来，随着 DNA 测序技术的发展，基因组数据，尤其是单核苷酸多态性标记(SNP)，已广泛用于动植物育种计划。用于预测遗传价值的 DNA 标记分析是一个相对新颖和非常活跃的研究领域，新方法和改进方法不断被提出和测试。实现这些的算法和软件也正在变化。因此，第二部分主要是主题性介绍，涉及一些广泛使用的方法和目前可用的软件。读者应该知道，本书现在讨论的方法，在不久后可能会被修改和改进，并引入新的统计数据包。然而，本书提供这些材料，是希望为处理大型标记数据集和使用它们来预测育种值提供扎实的背景知识。第 9 章描述了典型 DNA 标记数据集的特征，并介绍一些对标记数据探索性分析(可视化、汇总和数据操作)有用的软件工具。第 10 章注重缺失基因型的填补。第 11 章涵盖使用 DNA 标记预测育种群体中个体间的基因组关系和使用基因组最佳线性无偏预测法(GBLUP)来预测无表型分型个体的基因组育种值。第 12 章通过几个例子回顾了基因组选择最新方法的统计背景。

本书面向学习动植物育种课程的学生，以及有意在育种计划中使用这些工具和方法的育种专业人员。我们乐意听取读者关于改进和更正本书内容的建议。

我们尽最大努力获得资源来编写这本书。如果本书错过了什么，请包涵；同时，请告诉我们，以便今后加入到新版本中。许多朋友、同事和研究生帮忙撰写、修改与编辑课堂讲稿和练习的原稿，这是一项艰巨的任务。感谢 Greg Dutkowski、Salvador Gezan、Steve McKeand、Jérôme Bartholome、Trevor Walker、Jaime Zapata-Valenzuela、Funda Ogut、Kent Gray、YiJian Huang、PatrickCumbie、Alfredo Farjat、Terrance Ye、Jeremy Howard、Francesco Tiezzi、Brian Cullis、ToriBatista Brooks、Austin Heine、April Meeks、Paula Barnes Cardinale、Onur Troy Isik、Amanda Lee、Mohammad Nasir Shalizi、Edwin Lauer 和 Miroslav Zoric 审阅本书草稿和反馈意见。Thiago Marino、Jason Brewer、Heather Manching 和 Randy Wisser 慷慨地提供未发表的玉米数据作为第 11 章的例子。法国农业科学院的 Christophe Plomion 提供了海岸松数据，用在第 9 章、第 10 章、第 11 章和第 12 章。美国北卡罗来纳州立大学的树木改良协作组提供了未发表的火炬松子代测定数据，用在几个章节中。

美国北卡罗来纳州立大学的同事 Ross Whetten 博士编辑了第 1 章、第 2 章、第 3 章、第 4 章、第 5 章和第 9 章。感谢 Ross，他协助开办的培训班是本书的框架，同时他测试了许多脚本，并提供了宝贵的反馈意见。

我们还非常感谢土耳其安卡拉 Hacettepe 大学艺术系教授 Hüsnü Dokak，他提供了本书中使用的动植物素描/绘图。

Fikret Isik
James Holland
Christian Maltecca
美国北卡罗来纳州罗利市

目　录

第 1 章　ASReml 软件介绍……1

1.1　摘要……1

1.2　为何选用 ASReml？……1

1.3　ASReml 分析流程……2

1.4　ConTEXT 编辑器的设置……2

1.5　ASReml 入门……4

1.6　运行 ASReml 程序……15

1.7　ASReml 输出文件……16

1.8　制表……23

1.9　预测……24

1.10　单一程序多个模型……25

1.11　方差分量的线性组合……31

第 2 章　线性混合模型概述……34

2.1　摘要……34

2.2　混合模型与传统方差分析的比较……34

2.3　不平衡数据……45

2.4　混合模型概述……49

2.5　多个固定效应的模型可估性……57

2.6　估计的标准误差和准确性……59

2.7　REML 法简介……60

第 3 章　ASReml 方差建模……62

3.1　摘要……62

3.2　方差模型规则……62

3.3　初始值……75

第 4 章　育种值……79

4.1　摘要……79

4.2　家系选择……79

4.3　理论方差分量和相似性……80

4.4　GCA(家系)模型……84

4.5　使用 GCA 模型分析半同胞子代数据……85

4.6　个体(动物)模型……92

4.7　在模型中考虑遗传组效应……102

4.8　自交对方差分量的影响……106

第 5 章　遗传值……108
5.1　摘要……108
5.2　特殊配合力和遗传值……108
5.3　双列杂交设计……109
5.4　因子交配设计……121
5.5　无性系子代测定的数据分析……123
第 6 章　多变量模型……128
6.1　摘要……128
6.2　简介……128
6.3　基础理论……129
6.4　玉米 RIL 多变量模型……132
6.5　个体模型的多变量分析……150
第 7 章　空间分析……157
7.1　摘要……157
7.2　基础理论……157
7.3　空间效应建模……157
7.4　田间试验的空间分析示例……162
7.5　空间模型的遗传力……170
第 8 章　多环境试验分析……175
8.1　摘要……175
8.2　简介……175
8.3　统计模型……177
8.4　松树混合授粉 MET 数据分析示例……183
8.5　FA 模型的遗传预测……197
8.6　FA 模型的遗传力和可靠性的估算……201
第 9 章　标记数据的探索性分析……210
9.1　摘要……210
9.2　标记数据和一些概念……210
9.3　处理标记数据的软件和工具……216
9.4　数据汇总和可视化……225
第 10 章　缺失基因型的填补……229
10.1　摘要……229
10.2　简介……229
10.3　填补的理念……230
10.4　免谱系的填补……232
10.5　利用高密度基因分型的参考模板对低密度基因分型的个体进行填补……233
10.6　无参考模板的填补……239

10.7 用 *Synbreed* 包进行填补 241
第 11 章 基因组关系与 GBLUP 243
11.1 摘要 243
11.2 现实基因组关系 243
11.3 基因组 BLUP 254
11.4 交叉验证 265
11.5 混合遗传关系 277
第 12 章 基因组选择 282
12.1 摘要 282
12.2 基因组预测的回归模型 282
12.3 *BGLR* 包的贝叶斯回归实例 288
参考文献 306

第 1 章　ASReml 软件介绍

1.1　摘要

ASReml 已成为分析线性混合模型的公认软件。ASReml 采用平均信息稀疏矩阵运算法，能够非常快速地对大量混合模型方程组进行求解。该软件可灵活拟合混合模型中的复杂方差结构。本章节将介绍 ASReml 单机版的用法。如何使用 ASReml 拟合更多的复杂方差结构将在第 2 章到第 8 章中介绍。

1.2　为何选用 ASReml?

混合模型常用于分析不同学科产生的多种类型数据。ASReml 是针对**线性混合模型(linear mixed model)**分析所开发的综合性软件包。该软件采用**平均信息(average information)**和**稀疏矩阵运算法(sparse matrix algorithms)**对线性混合模型方程组进行求解(Gilmour et al., 2014)。

ASReml 使用**限制性最大似然法(restricted maximum likelihood，REML)**来估算参数值。该方法通过似然函数 $L(\beta, V|y)$ 的最大化找到给定数据的最有可能的参数值。该函数针对给定的观测数据(y)，通过组分 β(固定效应)和组分 V(随机效应的方差和协方差)来表述模型的似然值。REML 法能得到有效、稳定的参数估计值。

ASReml 被开发来求解大量的**混合模型方程组(mixed model equation)**。与 SAS Proc Mixed 模块[依赖于**牛顿-拉夫逊代数法(Newton-Raphson algorithm)**]相比，ASReml 求解混合模型方程组的速度更快、计算效率更高。ASReml 不仅易于拟合简单的线性混合模型，也可灵活编程分析如双列杂交、多变量模型等复杂设计，还可轻松处理数量遗传分析中的谱系数据。当然，ASReml 也有不足之处，其主要是专门为混合模型分析设计的，因此它不是一个综合性的统计或数据管理工具。此外，它需要用户对混合模型理论有很好的理解，以便更好地拟合复杂方差结构。

ASReml 软件需从官网(http://www.vsni.co.uk/downloads/asreml)下载。官网提供了软件的安装指南。用户也需从 VSNI 获取授权码，并依照指南安装授权码。首次使用 ASReml 的用户可获得免费的限期试用授权码。

WinASReml 是 Windows 系统下的 ASReml 版本，适用于初始阶段编写程序文件(后缀名*.as*)和管理 ASReml 项目(输出结果)。不过，许多文本编辑器都可用于程序文件的编写和结果文件的浏览。本书将重点使用免费软件 ConTEXT 编辑器，因为它为 ASReml 命令文件提供了很好的高亮字体。最后，ASReml 模型还可用 ASReml-R 程序包来编程、拟合，其结果在 R 中存为对象。读者应当知晓 ASReml-R 的编程代码方式与 ASReml 单机版不同。我们认为单机版的使用更简单，尤其当模型变得较为复杂时，单机版的编码往往更为直观明了。然而，ASReml-R 程序包允许用户将混合模型分析与可在 R 中执行的数据管理、可视化和其他统计分析紧密整合，这为用户提供了实质性的便利。请注意，ASReml-R 也需从 VSNI 官网直接下载并独立安装，其不在 R 综合归档网(CRAN)上，且与单机版不同。对于同一台电脑，单独或同时运行 ASReml 单机版和 ASReml-R 只需要一个有效授权码。

ASReml 4.0 引入了**函数规范功能(functional specification)**，用于混合模型方差结构的定义。函数规范功能将随机项和误差包裹于方差函数，换言之，它们不必如 3.0 版那样需要在模型后进行定义。其目的是简化方差结构的编码，使语法更少出错。这种模型规范类似于 ASReml-R。

1.3　ASReml 分析流程

一个典型的 ASReml 单机版的分析流程如图 1.1 所示。用户有一份数据文件(通常为 csv 格式)，并在文本编辑器中准备一个程序文件(后缀.*as*)。该程序文件引用这份数据文件，指示 ASReml 如何命名和处理数据文件中的数据列，并包含一个用于拟合数据的线性模型。然后，该程序交给 ASReml 软件运行，由分析生成一些输出结果文件，包括结果汇总(.*asr* 文件)、混合模型方程组的效应解(.*sln* 文件)，如果需要，还会有模型中一些因子的预测值(.*pvs* 文件)。

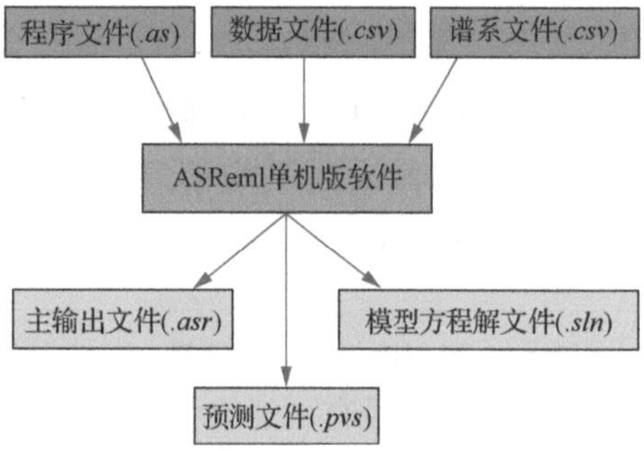

图 1.1　ASReml 单机版的典型分析流程

1.4　ConTEXT 编辑器的设置

对于 Windows 系统，我们建议使用 ConTEXT 编辑器来编写 ASReml 程序。该软件免费，并支持多文档界面，其可从网站(http://www.contexteditor.org/)下载。ASReml 软件本身提供了一份高亮文件，供 ConTEXT 用于高亮 ASReml 命令文件以帮助编写和编辑脚本。对于 ASReml V4，此高亮文件名为 *ASReml.chl*，位于"ASReml4"文件夹下的"Context"子文件夹里。Windows 用户，ASReml 默认安装在"Program Files"下。用户可把文件 *ASReml.chl* 复制到含有 ConTEXT 高亮文件的文件夹下(通常是"C:\Program Files\ConTEXT\Highlighters")。

为运行 ASReml 程序文件，ConTEXT 编辑器设置的步骤如下：

(1)打开 ConTEXT 编辑器；

(2)点击菜单 Options，选择下拉菜单 Environment Options，弹出对话框；

(3)点击菜单 Execute keys；

(4)点击按钮 Add；

(5)点击 F9；

(6)输入文件后缀名 as, asd, csv, txt, dat, tab 等。

(7) Execute 栏，点击右侧的…按钮，选择 *ASReml.exe* 程序所在的路径[①]；

(8) Start in 栏，填入"%p"；Parameters 栏，填入"%f"；

(9) Hint 栏，填入"Run ASReml"；

(10) 依次勾选"Capture Console output"栏和"Scroll console to the last line"栏；

(11) 最后点击按钮 Apply 和按钮 OK，保存设置并退出。

通过上述设置(图 1.2)后，当用 ConTEXT 打开数据文件时，点击 F9 键或菜单按钮 1，就会自动生成 ASReml 程序的模板。类似地，当打开程序文件时，ASReml 程序(*.as*)可直接运行。此外，还可以设置 ConTEXT 运行另一种文件，即所谓的 *.pin* 文件，以计算方差分量的函数，比如遗传力。*.pin* 文件由用户自行编写。*.pin* 文件在 ConTEXT 中的设置如图 1.3 和图 1.4 所示。

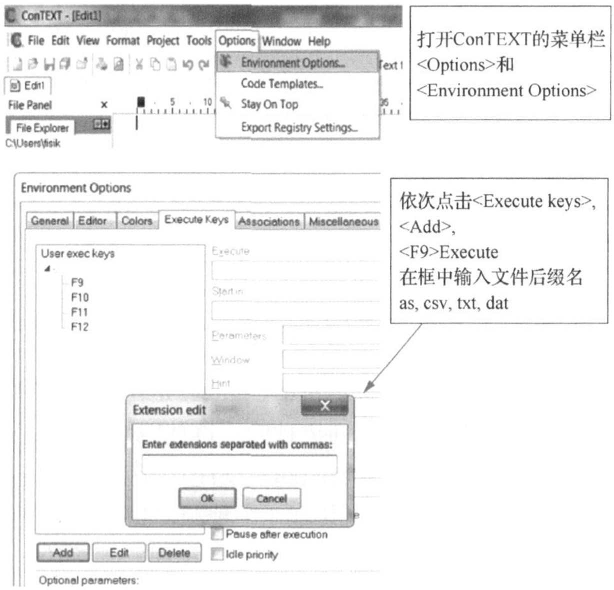

图 1.2　设置 ConTEXT 系统参数以运行 ASReml

图 1.3　设置 ConTEXT 系统参数以在 ASReml 中运行 *.pin* 文件

① 译者注：第(7)～(11)步，在草稿版里有，发行版里没有，但我们认为应保留这些步骤。

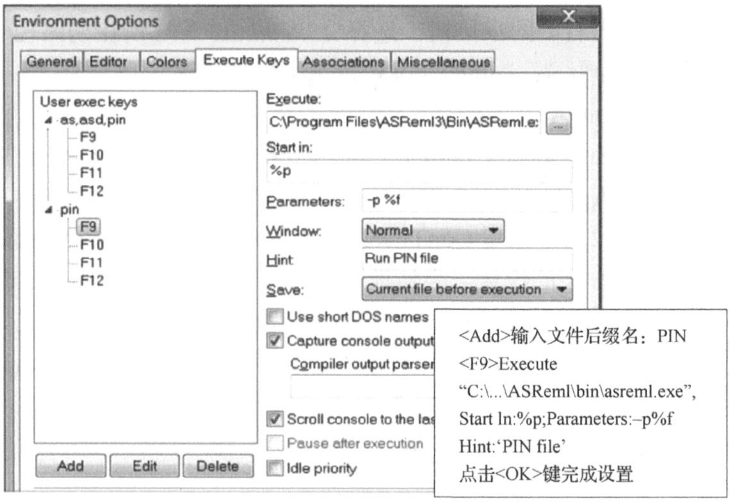

图 1.4　设置 ConTEXT 系统参数以运行.*pin* 文件

1.5　ASReml 入门

数据应该是 ASCII 格式(.*txt*、.*csv*、.*dat*、.*asd* 等)。MS Excel 电子表格不能直接用于分析。如果读者的数据是 Excel 文件，可将其另存为.*csv* 文件。

例 1.1　松树种源-子代数据

以一个松树种源-子代测定为例。**种源(provenance)**是指林木树种为适应不同生境所形成的不同种子来源。种源与遗传组(或同树种的亚群体)类似。对于每棵树而言，母本是已知的，但种子来自这些母本的自由授粉(随机交配)，因此父本是未知的。这表示为每个种源内的半同胞交配设计。本例数据共有 4 个种源，36 个半同胞家系。田间试验设计为随机完全区组设计，5 个区组，每个小区测量 2~6 株。本例给出了每棵树的测量数据。数据集(*Pine_provenance.csv*)的前五行如下表所示：

treeid	female	male	prov	block	plot	height	diameter	volume
170.1	170	0	10	1	3	12.5	19.6	0.1441
170.2	170	0	10	1	3	9.0	11.2	0.0339
170.3	170	0	10	1	3	10.7	17.8	0.1017
170.4	170	0	10	2	84	11.6	17.4	0.1054
170.5	170	0	10	2	84	10.6	17.5	0.0974

其中，treeid 代表每株树的 ID，共有 914 个水平；female 代表母本，共有 36 个水平；male 代表花粉亲本或父本(全部未知，所以均编码为 0)；prov 代表种源，共有 4 个水平；block 代表区组，共有 5 个水平；plot 代表小区(试验单位)；height 代表树高，协变量或测量性状；diameter 代表胸径，协变量或测量性状；volume 代表材积，协变量或测量性状。

1.5.1　程序模板文件

读者用 ConTEXT 打开数据文件(.*csv*、.*txt*、.*dat*、.*tab* 等)，按 F9 键就能生成程序模

板(后缀名.*as*)。如果 ConTEXT 按上述设置正确，就会从数据文件直接生成**程序模板(template job)**文件。该模板文件将以数据文件名命名。例如，*Pine_provenance.csv* 将生成模板文件 *Pine_provenance.as*。需要注意的是，ASReml 只会生成一个模板程序.*as* 文件，如果文件夹内有同名的.*as* 文件，也就是说，假如 *Pine_provenance.as* 已经存在，那么运行 *Pine_provenance.csv* 将不会覆盖原有的程序文件 *Pine_provenance.as*，而是运行该程序文件里的命令。或者，读者可以在 ConTEXT 中简单地从头开始编写，先提供一个合适的标题行，然后按照数据文件的确切顺序输入字段名。

来看看 *Pine_provenance.csv* 生成的模板程序文件(图 1.5)。

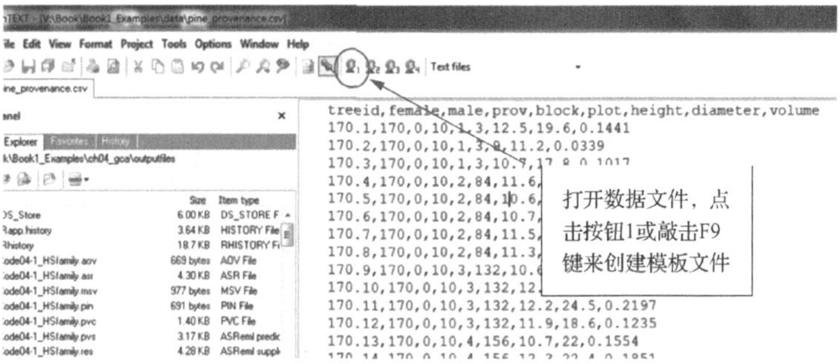

图 1.5　创建模板程序文件并更正字段

现在用 ConTEXT 中打开模板程序文件.*as*，检查该文件的开头部分。这个模板文件含有一些标题行，其次是数据字段定义，具体为数据中变量名及其格式(如数值型或字母数字型)，然后是线性模型。ASReml 判断变量的类型通常不会全部正确，而且生成的线性模型模板虽然是一个有用的框架，但往往没有意义。本例中，生成的模板文件为 *Pine_provenance.as*，读者应当注意，数据集定义有一些不完整或错误的字段，同时也应当注意这种方法生成的.*as* 命令文件的一些小的格式变化。

代码示例 1.1　不正确的 ASReml 程序文件(模板)例子(*Pine_ provenance.as*)

```
# !WORKSPACE 100 !RENAME !ARGS // !DOPART $1
Title: Pine_provenance.
    treeid !I    female !I    male *    prov !I    block *    plot *
    height !I    diameter    volume
# 检查/修正这些字段定义
Pine_provenance.csv !SKIP 1
height ~ mu , # 指定固定效应
!r # 指定随机效应
residual units
```

凡是以"#"开头的行，都是注释，ASReml 会直接忽略。

本例中，有 3 个地方不准确：

- treeid 是字符型因子，限定符!I(用于整数型)不准确，应当是!A(用于字符型)；
- height 是因变量，不是整数型因子，!I 应删除；
- 线性混合模型不完整。

下面展示数据 *Pine_provenance.csv* 修正的程序文件(示例脚本 *Pine_provenance.as*)和字段定义。

```
# !WORKSPACE 100 !RENAME !ARGS // !DOPART $1
Title: Pine_provenance. Corrected job file
    treeid !A    female !I    male *    prov !I    block *    plot *
    height    diameter    volume
# 检查/修正这些字段定义
Pine_provenance.csv !SKIP 1

height ~ mu prov,     # 指定固定效应
            !r female block block.female     # 指定随机效应
residual units
```

程序文件(*.as*)有一些特定的格式特征，必须遵循，具体如下：

- 文件开头必须有标题。
- ASReml 4.0 以前的版本，每个数据字段定义行(数据列名，如 treeid、female、male)前必须有空格，4.0 版本起不再需要空格。
- 列变量名称(字段)之后必须有一个限定符(称为字段类型)，用以指示数据类型。下文的“数据字段定义”章节将会详细介绍。
- 不带限定符和那些有小数点的字段将视为变量或协变量(如 height、diameter、volume)。
- 变量名对大小写敏感，即 Height 和 height 不同。
- 数据字段定义后的数据文件名(*Pine_provenance.csv*)和模型表达式(height ~ ...)前不能有空格(需顶格)。
- 必须有线性模型。待分析的性状放在模型的开始处，紧接着是符号"~"和模型项。模型默认不拟合总体均值或截距，所以如有需要，可用 mu 表示；而 SAS Proc GLM、SAS Proc Mixed 或 R 中的函数 lm()均默认模型含有总体均值或截距。然后是固定效应，!r 之后是随机效应。虽然简单模型的误差结构不需要指定，但本例中，模板指定了误差结构"residual units"，units 的含义将在第 7 章介绍。当固定效应和随机效应有多行时，必须使用","以表示模型在下一行继续，所以本例模型在固定效应后、随机效应前加了个","符号，但需要注意的是，随机效应指定行和误差结构指定行之间没有","符号。
- 在这个简单的例子中，把性状变异分解为由种源引起的固定效应，以及由母本、区组、小区(母本与区组互作)引起的随机效应。本例中，每个种源内的母本都是唯一的，因此母本与种源是巢式关系。但由于每个母本都是给定唯一标识符，在各种源间并未重复，所以不需要将其写成明确的巢式结构。

```
height ~ mu prov,    #  指定固定效应
            !r female.prov    block    block.female.prov    # 指定随机效应
residual units
```

- 本例的线性模型为 $Y_{ijkl} = \mu + B_i + P_j + F_{jk} + BF_{ijk} + \varepsilon_{ijkl}$。其中，$Y_{ijkl}$ 代表树高测量值，μ 代表总体均值，B_i 代表第 i 个区组的随机效应，P_j 代表第 j 个种源的固定效应，F_{jk} 代表第 j 个种源内第 k 个母本的随机效应， BF_{ijk} 代表小区的随机效应或母本与区组的交互效应，ε_{ijkl} 代表第 i 个区组内第 jk 个母本下的第 l 株数的随机误差效应。
- 当数据与程序在同一个文件夹时，可以直接使用数据文件名；但如果不在同一文件夹，则必须给出文件路径。限定符!FOLDER 可用于指定数据文件或其他文件(如谱系文件)的路径。!FOLDER 常独立一行，且放在数据文件名或谱系文件名之前。例如：

```
...
   Diameter   Volume
!FOLDER V: \Book\Book1_Examples\data      # 数据文件位置
Pine_provenance.csv !SKIP 1
height ~ mu prov,                                        #  指定固定效应
                   !r female block block.female          #  指定随机效应
residual units
```

建模是一个反复的过程，所以就如本例，最好从简单的模型开始，查看结果文件(*.asr*)，然后往模型中增加一些项，每次增加一个。

1.5.2 数据字段定义

在程序标题之后，就是**数据字段定义(data field definition)**，对应于数据文件的列，它们的排序必须与数据文件的列变量排序相一致。

通常格式为：[空格] 标签 [字段类型]。

• 数据字段前至少要有一个空格，ASReml 根据空格将数据字段与其他部分区分开来。虽然 4.0 版本放宽了这个要求，但我们还是建议保留空格，这样可使程序更容易阅读。

• **标签**指定字段，且必须以字母为首。需要注意，与 SAS 不同，ASReml 对大小写敏感，所以如果指定字段名为"Block"，在随后的模型语句中必须使用"Block"，而像"block"或"BLOCK"将不会被识别为同一字段。

• **字段类型**定义的是读取的变量类型如何判定，以及是否将其视为模型中的因子、协变量或因变量。

• 对于**因子**变量，使用*、!I、!A 或因子的水平数，由因子具体情况决定。

• 对于**协变量**或**因变量**，字段类型留空或指定为 1。

• 读者可以将 1 个以上数据字段定义放在一行，如本例中的 height、diameter 和 volume 数据字段定义可以写到同一行。

下述是一些常用的字段类型。

或 *n	用于直接连续编码的因子，如 1,⋯, *n*。例如，小区编码从 1 到 12，就可用 **plot ***或 **plot 12**，其含义是 plot 字段的水平值域是从 1 到 12。
!A	表示字段是因子，且编码为字母数字。例如，有 20 个地点(Site)编码为"NC11""FL09"等，这时就得用 **Site !A**，也可以在!A 后加上水平数 20，即!A 20。当水平数低于 1000 时，不需要指定具体水平数。当水平数超过 1000 时，则必须在!A 后加上水平数的近似值(大于 1000)。
!I	表示字段是数值型因子，但不是连续型整数。例如，区组编码为 11、24、49、80，则使用 **block !I**。当因子水平数超过 1000 时，则在限定符!I 后必须指定水平数 *n*。例如，有 1200 个区组，则必须写成 **block !I 1200**。
!CSKIP *c*	读取数据时，用于忽略数据字段(列)。例如，在程序文件中，treeid 字段用#注释，将不会被读取，因为紧接 treeid 字段的!CSKIP 1 会忽略数据的第一列(treeid)，如下文所示。这在让 ASReml 忽略那些不需要分析的数据字段时非常有用。

```
# !WORKSPACE 100 !RENAME !ARGS // !DOPART $1
Title: Pine_provenance. Corrected job file
 !CSKIP 1   female ! I    male *
...
```

!LL *c* 默认情况下，ASReml 截断字段标签(水平名称)至 16 个字符。如果一些标签超过 16 个字符，且在输出文件中保留它们很重要，则需要使用**!LL *c*** 为这些字段提供额外空间。在下述例子里，假定 treeid 标签超过 16 个字符，可使用**!LL 24** 来容纳长标签。但即便使用**!LL 24**，在预测值的输出文件(*.pvs*)中也最多只打印 20 个字符。

```
Title: Pine_provenance
 treeid !A !LL 24   # treeid 标签超过 16 个字符
 female !I    male *
...
```

!SORT 用在字段定义行!A 或!I 后进行声明。它将要求 ASReml 对水平进行排序，使得标签按字母或数字顺序进行分析。默认情况下，ASReml 会按照因子在数据集中出现的顺序来排序。例如，有 2 个地点(location)命名为"South"和"North"，South 先出现，则 ASReml 会排序为 1=South，2=North。如果我们使用限定符!SORT，如 **location !A !SORT**，则 ASReml 会按照字母顺序(1=North，2=South)排序字段，并按字母顺序拟合效应，以生成混合模型的设计矩阵。

!PRUNE 当因子实际水平数少于声明的水平数时，通过**!PRUNE** 可让 ASReml 将因子数减少到实际的水平数。假定 female 只有 60 个，但在字段 female 中声明了 100 个，则通过 **female !A 100 !PRUNE**，程序就会减少 female 的水平值到 60，而多出的水平值不会出现在效应值文件(*.sln*)中。

1.5.3 因变量的转换

许多数据转换功能可以在 ASReml 中直接使用，且在声明字段时就可调用。关于完整的转换列表，请查阅 ASReml 手册。下述是一些转换 height 变量的字段定义的示例(Gilmour et al., 2014)。

height !M0	将 height 数据点为 0 的，转换为缺失值；
height !M<=0 !M>100	将 height 数值≤0 和>100 的，转换为缺失值；
height !^0	对 height 数值进行自然对数转换；
height !D<=0	删除 height 为 0、负值或缺失值的数据；
!+,! -, !*, !/	算术运算，如 height !/10 表示 height 数据除以 10，height !*5 表示 height 数据乘以 5；
Logheight !=height !^0	创建新变量 Logheight，其值为 height 的自然对数值。

下述例子中，创建了新变量 Logheight，取值为 height 的自然对数值；volume 也做乘以 10 的转换，以改变尺度。

```
Title: Pine_provenance.
     treeid !A    female !I      male *     prov !I     block *     plot *
     height     Logheight !=height !^0
     diameter    volume !*10
Pine_provenance.csv !SKIP 1
height ~ mu prov ,                                   # 指定固定效应
                 !r female block block.female        # 指定随机效应
residual units
```

一般来说，通过 Excel、R 或 SAS 进行数据转换或数据操作，比 ASReml 更方便或更灵活。

1.5.4 数据文件和程序控制符

1.5.4.1 数据文件限定符

在数据字段定义行之后，我们加入一行以指示数据文件名。ASReml 能识别数据文件行，因为它是在数据域定义之后第一行没有缩进的。如果数据文件与程序文件(*.as*)在同一文件夹，就不需要指定路径或对数据文件名加引号，否则必须用引号提供数据文件名的完整路径，如"C:\users\document\Data.csv"。

在同一行上，在数据文件名之后可加入一些限定符，用于处理数据。一些重要的限定符如下：

!SKIP *n*　忽略数据文件的前 *n* 行。一般来说，这些行包含数据字段的标题(标签)。例如，**Pine_provenance.csv !SKIP 1**，将忽略数据的第 1 行(列)名。

!FILTER *v* [!SELECT *n*] [!EXCLUDE *n*]　选择数据的子集进行分析，*v* 是数据字段的顺序或名称。例如，**!FILTER block !SELECT 2**，仅选择 block 第 2 水平的数据进行分析。如果 block IDs 是字符和数值，如 BL01，则选定的 block ID 需要加上引号，具体为**!FILTER block !SELECT "BL01"**。

```
Title: Pine_provenance.
    treeid !A female !I male * prov !I block * plot *
    height   diameter   volume
Pine_provenance.csv !SKIP 1 !FILTER block !SELECT 2
height ~ mu prov ,                          # 指定固定效应
        !r female block block.female        # 指定随机效应
```

!EXCLUDE *n*　忽略选定的水平。下述示例中，**!FILTER block !EXCLUDE 2**，表示忽略 block 第 2 水平的数据(不进行分析)。注意：如果指定了!FILTER，但没有!SELECT 和!EXCLUDE，则表示 *v* 字段为 0 的数据将不进行分析。

```
Title: Pine_provenance.
    treeid !A female !I male * prov !I block * plot *
    height   diameter   volume
Pine_provenance.csv !SKIP 1 !FILTER block !EXCLUDE 2
height ~ mu prov ,                     # 指定固定效应
        !r female block block.female   # 指定随机效应
```

!SUM　提供数据中所有变量的汇总描述。它提供了因子的水平数、因变量的总体统计(均值、标准差、最小值、最大值)以及变量之间的相关性。输出保存在.*ass* 文件中。我们强烈建议用户检查该文件，以确保数据正确。

下述是.*ass* 文件示例的一部分。

```
Title. Code example data file qualifiers          16 Jun 2015 13:47:20
 ------> treeid has 914 levels
 Distribution of frequencies of cell counts
      914 level(s) with 1 observations

 ------> female has       36 levels
 Level :      1      2      3      4      5      6      7      8      9     10
 Count :     23     29     25     22     25     25     23     22     27     24
 ...
 Count :     27     27     27     26     26     24
```

```
 ------> prov has        4 levels
 Level:        1       2       3       4
 Count:       77     267     306     264
------> block has        5 levels
 Level:        1       2       3       4       5
 Count:      192     187     188     179     168
...
 ------> volume
Histogram of volume: MaxFreq 67, Range    0.30000E-01    4.2930
        *
        **
        **
       ***   *  *
       **** ** *
     ***********
    ************ *
    ************ * *
  *************** **
  *******************
*********************
***********************
**************************
********************************     *   **

...
    1    3    0    0    0    0    0    1    0    0    0    1    1

 Correlations and counts of volume with
   height              diameter
   0.84505    914    0.95625    914
```

1.5.4.2　程序限定符

程序控制限定符和参数列在数据文件之后，它们会影响整个程序的具体运行。一些常用的程序限定符示例如下：

```
Pine_provenance.csv    !DOPATH 1 !CONTINUE [f]   !DDF 1
                       !DISPLAY 3   !MAXIT 15
                       !X volume    !Y height
                       !X height (!y volume) !G block
```

!DOPATH *n* 或 DOPART *n*　允许用户在一个程序文件中写入多个模型，而且无须修改程序.*as*，即可有选择地运行模型。**!DOPATH *n*** 和**!DOPART *n*** 可交替使用。运行哪部分程序，由**!DOPART/!DOPATH** 之后的 *n* 值控制。这个 *n* 值可指导 ASReml 运行选定的程序。下文“1.10 单一程序多个模型”将详细介绍。

!DDF *i*　按照文献(Kenward and Roger, 2009, 1997)要求计算分母自由度(denominator df)近似值，以检验固定效应的显著性。*i* 有 3 个取值，$i=-1$ 时，不进行计算；$i=1$ 时，使用数值法；i=2(默认值)时，使用代数法(algebraic)。如果检验固定效应不是重要目标，则可考虑不计算分母自由度，因为它们的计算可能会显著增加计算需求。

!MAXIT *n*　设置迭代次数的最大值，默认值为 10。ASReml 会迭代运行 *n* 次，除非已经收敛。当 REML log-likelihood 值变化小于 0.002，并且各个方差参数估计值变化小于 1% 时，程序就会推定收敛。如果未达到收敛，则可使用限定符!CONTINUE 从上一次的最终参数估计值开始，并再次运行程序。

!DISPLAY *n*　用于确定生成哪种图形类型：

n=1　空间分析的空间变异图；

n=2　性状的直方图；

	n=4　空间分析的行列趋势图； n=8　残差的透视图。 用户可以使用 n 值来表示所需图形的代码总和，如 n=3 将会输出空间变异图和直方图。
!X volume !Y height	输出 height 和 volume 的散点图。
!X volume	输出 volume 的直方图。
!X volume(!Y height) !G block	按每个 block 输出 height 和 volume 的直方图。
!NODISPLAY	不输出任何图形。

代码示例 1.2　使用数据文件限定符示例(*Code 1-2_Data file qualifiers.as*)

```
Title: Pine_provenance. Data file qualifiers
 treeid !A female !I male * prov !I block * plot *
  height   diameter   volume !*10
Pine_provenance.csv !SKIP 1 !SUM !MAXIT 15 !DISPLAY 3 !X height
!CONTINUE !TSV !DOPATH 2 !X height !Y volume
!PATH 1
height ~ mu prov,                # 指定固定效应
!r female block block.female   # 指定随机效应
!PATH 2
height ~ mu prov,                    # 指定固定效应
          !r female.prov ,
        block  block.female.prov   # 指定随机效应
```

! OUTFOLDER [folder path]	将大部分输出文件写入到工作目录外的文件夹中。它必须放在程序文件的最顶端。其他参数(!ARGS、!RENAME 等)可列在限定符!OUTFOLDER 前。

```
!OUTFOLDER V:\Book\Book1_Examples\ch01_asreml/outputfiles
Title: Pine_provenance. Data file qualifiers
   treeid !A female !I male * prov !I block * plot *
   height   diameter   volume !*10
Pine_provenance.csv !SKIP 1
height ~ mu prov ,                          # 指定固定效应
          !r female block block.female       # 指定随机效应
```

1.5.5　指定线性模型项

在使用 ASReml(或其他软件)编写适当的分析模型前，读者需要知道交配设计(个体间有怎样的关系)、处理设计(如果外部因子应用于试验单位)和试验设计(如植物研究的田间区组设计)。此外，还需确定哪些因子是固定效应，哪些因子是随机效应。这种判定取决于研究者将从结果中得出的推论。第 2 章将详细介绍固定效应和随机效应。

1.5.5.1　保留项

不能使用下述的**保留项**来命名数据字段。它们被保留，这意味着 ASReml 总是以特定的方式将它们视为线性模型的一部分。

mu　模型截距或均值；

mv　缺失值估计量；

units　空间模型中的随机误差，将在第 7 章中详细介绍。

如果模型有多行代码，请务必在非末尾行后加上","，否则程序会终止，并输出错误反馈。如果指定误差项，则应在模型定义后另起一行，并且在模型设定的最后一行末尾不可使用","。例如：

```
height ~ mu,
        !r family
residual idv(units)
```

1.5.5.2 模型项

总体原则：

- 因变量后面跟波浪号(~)；
- 模型项(因子)之间用空格隔开；
- 固定效应因子直接列在~后；
- 随机效应因子列在**!r** 后；
- 随机项和误差的默认方差结构为 idv(同质或等方差)。误差可在模型的末尾(新行)明确指定，但这不是必需的。下述两个模型是等效的：

MODEL 1: height ~ mu !r female block

MODEL 2: height ~ mu !r **idv**(female) block

residual **idv**(units)

- 符号“+”可用于分隔模型项，除了最后一行外。如果模型连续多行而且使用了符号“+”，则需在模型第一行之后的每行行首使用“+”，例如：

```
height ~ mu ,
        + prov ,
        + !r idv( female) block
```

下文将示范模型公式的语法，使用示例中的"family"、"site"、"block"和"prov"作为因子，"volume"作为协变量，"height"作为因变量：

height ~ mu + family

residual idv(units)

模型拟合总体均值和固定的家系效应，线性模型为 $Y = \mu + \text{family} + \varepsilon$，其中 ε 是误差。请确保误差项开始于新行。

height ~ mu !r family

residual idv(units)

模型拟合总体均值和随机的家系效应，线性模型为 $Y = \mu + \text{family} + \varepsilon$。

height ~ mu + volume

模型拟合总体均值和固定回归系数(β)效应，该系数反映 height 与 volume 的关联性，线性模型为 $Y = \mu + (\beta * \text{volume}) + \varepsilon$。

height ~ mu + site !r family family.site

混合模型拟合固定的地点效应和随机的家系效应以及家系与地点交互效应，线性模

型为 $Y = \mu$+site+family+family×site+ε，其中，family~$N(0, \sigma^2_{family})$，family×site~ $N(0, \sigma^2_{family\times site})$。

height ~ mu + site*family

模型拟合地点和家系的主效应以及家系与地点交互效应，均为固定效应，线性模型为 $Y = \mu$ + site + family + family×site + ε。与下述模型相同：

height ~ mu +　site　family　family.site

height ~ mu + prov/family

模型拟合种源效应和种源内家系效应，均为固定效应，线性模型为 Y=μ+prov+family(prov)+ε。与下述模型一致：

height ~ mu + prov + prov.family

height ~ mu +　site　!r　at(site).block　family

模型拟合固定的地点效应、随机的家系效应和每个地点的区组效应，线性模型为 $Y = \mu$ + site + block(site) + family + ε，其中 family ~ $N(0, \sigma^2_{family})$，block ~ $N(0, \sigma^2_{block\text{-}site\,i})$，即每个地点 i 都有不同的区组方差。

height ~ mu + site　!r　at(site,1).block　family

模型拟合固定的地点效应、随机的家系效应和第 1 个地点的区组效应。**at(site, i).block** 指定第 i 个地点的随机区组效应。

1.5.6　方差标题行和模型随机项

在 ASReml 4.0 以前的版本，除了简单的 idv 结构（相同或同质）外，模型的方差指定都需要方差标题行，紧接着是误差和随机效应的方差结构指定。对于初学者来说，方差标题行的语法复杂、难懂。由于 4.0 版本使用新语法指定方差结构，不再需要方差标题行及指定误差和随机效应的方差结构。但是它们依然可以在 4.0 版本上使用，本节将帮助熟悉早期版本的用户过渡到 4.0 版本。新用户可直接略过此章节。

默认情况下，如果一个因子被指定为**模型随机项**，则假定该因子水平效应的分布服从简单的方差-协方差矩阵结构，每个水平效应是从方差分量为 σ^2_i 的相同正态分布中随机抽样，且各水平效应之间没有协方差，这就是上文 family ~ $N(0, \sigma^2_{family})$ 的含义。

有时候，需要将一些随机效应（**G** 结构）或误差效应（**R** 结构）指定更为复杂的方差-协方差矩阵，这对于育种应用非常重要。这可通过在模型表达式下添加方差标题行来完成。

下文将提供两个小例子来介绍**方差标题行**和方差组分结构定义。这些例子描述了用一种更为冗长的方法来指定默认的方差组分结构。对于默认的方差结构不需要这么做，但本书下文遇到的更复杂的方差结构将需要此语法，因此我们示范这些例子作为语法介绍。在第 3 章将会深入研究方差结构的细节及其在 ASReml 中的用法。

紧随模型之后的方差标题行如下：

```
height ~ mu prov !r female block block.female
1 1 0   # 方差标题行, s = 1, c = 1, g = 0
```

方差标题行由 3 个数字组成：

s c g

s　是指误差方差结构（**R** 结构）组分的数量。**R** 结构的每个组分之间相对独立，并且每个组分都可能有一个方差分量。在多环境试验中，每个地点对应一个组分。

c　是指定义 **R** 结构组分的子矩阵数量。取值为 1 时，表示每个 **R** 结构组分均定义为单一矩阵；取值为 2 时，表示每个 **R** 结构组分均为两个矩阵的乘积。第 3 章会介绍矩阵直积，第 7 章会介绍矩阵直积在定义复杂 **R** 结构中的用法。

g　是指后续代码需指定 **G** 结构的随机项数量。

如果 $s>0$，则 **R** 结构定义应首先紧随方差标题行之后，然后给出 **G** 结构定义。如果 s=0，则 c 必须等于 0，那么 **G** 结构定义就可直接列在方差标题行之后。

下文以代码示例 1.1 为例，示范 **R** 结构的定义。该例将生成与代码示例 1.2 几乎一样的模型拟合和运行结果，但使用方差标题行来指示残差结构仅由 1 个组分组成，且其是由单位矩阵乘以一个共同残差方差分量组成的，统计表达式为 $\varepsilon_i \sim N(0,\sigma_\varepsilon^2)$。

代码示例 1.3　使用方差标题行指定误差项和随机项的方差-协方差结构

(*Code 1-3_Variance header line.as*)

```
!OUTFOLDER V: \Book\Book1_Examples\ch01_asreml\outputfiles
Title: Pine_provenance. Variance header line
   treeid !A female !I male * prov !I block * plot * height diameter volume !*10
Pine_provenance.csv !SKIP 1 ! DOPATH 1

!PATH 1 # 1 个 R 结构,不指定 G 结构
height ~ mu prov !r  idv(female) block female.block
1 1 0    #方差标题行, s = 1, c = 1, g = 0
treeid 0 IDV !s2=2.7 #R 结构定义
!PATH 2 # 1 个 R 结构,不指定 G 结构
height ~ mu prov !r female*block
residual idv(units)
```

在子程序 1（PATH 1）里，使用方差标题行"1 1 0"来指定只有 1 个 **R** 结构，其定义为单一矩阵，但未指定任何特定 **G** 结构。**R** 结构定义行"treeid 0 IDV"有 3 个组分，具体如下：

Treeid 指定水平数能唯一标识误差效应因子。在代码示例 1.3 中，误差效应与 treeid 水平相一致。

0　指定 **R** 结构组分中误差效应的数量。在代码示例 1.3 中，可以填为 914，但 0 是便捷的，因为它告诉 ASReml 误差效应的数量与 **R** 结构定义第一个因子（此处为 treeid）的水平数一样，所以在编写代码时不必知道确切的水平数。

IDV　指定误差方差-协方差矩阵的形式，本例中指定为单位矩阵。

!s2=2.7 为误差方差分量提供初始值。本例中，初始值采用之前代码示例 1.2 分析已获得的方差分量估计值。实际操作中，用户可能需要猜测一个大致初始值。

模型 2（PATH 2）中，**R** 结构是明确的，就如 PATH 1 一样，但使用了函数规范功能（另一种语法）来定义 **R** 结构。

下文介绍了代码示例 1.1 模型中随机项 female 的方差-协方差结构的指定。下述示例

代码将再次产生与代码示例 1.2 一样的分析结果。我们使用了结构规范和函数规范来定义随机项 female 效应的 **G** 结构。

```
...
!PATH 3 #  指定 G 结构，不指定 R 结构
#  结构规范
height ~ mu prov !r female block block.female
0 0 1 #方差标题行，s = 0, c = 0, g = 1
female 1 #G 结构定义部分 1
female 0 IDV 0.2 #G 结构定义部分 2

!PATH 4 #指定 G 结构，不指定 R 结构
#  函数规范
height ~ mu prov !r  idv( female) block block.female
```

1.6　运行 ASReml 程序

当 ConTEXT 文本编辑器的内部系统变量设置正确时，如图 1.2 所示，就可通过 ConTEXT 向 ASReml 直接提交命令脚本，步骤如下：

- 用 ConTEXT 打开想要 ASReml 运行的程序文件(*.as*)；
- 按 F9 键或按钮 1 运行该程序文件(*.as*)；
- 屏幕显示残差图；
- 在对话窗口 Console(在 ConTEXT 窗口的底部)中检查程序的运行过程；
- 点击任意键结束程序运行。**不要点击 ConTEXT 左上角的×来关闭图形窗口，那样会取消程序运行。**

ASReml 可在 Windows、Linux 或 Mac 操作系统以最少的用户交互作为批处理运行。在 Windows 电脑上运行程序文件 *Pine_provenenance.as* 的命令行指令如下所示：

```
C:\ASReml>asreml  c:\myfolder\Pine_provenance.as
```

• 程序运行选项可在命令行或程序文件的首行中设置。如果在命令行设置程序运行选项，则它们可以与命令行相同的格式写成连接字符串。例如，下述命令行中，一组程序运行选项列在程序文件前。

```
C:\ASReml>asreml -h11r 1 2 3 4 Pine_provenance.as
```

• 它们由符号"-"和单字符组合，对大小写不敏感，所以上述例子中，也可写成-H11R 1 2 3 4。

• 本例中，命令行运行 *Pine_provenenance.as* 的 4 个子程序(1、2、3、4)，并对输出文件以程序文件名加上 1、2、3、4 的形式进行重命名(r)，设置交互图形设备(h)且阻止屏幕显示图形，同时生成 Windows 元文件图片(Metafiles, 11)。

• 程序运行选项如果在程序文件首行中设置，则方法如下：

```
! -h11r 1 2 3 4 # or !HARDCOPY !WMF !RENAME !ARGS 1 2 3 4
Title: Pine data
treeid
...
Pine_provenance.csv !SKIP 1 !DOPATH $A
```

然后，命令行就简单了：

```
C:\ASReml>asreml  c:\myfolder\Pine_provenance.as
```

如果限定符位于程序文件的起始处，则它们必须在一行上。不允许将它们扩展成两行，因为 ASReml 会把第二行视为程序标题，并出错。如果在命令行中有关于运行选项参数，则 ASReml 会忽略程序文件中的首行运行选项。关于程序运行选项的列表，请查看 ASReml 4.0 手册第 194 页。

当程序运行正确时，将会生成一系列前缀名相同(如 Pine_provenenance1)但后缀名不同(如*.asr*、*.sln*)的输出文件。在下述的“ASReml 输出文件”章节中将会详细介绍这些文件的内容。

1.7　ASReml 输出文件

开始运行 *Code 1-1_Corrected Pine_provenance.as* 文件，并检查输出文件***.asr***(主输出文件)。后缀名为*.asr* 的主输出文件是最重要的输出文件，它包含了数据、限定符、模型收敛情况、可能的错误、方差分量等信息。仔细阅读和检查该文件很重要。

下述是**主输出文件**的部分内容。

```
ASReml4.1 [28 Dec 2014] Title. Pine_provenance. Corrected job file
   Build lr [18 Mar 2015]     64 bit    Windows x64
 22 Nov 2015 14:14:32.608          32 Mbyte    01-1_Corrected Pine_provenance
 Licensed to: NCSU Cooperative Tree Improvement Program
 Your ASReml license expires in 8 days
 ****************************************************************
 * Contact support@asreml.co.uk for licensing and support                  *
 ************************************************************ ARG *
 !CSKIP   1       female  !!    prov      !!      block      !!
 height    diameter    volume !*10
 Note: 1 data fields will be skipped.
 ...

 Univariate analysis of height
 Summary of 914 records retained of 914 read

  Model term             Size #miss #zero   MinNon0     Mean        MaxNon0  StndDevn
   1 female                36     0     0         1    18.7287         36
  Warning: Fewer levels found in male  than specified
   2 male                   2     0   914         0     0.0000          0
   3 prov                   4     0     0         1     2.8282          4
   4 block                  5     0     0         1     2.9387          5
   5 plot                 240     0     0         1   115.8239        240
   6 height           Variate     0     0   4.000      10.48        15.20     1.794
   7 diameter                     0     0   5.000      18.31        31.20     4.398
   8 volume                       0     0 0.3000E-01   1.181        4.293    0.6611
   9 mu                              1
  10 block.female                  180   4 block       :    5    1 female          :    36
 Forming          226 equations:     5 dense.
 Initial updates will be shrunk by factor      0.316
 Notice:         1 singularities detected in design matrix.
```

通常先要检查数据的概况。"Size"栏显示因子的水平数，"#miss"是列变量缺失值的数量，"zero"是列变量数值为 0 的数量，"MinNon0"是列变量非零的最小值，"Mean"信息只对数值变量和协变量有用。

"Forming 226 equations: 5 dense."是指模型中需要估算的效应数量，本例中，方程组数=1 mu + 36 families + 5 blocks + 4 provenances + 180 plots = 226 组，"5 dense"是指固定效应的数量(1 mu + 4 provenances)。

"Notice: 1 singularities detected in design matrix"，在设计矩阵中检测到奇异值，是指无法唯一地估计全部 5 个固定效应。例如，我们不能从 4 个种源(provenances)均值来唯一地估算总体均值 mu 和 4 个种源效应(prov)，但可通过某种方式约束种源效应估计(如强制种源效应总和为零或固定某个种源效应值为零)，就可唯一地估算 mu 与每个种源效应值的线性组合。所以，在固定的种源效应中有 1 个奇异值。

```
1 LogL=-935.002     S2=  2.4765       910 df
2 LogL=-934.402     S2=  2.4939       910 df
3 LogL=-934.158     S2=  2.5138       910 df
4 LogL=-934.122     S2=  2.5276       910 df
5 LogL=-934.122     S2=  2.5270       910 df
6 LogL=-934.122     S2=  2.5270       910 df
```

上述展示了迭代求解混合方程组时每次迭代的似然对数值(Log*L*)和误差方差值(*S*2)。910 df 是指模型中随机部分可用的自由度值。REML 法在提取固定效应后，最大化随机部分的似然值(likelihood)。因此，此处 df 值不是指模型中误差或任何其他部分的自由度，而是 914 个观测值−种源自由度 3 df−均值自由度 1 df=910 df，即考虑固定效应后的剩余自由度。

如果估计方差分量的数目比较少，则在每次迭代时可能会看到模型中每个随机效应的 Gamma 值。Gamma 值通常是随机因子方差分量值与误差方差值的比值。对于含有很多方差组分的复杂模型，如同本例，每次迭代时就不会给出 Gamma 值。

```
          - - - Results from analysis of height - - -
 Akaike Information Criterion      1876.24 (assuming 4 parameters).
 Bayesian Information Criterion    1895.50

          Approximate stratum variance decomposition
 Stratum       Degrees-Freedom    Variance      Component  Coefficients
 block                  4.01       20.7243        162.8       0.1       3.4       1.0
 female                31.83       8.39947          0.0      25.6       5.2       1.0
 block.female         135.20       3.56543          0.0       0.0       5.3       1.0
 Residual Variance    738.96       2.52703          0.0       0.0       0.0       1.0

 Model_Term                             Gamma          Sigma     Sigma/SE    % C
 block                 IDV_V     5   0.425370E-01   0.107492       1.20     0 P
 female                IDV_V    36   0.749901E-01   0.189502       2.26     0 P
 block.female          IDV_V   180   0.782019E-01   0.197618       2.29     0 P
 units                         914  effects
 Residual              SCA_V   914    1.00000        2.52703      19.22     0 P
```

上述显示了方差分量估计值。这里对近似组分方差分解("Approximate stratum variance decomposition")部分不做解释，虽然读者可以看到模型随机部分的自由度总和等于 914。读者可能预期本分析中 female 项的自由度为 35，因此会对这部分内容感到困惑，但对于非 REML 专家应该可以忽略。

相反，读者应该关注底部，它们含有方差分量估计。这里再次给出了 Gamma 值，下一栏"Sigma"表示实际的方差分量。所以本例中，female 方差分量估计值为 0.189，误差方差估计值为 2.257。"Sigma/SE"栏是方差分量估计与其标准误的比值。如果一个因子有足够多的水平，则此值近似为 t 值，所以高于 2 的任何值在 $\alpha = 0.05$ 水平上都可能是显著的。然而，这只是一种粗略的经验法则。由于它对于水平数少的因子的判定能力有限，所以这种检验不能用于判定因子是否显著。关于模型效应显著性检验的细节，请查看第 2 章。"%"栏表示在最后两次迭代之间的方差分量变化率，如果这个值不小，则表明估计值在迭代过程中波动较大，最终估计值可能不稳定。最后一列"C"提供了方差分量估计值的约束条件。本例中，所有方差量值都被 REML 约束为正值("P")。其他约束指标包括"B"(对非常接近零临界的方差分量值，强制转换为非常小的正值以避免零方差分量阻碍后续迭代)和"U"(用于无约束的组分，如可是正值或负值的协方差分量)。

```
                                        Wald F statistics
    Source of Variation                 NumDF      DenDF     F-inc              P-inc
  9 mu                                      1        5.7   3566.99              <.001
  3 prov                                    3       32.0     10.01              <.001
Notice: The DenDF values are calculated ignoring fixed/boundary/singular
        variance parameters using algebraic derivatives.

                         Solution       Standard Error    T-value     T-prev
  3 prov
                    11   -1.66563         0.374134          -4.45
                    12   -0.623741        0.370135          -1.69       4.33
                    13   -1.22019         0.376989          -3.24      -2.43
  9 mu
                     1   11.5121          0.361992          31.80
  4 block                                 5 effects fitted
  1 female                               36 effects fitted
 10 block.female                        180 effects fitted
Finished: 30 Nov 2014 10:15:52.444   LogL Converged
```

.asr 文件的最后部分显示模型固定效应的结果。对于非平衡的混合模型，要得到近似分母自由度检验的固定效应是非常复杂的，不过 ASReml 提供了几种方法。默认方法具有计算时间最少的优点，但有时所提供的近似自由度可能不太准确。F-inc 和 P-inc 是来自模型中固定效应的增量拟合的 F 统计量和关联 p 值。读者应该意识到，模型中拟合项的顺序会影响这些 F 统计量，并且自由度计算的近似性质也可能导致不准确的 p 值。有兴趣获取准确和可靠的 F 检验的读者，可查阅 ASReml 手册(Gilmour et al., 2014)，细读有关 F 检验和自由度计算的各种方法。尤其是，限定符!FCON 提供特殊的条件检验，而!FOWN 则允许用户对指定的因子进行条件检验。

.asr 文件末尾是关于模型收敛情况的信息。查看信息"LogL Converged"，其表示模型收敛。如果模型未收敛，则分析可能需要更多的迭代来收敛；或者模型可能指定得不好，需要一些变动。

接下来查看**效应解文件(*.sln*)**。

该文件虽然没有标题行，但每列都有标识，具体如下：

```
Model_Term                  Level              Effect    seEffect
prov                          10                0.000       0.000
prov                          11               -1.666      0.3741
prov                          12              -0.6237      0.3701
prov                          13               -1.220      0.3770
mu                             1                11.51      0.3620
block                          1               0.3110      0.1855
block                          2               0.1268      0.1858
block                          3               0.2056      0.1858
block                          4              -0.2919      0.1867
block                          5              -0.3516      0.1878
female                       170              -0.1634      0.3433
...
```

BLUE 是固定效应的**最佳线性无偏估计**，**BLUP** 是随机效应的**最佳线性无偏预测**。需注意，第一个种源(水平代码 10)的效应被固定为 0，需要这个约束来避免上文提到的奇异值。block 和 female 的 BLUP 值是以 0 为中心的。

.yht 文件(预测值和残差值)

```
Record       Yhat     Residual        Hat
     1     11.425        1.075     0.2194
     2     11.425       -2.425     0.2194
     3     11.425      -0.7251     0.2194
     4     11.381       0.2188     0.2030
     5     11.381      -0.7812     0.2030
   ...
```

Record：观测值号；Yhat：**预测值**[Yhat=Xb+Zu]；Residual：**残差值**(观测值–预测值)；Hat：**帽子值**，即**帽子矩阵**(**hat matrix**)的对角线元素，这些值的大小表示数据点对拟合值的影响[**离群点**(**outlier**)具有较大的帽子值]。

.res 文件(残差统计，用于模型选择)

```
=== === === === Residual statistics for V:\Book\Book1_Examples\ch01_asreml\outputfiles/Code01-1_Corrected
 Pine_provenance.asr === === === ===

 Convergence sequence of variance parameters

 Iteration     1          2          3          4          5          6
 LogL   -935.002   -934.402   -934.158   -934.122   -934.122   -934.122
 Change %     22         24         17          1          0          0
 Adjusted      0          0          0          0          0          0
 StepSz    0.316      0.562      1.000      1.000      1.000      1.000
   3 G  0.100000   0.061854   0.047019   0.042197   0.042533   0.042537   0.042537     0.0
   4 G  0.100000   0.090260   0.080426   0.074692   0.074991   0.074990   0.074990     0.0
   5 G  0.100000   0.092618   0.084077   0.078013   0.078203   0.078202   0.078202     0.0

 Covariance \\ Variance \\ Correlation matrix from block.female                      [BLUPS]
 0.706E-01-0.198      -0.196E-01 0.161      -0.228
-0.114E-01 0.465E-01-0.446      -0.350      -0.100
-0.123E-02-0.229E-01 0.564E-01 0.100      -0.130
 0.711E-02-0.125E-01 0.393E-02 0.275E-01-0.221
-0.127E-01-0.454E-02-0.649E-02-0.770E-02 0.440E-01

...

 Plot of Residuals [    -5.2983      4.3232] vs Fitted values [      8.7152      12.2790] _RvE_1
        ---------------1---------1-------1-----1----------------
```

```
.                           1 1               1            .
.                  1                1111    11   1            .
.           1    1    1            111    1                .
.            1 1 3 1    3 3 1   2   2 11  2       1 1      .
.             11   121 11111 2    1    1122 2 1     1     1.
.      1  21   1 1 1 411 323 22 1  332223     2     2     1.
.1    11 1  4 1  2 312 1521913313   14 2 131 1      1      1
.   1 2  11 1    1 46 14224133247 1557 82343 21 2231       .
1   2 1 1   1 3 12 421 122341243221 63314 41 32 22331 2    2
11    2  11 1 31112611112665 322 22214 55353211  1 31 2   1.
-1-2111-1-211-23-3-61-32145347325-1-86132121113--2222-----11
.  21 3   2 212113 22 1 34*5321 2  491 4421  11   1 1     1.
1     3 1 111311 21 2 11243444422  24212 11122   1  1     1.
.   1     2   1    11  23314 4 3      31131 1 1    2  1    .
.    12 1 113  1 2 211212316112    13111133  11 1 1        .
1   1 1  11 3 12 1        11  334   13 1 1    1            .
11        1 1  111  1  213 211121   2   1 1 11             .
.1    2   1    1 1  1      2  1 1                 1        .
.    1      1  1   1 1 1 1         1 1     1               .
.      1 12    1        1        1      1 1                .
.     11             1      1        2    11               .
.                       1           1                      .
.                1 1   1  1                                .
----1-------------------------1-----------------------------
```

SLOPES FOR LOG(ABS(RES)) on LOG(PV) for Section 1
-1.16
SLOPES FOR LOG(SDi) on LOG(PVBari) for Section 1
-1.30

```
Histogram of RvE_1_A: MaxFreq 55, Range   -5.2983        4.3232
                            *
                            *
                            * *
                          * ***** **
                        * **********
                        *************
                    *   **************
                    *   **************
                   **  *************** **
               *   ** *******************
               * ************************ *
               ************************** **
      * *  * * *****************************
* ****************************************************
```

Min Mean Max -5.2983 -0.32456E-13 4.3232 omitting 0 zeros

该文件提供了残差值与预测值之间关系的首次可视化。这是一个有用的诊断工具，用于检查残差误差是否独立于预测值。如果读者看到误差随着预测值增加而加大，则说明可能需要数据转换。

其次是残差的直方图，可用于正态分布的判断。最后，以 STND RES 开头的行，报告了标准化残差比较大的数据点，它们可能是离群点，需要检查。本例中没有出现大的标准化残差，假设有一个，则输出将如下所示：

STND RES 47 5.2000 −3.73

其意思是，数据中的第 47 个观测值(它们在数据文件中的顺序)，树高为 5.2，模型拟合的标准化残差值为−3.73，因为它远低于基于区组效应、种源效应和母本效应的预期估计值。

***.aov* 文件**(ANOVA 和条件 *F* 检验)

该文件含有 ANOVA 和条件 *F* 检验的详细信息。用户所需的大部分信息已包括在*.asr* 文件中，所以这个输出主要是为了解更多关于拟合效应结果的细节。

```
This file reports details concerning the calculation and testing of the
           Wald F-statistics reported in the .asr file.

 Table showing the reduction in the numerator degrees of freedom
                    for each term as higher terms are absorbed.
  Source                  2  1
  1 mu                    4  1
  2 prov                  3

      Incremental Wald F statistics - calculation of Denominator degrees of freedom
 Source               Size NumDF   F-value  Lambda*F     Lambda    DenDF
 mu                      1     1 3566.9926 3566.9926     1.0000     5.7230
 prov                    4     3   10.0066   10.0066     1.0000    32.0240
```

***.vvp* 文件**(随机效应的协方差矩阵)

该文件含有*.asr* 文件中报告参数的近似方差-协方差。它用于被*.pin* 文件读取以计算参数线性组合(如表型方差、遗传力和相关)的标准误。该矩阵是按照*.asr* 文件中给出的参数(本例中为方差)顺序以行排列的下三角矩阵。

本例中，*.asr* 文件中方差组分顺序如下：

```
Model_Term                           Gamma         Sigma    Sigma/SE    % C
block                IDV_V     5  0.425370E-01  0.107492        1.20    0 P
female               IDV_V    36  0.749901E-01  0.189502        2.26    0 P
block.female         IDV_V   180  0.782019E-01  0.197618        2.29    0 P
units                        914 effects
Residual             SCA_V   914    1.00000      2.52703       19.22    0 P
```

***.vvp* 文件**如下：

```
Variance of Variance components        4
  0.808625E-02
  0.243998E-04  0.705259E-02
 -0.134800E-03 -0.137794E-02  0.743660E-02
 -0.371893E-04 -0.922963E-05 -0.328918E-02   0.172833E-01
```

第一行(0.808625E-02)是 block 方差分量的方差；第二行中，0.243998E-04 是 block 方差分量与 female 方差分量间的协方差，0.705259E-02 是 female 方差分量的方差；第三行中，–0.134800E-03 是 block 方差分量与 plot 方差分量间的协方差，依此类推。

***.rsv* 文件**(初始值重设)

.rsv 文件保存 ASReml 每次运行后的方差参数初始值，用户一般不用修改该文件。

```
227 6 3349 270
# This .rsv file holds parameter values between runs of ASReml and
# is not normally modified by the User.  The current values of the
# the variance parameters are listed as a block on the following lines.
# They are then listed again with identifying information
# in a form that the user may edit.
   0.000000       0.000000       0.4253697E-01  0.7499005E-01  0.7820191E-01   1.000000
RSTRUCTURE                  1    1    3
 VARIANCE                   1    1    0
```

```
   6, V, P,      1.0000000       0   0
 STRUCTURE                 914   0   0
block                                  1    1
   3, G, P,    0.42536968E-01   0   0
female                                 1    1
   4, G, P,    0.74990052E-01   0   0
block.female                           1    1
   5, G, P,    0.78201913E-01   0   0
```

例如，下述代码会运行 2 个模型(PATH 1 和 PATH 2)，并将运行号添加到基本文件来重命名每次运行的输出文件。第二个模型的输出文件*.asr*，会有一行信息："Notice: ReStartValues taken from testPine2.rsv"，其意思是每次从 *testPine2.rsv* 中获取初始值后继续运行程序。

```
!RENAME 1 ! ARGS 1 2 // !DOPATH $1
Title: Pine_provenance. Variance header line
 treeid !A female !I male * prov !I block !I plot !I height diameter volume

!PATH 1
Pine_provenance.csv !SKIP 1
height ~ mu prov !r female

!PATH 2
Pine_provenance.csv !SKIP 1 !CONTINUE !RSV
height ~ mu prov !r idv(female) block block.female
```

***.tsv* 文件**(初始值重设)

在程序初始运行后，***.tsv* 文件**就会被创建。它保存 ASReml 创建的方差初始值。如在数据文件后加上!CONTINUE 2 或!CONTINUE !TSV，则下次程序运行时就会调用*.tsv* 文件而不是*.rsv* 文件，作为参数的初始值。

```
# This .tsv file is a mechanism for resetting initial parameter values
# by changing the values here and rerunning the job with !CONTINUE 2.
# You may not change values in the first 3 fields
#                              or RP fields where RP_GN is negative.

# Fields are:
# GN, Term, Type, PSpace, Initial_value, RP_GN, RP_scale.

    3, "block", G, P,      0.10000000      ,      3,      1
    4, "female", G, P,      0.10000000      ,      4,      1
    5, "block.female", G, P,      0.10000000      ,      5,      1
    6, "Variance 1", V, P,      1.0000000      ,      6,      1

# Valid values for Pspace are F, P, U and maybe Z.
...

# Notice that this file is overwritten if not being read.
```

***.msv* 文件**(初始值重设)

每次迭代后，当前方差值就会存储在*.rsv* 文件和*.msv* 文件里。在***.msv* 文件**中很容易辨别每个方差参数。假如在数据文件后加上!CONTINUE 3 或!CONTINUE !MSV，则下次程序运行时就会调用*.msv* 作为参数的初始值。

```
# This .msv file is a mechanism for resetting initial parameter values
# by changing the values here and rerunning the job with !CONTINUE 3.
# You may not change values in the first 3 fields
#                          or RP fields where RP_GN is negative.

# Fields are:
# GN, Term, Type, PSpace, Initial_value, RP_GN, RP_scale.

   3, "block", G, P,    0.42536968E-01,     3,     1
   4, "female", G, P,    0.74990052E-01,     4,     1
   5, "block.female", G, P,    0.78201913E-01,     5,     1
   6, "Variance 1", V, P,     1.0000000     ,     6,     1

# Valid values for Pspace are F, P, U and maybe Z.
...

# Notice that this file is overwritten if not being read.
```

1.8　制表

TABULATE 语句提供了一种数据按组汇总的简单方法。下述示例中，如果程序名为 *Pine_provenance.as*，将每个 prov 水平的 height 描述性统计写入输出文件 *Pine_provenance.tab*。

```
Title. Example of TABULATE
treeid !A female !I male * prov !I block !I plot !I height diameter volume
Pine_provenance.csv !SKIP 1
TABULATE height ~ prov !STATS !DECIMAL 1
height ~ mu prov !r block female block.female
```

.tab 文件输出如下：

```
Title. Pine_provenance. Corrected job file
                    Simple tabulation of height

   prov              Mean  StandDevn    Minimum    Maximum Count
     10              11.5        1.3        7.3       14.2    77
     11               9.9        1.9      204.0       14.9   267
     12              10.9        1.6        5.2       15.2   306
     13              10.3        1.8        5.1       14.7   264
```

• TABULATE 后面可以接多个因变量：

TABULATE height volume ~ prov !STATS

• 可对多个因子请求单独的汇总统计：

TABULATE height ~ prov block !STATS

• !COUNT 输出频数和均值：

TABULATE height ~ prov !COUNT

• !SD 输出标准差：

TABULATE height ~ prov !SD

• !STATS 限定符包括!COUNT、!SD 和!RANGE 的结果：

TABULATE height ~ prov !STATS

• !DECIMAL 控制小数点位数：

TABULATE height ~ prov !STATS ! DECIMAL 1

1.9　预测

如上文所述，制表是按组汇总数据。如果数据不平衡，不同组的均值之间可能无法直接比较，因为均值可能受模型中其他因子的不同影响。因此，制表是有用的数据汇总分析，但不太适合于在因子水平之间进行比较。而预测值适用于做这种比较，因为它们针对所有模型因子进行了校正，所以更具可比性。我们可以同时请求对固定因子和随机因子进行预测，如下所示：

```
Title. Example of prediction
   treeid !A   female !I   male * prov !I   block !I   plot !I   height diameter volume
Pine_provenance.csv !SKIP 1

height ~ mu prov !r female block
predict prov
predict prov female !present prov female
```

读者可以使用多个预测语句来获取固定效应因子和随机效应因子的预测值。对于母本效应，需要使用!present prov female，以便只从实际存在的 family×prov 组合中得到预测值。如果仅使用 predict prov female，将会得到一个超级大数据表，即所有 36 个 female 与每个 prov 组合(4×36 = 144 个组合)的预测值，这种预测没有意义。

预测值保存在后缀***.pvs*** 文件中。

```
Title. Pine_provenance. Corrected job file                    22 Nov 2015 19:44:24
                                                                   cted Pine_provenance

 Ecode is E for Estimable, * for Not Estimable

 The predictions are obtained by averaging across the hypertable
           calculated from model terms constructed solely from factors
           in the averaging and classify sets.
 Use !AVERAGE to move ignored factors into the averaging set.

 ---- ---- ---- ---- ---- ----     1    ---- ---- ---- ---- ---- ----
 Predicted values of height
 The ignored set: block female

           prov     Predicted_Value Standard_Error  Ecode
             10             11.5121         0.3620     E
             11              9.8464         0.2279     E
             12             10.8883         0.2213     E
             13             10.2919         0.2326     E
 SED: Overall Standard Error of Difference       0.3162

 ---- ---- ---- ---- ---- ----     2    ---- ---- ---- ---- ---- ----
 Predicted values of height
 The ignored set: block
 Warning:      108     non-estimable [empty] cell(s) may be omitted from the table.

           prov           female       Predicted_Value Standard_Error  Ecode
             10              170               11.3487         0.3560     E
             10              191               11.4295         0.3392     E
             10              192               11.7580         0.3498     E
            ...
             13              247                9.3855         0.3246     E
             13              251               10.7942         0.3267     E
```

```
         13              252            10.6467         0.3275     E
         13              253            10.0984         0.3320     E
SED: Overall Standard Error of Difference    0.4142
```

读者可能注意到，prov 预测值与制表命令的均值非常相似，但并不完全相同。预测值是 prov 效应的**最佳线性无偏估计（best linear unbiased estimate，BLUE）**。female 效应的预测值称为**最佳线性无偏预测（best linear unbiased predictor，BLUP）**，因为它们是随机效应。这些概念的区别将在第 2 章中详细介绍。"SED: Overall Standard Error of Difference"是指所有可能组合间差异的平均标准误，它可作为检验特定差异显著性的大致准则。

1.10　单一程序多个模型

限定符!CYCLE、!DOPATH、!ARGS 和!RENAME 为用户提供了一个程序文件可以包含多个模型或不同性状或部分数据集的分析，并控制 ASReml 如何处理程序的不同部分和生成输出文件。

1.10.1　限定符!CYCLE 的使用与输出组合

作为示例，假定一个重复试验，测量每棵树的 height（树高）、DBH（胸径）和 volume（材积）。我们可以写 3 个独立的*.as* 文件分别分析这 3 个性状，或者把这 3 种分析组合成单一*.as* 文件，它将生成一组包含所有 3 种分析结果的输出文件，这需要在*.as* 文件顶行，即在标题行前使用限定符**!CYCLE**，示范如下：

代码示例 1.4　使用限定符!CYCLE 进行多种分析示例（*Code 1-4_CYCLE qualifier.as*）

```
!CYCLE height diameter volume
Title: Example of using CYCLE qualifier
 treeid !A female !I male *   prov !I block !I plot !I height diameter volume
Pine_provenance.csv !SKIP 1
$I ~ mu !r block*female
```

请注意模型公式：模型中因变量不是写成如"height"的特定性状名，而是写成"$I"。这指示列在!CYCLE 之后的因变量应当插入到程序中，因此 ASReml 取出列在!CYCLE 之后的第一个变量，本例中是"height"，并插入到模型公式中，再对"height"数据进行模型拟合。然后 ASReml 代入所列的第二个变量"diameter"，并对"diameter"数据进行模型重拟合，依此类推。这种方式类似一些编程语言或 SAS 的宏工具。

本例中，不同性状分析结果在相关输出文件中组合在一起。例如，生成的单一*.asr* 文件，含有这 3 个性状的分析结果。*.asr* 文件部分结果如下：

```
ASReml 4.1 [28 Dec 2014] Title: Code example 1.4: Example of using CYCLE qualifier
...
Cycle 1 value is height
Univariate analysis of height
...
           - - - Results from analysis of height - - -
 LogL:      LogL   Residual            NEDF   NIT Cycle Text
 LogL: -941.67     2.53118              913      6 height "LogL Converged"
 Akaike Information Criterion        1891.34 (assuming 4 parameters).
 Bayesian Information Criterion      1910.61
```

```
...
Model_Term                          Gamma        Sigma    Sigma/SE   % C
 block          IDV_V     5  0.414920E-01  0.105024       1.19    0 P
 female         IDV_V    36  0.175159      0.443359       3.16    0 P
 block.female   IDV_V   180  0.759541E-01  0.192253       2.24    0 P
 Residual       SCA_V   914  1.00000       2.53118       19.21    0 P
...
Finished: 14 Jul 2015 16:40:06.002    LogL Converged
...
Cycle 2 value is diameter
Univariate analysis of diameter
...
            - - - Results from analysis of diameter - - -
 LogL:-1789.00    16.9107          913     6 diameter "LogL Converged"
 Akaike Information Criterion      3586.00 (assuming 4 parameters).
 Bayesian Information Criterion    3605.27
...
Model_Term                          Gamma        Sigma    Sigma/SE   % C
 block          IDV_V     5  0.931124E-02  0.157459       0.82    0 P
 female         IDV_V    36  0.102997      1.74176        2.82    0 P
 block.female   IDV_V   180  0.392224E-01  0.663277       1.33    0 P
 Residual       SCA_V   914  1.00000       16.9107       19.24    0 P
...
Finished: 14 Jul 2015 16:40:06.891    LogL Converged
...
Cycle 3 value is volume
Univariate analysis of volume
...
            - - - Results from analysis of volume - - -
 LogL:  -52.43   0.373735          913     7 volume "LogL Converged"
 Local CYCLE LogL Peak at CYCLE:    3 volume LogL:    -52.43 Deviance: 3473.14
 Akaike Information Criterion       112.86 (assuming 4 parameters).
 Bayesian Information Criterion     132.12...
Model_Term                          Gamma        Sigma    Sigma/SE   % C
 block          IDV_V     5  0.216182E-01  0.807949E-02  1.08    0 P
 female         IDV_V    36  0.116894      0.436872E-01  2.93    0 P
 block.female   IDV_V   180  0.423567E-01  0.158302E-01  1.43    0 P
 Residual       SCA_V   914  1.00000       0.373735     19.25    0 P
...
Finished: 14 Jul 2015 16:40:07.698    LogL Converged
```

限定符!CYCLE 不一定要放在程序文件的顶部，也可以单独一行放在数据文件之后、模型公式之前的位置，示范如下：

```
Title: Example of using CYCLE qualifier
 treeid !A female !I male *    prov !I block !I plot !I height diameter volume
Pine_provenance.csv !SKIP 1
!CYCLE height diameter volume
$I ~ mu !r block*female
```

这可生成相同的结果。

我们还可以通过!CYCLE 和**!DOPATH** 组合的方式来分析同一程序中的不同模型。我们在同一程序文件中编写不同模型，用!PATH i 来标示每个模型 i 的开始。可通过在数据文件后使用!DOPATH i 来选择运行当前程序中的哪个模型。将此语法与限定符!CYCLE 相结合，可以让我们循环多种分析，每次选择不同的部分("PATH")。例如，我们想在单一程序中拟合 3 个不同的模型，我们可以在*.as* 文件顶行标注!CYCLE 1:3(或者等效地，!CYCLE 1，2，3)，然后在数据文件指定后使用限定符!DOPATH $I。这将使得$I 依次被列在!CYCLE 之后的变量替代。在本例中，它将依次运行 3 种分析，指定"DOPATH 1"，然后是"DOPATH 2"，最后是"DOPATH 3"。

代码示例 1.5 使用限定符!CYCLE 和!DOPATH 进行多种分析
(*Code 1-5_CYCLE and DOPATH qualifier.as*)

```
!CYCLE 1:3
Title: Example of using CYCLE and DOPATH qualifiers
 treeid !A female !I male *   prov !I block !I plot !I height diameter volume
Pine_provenance.csv !SKIP 1 !DOPATH $I
!PATH 1 # 无区组效应
height ~ mu prov !r female
!PATH 2 # 区组效应
height ~ mu prov !r block female
!PATH 3 # 区组效应和小区效应
height ~ mu prov !r block*female
```

同样，3 种分析的输出组合到一组输出文件中。例如，部分*.asr* 文件如下：

```
...
QUALIFIER: !DOPART 1 is active
 Cycle 1 value is 1
 Reading G:\Users\yzhlin\Desktop\myworks\data\Pine_provenance.csv  FREE FORMAT skipping     1 lines

 Univariate analysis of height
 Summary of 914 records retained of 914 read
...
          - - - Results from analysis of height - - -
 LogL:     LogL   Residual          NEDF   NIT Cycle Text
 LogL: -947.87    2.77622            910     6 1 "LogL Converged"
 Akaike Information Criterion      1899.73 (assuming 2 parameters).
 Bayesian Information Criterion    1909.36
...
Model_Term                          Gamma          Sigma    Sigma/SE   % C
 female              IDV_V    36  0.795930E-01  0.220967       2.67   0 P
 Residual            SCA_V   914   1.00000       2.77622      20.95   0 P
...
Finished: 14 Jul 2015 16:53:34.961    LogL Converged
...
QUALIFIER: !DOPART 2 is active
 Cycle 2 value is 2
...
 Univariate analysis of height
 Summary of 914 records retained of 914 read
...
          - - - Results from analysis of height - - -
 LogL: -937.89    2.68806            910     6 2 "LogL Converged"
  Akaike Information Criterion      1881.78 (assuming 3 parameters).
  Bayesian Information Criterion    1896.22
 ...
 Model_Term                          Gamma          Sigma    Sigma/SE   % C
  block               IDV_V     5  0.403228E-01  0.108390       1.24   0 P
  female              IDV_V    36  0.831129E-01  0.223412       2.71   0 P
  Residual            SCA_V   914   1.00000       2.68806      20.91   0 P
 ...
 Finished: 14 Jul 2015 16:53:35.633    LogL Converged
 ...
 QUALIFIER: !DOPART 2 is active
  Cycle 3 value is 3
 ...
  Univariate analysis of height
  Summary of 914 records retained of 914 read
 ...
```

```
              - - - Results from analysis of height - - -
 LogL: -934.12     2.52703          910     6 3 "LogL Converged"
 Local CYCLE LogL Peak at CYCLE:     3 3 LogL:   -934.12 Deviance:    27.49
 Akaike Information Criterion       1876.24 (assuming 4 parameters).
 Bayesian Information Criterion     1895.50
...
Model_Term                              Gamma         Sigma    Sigma/SE   % C
 block                 IDV_V     5  0.425370E-01  0.107492       1.20   0 P
 female                IDV_V    36  0.749901E-01  0.189502       2.26   0 P
 block.female          IDV_V   180  0.782019E-01  0.197618       2.29   0 P
 Residual              SCA_V   914   1.00000       2.52703      19.22   0 P
...
Finished: 14 Jul 2015 16:53:35.633     LogL Converged
```

在刚刚给出的例子中，我们在循环操作的每次迭代中进行了一次替代。例如，我们改变了要分析的性状，或者我们改变了每次要分析的子程序。我们可以在每次循环步骤中组合多达四个替代，以便更加灵活地在单一程序文件中组合多种分析。这可通过在程序文件中使用$I、$J、$K 和$L 作为程序中第一个至第四个要替代的字符串的保留名来实现。然后，我们提供一个替换列表放在!CYCLE 限定符之后，以便在每个循环步骤中使用。对于此循环中的特定步骤，在!CYCLE 之后列出用分号(;)隔开的$I、$J、$K 和$L 的替代字符串，然后再用空格隔开这些替代以示其他循环步骤。

例如，我们可以编写单一程序文件，它将对 3 个性状的每个性状组合拟合 3 个不同模型，即组合刚刚演示的两种方法。为此，我们将使用$I 来指示模型公式中待分析的性状，使用$J 来指示要执行的程序路径。然后，我们把性状与路径的所有 9 个组合以下述格式列在!CYCLE 之后：height;1 height;2 height;3 diameter;1 . . . volume;3。在第一个循环步骤中，程序将在程序文件中把所有找到的$I 替代为 height，把所有找到的$J 替代为 1。在最后一个循环步骤中，程序将把$I 替代为 volume、把$J 替代为 3。分析结果将组合到共有的输出文件中。下述是实现这种示例的程序文件：

代码示例 1.6　限定符 CYCLE 具有 2 次替代的示例(*Code 1-6_CYCLE with two substitutions.as*)

```
!CYCLE height;1 height;2 height;3 diameter;1 diameter;2 diameter;3    volume;1 volume;2 volume;3
Title: Example of CYCLE with two substitutions
  treeid !A female !I male *    prov !I block !I plot !I height diameter volume
Pine_provenance.csv !SKIP 1 !DOPATH $J
!PATH 1 #无区组效应 block
$I ~ mu prov !r female
!PATH 2 #区组效应 block
$I ~ mu prov !r block female
!PATH 3 #区组效应 block 和种源效应 provenance
$I ~ mu prov !r block*female
```

现在我们将 9 种分析组合到每组输出文件中。在*.asr* 输出文件中，显示了不同的循环步骤和每个步骤的替代。由上述示例程序生成的*.asr* 文件将有 9 个部分，下面展示了每个循环输出的第一部分。

```
...
QUALIFIER: !DOPART 1 is active
  Cycle 1 value is height
...
QUALIFIER: !DOPART 2 is active
  Cycle 2 value is height
...
```

```
QUALIFIER: !DOPART 3 is active
  Cycle 3 value is height
...
QUALIFIER: !DOPART 1 is active
  Cycle 4 value is diameter
...
QUALIFIER: !DOPART 2 is active
  Cycle 5 value is diameter
...
QUALIFIER: !DOPART 3 is active
  Cycle 6 value is diameter
...
QUALIFIER: !DOPART 1 is active
  Cycle 7 value is volume
...
QUALIFIER: !DOPART 2 is active
  Cycle 8 value is volume
...
QUALIFIER: !DOPART 3 is active
  Cycle 9 value is volume
```

1.10.2　限定符!ARGS 和!RENAME 的使用与结果独立

读者可能希望创建单独的输出文件，每个文件都有一个名称，用于指示某个性状或模型的分析结果。这可通过限定符**!ARGS** 和**!RENAME** 来完成，而不是!CYCLE。不同于之前!CYCLE 使用$I 至$L 指示替代的变量，!ARGS 使用的是$A 或$1，示例如下：

代码示例 1.7a　对不同性状使用限定符!ARGS 和!RENAME
(*Code 1-7a_ARGS and RENAME qualifiers.as*)

```
!ARGS height diameter volume !RENAME !OUTFOLDER V: \Book
Title: Example of using ARGS and RENAME qualifiers
  treeid !A female !I male !I prov !I block !I plot !I    height diameter volume !*10
Pine_provenance.csv !SKIP 1
$A ~ mu prov !r block*female
```

上述代码运行后，将创建 3 组输出文件。例如，它创建 3 个*.asr* 文件，每个文件名包含该分析步骤中替代$A 的字符串。因此，本例中，如果我们把*.as* 程序文件命名为*Pine.as*，则*.asr* 文件名自动命名为 *Pineheight.asr*、*Pinediameter.asr* 和 *Pinevolume.asr*。每个*.asr* 文件只含有其对应步骤中被替代到模型中的性状分析结果。

我们可以使用相同的技巧来分析单一性状的几个不同模型，并对输出文件重命名以对应于所分析的模型：

代码示例 1.7b　对不同模型使用限定符!ARGS 和!RENAME
(*Code 1-7b_ARGS and RENAME qualifiers.as*)

```
!ARGS 1 2 3 !RENAME #必须指定 1 2 3，而不是 1:3
Title: Example of using ARGS and RENAME qualifiers
treeid !A female !I male !I prov !I block !I plot !I    height diameter volume !*10
Pine_provenance.csv !SKIP 1 !DOPATH $1
!PATH 1 #无区组效应 block
height ~ mu prov !r female
!PATH 2 #区组效应 block
height ~ mu prov !r block female
!PATH 3 #区组效应 block 和种源效应 provenance
height ~ mu prov !r block*female
```

假如上述程序命名为 *Pine.as*，则输出的*.asr* 文件将命名为 *Pine1.asr*、*Pine2.asr* 和 *Pine3.asr*。

!ARGS 也可用于每次运行中多次替代，但它在这方面的运作有别于!CYCLE。类似于$I、$J、$K 和$L 与!CYCLE 一起使用来指示程序的多个字符串替代，我们可以使用$A、$B、$C 等或$1、$2、$3 等与!ARGS 组合来实现类似操作(但仅能使用字母名称或数字名称，用户不能在同一程序中混合和匹配这两种方式)。**重要的是，与!CYCLE 不同，对于!ARGS 和!RENAME，我们只能将其中一个参数替代为不同值。**

我们以一个例子来解释。例如，我们想使用!ARGS 和!RENAME 同时替换同一个程序多种 ASReml 分析中每次分析的路径值和性状名，但无法像之前给出的!CYCLE 那样循环分析性状和路径的每个组合。然而，我们可以循环两个变量中的一个，但仍将性状名和路径值同时包含在输出文件名中，这样便于清晰地标识一系列 ASReml 分析生成的输出文件。下述例子中，使用$1 和$2 表示程序中替代变量的位置。我们只能使用$1 替代一个变量，但$2 能替代多个变量。因此，代码!ARGS 1 height diameter volume 表示，在每次运行后续代码中的第一个字符 1 被替代为$1，并在不同运行中将替代为 height、diameter、volume。然后在同一行中加入!RENAME 2，表示将在输出文件名中使用两个不同的变量替代。

代码示例 1.7c　使用!ARGS 和!RENAME 重命名输出文件(*Code 1-7c_ARGS and RENAME qualifiers.as*)

```
!ARGS 1 height diameter volume !RENAME 2
Title: Example of using ARGS and RENAME qualifiers
treeid !A female !I male !I prov !I block !I plot !I    height diameter volume !*10
Pine_provenance.csv !SKIP 1 !DOPATH $1
!PATH 1#无区组效应 block
$2~ mu prov !r female
!PATH 2 #区组效应 block
$2~ mu prov !r block female
!PATH 3 #区组效应 block 和种源效应 provenance
$2~ mu prov !r block*female
```

上述程序将生成 3 个输出文件。如果程序名为 *Pine.as*，则输出的*.asr* 文件名将命名为 *Pine1_height.asr*、*Pine1_diameter.asr* 和 *Pine1_volume.as*r，其中每个文件名中的 1 是指第一个变量替代(PATH 1)，同时分析的性状也显示在文件名中。本例中，对于每个性状，只有 PATH 1 的模型被运行。我们可以将顶行代码变换为!ARGS 2 height diameter volume !RENAME 2，来生成每个性状对应于 PATH 2 的模型的 3 个新结果。

我们可以延伸这种思路，为输出文件名增加第三个字符串，示范如下：

代码示例 1.7d　使用!ARGS 和!RENAME 重命名 3 个变量的输出文件
(*Code 1-7d_ARGS and RENAME qualifiers.as*)

```
!ARGS 1 female height diameter volume !RENAME 3
Title: Example of using ARGS and RENAME qualifiers
treeid !A female !I male !I prov !I block !I plot !I    height diameter volume !*10
Pine_provenance.csv !SKIP 1 !DOPATH $1
!PATH 1 #no block effect
$3 ~ mu prov !r $2
```

上述代码将生成一组*.asr* 输出文件，标记为 *Pine1_female_height.asr*、*Pine1_female_* *diameter.asr* 和 *Pine1_female_volume.asr*，每个文件名包含路径 1 模型，并把随机因子 female 拟合为模型的唯一随机因子。请注意，现在必须使用!RENAME 3 来表示前两次替代后剩余的字符串将被用于循环中迭代替换运行程序的$3。

1.10.3　限定符!ARGS 和!CYCLE 的组合使用

最后，我们联合!ARGS 和!CYCLE 来组合循环一些字符串，并根据参数将输出部分与输出文件重命名连接起来。在每个步骤中，!ARGS 定义**外循环(outer loop)**，!CYCLE 作为**内循环(inner loop)**运行。想想上文单一程序如何使用!CYCLE 运行 3 个性状和 3 个模型的 9 组分析：

```
!CYCLE height;1 height;2 height;3 diameter;1 diameter;2 diameter;3 volume;1 volume;2 volume;3
```

也许我们希望根据分析的性状来分离和命名输出文件，将特定性状的 3 个模型结果组合到一起。这可通过使用!ARGS 定义性状的外循环和!CYCLE 定义模型(PATH)的内循环来实现。回顾一下，!CYCLE 使用$I 至$L 来控制字符串替代的位置，而!ARGS 则使用$A 至$H(或$1 至$9)来标识替代的位置，示范如下：

代码示例 1.7e　使用限定符!ARGS 和!CYCLE 连接多模型的输出，并根据性状分离和命名输出文件名(*Code 1-7e_ARGS and RENAME qualifiers.as*)

```
!ARGS height diameter volume !RENAME !CYCLE 1:3
Title: Example of CYCLE with two substitutions
 treeid !A female !I male !I prov !I block !I plot !I    height diameter volume !*10
Pine_provenance.csv !SKIP 1 !DOPATH $I
!PATH 1 # no block effect
$A ~ mu prov !r female
!PATH 2 # block effect
$A ~ mu prov !r block female
!PATH 3 # block and provenance effects
$A ~ mu prov !r block*female
```

上述程序将生成 3 组结果文件。如果程序名为 *Pine.as*，则*.asr* 文件将命名为 *Pine_height.asr*、*Pine_diameter.asr* 和 *Pine_volume.asr*。每个*.asr* 文件将含有文件名标识的性状 3 个模型的分析结果。

使用限定符!ARGS 和!CYCLE 的替代也可以在命令行中执行，而不是在*.as* 文件里。这便于 ASReml 进行批量分析，或者作为其他软件的子程序(如用户可编写 R 程序来执行一系列 ASReml 分析)。

1.11　方差分量的线性组合

读者可通过*.asr* 文件中的方差分量计算其线性组合，诸如表型方差、方差组分比值和遗传力等。利用**差异法(Delta method)**，*.vvp* 文件里方差分量估计的方差和协方差可用于估算方差分量函数的近似标准误差(Lynch and Walsh, 1998；Holland et al., 2003)。

使用 VPREDICT !DEFINE 语句，就可获得方差的线性组合或比值。在线性模型后添加 VPREDICT !DEFINE，示范如下：

代码示例 1.8 方差分量的线性组合(*Code 1-8_Heritability.as*)

```
Title: Pine_provenance. PIN file
 treeid !A female !I male !I prov !I block !I plot !I    height diameter volume !*10
Pine_provenance.csv !SKIP 1 !DOPATH 1
!PATH 1
height ~ mu prov,          # 指定固定效应
!r idv( female) *block     # 指定随机效应
residual idv(units)
VPREDICT !DEFINE
F GenVar idv(female) *4.0      # idv(female)组分乘以 4
F PhenVar idv(female) + idv(female) .block + idv(units) #  表型方差
H h2 GenVar PhenVar   #  遗传力，基因型方差除以表型方差
```

代码中的粗体阴影部分显示了如何使用限定符 VPREDICT !DEFINE 估算方差分量的函数。这个限定符会根据*.as* 文件产生同名文件，但后缀为*.pin*。当运行*.as* 文件时，***.pin* 文件**也会被执行估算方差组分函数，并将结果输出到*.pvc* 文件中。

或者，如果需要，用户也可直接创建*.pin* 文件，与*.as* 文件名同名或不同名均可。*.pin* 文件能独立运行。

!PIN 定义的每一行都有 3 个成分：*Letter*(字母)，*Label*(标签)，*Coefficients*(系数)。

(1) Letter(字母)必须从第一个字段开始，Letter 之前不能有空格：

- **F** 用于计算方差组分的线性组合，如+、*；
- **H** 用于计算比值，即遗传力及其标准误；
- **R** 用于计算相关及其标准误；
- **S** 用于获取平方根；
- **V** 用于 CORUH 或 XFA 相应结构的方差组分转换为 US 结构的组分。

(2) Label(标签)

用于函数的用户定义名，须小于 8 个字符，否则会出错。

(3) Coefficients(系数)

线性函数的参数/系数列表，指定*.asr* 文件里的相关方差组分用于函数定义。

方差组分的线性组合运算，示范如下：

F GenVar 1*4.0	表示建立一个线性函数 **GenVar**(其等于估计的加性遗传方差)，具体为*.asr* 文件中第一个方差组分(female 方差)，乘以 4。
F PhenVar 1+2	估计名为 **PhenVar** 的项，即表型方差，具体为*.asr* 文件中方差组分 1 加上方差组分 2，即*.asr* 文件中第一个组分(家系方差)和第二个组分(误差方差)的和。
H h2 3 4	估算方差组分比值，命名为 h2，为第 3 项与第 4 项的比值。这是遗传力估算，因为本例中第 3 项为加性遗传方差，第 4 项为表型方差，这些项是在*.as* 文件的两个组分之后按顺序定义的。

或者可以使用随机项名：

F GenVar idv(female) *4.0	*.asr* 文件里的 idv(female)方差乘以 4。这种语法更好，因为*.asr* 文件的方差组分顺序会变化。
F PhenVar idv(female) +idv(units)	对*.asr* 文件里名为 idv(female)和 idv(units)的两个方差求和来计算表型方差。

H　h2　GenVar　PhenVar	对之前在 Vpredict 部分定义的 GenVar 和 PhenVar 两个组分求比值以计算遗传力。

结果报告在 *Pine_provenance.pvc* 文件里：

```
ASReml 4.1 [28 Dec 2014] Title: Heritability and functions
           Code01-8_Heritability.pvc created 30 Nov 2018 13:12:39.518

          - - - Results from analysis of height - - -

  1 block                                   V     5      0.107492        0.895767E-01
  2 idv(female)                             V    36      0.189502        0.838504E-01
idv(units)                   914 effects
  3 idv(units);Residual                     V   914       2.52703        0.131479
idv(female).block            180 effects
  4 idv(female).block;idv(female)           V     1      0.197618        0.862961E-01
  5 GenVar   2                0.75801     0.33592
  6 PhenVar   3                2.9141     0.14973
    Herit        = GenVar      5/PhenVar    6=          0.2601     0.1099
Notice: The parameter estimates are followed by
          their approximate standard errors.
```

估算的加性方差为 0.758，近似标准误差为 0.3359；表型方差为 2.9141，标准误差为 0.1497；遗传力为 0.26，标准误差为 0.11。

（林元震　译，姜　鹏　林元震　校）

第 2 章 线性混合模型概述

2.1 摘要

本章将介绍线性混合模型分析的基本概念和矩阵代数方法。对基于普通最小二乘法的传统方差分析法(ANOVA)比较熟悉的读者来说，我们首先回顾 ANOVA，并对 ANOVA 和混合模型分析进行比较，借此引入本章主题。在一定条件下，ANOVA 和混合模型分析的结果基本相同，但当数据不平衡或者想要放宽方差分析的某些假设时，混合模型分析更有优势。本章侧重于试验数据集的假设检验与估计，以展示这些分析是如何利用不同方法和不同软件包执行的。混合模型分析涉及的数学模型，本章只介绍一小部分，更多详细的混合模型理论将在后续章节中介绍。读者如果对数学模型的处理细节感兴趣，可查阅文献(Sorensen and Gianola，2007)。关于平衡和非平衡数据方差分析的更多细节，可查阅文献(Rawlings et al.，2001；Milliken and Johnson，2004)。

2.2 混合模型与传统方差分析的比较

示例数据(*maizerils.csv*)是通过测试 62 个**重组自交系(recombinant inbred line，RIL)**子代获得的，这些子代是玉米自交系‘B73’和‘Mo17’的杂交后代。在 4 个地点开展试验，试验设计均为随机区组设计，2 次重复，每个试验单位(小区)种植 20 株 RIL。每个小区内选择 5 株植株的平均株高作为本试验的因变量。实际数据集中缺失的一些数据采用模拟数据填充，以创建一份用于演示的平衡数据集。

location	rep	block	plot	RIL	pollen	silking	ASI	height
ARC	1	1	1	RIL-53	74	77	3	184.8
ARC	1	1	2	RIL-40	75	75	0	225.2
ARC	1	1	4	RIL-41	74	74	0	174.4
ARC	1	1	5	RIL-28	69	71	2	147.6
ARC	1	1	6	RIL-11	69	71	2	181.6

location	子代测试地点
rep	重复编号
block	区组编号，每个地点有两个区组
plot	小区编号
RIL	重组自交系 ID
pollen	到散粉期的天数
silking	到吐丝期的天数
ASI	开花吐丝间隔时间(吐丝期—散粉期)
height	每个小区里 5 株植株的平均株高

这个试验的线性模型是

$$y_{ijk} = \mu + L_i + B(L)_{ij} + G_k + \mathrm{GL}_{ik} + \varepsilon_{ijk} \tag{2.1}$$

其中，μ 是总体均值；L_i 是第 i 个地点效应；$B(L)_{ij}$ 是第 i 个地点内第 j 个区组的效应(重复效应)；G_k 是第 k 个基因型效应(RIL 效应)；GL_{ik} 是第 i 个地点与第 k 个基因型互作效应；ε_{ijk} 是小区残差效应(试验误差)，包括第 i 个地点内第 j 个区组里第 k 个基因型的效应。假设除总体均值外，其他所有的效应均为随机的。

2.2.1　平衡数据——SAS Proc GLM 方差分析

参照文献(Steel et al.，1997)，在线性模型分析前，可用数据集中因子名称("rep"表示区组、"RIL"表示基因型)列出本试验的方差分析表。其中，n_l 表示试验点数量；n_b 表示每个试验点区组(重复)数量；n_g 表示基因型数量(RIL 数量)。

变异来源	自由度 df	期望均方
Location (L)	n_l-1	$\sigma_\varepsilon^2 + n_b\sigma_{GL}^2 + n_g\sigma_{B(L)}^2 + n_b n_g \sigma_L^2$
Rep(Location) (B)	$(n_b-1)\ n_l$	$\sigma_\varepsilon^2 + n_g\sigma_{B(L)}^2$
RIL (G)	n_g-1	$\sigma_\varepsilon^2 + n_b\sigma_{GL}^2 + n_b n_l \sigma_G^2$
RIL*Location (GL)	$(n_g-1)\ (n_b-1)$	$\sigma_\varepsilon^2 + n_b\sigma_{GL}^2$
Error	$(n_g-1)\ (n_b-1)\ n_l$	σ_ε^2
Total	$n_l n_b n_g-1$	

可以采用 SAS Proc GLM 模块①进行传统方差分析(**analysis of variance，ANOVA**)，具体代码如下。

代码示例 2.1　对玉米 RIL 数据进行普通最小二乘 ANOVA 的 SAS GLM 程序
(*Code2-1 ANOVA with SAS GLM procedure.sas*)

```
/* 输入数据 */
proc import out= work.maize_rils
 datafile= "maizerils.csv"
dbms=csv replace;
getnames=yes;
     datarow=2;
run;
/* 如是 sas 文件，就设置一个库(工作路径) */
libnameril "V:\Book\Book1_Examples\data" ;
/* 打印前 5 行 */
proc print data=ril.maizeril (obs=5) ; run;
/* 使用 GLM 对平衡数据进行传统 ANOVA 分析*/
title "GLM ANALYSIS OF MAIZE RILS BALANCED DATA SET";
proc glm data = ril.maizeril;
class location rep RIL;
model height = location rep(location) RIL RIL*location;
random location rep(location) RIL RIL*location/test;
lsmeans RIL;
run;
```

① 译者注：读者如果想运行本章的 SAS 程序但没有安装 SAS 软件，可在 SAS 免费云端(https://odamid.oda.sas.com)注册并在线运行查看结果。

SAS 程序输出的结果如下：

The GLM Procedure: height

Source	DF	Sum of Squares	Mean Square	F Value	Pr> F
Model	251	264462.49	1053.6354	16.24	<.0001
Error	244	15832.24	64.8862		
Corrected Total	495	280294.73			

R-Square	Coeff Var	Root MSE	height Mean
0.943516	4.42303	8.055199	182.1195

Source	DF	Type I SS	Mean Square	F Value	Pr> F
location	3	84931.3312	28310.4437	436.31	<.0001
rep(location)	4	3594.2244	898.5561	13.85	<.0001
RIL	61	154937.5322	2539.9595	39.14	<.0001
location*RIL	183	20999.4038	114.7508	1.77	<.0001

Source	DF	Type III SS	Mean Square	F Value	Pr> F
location	3	84931.3312	28310.4437	436.31	<.0001
rep(location)	4	3594.2244	898.5561	13.85	<.0001
RIL	61	154937.5322	2539.9595	39.14	<.0001
location*RIL	183	20999.4038	114.7508	1.77	<.0001

请注意，此处显示的每个因子默认 F 检验，仅适用于除误差外的所有因子均为固定效应的模型。在所有情况下，默认 F 检验都使用误差方差作为分母。由于我们假设所有因子都是随机的，F 检验的正确形式取决于期望均方。因此，如检验 RIL 间变异为 0 的零假设，正确的 F 检验如下：

$F=\mathrm{MS(RIL)/MS(location \times RIL)}=2539.959/114.7508=22.13$，自由度分别为 61 和 183。

通过使用上述所示 SAS 代码里的"random"指定，可获得正确的 F 检验，其结果是一个校正 F 检验表：

Tests of Hypotheses for Random Model Analysis of Variance: height

Source	DF	Type III SS	Mean Square	F Value	Pr> F
location	3	84931	28310	29.85	0.0022
Error	4.4543	4224.553277	948.420722		

Error: MS(rep(location)) + MS(location*RIL) - MS(Error)

Source	DF	Type III SS	Mean Square	F Value	Pr> F
rep(location)	4	3594.224445	898.556111	13.85	<.0001
location*RIL	183	20999	114.75084	1.77	<.0001
Error: MS(Error)	244	15832	64.88623		

Source	DF	Type III SS	Mean Square	F Value	Pr> F
RIL	61	154938	2539.959544	22.13	<.0001
Error	183	20999	114.75084		

Error: MS(location*RIL)

对方差分析表使用矩量法也可估计随机效应的方差分量，该方法指定观测均方与期望均方相等，从而求解出方差分量。例如，误差方差的期望均方等于误差方差分量，而 location×RIL 方差分量的期望均方等于误差方差(Error)加上 2 倍的 location×RIL 方差分量。因此，可以解出估计的方差分量：

$$\hat{\sigma}_{\varepsilon}^{2}=\mathrm{MS}(\mathrm{error})=64.89$$
$$\hat{\sigma}_{\mathrm{GL}}^{2}=\frac{\mathrm{MS}(\mathrm{location}\times\mathrm{RIL})-\mathrm{MS}(\mathrm{error})}{n_b}=\frac{114.75-64.89}{2}=24.93 \tag{2.2}$$
$$\hat{\sigma}_{G}^{2}=\frac{\mathrm{MS}(\mathrm{RIL})-\mathrm{MS}(\mathrm{location}\times\mathrm{RIL})}{n_l n_b}=\frac{2539.96-114.75}{8}=303.15$$

最后，可通过上面 SAS 代码中的"lsmeans"来估计每个重组自交系的预测边际均值，得出每个基因型的最小二乘均值估计值。Proc GLM 输出的前 4 个 RIL 均值如下：

```
Least Squares Means
最小二乘均值
                height
  RIL 品系       LSMEAN
     RIL-1      182.100
    RIL-11      182.875
    RIL-12      185.200
    RIL-14      194.250
       ...
```

2.2.2　平衡数据——R 方差分析

通过使用 R 程序以及 lm() 函数分析，可得到相同结果：

代码示例 2.2　对平衡数据使用普通最小二乘 ANOVA 的 R 程序(*Code2-2 Mixed models with R.R*)

```
#用 R 做 ANOVA 分析
rils<- read.csv("MaizeRILs.csv")
rils$rep<-as.factor(rep) #确保 rep 是因子
m0 <-lm(height~location*RIL + rep:location, data = rils)
anova(m0)
```

R 程序的结果输出：

```
Analysis of Variance Table

Response: height
              Df Sum Sq Mean Sq  F value    Pr(>F)
location       3  84931 28310.4 436.3090 < 2.2e-16 ***
RIL           61 154938  2540.0  39.1448 < 2.2e-16 ***
location:RIL 183  20999   114.8   1.7685 1.643e-05 ***
location:rep   4   3594   898.6  13.8482 3.408e-10 ***
Residuals    244  15832    64.9
---
Signif. codes:  0 '***' 0.001 '**' 0.01 '*' 0.05 '.' 0.1 ' ' 1
```

同样，仅在假设所有效应都是固定的，默认 F 检验才是正确的。如果我们假设这些效应是随机的，那我们就不得不用其他方式构建 F 检验(或者只做一个恰当的混合模型分析更合适)。

在这一模型中，summary()函数将输出模型中每一项系数的估计值，但就方差分析的因子来说，这些系数可能难以解释。lm()函数随意将每个因子的第一水平系数设置为零，以避免奇异性，因为拟合的参数比独立估计的自由度更多。本例中，summary()函数调用 m0 对象的输出结果是：

```
> (m0_summary <- summary(m0))
Coefficients:
                         Estimate Std. Error t value Pr(>|t|)
(Intercept)               179.797      5.742  31.315  < 2e-16 ***
locationCLY                29.122      8.120   3.587 0.000405 ***
locationPPAC              -15.965      8.120  -1.966 0.050413 .
locationTPAC               -3.289      8.120  -0.405 0.685770
RILRIL-11                   4.200      8.055   0.521 0.602559
RILRIL-12                  13.400      8.055   1.664 0.097492 .
RILRIL-14                  26.600      8.055   3.302 0.001103 **
...
locationCLY:RILRIL-11      -7.700     11.392  -0.676 0.499727
locationPPAC:RILRIL-11    -10.200     11.392  -0.895 0.371465
locationTPAC:RILRIL-11      4.200     11.392   0.369 0.712681
locationCLY:RILRIL-12     -25.400     11.392  -2.230 0.026679 *
locationPPAC:RILRIL-12    -10.800     11.392  -0.948 0.344041
locationTPAC:RILRIL-12     -5.000     11.392  -0.439 0.661113
locationCLY:RILRIL-14     -28.600     11.392  -2.511 0.012701 *
locationPPAC:RILRIL-14    -16.800     11.392  -1.475 0.141569
locationTPAC:RILRIL-14    -12.400     11.392  -1.089 0.277446
...
locationARC:rep2           -8.395      1.447  -5.802 2.02e-08 ***
locationCLY:rep2           -1.839      1.447  -1.271 0.204968
locationPPAC:rep2           5.535      1.447   3.826 0.000165 ***
locationTPAC:rep2           3.384      1.447   2.339 0.020147 *
```

请注意，虽然有 4 个地点，但仅估计了 4 个中的 3 个系数。地点的第一水平是"ARC"，其系数设置为零。同样地，RIL1 也没有系数估计值，其被设置为零。

为获得每个 RIL 的最小二乘均值，我们需要了解最小二乘均值是如何用模型系数估计值的函数来估计的。RIL1 均值的估计是

$$\text{LSMean}(RIL1) = \bar{y}_{..1} = \mu + \overline{L_{.}} + \overline{B(L)_{..}} + G_1 + \overline{GL_{.1}} \tag{2.3}$$

这仅仅是初始线性模型，用 1 替换基因型的通用 k 下标，对模型的其他所有项进行平均，并且摒弃残差效应，因为它对边际平均预测没有贡献。lm()函数把 G_1 和 G_{i1} 的系数设置为零，于是第一个 RIL 的方程为

$$\text{LSMean}(RIL1) = \bar{y}_{..1} = \mu + \overline{L_{.}} + \overline{B(L)_{..}} \tag{2.4}$$

把 m0_summary 对象中的"coefficients"元素分配给名为"coefs"的新对象，就可从方差分析结果求解这个方程，通过行按名称、列按数值 1 索引出我们所需的部分(因为系数在对象的第一列)：

```
>coefs<- m0_summary$coefficients
>#Estimate mean value for RIL1 as mu + mean(Loc) + mean(Rep(Loc))
>(RIL1_mn <- coefs["(Intercept)",1] +
(sum(coefs[c("locationCLY", "locationPPAC", "locationTPAC"),1])/4) +
(sum(coefs[c("locationARC:rep2", "locationCLY:rep2", "locationPPAC:rep2", "locationTPAC:rep2"),1])/8))
[1] 182.1
```

这与 SAS Proc GLM 的"lsmean"估计结果相一致。请注意，尽管这里只有 3 个地点的估计值，但是我们平均了 4 个地点效应值(因为 ARC 地点效应为零)；类似地，我们计算了全部 8 个 rep 效应的平均值，尽管我们仅有其中 4 个 rep 效应的系数——另外 4 个系数被设置为零，但它们仍然是 rep 效应平均值的一部分。

为了获得不同 RIL 的最小二乘均值，我们还需要纳入 RIL 系数及其与 location 互作的平均值(请再次注意，这是全部 4 个互作项的平均值，包括一个被设置为零的系数)：

```
>#Estimate mean value for RIL11 as mu + mean(Loc) + mean(Rep(Loc)) + RIL11 + mean(RIL11*Loc)
>(RIL11_mn <- RIL1_mn + coefs["RILRIL-11",1] +
(sum(coefs[c("locationCLY:RILRIL-11", "locationPPAC:RILRIL-11",
"locationTPAC:RILRIL-11"),1])/4))
[1] 182.875
```

当然，对于所有 RIL，重复计算是一件痛苦的事情，因此，在实践中，可以使用 *lsmeans* 包中的 lsmeans() 函数，或 *doBy* 包中的 lsmeans() 函数。下文演示在 m0 线性模型对象上应用 lsmeans() 函数：

```
> library(lsmeans)
> lsmeans(m0, 'RIL')
NOTE: Results may be misleading due to involvement in interactions
 RIL       lsmean        SE  df lower.CL upper.CL
 RIL-1   182.1000 2.847943 244 176.4903 187.7097
 RIL-11  182.8750 2.847943 244 177.2653 188.4847
 RIL-12  185.2000 2.847943 244 179.5903 190.8097
 RIL-14  194.2500 2.847943 244 188.6403 199.8597
 ...
```

2.2.3　平衡数据——ASReml 方差分析

通过以下 ASReml 代码可以获得相同的基本方差分析的结果：

代码示例 2.3　对平衡数据使用普通最小二乘 ANOVA 的 ASReml 程序
(Code2-3 Mixed models with ASReml.as)

```
!CYCLE 1 2
Title: Maize RILs balanced.
location !A    rep *    block *    plot !I    RIL !A    pollen !I    silking !I    ASI *    height
MaizeRILs.csv !SKIP 1 !DOPART $I
!PART 1 #  固定效应模型
height ~ mu location rep.location RIL location.RIL
predict RIL
!PART 2 #  随机效应模型
height ~ mu ,
!r location rep.location RIL location.RIL
predict RIL
```

ASReml 程序将生成下述方差分析的结果：

```
            --- Results from analysis of height ---
LogL:      LogL   Residual        NEDF   NIT Cycle Text
LogL: -723.88     64.8862          244      2 1 "LogL Converged"
Akaike Information Criterion      1449.76 (assuming 1 parameters).
Bayesian Information Criterion    1453.26

Model_Term                        Gamma          Sigma    Sigma/SE    % C
Residual           SCA_V  496   1.00000        64.8862       11.05    0 P

                               Wald F statistics
   Source of Variation         NumDF     DenDF    F-inc            P-inc
 10 mu                             1     244.0 0.25E+06            <.001

  1 location                       3     244.0   436.31            <.001
 11 rep.location                   4     244.0    13.85            <.001
  5 RIL                           61     244.0    39.14            <.001
 12 location.RIL                 183     244.0     1.77            <.001
```

ASReml 程序把所有元素都视为固定的，就如 SAS GLM 程序 1 型平方和。请注意，RIL 的 F 统计量是 39.14，与从 GLM 中获得的 F 检验值相同。这里的增量 F 检验是不正确的。RIL 的预测是 lsmeans，并输出在.*pvs* 文件中。

2.2.4 平衡数据——SAS Proc MIXED 混合模型分析

我们可以使用 SAS Proc MIXED 程序的混合模型来分析这些数据：

代码示例 2.1(续)(*Code2-1 Mixed models with SAS.sas*)

```
proc mixed covtest;
title "MIXED MODELS ANALYSIS OF MAIZE RISL BALANCED DATA" ;
class location rep RIL;
model height = /solution;
random location rep(location) RIL RIL*location/solution;
ods output solutionR = random solutionF = fixed;
```

请注意，class 语句与 Proc GLM 相同，但现在模型语句中只包含固定效应(本例中，总体均值或截距是唯一的固定项，由于它是隐含的，所以我们可以编写模型"trait=;")，随机效应在随机语句中。

SAS 程序分析的相关输出结果是：

Covariance Parameter Estimates

CovParm	Estimate	Standard error	Z value	Pr> Z
location	220.66	186.48	1.18	0.1184
rep(location)	13.4463	10.2484	1.31	0.0948
RIL	303.15	57.5088	5.27	<.0001
location*RIL	24.9323	6.6787	3.73	<.0001
Residual	64.8862	5.8745	11.05	<.0001

拟合统计量

-2 Res Log Likelihood	3833.2
AIC 值(越小越好)	3843.2
AICC 值(越小越好)	3843.3
BIC 值(越小越好)	3840.1

Proc MIXED 程序和 Proc GLM 程序输出之间的一些差异很明显。首先，Proc MIXED 程序的输出不提供模型中随机项的自由度、平方和、均方或 F 值。相反，方差分量估计值是直接提供的。请注意，本例中，它们等同于方差分量估计值。Proc MIXED 程序默认使用限制性最大似然法(REML)来估计方差分量和随机效应。REML 的一个优点是，当数据平衡并且所有分量估计都大于零时，它给出的方差分量估计值等于矩量法估计值，正如本例所示。REML 限制方差分量大于或等于零，但矩量法不是这样的。如果矩量法估计的一个方差分量是负的，则 REML 法和矩量法估计的所有方差分量可能不同。

2.2.5　平衡数据——R 混合模型分析

通过下述代码，使用 R 程序包 *lme4* 来拟合相同混合模型。

代码示例 2.2(续)(*Code2-2 Mixed models with R.R*)

```
require(lme4)
mm <- lmer(height ~ 1 + (1|RIL) + (1|location/rep) + (1|location:RIL))
summary(mm)
```

生成如下结果：

```
Linear mixed model fit by REML ['lmerMod']
Formula: height ~ 1 + (1 | RIL) + (1 | location/rep) + (1 | location:RIL)
   Data: rils

REML criterion at convergence: 3833.2

Scaled residuals:
     Min       1Q   Median       3Q      Max
-2.42830 -0.52551  0.00928  0.61131  2.14710

Random effects:
 Groups       Name        Variance Std.Dev.
 location:RIL (Intercept)  24.93    4.993
 RIL          (Intercept) 303.15   17.411
 rep:location (Intercept)  13.45    3.667
 location     (Intercept) 220.66   14.855
 Residual                  64.89    8.055
Number of obs: 496, groups:
location:RIL, 248; RIL, 62; rep:location, 8; location, 4

Fixed effects:
            Estimate Std. Error t value
(Intercept)  182.119      7.872   23.14
```

来自 *lme4* 的方差分量估计与 Proc MIXED 程序的估计值相同，但 *lme4* 与 SAS Proc MIXED 输出的 AIC 值和 BIC 值是不同的。这些差异是由于模型的一些假设适合 R lmer 函数，但与 SAS Proc MIXED 或 ASReml 程序相背，这里不做详细解释。读者若想深入了解这个问题，可查阅文献(Bates et al., 2013)。此外，本例输出中的"Std.Dev"值不是方差分量估计的标准误差，而仅仅是方差分量估计值的平方根[如 $\hat{\sigma}_G$，而不是 $\mathrm{SE}(\hat{\sigma}_G^2)$]。

然而，由 lme4()函数估计的方差分量的不确定性度量可以作为置信区间：

```
> confint(mm)
Computing profile confidence intervals ...
                   2.5 %      97.5 %
.sig01          3.570868    6.281389
.sig02         14.574225   21.154625
.sig03          1.908606    9.279741
.sig04          6.928737   32.399264
.sigma          7.390111    8.826378
(Intercept)   164.924810  199.314146
```

输出中的项标签并不直观，但置信区间用数字标记，以匹配它们在lme4对象summary输出中的顺序。因此，".sig02"是指之前summary输出中的第2个方差分量，即RIL项。此外，置信区间是以标准差标度而非方差标度报告。因此，通过区间端点的平方，就可得到方差分量的置信区间$(14.574^2,21.155^2)=(212.4,447.5)$。这可与Proc MIXED程序估计构建的近似95%置信区间相比较，这个置信区间是由方差分量±其标准误差的2倍得来，即置信区间=303.15±2×(57.5088)=(188.1,418.2)。后者的估计假设估计量是正态分布的，这也意味着它们对称地分布在点估计周围。来自lme4()函数的置信区间是基于不同方差分量值时评估模型的似然值，并不假定对称性，这就是它与基于标准误差的近似置信区间相比，在高端时比较保守而在低端时较不保守的原因。这个基于似然值的置信区间比基于方差分量标准误差的近似区间更精确。

2.2.6 平衡数据——ASReml混合模型分析

最后，可以用下述ASReml程序中的part 2代码拟合混合模型。

代码示例2.3(续)(*Code2-3 Mixed models with ASReml.as*)

```
!CYCLE 1 2 !JOIN
Title: Example 2A maize B73 Mo17 RILs.
location !A    rep *    block *    plot !I    RIL !A    pollen !I    silking !I    ASI *    height
MaizeRIL.csv !SKIP 1 !DOPART $I
!part 1 # 固定效应模型
height ~ mu location rep.location RIL location.RIL
predict RIL
!part 2 # 随机效应模型
height ~ mu , # 指定固定效应
        !r location rep.location RIL location.RIL
predict RIL
```

ASReml的输出如下：

```
Model_Term                            Gamma       Sigma   Sigma/SE   % C
 location          IDV_V     4      3.40074     220.661       1.18   0 P
 rep.location      IDV_V     8     0.207229     13.4463       1.31   0 P
 RIL               IDV_V    62      4.67204     303.151       5.27   0 P
 location.RIL      IDV_V   248     0.384246     24.9323       3.73   0 P
 Residual          SCA_V   496      1.00000     64.8862      11.05   0 P
```

RIL方差分量的标准误差可从下述关系式中获得：SE = Sigma/(Sigma/SE) = 303.151/5.27 = 57.52，与SAS Proc Mixed程序估计的SE非常接近。

2.2.7 混合模型的假设检验

方差分量的**假设检验(hypothesis testing)**可以基于“*Z*值”，其可通过使用Proc MIXED

语句中的"covtest"选项获得。*Z* 值是方差分量与其标准误差的比值，其以"Sigma/SE"形式在ASReml 结果中给出。这种检验方法功效低，特别是对于仅有几个自由度估计的方差分量。因此，在 SAS 和 ASReml 程序的基本输出表中，RIL 和 location×RIL 的方差分量是显著的，这一点很明显，但基于该检验，location 变异似乎不显著，即使它的方差分量相当大。

更高功效的假设检验可通过**似然比检验（likelihood ratio test，LRT）**来实现。对每个参试因子，此检验需要拟合一个额外的混合模型，在该模型中删除了目标因子。这种**降阶模型（reduced model）**的似然值可以与**全阶模型（full model）**的似然值相比较，形成一个零假设检验，即删除项的方差分量为零。如果删除该项导致降阶模型的似然值大幅度降低，那么该因子的方差分量大于零的事实更加明显。

在此示例中，我们可通过删除模型中的 location 来测试 location 间没有变异的零假设，并将其似然值与全阶模型相比较，SAS 代码如下：

代码示例 2.1（续）（*Code 2-1 Mixed models with SAS.sas*）

```
proc mixed data=ril.MaizeRIL;
class rep RIL;
model height =;
random rep(location) RIL RIL*location;
```

我们只需要该模型输出中的似然值来进行 LRT 检验：

Fit Statistics	
–2 Res Log Likelihood	3841.3

输出项实际上是似然值 log 的–2 倍。提供这个数值的原因是便于计算似然比检验。LRT 为

LRT = (–2) ln（降阶模型 likelihood/全阶模型 likelihood）

　= –2×ln（降阶模型 likelihood） – (–2) ×ln（全阶模型 likelihood）

　= 3841.3 – 3833.2 = 8.1

由于这些模型仅有一个参数不同，因此该数值近似分布为一个自由度的卡方值。自由度为 1、卡方值为 8.1 的 *p* 值是 0.004。我们需要将 *p* 值调整为表格值的一半，因为我们正在测试方差分量等于零的零假设；更多细节查阅文献（Self and Liang，1987）。因此，**校正 *p* 值（adjusted *p*-value）**为 0.002。由此可见，LRT 提供了强有力的证据，表明 location 效应是显著的，即便 ***Z* 检验**未能做到。此外，来自 LRT 的校正 *p* 值与本例平衡数据方差分析中 location 效应 *F* 检验的 *p* 值（如前所示）相等。

为了完整性，下表也给出了 RIL 和 location×RIL 组分的 LRT 结果：

模型	–2 RLL	LRT 值	原始 *p* 值	校正 *p* 值
全阶	3833.2			
无 RIL	4092.7	259.5	<0.0001	<0.0001
无 location×RIL	3850.4	17.2	<0.0001	<0.0001

2.2.8　预测：最佳线性无偏估计（BLUE）和最佳线性无偏预测（BLUP）

如前所述，获得的固定效应预测边际平均值可作为**最小二乘均值（least square mean）**。

这种预测通过模型的固定效应估计值的线性组合来获得。在普通最小二乘法设置中，唯一的真正随机效应是残差，但其对最小二乘均值估计没有贡献。一个因子特定水平的最小二乘均值就是一个**“边际平均值”（marginal mean）**，因为它是对模型中其他固定因子所有水平和涉及该因子水平的所有互作效应的平均。在本节使用的例子中，RIL 的最小二乘均值涉及的线性组合包含：总体均值、特定 RIL 效应估计值、所有环境效应均值和涉及特定 RIL 的所有 RIL 与环境互作效应均值。

回到混合模型，可使用相同的概念来估计固定效应的**预测边际均值（predicted marginal mean）**。这在 SAS 等软件中也称为最小二乘均值。然而，在混合模型框架中，一个给定随机因子的效应均值被假定为零，所以当平均此随机因子的所有水平时，均值为零。因此，随机因子对固定效应的最小二乘均值没有贡献。此外，随机效应与一个固定因子每个水平的互作效应总和也为零；所以，对于固定因子的最小二乘均值，可忽略模型中与任何随机因子的互作效应。

这些固定效应的预测边际均值或者最小二乘均值称为**最佳线性无偏估计（best linear unbiased estimator，BLUE）**。“最佳”是因为它们最大化真实值和预测值之间的相关性；“线性”是因为它们是模型效应估计值的线性组合；“无偏”是因为它们的期望值等于真实值。

为预测模型中随机效应的边际值，使用一个类似值，称为**最佳线性无偏预测（best linear unbiased predictor，BLUP）**。为获得边际预测 BLUP，需要再对模型中固定效应的总体水平求平均，以及对目标随机效应与其他固定效应的所有水平的互作求平均，忽略其他随机效应，并将截距（mu）和随机因子特定水平的效应预测包含其中。然而，边际预测 BLUP 值并非是使用 BLUP 的唯一类型。按照惯例，动物育种家通常将随机基因型效应的预测值直接作为 BLUP 用于选择和比较，而作物育种家通常使用边际效应预测值。在某些情况下，随机效应的预测值是针对其他效应的特定水平（可能是固定试验处理的特定水平或者特定环境）。实际上，在含有随机效应的混合模型分析中，效应估计量的任何线性组合都是 BLUP（Robinson，1991）。

在植物育种中，有时更有用的 BLUP 是**条件 BLUP（conditional BLUP）**，它具有比边际 BLUP 更小的标准误差，因为它是针对一组特定的随机因子水平预测的。这种特定组可被选为随机效应的均值，在这种情况下，条件 BLUP 和边际 BLUP 通常是相等的，但是其他随机效应的变异性对条件 BLUP 的标准误差没有贡献。在诸如多环境作物品系试验中，这就很方便，因为在一组测试环境中它与品系 BLUP 比较的精度相关，并且条件预测的标准误差直接关系到遗传力的典型概念，而遗传力与多环境中评估的品系值选择相关。我们将在第 7 章中展示这种差异。

为比较混合模型的随机 RIL 预测值和固定模型的 RIL 均值估计量，想想如何在 SAS Proc MIXED 和 SAS Proc GLM 中完成。第一个要注意的区别是，如果把 RIL 作为模型的随机效应，那么在 SAS Proc MIXED 分析中加入"lsmeans RIL"语句将会导致错误信息。这是因为随机效应是由 BLUP 预测的，而不是由 BLUE 估计的，所以没有随机效应的最小二乘均值这种说法。

在实践中，通过使用 Proc MIXED 随机语句中的"/solution"选项来请求随机效应的求解，从而获得 RIL 效应的预测值。在这种情况下，通过简单地将估计的总体均值效应（μ，使用模型语句"/solution"选项得到)添加到每个RIL效应预测值中，就可得到边际BLUP。(回顾上文，如果假定所有其他模型效应都是随机的，则它们不会对 RIL 的 BLUP 有贡献)

从 SAS Proc MIXED 输出中得到 μ 的估计值是 182.12：

Solution for Fixed Effects

Effect	Estimate	Standard Error	DF	t Value	Pr > |t|
Intercept	182.12	7.8719	3	23.14	0.0002

提供的 SAS 代码将随机效应预测值保存到新的数据集中，在该数据集中通过提取 RIL 效应值并添加到估计均值，以得到 RIL 的 BLUP。SAS 代码在 *SAS GLM procedure.sas* 文件的 Code02-1_ANOVA 中；这里只列出了前 8 个 RIL，并与 Proc GLM 程序得到的 LSmeans 比较：

品系	随机效应	总体均值	BLUP 值	最小二乘均值	固定效应	固定效应*h2
RIL-1	−0.02	182.12	182.10	182.10	−0.02	−0.02
RIL-11	0.72	182.12	182.84	182.88	0.76	0.72
RIL-12	2.94	182.12	185.06	185.20	3.08	2.94
RIL-14	11.58	182.12	193.70	194.25	12.13	11.58
RIL-15	13.04	182.12	195.16	195.78	13.66	13.04
RIL-16	−8.87	182.12	173.25	172.83	−9.29	−8.87
RIL-20	26.38	182.12	208.50	209.75	27.63	26.38
RIL-21	−15.53	182.12	166.59	165.85	−16.27	−15.53

请注意，相比于 LSmeans，BLUP 向总体均值(182.12)收缩。例如，RIL-20 的 LSmean 结果为 209.75，BLUP 结果为 208.50，而 RIL-21 的 LSmean 结果为 165.85，BLUP 结果为 166.50。该收缩量取决于遗传力。本例中，品系均值的遗传力为

$$\hat{h}^2 = \frac{\hat{\sigma}^2_{\text{RIL}}}{\hat{\sigma}^2_{\text{RIL}} + \frac{\hat{\sigma}^2_{\text{RIL*location}}}{4} + \frac{\hat{\sigma}^2_{\varepsilon}}{8}} = 0.954 \tag{2.5}$$

请注意，在这种平衡数据情况下，RIL 随机效应预测值等于其线性最小二乘均值与总体均值的偏差乘以遗传力。

总之，虽然我们得用一些不同的方法来检验关于方差分量的假设，但在平衡数据和无负方差分量情况下，方差分析和混合模型分析提供了等效的方差分量估计。随机效应通过混合模型的 BLUP 预测，相比于最小二乘均值(BLUE)，BLUP 向总体均值收缩。当数据不平衡时，由于平衡试验设计计缺失数据或是不平衡试验设计，方差分析和混合模型在许多重要方面会产生分歧，这将在下节中论述。

2.3　不平衡数据

2.3.1　SAS Proc GLM 方差分析

为演示不平衡数据对方差分析的影响，现在考虑玉米 RIL 真实的原始数据集，其中

含有约 4.5%的缺失数据(*MaizeRIL_miss.csv*)。下文将显示缺失数据的模式对估计有重要影响。请注意，RIL-5 只有 4 个地点中 2 个地点的数据，RIL-51 只有 3 个地点的数据。当用 SAS Proc GLM 程序将线性模型拟合到这些数据时，得到以下结果：

代码示例 2.4　使用 SAS Proc GLM 程序处理不平衡数据

(*Code2-4 Mixed models with SAS Unbalanced data.sas*)

```
* 对不平衡数据用GLM进行ANOVA分析
title "GLM ANALYSIS OF MAIZE RILS UNBALANCED DATA SET";
proc glm data = maize_miss;
 class location rep RIL;
 model mean_height = location rep(location) RIL RIL*location;
 random location rep(location) RIL RIL*location/test;
 lsmeans RIL;
run;
```

代码的输出如下：

The GLM Procedure: height

Source	DF	Sum of Squares	Mean Square	F Value	Pr > F
Model	248	251616.8381	1014.584	15.06	<.0001
Error	225	15157.9644	67.3687		
Corrected Total	473	266774.8025			

R-Square	Coeff Var	Root MSE	height Mean
0.943181	4.509687	8.207846	182.0048

Source	DF	Type I SS	Mean Square	F Value	Pr > F
location	3	79345.6274	26448.5425	392.59	<.0001
rep(location)	4	3693.2364	923.3091	13.71	<.0001
RIL	61	150287.3376	2463.7268	36.57	<.0001
location*RIL	180	18290.6367	101.6146	1.51	0.0018

Source	DF	Type III SS	Mean Square	F Value	Pr > F
location	3	77171.8286	25723.9429	381.84	<.0001
rep(location)	4	3677.795	919.4488	13.65	<.0001
RIL	61	149644.4648	2453.1879	36.41	<.0001
location*RIL	180	18290.6367	101.6146	1.51	0.0018

将此输出结果与平衡数据 Proc GLM 程序的输出结果相比较，会发现一些关键区别。首先，RIL 自由度仍然是 61，但 location*RIL 自由度现在是 180，而不是 183。产生这个结果的原因是 RIL-5 有两个 location*RIL 互作无数据(因为 RIL-5 缺失 2 个地点的数据)，RIL-51 也有一个 location*RIL 互作无数据(同样因为 RIL-51 缺失了 1 个地点的数据)。其次，请注意，本例中，现在 I 型和 III 型的平方和(SS)与均方(MS)结果是不同的。这是因为 **I 型统计量(type I statistics)**按模型给出的效应顺序来拟合效应，并依次计算每项平方和(SS)；而 **III 型统计量(type III statistics)**则是在考虑模型所有其他项后再计算每项的平方和。对于平衡数据，所有模型因子彼此正交，使得拟合因子的顺序不影响它们相关联的变化量。相比之下，对于不平衡数据，不同模型因子间存在关联，而且任一项的关联变异也可部分地与另一项相关，于是拟合项的顺序会影响该项的平方和。由此可见，III 型统计量

应是首选，因为 III 型统计量在考虑模型其他因子后再给出每个因子的变异量。因此，III 型统计量的总和将会小于该模型的总平方和，本例中，III 型 SS 总和为 248 784.725 1，而该模型 SS 总和为 266 774.802 5。

方差分量可通过 III 型方差分析的均方(MS)使用矩量法估计，但在不平衡数据的情况下出现了两个难题：第一，如果数据不平衡不是太严重，这种估计是合理的估计，但这些估计量的统计特性是未知的，因此对于一个给定的数据集，很难知道它们有多可靠；第二，上述平衡数据所陈列的期望均方对不平衡数据是不正确的，因为方差分量系数受数据结构的影响。系数的计算可能非常复杂(Milliken and Johnson，2004；Rawlings et al.，2001)，但可以通过 SAS Proc GLM 程序的随机语句得到这些系数，结果如下：

Source	Type III Expected Mean Square
location	Var(Error) + 1.8769 Var(location*RIL) + 57.243 Var(rep(location)) + 114.49 Var(location)
rep(location)	Var(Error) + 57.25 Var(rep(location))
RIL	Var(Error) + 1.9149 Var(location*RIL) + 7.6105 Var(RIL)
location*RIL	Var(Error) + 1.9348 Var(location*RIL)

期望均方的复杂系数导致标准 F 检验不正确。所以，例如，对于平衡数据，可通过 MS(RIL)/MS(location*RIL)的 F 检验来测试无 RIL 变异的零假设，具体如下：

$$F_{\text{RIL}} = \frac{\text{MS(RIL)}}{\text{MS(location * RIL)}} = \frac{\sigma_\varepsilon^2 + 2\sigma_{\text{RIL*location}}^2 + 8\sigma_{\text{RIL}}^2}{\sigma_\varepsilon^2 + 2\sigma_{\text{RIL*location}}^2} = 1 + \frac{8\sigma_{\text{RIL}}^2}{\sigma_\varepsilon^2 + 2\sigma_{\text{RIL*location}}^2} \tag{2.6}$$

F 值大于 1 的程度提供了由 RIL 引起变异的证据。然而，不平衡数据情况下，这种相同 F 检验的期望为

$$F_{\text{RIL}} = \frac{\text{MS(RIL)}}{\text{MS(location * RIL)}} = \frac{\sigma_\varepsilon^2 + 1.9149\sigma_{\text{RIL*location}}^2 + 7.6105\sigma_{\text{RIL}}^2}{\sigma_\varepsilon^2 + 1.9348\sigma_{\text{RIL*location}}^2} \tag{2.7}$$

当零假设为真(RIL 的方差分量为 0)时，这种期望不等于 1，则 F 检验不正确。相反，需要更复杂的 F 检验形式，当给出随机语句时，Proc GLM 程序就会计算这些形式。

Tests of Hypotheses for Random Model Analysis of Variance:height

Source	DF	Type III SS	Mean Square	F Value	Pr> F
location	3	77172	25724	27.00	0.0031
Error	4.2929	4089.266951	952.566239		

Error: 0.9999*MS(rep(location)) + 0.9701*MS(location*RIL) - 0.9699*MS(Error)

Source	DF	Type III SS	Mean Square	F Value	Pr> F
rep(location)	4	3677.795036	919.448759	13.65	<.0001
location*RIL	180	18291	101.614649	1.51	0.0018
Error: MS(Error)	225	15158	67.368731		

Source	DF	Type III SS	Mean Square	F Value	Pr> F

RIL	61	149644	2453.187948	24.23	<.0001
Error	182.48	18479	101.262345		

Error: 0.9897*MS(location*RIL) + 0.0103*MS(Error)

同样，通过矩量法可以估计方差分量，但该估计更复杂：

$$\hat{\sigma}_{\varepsilon}^2=\text{MS(error)}=67.37$$

$$\hat{\sigma}_{\text{GL}}^2=\frac{\text{MS(location * RIL)}-\text{MS(error)}}{1.9348}=\frac{101.61-67.37}{1.9348}=17.7 \tag{2.8}$$

$$\hat{\sigma}_{G}^2=\frac{\text{MS(RIL)}-1.9149\sigma_{\text{GL}}^2-\sigma_{\varepsilon}^2}{8}=\frac{2539.96-1.9149(17.7)-67.37}{8}=304.84$$

此外，如上文所述，这些估计量的统计特性是未知的。因此，例如，它们标准误差的精确估计也是未知的。

最小二乘均值的估计量也可能有问题。回顾一下，RIL-5 与 RIL-51 的数据至少在一个地点完全缺失，请注意，使用 Proc GLM 程序所请求的 RIL 最小二乘均值的结果为：

RIL	Height LSMEAN
RIL-1	182.1
RIL-11	182.875
RIL-12	185.2
…	
RIL-49	176.975
RIL-5	Non-est
RIL-50	200.275
RIL-51	Non-est
RIL-53	174.425

"Non-est"表明 RILs-5 和 RILs-51 的 LSmean 不可估计。为理解这种情况的原因，看看基因型 k 的 LSmean 计算公式：

$$\text{LSmean}(Y_{.k})=(Y_{..k})=\mu+\overline{L_{.}}+\overline{B(L)_{..}}+G_k+\overline{GL_{.k}}$$

其中，$\overline{L_{.}}$ 和 $\overline{B(L)_{..}}$ 是所有 location 和 Rep 效应的平均值；$\overline{GL_{.k}}$ 是第 k 个 RIL 与每个 location 互作的总体平均值。在固定模型中，如果没有基因型与 location 组合的数据，则基因型与 location 的互作效应无法估计。于是，如果 LSmean 方程中包含的某些互作效应不能估计，则整个 LSmean 不能估计。

2.3.2 SAS 混合模型分析

为了比较，将用相同数据集执行混合模型分析，并从 SAS Proc MIXED 获得以下结果。此代码与上一节“平衡数据——SAS Proc 混合模型”分析一样，但现在将其用于缺失数据集中。

代码示例 2.4(续)(*Code02-4 Mixed models with SAS Unbalanced data.sas*)

```
proc mixed data = ril.maizeril_misscovtest;
title "MIXED MODELS ANALYSIS OF MAIZE RILS UNBALANCED DATA SET";
class location rep RIL;
model height =/solution;
random location rep(location) RIL RIL*location/solution;
ods listing exclude solutionR;
ods output solutionR = random solutionF = fixed;
run;
```

输出如下结果：

Covariance Parameter Estimates				
location	217.69	184.69	1.18	0.1193
rep(location)	15.0591	11.4593	1.31	0.0944
RIL	309.19	58.5756	5.28	<.0001
location*RIL	17.1466	6.4757	2.65	0.0041
Residual	67.9184	6.411	10.59	<.0001

请注意，此方差分量与方差分析得到的结果相似，但并非一样。更重要的是，这些估计量具有已知的渐近统计特性(允许估计标准误差)；具有最大似然值的特性——对于给定观测数据，在所有可能的估计值中，它们概率最高；并假设不同水平的随机因子效应服从正态分布。

RIL 的 BLUP 如之前方法计算，把它们与上文方差分析 RIL LSmean 相比较：

品系	随机效应值	总体均值	BLUP 值	最小二乘均值
RIL-1	0.39	181.7	182.08	182.10
RIL-11	1.13	181.7	182.83	182.88
RIL-12	3.37	181.7	185.06	185.20
…				
RIL-49	−4.53	181.7	177.16	176.98
RIL-5	−28.74	181.7	152.96	Non-est
RIL-50	17.84	181.7	199.54	200.28
RIL-51	0.53	181.7	182.22	Non-est
RIL-53	−6.98	181.7	174.71	174.43

混合模型假定每个效应的不同水平都取样于均值为零的随机正态分布。于是，当数据中缺失一个基因型-地点组合时，其期望值为零，但仍可以预测特定基因型-地点组合值和总基因型值。不过，将 BLUP 与 LSmean 进行比较会更复杂，因为每个 BLUP 的收缩效应可能不同，由于它取决于每个基因型的数量和数据模式。因此，仅有几个数据点的 RIL 的收缩效应大于具有更多数据点的 RIL 的收缩效应，说明基于更多数据的均值偏差具有更高的置信度。ASReml 软件和 R 函数 lme4 可获得类似的结果。

2.4　混合模型概述

混合线性模型是包含固定效应和随机效应的特定模型类型。概括来讲，对于混合效应模型，一些因子在重复抽样中保持不变，而其他因子则按某些分布随机变化。为简单起见，从现在开始我们将符号线性化，并把这些模型简单地称为混合模型。对任何混合模型，可以确定三个主要组成部分：模型方程、随机效应的期望和方差-协方差，以及关于模型的所有剩余假设。

2.4.1 模型

模型是我们理解生物学过程的数学表达式，它能解释我们的观测数据。我们可将每个观测结果视为一个方程(在这种情况下，仅限于线性方程组)，方程的一侧为目标性状，另一侧为解释观测结果的因子。例如：

$$a_1x_1 + a_2x_2 + \cdots + a_nx_n = b \tag{2.9}$$

于是，方程组就是一组上述线性方程，并且该方程组的求解结果必须满足所有方程式。对于 n 个未知参数(因子)，方程组如下：

$$\begin{aligned} a_{11}x_1 + a_{12}x_2 + \cdots + a_{1n}x_n &= b_1 \\ a_{21}x_1 + a_{22}x_2 + \cdots + a_{2n}x_n &= b_2 \\ a_{31}x_1 + a_{32}x_2 + \cdots + a_{3n}x_n &= b_3 \\ \vdots \qquad\qquad\qquad\qquad & \quad \vdots \\ a_{m1}x_1 + a_{m2}x_2 + \cdots + a_{mn}x_n &= b_m \end{aligned} \tag{2.10}$$

第一个下标是指方程数，第二个下标是指变量数。方程组可改写为更便捷的矩阵形式：

$$\boldsymbol{Ax} = \boldsymbol{b}$$

其中，

$$\boldsymbol{A} = \begin{bmatrix} a_{11} + a_{12} + \cdots + a_{1n} \\ a_{21} + a_{22} + \cdots + a_{2n} \\ a_{31} + a_{32} + \cdots + a_{3n} \\ \vdots \quad \vdots \quad \vdots \\ a_{m1} + a_{m2} + \cdots + a_{mn} \end{bmatrix}, \quad \boldsymbol{x} = \begin{bmatrix} x_1 \\ x_2 \\ x_3 \\ \vdots \\ x_m \end{bmatrix}, \quad \boldsymbol{b} = \begin{bmatrix} b_1 \\ b_2 \\ b_3 \\ \vdots \\ b_m \end{bmatrix} \tag{2.11}$$

从现在起，假设模型包含固定效应和随机效应。传统上，混合模型已用如下矩阵形式表示(Henderson，1990)：

$$\boldsymbol{y} = \boldsymbol{Xb} + \boldsymbol{Zu} + \boldsymbol{e} \tag{2.12}$$

其中，$\boldsymbol{y}$ 是观测值向量；$\boldsymbol{b}$ 是固定效应的向量；$\boldsymbol{u}$ 是随机效应(未知)的向量；$\boldsymbol{e}$ 是随机残差向量(无论如何都不能用模型解释)；$\boldsymbol{X}$ 和 $\boldsymbol{Z}$ 是**关联矩阵(incidence matrix)**，它们将向量 $\boldsymbol{b}$ 和向量 $\boldsymbol{u}$ 中的每个元素分配给相对应的 $\boldsymbol{y}$ 元素。

2.4.2 固定效应和随机效应

在大多数育种应用(本书所有示例)中，y 元素被假定来自正态分布。请记住，虽然这是一个相当方便的假设，有助于数据分析，但并不总是可靠的。上一节曾提到如何在模型中考虑固定效应和随机效应。现在，简要解释我们可能会考虑的固定效应与随机效应。对于未知模型组分，固定效应和随机效应存在差别。固定效应是一个已知常量，在重复抽样时保持不变；而随机效应是一个随机变量，它来自处理水平的二次抽样和随机选择。

想象一个非常简单的固定效应模型，如下式：

$y_i = b_0 + e_i$，

其中假设 $e \sim \text{NIID}(0, \sigma^2)$

NIID 代表独立同分布。假如对这种模型按以下条件进行数据模拟：

(1) 设置 b_0 的值（如 10）；

(2) 设置 σ^2 的值（如 5）；

(3) 构建来自标准正态分布 $N(0,1)$ 的 n 个随机偏差样本（z 值）；

(4) 残差向量如下：

$$
\begin{aligned}
e_1 &= 5z_1 \\
e_2 &= 5z_2 \\
&\vdots \\
e_n &= 5z_n
\end{aligned}
$$

(5) 则观测向量 $\boldsymbol{y}$ 将是

$$
\begin{aligned}
y_1 &= 10 + 5z_1 \\
y_2 &= 10 + 5z_2 \\
&\vdots \\
y_n &= 10 + 5z_n
\end{aligned}
$$

读者应该注意到，该样本的所有变异都来自于 e，并且模拟一份新数据（新实验）时，这种情况将保持不变。

现在考虑相同的模型，但假设 $b_0 \sim \text{NIID}(a, \sigma_b^2)$、$e \sim \text{NIID}(0, \sigma^2)$ 及 $\text{Cov}(b_0, e_i) = 0$

在这种情况下，将按如下模拟数据：

- 设置 b_0 分布的均值（"a"；如 2）；
- 设置 σ_b^2 的值（如 3）；
- 构建偏差为 1 的正态分布 $N(0,1)$；
- 形成 $\beta_0 = \alpha + \sigma_\beta z$；
- 设置 σ^2 的值（如 5）；
- 从标准正态分布 $N(0,1)$ 抽取 n 个随机偏差（z）；
- 形成残差向量：

$$
\begin{aligned}
e_1 &= 5z_1 \\
e_2 &= 5z_2 \\
&\vdots \\
e_n &= 5z_n
\end{aligned}
$$

本示例，观察值 $\boldsymbol{y}$ 向量为

$$
\begin{aligned}
y_1 &= \beta_0 + 5z_1 \\
y_2 &= \beta_0 + 5z_2 \\
y_3 &= \beta_0 + 5z_3 \\
&\vdots \\
y_n &= \beta_0 + 5z_n
\end{aligned}
$$

请注意，本例中，观测值将取决于该特定实现（试验）的实际值 b_0，使得 $\boldsymbol{y}$ 方差为 $\sigma_b^2 + \sigma^2$。

假如重复试验 m 次，会发现在极限处（当 m 趋于无穷大），a 与 σ_b^2 的估计值将越来越接近其真实值。

实际上，**固定效应（fixed effect）**和**随机效应（random effect）**的区别往往取决于参数估计的实际用途和解释。当研究者感兴趣比较某些因子的特定水平时（如一种植物的肥料量或奶牛喂养法），则将它们视为固定效应是明智的。当一个参数与分析不相关，但却是我们要解释的麻烦时，我们往往最终把这种效应视为随机效应。

如果研究者认为一个特定设计因子的水平代表了一些较大参照群体的随机抽样，并且这些效应的分布服从正态性，则该因子可被认为是随机的。对于随机因子，研究者想通过估计方差分量来推断群体分布。在育种和遗传学研究中，研究者常常希望能对较大的动植物参考群体做出推断，因此，个体、群体或基因型代表随机效应。典型的例子是遗传力或性状间的遗传相关的估计，这时遗传样本被视为随机的。相比之下，当只对试验研究中因子的特定水平进行推断时，该因子被视为固定的。例如，把提供给一些动物的特定营养处理（或类似地，植物研究中施肥量的特定水平）作为固定因子。

有时，遗传因子也可以是固定的。这经常发生在植物品系试验中，比较优良品系的一些小样本，以推荐特定生长区的最佳品系。当然，在某些情况下，随机效应和固定效应之间的区别不太明显。例如，当在相对少测试点对植物家系进行评估时，测试环境应被认为是随机效应还是固定效应，可能是不确定的。研究者可能希望测试环境是代表目标生产环境的随机抽样，但研究人员可能局限于一些不是真正随机样本的管理式研究农场。另外，如果该试验重复多年，则环境变异的年度组分可能更随机。在这种情况下，研究人员应主要依据推断类型来做决定，如果该因子被视为随机，则是否有足够的抽样水平以充分地估计方差分量？最后，如果推断主要是针对研究中的遗传因子，环境主要用于在合理数量的环境中来重复遗传评估，则研究者可简单地声明环境是固定的，以使分析更有效。

固定效应和随机效应之间的区别是**频率论（frequentist point）**观点的特征。采用**贝叶斯统计量（Bayesian statistics）**分析混合模型的人认为，所有的效应实际上都是随机的。

2.4.3　随机效应的期望和方差-协方差

由于我们假设随机效应来自一些大群体，所以需要定义这些参数的位置和分散度。请注意，我们已经假定观测值是正态分布的，并且始终假设残差也是正态分布的。保留之前所见的通用矩阵符号，则 $\boldsymbol{u}$、$\boldsymbol{e}$ 和 $\boldsymbol{y}$ 的期望为

$$
\begin{aligned}
&E(\boldsymbol{u})=0\\
&E(\boldsymbol{e})=0\\
&E(\boldsymbol{y})=E(\boldsymbol{Xb}+\boldsymbol{Zu}+\boldsymbol{e})\\
&=E(\boldsymbol{Xb})+E(\boldsymbol{Zu})+E(\boldsymbol{e})\\
&=\boldsymbol{X}E(\boldsymbol{b})+\boldsymbol{Z}E(\boldsymbol{u})+E(\boldsymbol{e})\\
&=\boldsymbol{Xb}+0+0\\
&=\boldsymbol{Xb}
\end{aligned}
\tag{2.13}
$$

而且，$\boldsymbol{u}$ 和 $\boldsymbol{e}$ 的方差为

$$
\boldsymbol{V}=\begin{pmatrix}\boldsymbol{u}\\ \boldsymbol{e}\end{pmatrix}=\begin{pmatrix}\boldsymbol{G} & 0\\ 0 & \boldsymbol{R}\end{pmatrix}
\tag{2.14}
$$

$\boldsymbol{G}$ 和 $\boldsymbol{R}$ 的实际结构是灵活的(本书大部分内容涉及拟合复杂的 $\boldsymbol{G}$ 结构和 $\boldsymbol{R}$ 结构)，但在最简单的情况下，$\boldsymbol{G}=\boldsymbol{I}\sigma_u^2$ 和 $\boldsymbol{R}=\boldsymbol{I}\sigma_e^2$。

通常认为，$\mathrm{Cov}(\boldsymbol{u},\boldsymbol{e})=0$，所以：

$$
\begin{aligned}
&V(\boldsymbol{y})=V(\boldsymbol{Xb}+\boldsymbol{Zu}+\boldsymbol{e})\\
&=V(\boldsymbol{Zu}+\boldsymbol{e})\\
&=\boldsymbol{Z}V(\boldsymbol{u})\boldsymbol{Z}'+V(\boldsymbol{e})+\boldsymbol{Z}\mathrm{Cov}(\boldsymbol{u},\boldsymbol{e})+\mathrm{Cov}(\boldsymbol{e},\boldsymbol{u})\boldsymbol{Z}'\\
&=\boldsymbol{ZGZ}'+\boldsymbol{R}\\
&\mathrm{Cov}(\boldsymbol{y},\boldsymbol{u})=\boldsymbol{ZG}\\
&\mathrm{Cov}(\boldsymbol{y},\boldsymbol{e})=\boldsymbol{R}
\end{aligned}
\tag{2.15}
$$

如果令 $\boldsymbol{V}=\boldsymbol{ZGZ}'+\boldsymbol{R}$，则可将数据和模型项的分布归纳为

$$
\begin{aligned}
&\boldsymbol{y}\sim N(\boldsymbol{Xb},\boldsymbol{V});\\
&\boldsymbol{u}\sim N(0,\boldsymbol{G});\\
&\boldsymbol{e}\sim N(0,\boldsymbol{R})
\end{aligned}
\tag{2.16}
$$

2.4.4　简单示例——子代产奶量

采用 Robinson (1991) 提供的例子。假设已经收集了三个不同牛群奶牛产奶量(yield)的数据，并假定奶牛中公畜(sire)的遗传价值视为随机效应，牛群(herd)视为固定效应。

牛群	公畜	产奶量
1	ZA	110
1	AD	100
2	BB	110
2	AD	100
2	AD	100
3	CC	110
3	CC	110
3	AD	100
3	AD	100

然后，可写出如下线性方程组：

$$
\begin{aligned}
110 &= \text{herd}_1 + \text{Sire}_{\text{ZA}} + e \\
100 &= \text{herd}_1 + \text{Sire}_{\text{AD}} + e \\
110 &= \text{herd}_2 + \text{Sire}_{\text{BB}} + e \\
100 &= \text{herd}_2 + \text{Sire}_{\text{AD}} + e \\
100 &= \text{herd}_2 + \text{Sire}_{\text{AD}} + e \\
110 &= \text{herd}_3 + \text{Sire}_{\text{CC}} + e \\
110 &= \text{herd}_3 + \text{Sire}_{\text{CC}} + e \\
100 &= \text{herd}_3 + \text{Sire}_{\text{AD}} + e \\
100 &= \text{herd}_3 + \text{Sire}_{\text{AD}} + e
\end{aligned}
$$

以矩阵的形式表示为

$$\boldsymbol{y} = \boldsymbol{Xb} + \boldsymbol{Zu} + \boldsymbol{e}$$

其中：

$$\boldsymbol{y} = \begin{bmatrix} 110 \\ 100 \\ 110 \\ 100 \\ 100 \\ 110 \\ 110 \\ 100 \\ 100 \end{bmatrix}$$

$\boldsymbol{y}$ 是表型观测值向量($n \times 1$)，

$$\boldsymbol{b} = \begin{bmatrix} h_1 \\ h_2 \\ h_3 \end{bmatrix}$$

$\boldsymbol{b}$ 是牛群固定效应向量($p \times 1$)，

$$\boldsymbol{u} = \begin{bmatrix} S_{\text{ZA}} \\ S_{\text{BB}} \\ S_{\text{CC}} \\ S_{\text{AD}} \end{bmatrix}$$

$\boldsymbol{u}$ 是公畜随机效应向量($q \times 1$)，

$$\boldsymbol{e}=\begin{bmatrix} e_1 \\ e_2 \\ e_3 \\ e_4 \\ e_5 \\ e_6 \\ e_7 \\ e_8 \\ e_9 \end{bmatrix}$$

$\boldsymbol{e}$ 是误差向量$(n\times1)$，设计矩阵如下：

$$\boldsymbol{X}=\begin{bmatrix} 1 & 0 & 0 \\ 1 & 0 & 0 \\ 0 & 1 & 0 \\ 0 & 1 & 0 \\ 0 & 1 & 0 \\ 0 & 0 & 1 \\ 0 & 0 & 1 \\ 0 & 0 & 1 \\ 0 & 0 & 1 \end{bmatrix},\quad \boldsymbol{Z}=\begin{bmatrix} 1 & 0 & 0 & 0 \\ 0 & 0 & 0 & 1 \\ 0 & 1 & 0 & 0 \\ 0 & 0 & 0 & 1 \\ 0 & 0 & 0 & 1 \\ 0 & 0 & 1 & 0 \\ 0 & 0 & 1 & 0 \\ 0 & 0 & 0 & 1 \\ 0 & 0 & 0 & 1 \end{bmatrix}$$

$\boldsymbol{X}(n\times p)$和$\boldsymbol{Z}(n\times q)$是将表型观测值与牛群和公畜效应相关联的关联矩阵。

现在写出模型的假设：

$$\begin{aligned} \boldsymbol{V_u} &= \boldsymbol{G} = \boldsymbol{I}\sigma_{\boldsymbol{u}}^2 \\ \boldsymbol{V_e} &= \boldsymbol{R} = \boldsymbol{I}\sigma_{\boldsymbol{e}}^2 \\ \boldsymbol{V_y} &= \boldsymbol{ZGZ'} + \boldsymbol{R} \end{aligned} \tag{2.17}$$

所以：

$$\boldsymbol{y} \sim \mathrm{NID}(\boldsymbol{Xb},\boldsymbol{V});\boldsymbol{u} \sim \mathrm{NID}(0,\boldsymbol{G});\boldsymbol{e} \sim \mathrm{NID}(0,\boldsymbol{R})$$

2.4.5　模型求解

下文将演示求解混合模型方程组的矩阵代数。对于这个小示例，我们实际上不会对这份数据估计方差分量，而是使用方差分量固定值，就好像它们是先验估计或已知的(本例中，$\sigma_e^2=1$，$\sigma_u^2=0.1$)。这在实际中很少见，稍后将看到混合模型是如何提供一个强大的工具，以同时获得固定效应、随机效应及方差分量估计的。

对于上述模型，固定效应的解(BLUE)为

$$\hat{\boldsymbol{b}}=(\boldsymbol{X'V}^{-1}\boldsymbol{X})^{-1}\boldsymbol{X'V}^{-1}\boldsymbol{y} \tag{2.18}$$

是 $\boldsymbol{b}$ 的普通最小二乘估计。

对于随机效应，随机效应的解(BLUP)为

$$\hat{\boldsymbol{u}} = \boldsymbol{G}\boldsymbol{Z}'\boldsymbol{V}^{-1}\left(\boldsymbol{y} - \boldsymbol{X}\hat{\boldsymbol{b}}\right) \tag{2.19}$$

示例的解如下：

$$\hat{\boldsymbol{b}} = (105.64, 104.28, 105.46)'$$

$$\hat{\boldsymbol{u}} = (0.40, 0.52, 0.76, -1.67)'$$

读者应该注意到，使用上述公式涉及计算方差矩阵的逆矩阵。虽然这个小例子很容易完成，但很少用于大数据和复杂模型，因此我们需要一种更简便的形式。

2.4.6　混合模型方程组

对于上述的一般混合线性模型，可以用一组特定的方程组来找到每个效应的解。这些称为 Henderson's 混合模型方程组，由 Henderson(1949)提出用于动物育种。

$$\begin{bmatrix} \boldsymbol{X}'\boldsymbol{R}^{-1}\boldsymbol{X} & \boldsymbol{X}'\boldsymbol{R}^{-1}\boldsymbol{Z} \\ \boldsymbol{Z}'\boldsymbol{R}^{-1}\boldsymbol{X} & \boldsymbol{Z}'\boldsymbol{R}^{-1}\boldsymbol{Z} + \boldsymbol{G}^{-1} \end{bmatrix} \begin{bmatrix} \hat{\boldsymbol{b}} \\ \hat{\boldsymbol{u}} \end{bmatrix} = \begin{bmatrix} \boldsymbol{X}'\boldsymbol{R}^{-1}\boldsymbol{y} \\ \boldsymbol{Z}'\boldsymbol{R}^{-1}\boldsymbol{y} \end{bmatrix} \tag{2.20}$$

通常称为左侧矩阵(LHS)　　通常称为右侧矩阵(RHS)

如果假设误差方差是 IID，其对于所有观测值是独立同分布的，则可将 $\boldsymbol{R}$ 矩阵分解出来。在大多数应用中，从现在起，将看到下述方程式更简便：

$$\begin{bmatrix} \boldsymbol{X}'\boldsymbol{X} & \boldsymbol{X}'\boldsymbol{Z} \\ \boldsymbol{Z}'\boldsymbol{X} & \boldsymbol{Z}'\boldsymbol{Z} + \boldsymbol{I}\alpha \end{bmatrix} \begin{bmatrix} \hat{\boldsymbol{b}} \\ \hat{\boldsymbol{u}} \end{bmatrix} = \begin{bmatrix} \boldsymbol{X}'\boldsymbol{y} \\ \boldsymbol{Z}'\boldsymbol{y} \end{bmatrix} \tag{2.21}$$

其中：

$$\alpha = \frac{\sigma_e^2}{\sigma_u^2} \tag{2.22}$$

这些方程的解是矩阵 $\boldsymbol{b}$ 的最佳线性无偏估计和矩阵 $\boldsymbol{u}$ 的最佳线性无偏预测：

BLUE($\boldsymbol{b}$)

$$[\boldsymbol{X}'\boldsymbol{X} \quad \boldsymbol{X}'\boldsymbol{Z}]^{-1} \begin{bmatrix} \boldsymbol{X}'\boldsymbol{y} \\ \boldsymbol{Z}'\boldsymbol{y} \end{bmatrix} \tag{2.23}$$

BLUP($\boldsymbol{u}$)

$$[\boldsymbol{Z}'\boldsymbol{X} \quad \boldsymbol{Z}'\boldsymbol{Z} + \boldsymbol{I}\alpha]^{-1} \begin{bmatrix} \boldsymbol{X}'\boldsymbol{y} \\ \boldsymbol{Z}'\boldsymbol{y} \end{bmatrix} \tag{2.24}$$

给出了与前文相同的解：

$$\hat{\boldsymbol{b}} = (105.64, 104.28, 105.46)'$$

$$\hat{\boldsymbol{u}} = (0.40, 0.52, 0.76, -1.67)'$$

2.5　多个固定效应的模型可估性

虽然前文已经提过，不会花太多时间处理固定效应，但是对可估性的说明是必要的。当模型有多个效应时，通常不可能为固定效应的每个水平获得唯一的 BLUE。

继续前面的示例数据，但是考虑本示例将牛群和公畜都视为固定的，则可改写 $\boldsymbol{X}$ 矩阵为

$$\boldsymbol{X} = \begin{bmatrix} 1 & 0 & 0 & \mathbf{1} & 0 & 0 & 0 \\ 1 & 0 & 0 & \mathbf{0} & 0 & 0 & 1 \\ 0 & 1 & 0 & \mathbf{0} & 1 & 0 & 0 \\ 0 & 1 & 0 & \mathbf{0} & 1 & 0 & 1 \\ 0 & 1 & 0 & \mathbf{0} & 0 & 0 & 1 \\ 0 & 0 & 1 & \mathbf{0} & 0 & 1 & 0 \\ 0 & 0 & 1 & \mathbf{0} & 0 & 1 & 0 \\ 0 & 0 & 1 & \mathbf{0} & 0 & 0 & 1 \\ 0 & 0 & 1 & \mathbf{0} & 0 & 0 & 1 \end{bmatrix}$$

读者应该注意到，在行和列之间存在依赖关系。例如，在这个简单的例子中，第 4 列(黑体部分)等于其他列的差异。

于是，$\boldsymbol{X'X}$ 不满秩，因为它的维度是 7×7，但仅有 6 个独立的行和列。在这种情况下，不存在系数矩阵($\boldsymbol{X'X}$)的唯一逆。因此，不能获得牛群和公畜的 BLUE 估计量。这是本章之前示例中遇到的相同问题，一些 RIL 基因型在一些环境中缺失。尽管如此，一些有用的线性函数的解仍是可估计的。

看看下述使用相同数据的 R 小程序：

```
sire<-c("ZA","AD","BB","AD","AD","CC","CC","AD","AD")
herd<-c("one","one","two","two","two","three","three","three","three")
yield<-c(110,100,110,100,100,110,110,100,100)
new_data<-as.data.frame(cbind(yield,herd,sire))
new_data$yield<-as.numeric(as.character(new_data$yield))
fm<-lm( yield~ herd + sire -1,data=new_data)
summary(fm)
```

此代码生成如下输出：

```
Call:
lm(formula = yield ~ herd + sire - 1, data = new_data)

Residuals:
1 2 3 4 5 6 7 8 9
0 0 0 0 0 0 0 0 0

Coefficients:
```

```
           Estimate Std. Error  tvalue Pr(>|t|)
herdone         100          0     Inf   <2e-16 ***
herdthree       100          0     Inf   <2e-16 ***
herdtwo         100          0     Inf   <2e-16 ***
sireBB           10          0     Inf   <2e-16 ***
sireCC           10          0     Inf   <2e-16 ***
sireZA           10          0     Inf   <2e-16 ***
---
Signif. codes:  0 '***' 0.001 '**' 0.01 '*' 0.05 '.' 0.1 ' ' 1

Residual standard error: 0 on 3 degrees of freedom
Multiple R-squared:      1,     Adjusted R-squared:      1
F-statistic:    Inf on 6 and 3 DF,  p-value: < 2.2e-16
```

有些方面很明显：

如果查看估计量的输出结果，就可注意到，R 软件所做的就是把公畜固定效应的第一水平(本例中为公畜 AD)设置为 0。这样，模型重参数化成为满秩，并且所提出的解法是未知 BLUE 的可估函数。具体地说，该估计函数是：

$\text{Sire}_{\text{AD}}—\text{Sire}_{\text{BB}}$

$\text{Sire}_{\text{AD}}—\text{Sire}_{\text{CC}}$

$\text{Sire}_{\text{AD}}—\text{Sire}_{\text{ZA}}$

除公畜 AD 之外的每头公畜都有后代，其(平均)产奶量比 AD 后代的产奶量多 10 个单位。同样的原则可用于构建其他有意义的可估函数。此外，把公畜效应看成是固定的，就相当于省略了先前示例混合模型方程组中的 $\boldsymbol{G}^{-1}$ 矩阵。

由 R 软件获得的 MME 方程组的 LHS 如下：

```
> LHS
     [,1] [,2] [,3] [,4] [,5] [,6] [,7]
[1,]    2    0    0    1    0    0    1
[2,]    0    3    0    0    1    0    2
[3,]    0    0    4    0    0    2    2
[4,]    1    0    0   11    0    0    0
[5,]    0    1    0    0   11    0    0
[6,]    0    0    2    0    0   12    0
[7,]    1    2    2    0    0    0   15
```

省略 $\boldsymbol{G}^{-1}$ 意味着将 **LHS** 矩阵的最后 4 个对角元素减去 10。

```
>LHSm=rbind(cbind(XpX,XpZ),cbind(ZpX,ZpZ))
>LHSm
     [,1] [,2] [,3] [,4] [,5] [,6] [,7]
[1,]    2    0    0    1    0    0    1
[2,]    0    3    0    0    1    0    2
[3,]    0    0    4    0    0    2    2
[4,]    1    0    0    1    0    0    0
[5,]    0    1    0    0    1    0    0
[6,]    0    0    2    0    0    2    0
[7,]    1    2    2    0    0    0    5
```

在这种情况下，给出的解是对公畜和牛群的最小二乘解。如果将这种分析得到的结果与通过 BLUP 获得的结果进行比较，就可发现 BLUP 是如何运作的。BLUP 解法考虑到了这个事实，那就是公畜信息的变异性比单个公畜后代产奶量差异要小，即公畜的估计值向均值(假定为 0)收缩。收缩量取决于公畜可用的信息量。例如，如果采用 4 头公畜的 BLUP 预测值(0.40, 0.52, 0.76, –1.67)，会注意到，公畜 CC 的预测值优于公畜 ZA 和 BB 的预测值，即使公畜 CC 后代的产奶量与公畜 ZA 和 BB 后代的产奶量相同(110)。这是因为有更多的数据可用于公畜 CC。

2.6　估计的标准误差和准确性

准确性(accuracy) 是指真实随机效应与预测随机效应之间的相关性 $r_{\hat{g},g}$。在某些情况下，会报告 **“可靠性”(reliability)**，它是真实和预测的随机效应之间相关性的平方($r^2_{\hat{g},g}$)，因此准确性就是可靠性的平方根(Mrode，2014)。可靠性与预测误差方差(PEV)有关，具体如下：

$$\mathrm{PEV} = \mathrm{var}\left(\hat{u} - u\right) = \left(1 - r^2_{\hat{u},u}\right)\sigma^2_u \tag{2.25}$$

对于育种值预测，这个等式中的 u 是指个体的遗传效应或育种值，因此

$$\mathrm{PEV} = \mathrm{var}\left(\hat{g} - g\right) = \left(1 - r^2_{\hat{g},g}\right)\sigma^2_A \tag{2.26}$$

预测值越接近真实值，可靠性越接近于 1，预测误差方差就越小(Mrode，2014)。对于不同的个体，预测误差方差可能不同，因为具有更多信息的个体将有较小的预测误差。可以使用混合模型方程的逆矩阵元素来获得预测误差方差。

假定：

$$\begin{bmatrix} \boldsymbol{X'X} & \boldsymbol{X'Z} \\ \boldsymbol{Z'X} & \boldsymbol{Z'Z} + \boldsymbol{I}\alpha \end{bmatrix} = \begin{bmatrix} \boldsymbol{C}_{11} & \boldsymbol{C}_{12} \\ \boldsymbol{C}_{21} & \boldsymbol{C}_{22} \end{bmatrix} \tag{2.27}$$

然后使左手矩阵的逆为

$$\begin{bmatrix} \boldsymbol{C}_{11} & \boldsymbol{C}_{12} \\ \boldsymbol{C}_{21} & \boldsymbol{C}_{22} \end{bmatrix}^{-1} = \begin{bmatrix} \boldsymbol{C}^{11} & \boldsymbol{C}^{12} \\ \boldsymbol{C}^{21} & \boldsymbol{C}^{22} \end{bmatrix} \tag{2.28}$$

现在预测误差方差 $\mathrm{PEV} = V(\hat{u} - u) = \boldsymbol{C}^{22}\sigma^2_e$。因此，对于随机效应每个水平 i，$\mathrm{PEV}_i = (d_i\sigma^2_e)$，其中 d_i 是矩阵 $\boldsymbol{C}^{\mathbf{22}}$ 的对角元素。返回到第一个示例，找到每头公畜的 PEV。如果我们采用 **LHS** 的逆矩阵：

```
round(solve(LHS), digit=3)
```

	[,1]	[,2]	[,3]	[,4]	[,5]	[,6]	[,7]
[1,]	0.547	0.030	0.024	–0.050	–0.003	–0.004	–0.044
[2,]	0.030	0.383	0.031	–0.003	–0.035	–0.005	–0.057
[3,]	0.024	0.031	0.297	–0.002	–0.003	–0.050	–0.045
[4,]	–0.050	–0.003	–0.002	**0.095**	0.000	0.000	0.004
[5,]	–0.003	–0.035	–0.003	0.000	**0.094**	0.000	0.005
[6,]	–0.004	–0.005	–0.050	0.000	0.000	**0.092**	0.008
[7,]	–0.044	–0.057	–0.045	0.004	0.005	0.008	**0.083**

底部右下角(对角线上的加粗字体)对是 $\boldsymbol{C}^{22}$。

本例中，已假设 $\sigma_e^2=1$，以便预测误差方差就是矩阵 $\boldsymbol{C}^{22}$ 的对角元素：

$$\text{PEV}=\begin{bmatrix}0.095\\0.094\\0.092\\0.083\end{bmatrix}$$

由此就可获得预测值的标准误差(SEP)，作为预测方差的平方根。此外，可根据给定 PEV 计算预测值的可靠性，其可从式(2.25)改写获得：

$$r_{\hat{u},u}^2=1-\frac{\text{PEV}}{\hat{\sigma}_a^2} \tag{2.29}$$

有趣的是，方差真实值与误差方差的比值$\left(\sigma_u^2/\sigma_e^2\right)$，可以从 $\boldsymbol{C}^{22}$(**LHS** 逆矩阵)的一行或一列总和中获得。本例中，它们全都等于 0.1，但有近似误差：

0.095	+ 0.000	+ 0.000	+ 0.004	~ **0.099**
0.000	**+ 0.094**	+ 0.000	+ 0.005	~ **0.099**
0.000	+ 0.000	**+ 0.092**	+ 0.008	~ **0.099**
0.004	+ 0.005	+ 0.008	**+ 0.083**	~ **0.099**
0.099	**0.099**	**0.099**	**0.099**	

把所有数据放在一起，就会得到如下汇总，包括每头公畜的预测值(BLUP)、预测方差(PEV)、预测值标准误差(SEP)和可靠性(REL)：

公畜	BLUP 值	预测方差值	预测值标准误差	预测值可靠性
ZA	0.40	0.095	0.308	0.05
BB	0.52	0.094	0.306	0.06
CC	0.76	0.092	0.303	0.08
ZD	-1.67	0.083	0.288	0.17

$$\text{REL (Sire ZA)} = (0.1-0.095)/0.1=0.05$$

应该注意到，无数据信息(也与其他观测个体无关)的公畜 PEV 值为 0.1，因此其可靠性为 0。

2.7 REML 法简介

在本节之前，我们只关注于描述所使用的模型，并且假设方差分量是无误差的已知值。实际上，我们必须从数据中估计(协)方差分量。方差分量估计最常用的方法(SAS、R 和 ASReml 软件默认使用的方法)是**限制性最大似然法(restricted maximum likelihood，REML)**。REML 估计通常是分析复杂育种数据集的理想选择。本节将简述 REML 估计的原理，但不是正式的 REML 介绍；更详细的说明请参阅文献(Lynch and Walsh，1998)。

REML 是基于**似然函数(likelihood function)**(观测数据给定一组参数的概率)的最大化。换句话说，REML 选择的方差和协方差的估计是对观测数据给出的最有可能的估计。尽管 REML 和 ML(**maximum likelihood，最大似然**)原理相同，但 REML 试图解释用于估计固定效应的自由度。换句话说，对于 ML，在求解固定效应时，是有条件地估计方差分量，实质上它把固定效应看成是无误差的已知值。我们大多数的分析显然不是这样，我们用估计值代替真实值。REML 部分地解释了这种不确定性。

由于我们是育种家，在本书的后面部分，我们将会论述选择条件下性状的遗传方差估计，其在高强度选择中可能会有偏差。对于大多数应用，我们感兴趣的是估计“未知”基础群体的遗传方差，而不是相关个体样本的观测方差。在混合模型中，通过加性相关矩阵获得的 REML 估计值，来解释个体间遗传关系(第 11 章有更多内容)没有(或至少很少)受到**基础群体(base population)**选择的影响。更重要的是，方差分量的 REML(和 ML)估计限制了可能的参数空间，使得方差总是正值(或 0)。这避免了不得不报告平方数的负估计的窘境，其在**矩量估计法(methods of moments estimators)**中可能会发生！

通过迭代必能获得(协)方差分量的 REML 估计，并且可以使用许多算法。其中最流行的方法有：**非求导法(derivative free approach)**，即不需要任何似然导数(如在软件 MTDFREML 中执行的非求导法)；需要似然函数一阶导数的方法，如**期望最大化(expectation maximization，EM)**算法；需要似然函数二阶导数的方法(**牛顿-拉夫逊迭代法，Newton-Raphson algorithm;费希尔得分算法，Fisher scoring;平均信息算法，average information algorithm**)。SAS Proc MIXED 程序执行 Newton-Raphson 算法来求解混合模型方程组(SAS Institute，Inc.，2011a)，而 ASReml 程序采用平均信息算法(Gilmour et al.，2009)。相比于 SAS Proc 程序，最近开发的 SAS Proc HPMIXED 程序也执行了平均信息算法和其他一些优化技术(包括稀疏矩阵表述)，以减少计算时间和内存需求，但目前仅有有限的建模灵活性(如仅有一些小型的 **G** 结构和 **R** 结构可用)(SAS Institute，Inc.，2011b)。最后，R 包 *lme4* 的 lmer 函数却使用与其他软件不同的方法，包括在每次迭代中更新估计的惩罚迭代重加权最小二乘法(Bates，2013)。

最后要提醒的是：虽然 REML 有几个不错的特点，但许多 REML 算法不能保证迭代过程会收敛到一个全局最大值。因此，特别是对于小数据集和多变量模型(在第 7 章中论述)，用方差-协方差参数的几个不同初始值重复分析，总是一个好办法。

(丁昌俊 译，董雷鸣　姜　鹏　林元震 校)

第 3 章　ASReml 方差建模

3.1　摘要

了解方差-协方差模型的矩阵表示法对于能拟合复杂方差结构的混合模型很重要。特别是，ASReml 使用矩阵直积表示法来形成一些复杂的方差结构。直积表示法既可用于模型误差（$\boldsymbol{R}$ 结构），也可用于随机因子（$\boldsymbol{G}$ 结构）。本章用一些例子介绍主要的方差模型，来形成更复杂的 $\boldsymbol{R}$ 结构和 $\boldsymbol{G}$ 结构，但更详细的方差建模应用将在后续章节中介绍。

3.2　方差模型规则

3.2.1　ASReml 软件中 gamma 参数化与 sigma 参数化

正如第 2 章中所见，因变量 y 的方差为 $\text{var}(y)=\boldsymbol{V}=\boldsymbol{ZGZ}'+\boldsymbol{R}$。默认情况下，随机效应的方差为 $\boldsymbol{G}=\boldsymbol{I}\sigma_u^2$，误差方差为 $\boldsymbol{R}=\boldsymbol{I}\sigma_e^2$。对于仅有一个随机项的简单混合模型，$y$ 的方差为 $\boldsymbol{V}=\sigma_u^2\boldsymbol{ZZ}'+\boldsymbol{I}\sigma_e^2$。该模型有 2 个方差参数或 sigma，一个是模型随机效应 σ_u^2，另一个是误差项 σ_e^2。这称为 **sigma 参数化（sigma parameterization）**。ASReml 软件使用的另外一种参数化是 **gamma 参数化（gamma parameterization）**。在这种参数化中，y 方差可表示为误差方差 σ_e^2 的比值形式，具体如下：

$$\boldsymbol{V}=\sigma_e^2\sum_{i=1}^{b}\left(\gamma_g\boldsymbol{ZZ}'+\boldsymbol{I}_n\right)\text{ 或}\boldsymbol{V}=\sigma_e^2\left[\boldsymbol{ZG}\left(\gamma_g\right)\boldsymbol{Z}'+\boldsymbol{V}_c\left(\gamma_r\right)\right] \tag{3.1}$$

$\boldsymbol{Z}$ 和 $\boldsymbol{Z}'$ 分别是随机项的设计矩阵及其转置矩阵。随机项的 gamma 值（尺度方差）γ_g 是随机项方差分量与误差项方差的比值：

$$\gamma_g=\sigma_u^2/\sigma_e^2 \tag{3.2}$$

误差项的 gamma 值 γ_r 是误差方差与它自身的比值：$\gamma_r=\sigma_e^2/\sigma_e^2=1$。这是 ASReml 软件中简单的单变量混合模型的默认参数设置，因为猜测无单位的 gamma 初始值比猜测方差（sigma）初始值更容易，后者取决于性状测量单位的尺度。此外，gamma 参数化还能加快模型收敛（Butler et al.，2009）。

对于更复杂的方差结构，如相关误差，默认参数化是 sigma 参数化。在 ASReml Release 4 软件中，用户可以使用限定符**!SIGMAP** 从 gamma 参数化切换到 sigma 参数化。该限定符必须放在因变量之后，如下所示：

```
height !SIGMAP~ mu location,
                        !r block
residual idv(units)
```

有许多方差-协方差函数可用于不同的模型。表 3.1 给出了最常见的方差函数。

表 3.1　ASReml 方差-协方差结构

函数名	类型	用途
id()	相关	方差为 1 的 IID 结构
idv()	方差	方差相同的 IID 结构
idh()	方差	方差不同的 IID 结构
diag()	方差	与 idh() 相同
ar1()	相关	1 阶的自回归相关结构
cor()	相关	非结构化的相关矩阵结构
giv()	已知相关	用户定义的相关矩阵或相关逆矩阵
giv(, ped=T)	已知相关	用户定义的含有一个因子参数的相关逆矩阵
us()	方差	普通的非结构化方差-协方差结构
fa(, *k*)	方差	*k* 阶的因子分析结构

注：详情参阅 ASReml 用户手册(Gilmour et al.，2014，第 7 章)

相关方差模型可以附加 **v** 或 ***h***，如用 idv() 函数来添加一个共同(同质)方差，或者用 idh() 函数为因子的每个水平添加一个独立(异质)方差。

3.2.2　同质方差模型

我们将使用第 2 章中介绍的含有缺失值的玉米自交系数据(*MaizeRILs_miss.csv*)来展示 ASReml Release 4 软件(单机版)中最常见的方差建模。

从一个简单的线性模型开始：

$$y_{ijk} = \mu + L_i + R_j + e_{ijk} \tag{3.3}$$

其中，y_{ijk} 是第 i 个地点第 j 个 RIL 的第 k 个观测值；μ 是截距(固定效应)；L_i 是第 i 个地点效应(固定效应)；R_j 是第 j 个 RIL 效应(随机效应)；e_{ijk} 是与第 k 个观测值有关的随机误差项。

可以用矩阵形式写出相同的模型，$\boldsymbol{y}=\boldsymbol{Xb}+\boldsymbol{Zu}+\boldsymbol{e}$。其中，$\boldsymbol{y}$ 是观测值向量；$\boldsymbol{b}$ 和 $\boldsymbol{u}$ 分别是固定效应和随机效应的向量；$\boldsymbol{X}$ 和 $\boldsymbol{Z}$ 是固定效应和随机效应的关联矩阵；$\boldsymbol{e}$ 是误差向量。常见的模型假设是：误差效应 e_{ijk} 是独立的正态分布($\boldsymbol{e}\sim\mathrm{NID}(0,\boldsymbol{R})$)，随机效应是独立的正态分布($\boldsymbol{u}\sim\mathrm{NID}(0,\boldsymbol{G})$)。

该数据集有 474 个观测值(回想一下，该数据是不完全平衡的，因为在一些小区中有缺失数据)。误差效应的方差-协方差矩阵($\boldsymbol{R}$)是 474 行×474 列的方阵。对角线元素是误差效应的方差，都等于 σ_e^2。非对角线元素是不同观测值的误差效应间的协方差，由于我们假设误差彼此独立，所以它们都是 0。

$$\boldsymbol{R} = \sigma_e^2 \boldsymbol{I}_{474} = \sigma_e^2 \begin{bmatrix} 1 & \cdots & 0 \\ \vdots & & \vdots \\ 0 & \cdots & 1 \end{bmatrix} = \begin{bmatrix} \sigma_e^2 & \cdots & 0 \\ \vdots & & \vdots \\ 0 & \cdots & \sigma_e^2 \end{bmatrix} \tag{3.4}$$

误差方差被设置成以方差 σ_e^2 为尺度的相关矩阵（本例中为单位矩阵 $\boldsymbol{I}$）。

同样，可以写出 62 个 RIL 效应的方差-协方差矩阵（$\boldsymbol{G}$ 结构），如下所示：

$$\boldsymbol{G}=\sigma_u^2\boldsymbol{I}_{62}=\sigma_u^2\begin{bmatrix}1 & \cdots & 0\\ \vdots & & \vdots\\ 0 & \cdots & 1\end{bmatrix}=\begin{bmatrix}\sigma_u^2 & \cdots & 0\\ \vdots & & \vdots\\ 0 & \cdots & \sigma_u^2\end{bmatrix} \tag{3.5}$$

RIL 效应的方差被设置成以 RIL 效应方差 σ_u^2 为尺度的相关矩阵（本例中为单位矩阵 $\boldsymbol{I}$）。

ASReml 软件的模型语句如下所示：

代码示例 3.1　ASReml 软件的默认方差建模。模型 1（PART 1），*R* 结构和 *G* 结构未定义（不明确），但在模型 2（PART 2）中，它们是明确的（*Code3-1 Default Variance modeling.as*）

```
Title: Maize RILs unBalanced data.
 location !A rep * block * plot !I RIL !A pollen silking ASI * height
MaizeRILs_miss.csv !SKIP 1
!CYCLE 1 2

!PART 1 # 方差建模不明确
height !SIGMAP~ mu location !r rep.location RIL

!PART 2 # R和G结构全被定义(明确)
height !SIGMAP~ mu location !r rep. location idv(RIL)
residual idv(units)
```

• PART 2 中定义的模型等效于 PART 1 中给出的模型，它们将生成相同的结果。

• 误差项 residual idv(units) 告诉 ASReml 软件，所有数据点的误差结构是单位矩阵（ID）乘以均一方差（V），$\boldsymbol{R}\sim N(0,\ \sigma_e^2\boldsymbol{I}_{474})$。这是默认的误差方差结构，因此，如果没有另外指定误差方差结构（如示例的 PART 1 模型），就将使用默认的误差方差结构。

• 类似地，$\boldsymbol{G}$ 方差结构 **idv(RIL)** 表示所有数据点的与 RIL 效应相关的方差是单位矩阵（ID）乘以均一方差（V），$\boldsymbol{G}\sim N(0,\ \sigma_u^2\boldsymbol{I}_{62})$。同样，这是默认值，因此它不需要指定（如示例的 PART 1 模型）。

• 嵌套 rep 效应的方差结构是单位矩阵，$N(0,\ \boldsymbol{I}_8\sigma_r^2)$。

• 限定符 **! SIGMAP** 强制 ASReml 软件使用 sigma 参数化，而不是用于简单模型的默认 gamma 参数化。

• units 是保留项，是指个体观测值的独立误差。

下述给出了部分输出结果：

```
...
Cycle 1 value is 1
              - - - Results from analysis of height - - -
LogL:     LogL   Residual          NEDF   NIT Cycle Text
LogL:-1389.77    1.00000            470       9 1 "LogL Converged"
Akaike Information Criterion      2785.54 (assuming 3 parameters).
Bayesian Information Criterion    2798.00

Model_Term                          Sigma        Sigma   Sigma/SE   % C
rep. location        IDV_V    8   14.9052      14.9052       1.29   0 P
RIL                  IDV_V   62   311.785      311.785       5.32   0 P
```

```
Residual                        474 effects
Residual                  ID_V    1   82.6113          82.6113        14.23     0 P
...
Cycle 2 value is 2
           - - - Results from analysis of height - - -
LogL:-1389.77     1.00000          470      9 2 "LogL Converged"
Akaike Information Criterion       2785.54 (assuming 3 parameters).
Bayesian Information Criterion     2798.00

Model_Term                              Sigma            Sigma     Sigma/SE     % C
rep.location              IDV_V   8   14.9052          14.9052         1.29     0 P
RIL                       IDV_V  62   311.785          311.785         5.32     0 P
Residual                        474 effects
Residual                  ID_V    1   82.6113          82.6113        14.23     0 P
...
```

3.2.3 异质 R 方差结构

3.2.3.1 各组具有不同误差方差

在误差方差结构的上下文中，“组”(section)是指一组观测值，它们都具有共同的误差方差结构，并独立于其他组的观测值。在传统方差分析和上一节的示例中，我们假设数据只有一组：所有的观测值都有共同的误差方差结构。育种和遗传学的试验通常有自然分组的观测值(如不同环境或个体年龄)，它们的误差变异项可能不同。如果地点之间的误差方差存在重大差异，但在使用 IDV $\boldsymbol{R}$ 结构的分析时忽略这些差异，则可在残差诊断图中观察到一些趋势，如预测值和残差值之间的正相关关系，或者代表各组具有不同误差方差的截然不同的误差效应簇。这些分布表明，此模型拟合得不好，因为同质误差方差的假设是错误的。如果是这种情况，我们需要考虑分块对角 $\boldsymbol{R}$ 结构(一个地点一组)，而不是所有观测值的共同 IDV $\boldsymbol{R}$ 结构。在玉米 RIL 示例中，将误差拟合为独立但在每个地点有特定方差，这是合理的。$\boldsymbol{R}$ 矩阵将会有 4 个组分，且可用直积来定义 $\boldsymbol{R}$ 结构，如下所示：

$$\boldsymbol{R}=\sigma_{e1}^2\boldsymbol{I}_{121}\oplus\sigma_{e2}^2\boldsymbol{I}_{118}\oplus\sigma_{e3}^2\boldsymbol{I}_{116}\oplus\sigma_{e4}^2\boldsymbol{I}_{119} \tag{3.6}$$

$\boldsymbol{R}$ 子矩阵(对应于组)的维度是用每个地点的观测值数量给出的。例如，在地点 1 中有 121 个观测值，因此地点 1 组的维度为 121×121，并且这组是地点 1 特定误差方差和单位矩阵的乘积 $\sigma_{e1}^2\boldsymbol{I}_{121}$。矩阵 $\boldsymbol{R}$ 的总维度为 474×474，即所有四组的总和。分块对角 $\boldsymbol{R}$ 矩阵为

$$\boldsymbol{R}=\bigoplus_{j=1}^{s}R_j=\begin{bmatrix}R_1&0&0&0\\0&R_2&0&0\\0&0&R_3&0\\0&0&0&R_4\end{bmatrix}=\begin{bmatrix}\sigma_{e1}^2\boldsymbol{I}_{121}&0&0&0\\0&\sigma_{e2}^2\boldsymbol{I}_{118}&0&0\\0&0&\sigma_{e3}^2\boldsymbol{I}_{116}&0\\0&0&0&\sigma_{e4}^2\boldsymbol{I}_{119}\end{bmatrix}$$

可以放大 $\boldsymbol{R}$ 结构的第 1 组，以显示其元素：

$$\boldsymbol{R}_1 = \sigma_{e1}^2 \boldsymbol{I}_{121} = \begin{bmatrix} \sigma_{e1}^2 & 0 & \cdots & 0 \\ 0 & \sigma_{e1}^2 & \cdots & 0 \\ 0 & 0 & \cdots & 0 \\ 0 & 0 & \cdots & \sigma_{e1}^2 \end{bmatrix}$$

ASReml 分块对角 ***R*** 结构的语法如下所示：

代码示例 3.2　分块对角 *R* 结构或异质误差建模(*Code3-2 Variance Modeling Block Diagonal.as*)

```
Title: Maize RILs unBalanced data.
 location !A   rep 2   block 8   plot !I   RIL !Apollen   silking   ASI * Height
MaizeRILs_miss.csv !SKIP 1 !DOPART 1

!PART 1
height ~ mu location !rrep.location RIL
residual sat(location).idv(units)
```

这里使用 sat()函数把 ***R*** 矩阵分成由因子 location 水平定义的组。模型项"residual sat(location).idv(units)"表示误差 ***R*** 结构分成了由因子 location 水平定义的组，并且在每一组中的误差效应是独立同分布("IID"或"IDV")的。ASReml 通过各组子矩阵($\boldsymbol{R}_i$)的直和形成这种结构。项 idv(units)告诉 ASReml 软件，每一组误差都是独立同分布的，"units"是保留项，它指个体的测量观测值。

```
             - - - Results from analysis of height - - -
 Akaike Information Criterion        2768.94 (assuming 6 parameters).
 Bayesian Information Criterion      2793.86

 Model_Term                                  Sigma          Sigma    Sigma/SE   % C
 rep.location                 IDV_V    8    15.4426        15.4426      1.31   0 P
 RIL                          IDV_V   62    310.577        310.577      5.35   0 P
 sat(location,1).idv(units)           121 effects
 units                         ID_V    1    54.1722        54.1722      6.35   0 P
 sat(location,2).idv(units)           118 effects
 units                         ID_V    1    139.726        139.726      7.06   0 P
 sat(location,3).idv(units)           116 effects
 units                         ID_V    1    78.3924        78.3924      6.56   0 P
 sat(location,4).idv(units)           119 effects
 units                         ID_V    1    61.3591        61.3591      6.59   0 P
```

在上述的输出结果(*.asr* 文件子集)中，阴影高亮了每个地点估计的特定误差方差，范围从 54 到 140，这表明误差方差在环境间确实存在重大差异。可以用似然比检验法正式检验环境间误差方差相等的零假设[在上述输出结果中也高亮了 log(Likelihood)]：

$$\text{LRT}=-2[\text{Log}L(\text{full model})-\text{Log}L(\text{reduced model})]=-2(-1378.47+1389.77)=-2(-11.3)=22.6$$

这个统计量近似分布为具有 3 个自由度的卡方变量。该统计量的自由度 df 是通过将全阶模型拟合的方差分量的参数数量(6 个分量)与降阶模型(3 个分量)比较得到的。可以

使用一小点 ***R*** 代码获得该统计量的 p 值：

```
>raw_p = 1 - pchisq(22.6,df = 3, lower.tail = T)
> (adj_p = raw_p/2)
[1] 2.446329e-05
```

回想一下，对于这种似然比检验法，原始 p 值需要除以 2。本例中，异质误差方差建模显著提高了模型对数据的拟合度。

3.2.3.2 误差效应可能不独立

如上一节中所示，建模异质的误差方差允许模型有不需要独立同分布(IID)误差效应的假设。还可推广该模型，以允许非独立的误差效应。这将导致 ***R*** 矩阵结构的所有非对角元素没有 0 值。当然，非对角线协方差值是什么，将取决于我们所做出的其他假设，这个假设就是在误差及实际数据的相关估计中可能会存在什么样的相关模式。

在讨论非独立误差效应的计算前，考虑什么样的试验条件可能导致误差效应间的相关性可能会有所帮助。在许多作物和林木田间试验中的常见情况是，试验地从未是完全同质的。甚至作物在田间小区种植之前，土壤性质就已有了一定程度的变异性。试验建立后，由于管理效应，试验单位间可能会发生额外的变异。例如，肥料或者灌溉在小区间没有均等施用。在这些条件下，靠得近的试验单位(田间小区或者植株位置)之间比那些距离较远的小区更相似。误差效应之间的相关性也可能出现在其他情况下。例如，在不同的时间进行不同试验单位的测量和在相似时间的成对测量，比在更大间隔时间中的成对测量具有更相似的误差效应。在某些情况下，试验小区的变异可以使用与变异相关的一些已知因子拟合到模型中。通常在田间试验中，试验小区以行列矩形网格模式排列，这样行或者列位置的线性或非线性函数可作为协变量拟合到模型中，以解释一些田间变异。如果变异是“斑块状”(高度非线性且与田间位置坐标非规则相关)，则这样的协变量可能不会很好地拟合试验误差的变异性。拟合一个模型，允许小区间的一些相关作为其物理距离的函数，并从数据估计相关性，往往能更好地拟合这种斑块变异的数据。

如何拟合试验单位(时间或者空间)间的距离关系及其误差效应间的相关性？实际上，有许多模型是可行的，但它们在如何把误差间相关性与观测值间距离相关联方面存在差异：这种关系可能是线性或者是非线性，一维或者二维，是否涉及移动均值，等等。ASReml 软件提供了大量可拟合于数据的可行模型(Gilmour et al.，2014)。在实践中，我们经常用一阶自回归(AR1)相关结构拟合田间数据，因为该模型经许多不同数据集证实是稳健的。但这并不是说，误差真的以 AR1 方式相关，而是说 AR1 模型是各种误差效应分布的有用近似。

AR1 误差结构意味着需要估计两个参数来描述 ***R*** 结构。对于误差效应，我们总是有一个方差分量，除此之外，还需要估计一个相关系数。对于任意一对误差，它们的协方差是误差方差分量和相关系数幂次方的乘积，幂等于两个观测值之间的距离。由于相关系数小于 1，因此观测值之间的协方差随着距离的增加而减少，并且相关系数的幂增加到更高。负相关系数也是有可能的，在植物田间数据中，这可能表明小区间有竞争，它可能是由植株高度的差异性介导的。距离单位显然影响了 ***R*** 结构元素拟合的相关系数的幂，但由于相关系数是从数据中估计出来的，其值也会相应变化，所以，如果我们只关注 $\boldsymbol{R}$ 的最终结构而不是相关系数的特定值，就不需要考虑距离单位。

接下来，我们可以用小区间的线性距离作为 AR1 模型的相关距离，但是在二维田间网格情况下，我们更多地考虑行方向上的距离可能会随着列方向上的距离对误差协方差有不同的影响。因此，我们通常建模行、列方向独自相关的 $\boldsymbol{R}$ 结构。在极端情况下，可以假设，只有列方向的距离影响误差之间的协方差，而行方向的距离则不影响。为显示这种 $\boldsymbol{R}$ 结构是什么样子，假设在一个 10 行×10 列的网格中测量了 100 个观测值。如果把观测值按行位置和行内列位置排序，并只在行方向上拟合一个 AR1 相关(ρ)。

在田间不同列的观测值彼此独立，协方差为 0。同一行的观测值有一个协方差，其取决于它们在行单位中的距离。例如，列 1 行 1 和列 1 行 2 的观测值之间的距离为 1 个单位，并且相关为 $\rho^1=\rho$，得到的协方差为 $\rho\sigma_e^2$。同一列的第 1 行和第 10 行的观测值之间的距离为 9 个单位，因此它们的协方差为 $\rho^9\sigma_e^2$，接近于零，除非 ρ 非常接近于 1。

通过直积可以用更简洁的形式写出这个矩阵，具体为维度等于列数的单位矩阵与行误差的空间相关矩阵之间的直积。具有 r 行网格的行误差相关矩阵如下：

$$\Sigma\rho_r=\begin{bmatrix}1 & \rho & \rho^2 & \rho^3 & \cdots & \rho^{r-1}\\ \rho & 1 & \rho & \rho & \cdots & \rho^{r-2}\\ \rho^2 & \rho & 1 & \rho & \cdots & \rho^{r-3}\\ \vdots & \vdots & \vdots & \vdots & & \vdots\\ \rho^{r-1} & \rho^{r-2} & \rho^{r-3} & \rho^{r-4} & \cdots & 1\end{bmatrix}$$

则这整个 $\boldsymbol{R}$ 结构可有效地写为 Kronecker 积：

$$\operatorname{var}(\boldsymbol{e})=\boldsymbol{R}=\left(\sigma_e^2\boldsymbol{I_c}\otimes\boldsymbol{\Sigma}\rho_r\right)\tag{3.7}$$

这个 $\boldsymbol{R}$ 矩阵的维度是 $rc\times rc$。用这种直积方式编写 $\boldsymbol{R}$ 结构，有助于理解如何使用 ASReml 软件来拟合模型，因为 ASReml 软件允许用户指定这种直积的分量，就数据集因子而言，这是表现这种结构的最简单方法。例如，此处所显示的 $\boldsymbol{R}$ 结构可表示为 ASReml 软件中两个结构的直积：idv(column)和 ar1(row)。

如果误差在行列的方向都相关，则有两个额外参数，即 ρ_r 和 ρ_c，分别代表行列方向的相关系数。

同样地，这种"AR1×AR1"的 $\boldsymbol{R}$ 结构可以写成 2 个空间相关矩阵的 Kronecker 积：

$$\boldsymbol{R}=\sigma_e^2\begin{bmatrix}1 & \rho_c & \rho_c^2 & \cdots & \rho_c^{c-1}\\ \rho_c & 1 & \rho_c & \cdots & \rho_c^{c-2}\\ \rho_c^2 & \rho_c & 1 & \cdots & \rho_c^{c-3}\\ \vdots & \vdots & \vdots & & \vdots\\ \rho_c^{c-1} & \rho_c^{c-2} & \rho_c^{c-3} & \cdots & 1\end{bmatrix}\otimes\begin{bmatrix}1 & \rho_r & \rho_r^2 & \cdots & \rho_r^{r-1}\\ \rho_r & 1 & \rho_r & \cdots & \rho_r^{r-2}\\ \rho_r^2 & \rho_r & 1 & \cdots & \rho_r^{r-3}\\ \vdots & \vdots & \vdots & & \vdots\\ \rho_r^{r-1} & \rho_r^{r-2} & \rho_r^{r-3} & \cdots & 1\end{bmatrix}=\left(\sigma_e^2\boldsymbol{\Sigma}\rho_c\otimes\boldsymbol{\Sigma}\rho_r\right)$$

本书将在第 7 章(空间分析)中介绍有关空间相关误差结构的更多细节。为简要说明 Kronecker 积是如何在 ASReml 中编码的，将用代码示例 3.3 来演示如何拟合仅在行方向或者行列两向的误差相关模型。该示例数据集是大麦品系的单点重复试验，试验地按行列矩形网格排列。数据文件(*barley.asd*)由 ASReml 软件提供，在 Windows 计算机上，该数据文件将被安装在类似于"C:\Program Files\ASReml4\Examples\Functional"的文件夹内。此示例也在 ASReml 软件用户手册(Gilmour et al., 2014)和文献(Gilmour et al., 1997a)中有所论述。

代码示例 3.3　相关误差方差建模(*Code3-3 Correlated residuasl.as*)

```
Title: Correlated residuals!outfolder
  Rep 6   RowBlk 30 ColBlk 30 row 10 column 15   variety 25   yield

barley.asd !skip 1 !dopart 1

!PART 1 # 行方向的误差相关结构
yield ~ mu variety !r Rep !f mv
residual idv(column).ar1(row)

!PART 2 # 行列方向的误差相关结构
yield ~ mu variety !r !f mv
residual ar1v(column).ar1(row)
```

$\sigma_e^2\mathbf{I}$　$\boldsymbol{\Sigma}\rho_r$　$\sigma_e^2\boldsymbol{\Sigma}\rho_c$　$\boldsymbol{\Sigma}\rho_r$

在这两种情况下，***R*** 结构被表示为一个协方差矩阵与一个相关矩阵的直积，使用点号(.)将这两个分量分开。回想一下，我们希望 ***R*** 结构在对角线上有方差，这是由协方差矩阵(在对角线上有方差)和相关矩阵(通常在对角线上有相关值)之间的直积产生的。两个相关矩阵的直积将不会工作，因为它将对角元素缩放为 1 而不是误差方差。同样地，两个协方差矩阵的直积也不会工作，因为它会导致对角元素的方差平方化。所以，对于模型 1，在原则上，我们想要使用 residual idv(column).ar1(row)，而不是 residual id(column).ar1(row)；二者的区别是简单地将字母"v"附加到"id"后使之成为协方差结构而不是相关结构。不过，在实践中，如果可能，ASReml 软件将调整误差结构组分以产生合适的 ***R*** 结构。因此，在本例中，如果读者写成 residual id(column).ar1(row) 也能行得通，但我们建议把编写正确结构作为一种习惯，因为可能存在需要结构完全正确的情况，例如，是对协方差还是对相关值提供初始值时。

模型 1 的输出结果：

```
         - - - Results from analysis of yield - - -
 Akaike Information Criterion      1468.03 (assuming 2 parameters).
 Bayesian Information Criterion    1473.68

Model_Term                          Gamma          Sigma   Sigma/SE   % C
idv(column).ar1(row)           150 effects
 Residual                SCA_V  150    1.00000     43374.9      6.16   0 P
 row                      AR_R    1   0.579377    0.579377      8.12   0 P
```

在此示例中，列方向上的误差是独立同分布的(不相关)，然而在行方向上的误差是相关的。行方向相关为 ρ=0.579。这就意味着，具有共同列但间隔两行的小区误差间的协方差为 $\rho_r^2\sigma_e^2=(0.579^2)\times 43374.9=14541$。

模型 2 的输出结果：

```
          - - - Results from analysis of yield - - -
Akaike Information Criterion        1406.64 (assuming 3 parameters).
 Bayesian Information Criterion      1415.13

Model_Term                              Gamma          Sigma   Sigma/SE   % C
 ar1(column).ar1v(row)           150 effects
 Residual                 SCA_V   150    1.00000       38750.8      5.00   0 P
 column                    AR_R     1    0.683770      0.683770    10.80   0 P
 row                       AR_R     1    0.458575      0.458575     5.55   0 P
```

模型 2 的误差在列方向上(ρ_c=0.683)和行方向上(ρ_r=0.683)都相关，共同方差为 38 754。因此，间隔两行和三列的小区误差间的协方差为 $\rho_r^2\rho_c^3\sigma_e^2 = (0.459^2)\times(0.684^3)\times 38\,754.3 = 2612.8$。

还可以构建不同组观测值有唯一的方差和相关的空间相关误差的模型，通过使用 sat()函数构建不同组(如试验地点)具有特定和相关的误差结构。ASReml 手册提供了用于拟合 3 个地点的田间重复试验的异质空间相关误差的示例代码(Gilmour et al.，2014)。为在每个地点拟合独立的 AR1×AR1 结构，可以使用：

```
residual sat(site).ar1v(column).ar1(row)
```

如果我们在拟合该模型后发现地点 2 中的列相关不显著，则可以修改该结构，以便仅在地点 2 专门指定行的 AR1 结构，同时在其他两个地点拟合行列相关：

```
residual sat(site,1).ar1v(column).ar1(row),
              sat(site,2).idv(column).ar1(row),
sat(site,3).ar1v(column).ar1(row)
```

或者更简洁的方式：

```
residual sat(site,1,3).ar1v(column).ar1(row),
sat(site,2).idv(column).ar1(row)
```

当我们对相同对象重复测量(如测量不同年龄的相同树木或者动物)，或者当我们测量每个试验单位的多个性状并想要拟合多变量模型时，误差效应经常也是相关的。在某些情况下，不同年龄所测量的性状可视为具有不同性状的多变量模型的特例。例如，树高可在树龄 2 年、4 年和 6 年生时测量，并记录为 Heigh2、Heigh4 和 Heigh6。重复测量和多变量模型的误差方差矩阵的代数表达式为

$$\boldsymbol{I}_n \otimes \boldsymbol{\Sigma} \tag{3.8}$$

其中，$\boldsymbol{I}$ 是 n 个试验单位(随机误差)的单位矩阵；$\boldsymbol{\Sigma}$ 通常是维度为 $t\times t$ 非结构化的协方差矩阵；t 是性状数量(Gilmour et al.，2014)。性状在试验单位内排序。这种结构意味着误差被假定在试验单位间是独立的，但是在同一试验单位测量的不同性状的误差可以相关。非结构化的协方差矩阵意味着允许每个性状有特定的误差方差，并且每对性状误差有其自身的协方差。

可以使用下述代码指定玉米 RIL 数据集中株高和产量的多变量分析的 **R** 误差结构：

```
height yield ~ Trait Trait.location,   !r us(Trait).id(RIL)
residual id(units).us(Trait)
```

对于重复和多变量的模型，id(units).us(Trait) 项是默认的。如果在模型语句的左侧列出了一个以上的因变量，那么 ASReml 软件就“知道”我们正在拟合一个多变量模型。即使我们没有在模型中定义误差项，ASReml 也会自动添加。另外，明确地写出误差结构是一个好习惯，因为在一些情况下，用户可能需要添加参数的初始值。

3.2.4 异质 G 方差结构

3.2.4.1 分块对角 G 结构

对于一个随机项的单变量线性混合模型，因变量 y 的方差为 $\mathrm{var}(y)=\sigma_{\boldsymbol{u}}^2\boldsymbol{ZZ}'+\sigma_e^2\boldsymbol{I}_n$。如果有 1 个以上的随机项，那么随机效应的向量 $\boldsymbol{u}$ 可分成子向量 $\boldsymbol{u}=\left[\boldsymbol{u}_r^{\mathrm{T}},\cdots,\boldsymbol{u}_b^{\mathrm{T}}\right]^{\mathrm{T}}$，并且随机效应的设计矩阵可分成子矩阵 $\boldsymbol{Z}=[\boldsymbol{Z}_r,\cdots,\boldsymbol{Z}_b]$。

多个随机项的 $\boldsymbol{G}$ 结构变成了一个分块对角矩阵，每个随机项有一个分块和一个方差分量。比方说有两个随机项，如玉米 RIL 示例中的基因型(RIL)和 rep 效应；我们用直和 ⊕ 来定义 $\boldsymbol{G}$ 矩阵：

$$\boldsymbol{G}=\oplus_{j=1}^{L}\sigma_{\boldsymbol{u}2}^2=\sigma_g^2\boldsymbol{I}_g\oplus\sigma_r^2\boldsymbol{I}_r \tag{3.9}$$

$$\boldsymbol{G}=\oplus_{j=1}^{L}\sigma_{\boldsymbol{u}2}^2=\begin{bmatrix}\sigma_g^2\boldsymbol{I}_g & 0\\ 0 & \sigma_r^2\boldsymbol{I}_r\end{bmatrix} \tag{3.10}$$

其中，$\boldsymbol{I}_g$ 是维度为 $g\times g$(g 是 RIL 基因型数量)的单位矩阵；$\boldsymbol{I}_r$ 是 rep 效应(r 是 rep 数量)的相应单位矩阵。为直接显示这个结构，假定我们收集了仅包括 3 个 RIL 基因型和 2 个 rep 的一小部分数据。$\boldsymbol{G}$ 结构的维度将为 5×5：

$$\boldsymbol{G}=\oplus_{j=1}^{L}\sigma_{\boldsymbol{u}j}^2=\begin{bmatrix}\sigma_g^2 & 0 & 0 & & \\ 0 & \sigma_g^2 & 0 & & 0\\ 0 & 0 & \sigma_g^2 & & \\ & & & \sigma_r^2 & 0\\ & 0 & & 0 & \sigma_r^2\end{bmatrix} \tag{3.11}$$

多个随机项的 ASReml 代码为：

```
!PART 1 #  分块对角G结构
height ~ mu location !r RIL rep
residual sat(location).idv(units)
```

使用下述代码可拟合等效模型，但 $\boldsymbol{G}$ 结构更加明确：

```
!PART 2 #  明确分块对角G结构
height ~ mu location !ridv(RIL) idv(rep)
residual sat(location).idv(units)
```

模型项 idv(RIL) 和 idv(rep) 都是简单项。假定 RIL 和 rep 效应具有 IID 方差结构，这就意味着与 RIL 相关的方差在不同环境中是相同的(一致的)，并且 rep 效应在不同地点具有相同的 IID 方差结构。但这些假设可能是不现实的。

3.2.4.2　嵌套和互作的 *G* 结构

通过用点号连接两个项(A.B)形成**互作效应(interaction effect)**。含有一个以上因子的模型项称为**复合项(compound term)**。在下述 ASReml 代码中，复合模型项用于表示 RIL 嵌套在地点内。

```
!PART 3 #分块对角G结构，RIL内嵌于location
height ~ mu location,
        + !r location.RIL
residual sat(location).idv(units)
```

程序能识别 location.RIL 是嵌套项，因为模型包含了 location 主效应，但 RIL 项未被列为主效应，并且只出现在与 location 的互作中。ASReml 创建了一个复合项，其水平数等于 location 数×RIL 水平数。如果有 3 个地点和每个地点中有 20 个 RIL，则嵌套项(互作项)将会有 60 个水平。

复合模型项的方差仍然是 IID。不过，我们可以改变这个假设，转而拟合 RIL 在每个 location 中都有不同方差的模型。在 ASReml 中，可通过合并复合项(location.RIL)并根据 location 将其与不同的方差相关联，来创建一个**综合模型项**。例如，我们可能需要一个 ***G*** 结构，其假设 RIL 在每个 location 有不同方差，并且 RIL 在 location 内和 location 间都是独立的：

$$\boldsymbol{G}_{L.R}=\boldsymbol{\Sigma}\otimes\boldsymbol{I}_{nr}=\begin{bmatrix}\sigma_{g1}^2\boldsymbol{I}_g & 0 & 0 & 0\\ 0 & \sigma_{g2}^2\boldsymbol{I}_g & 0 & 0\\ 0 & 0 & \sigma_{g3}^2\boldsymbol{I}_g & 0\\ 0 & 0 & 0 & \sigma_{g4}^2\boldsymbol{I}_g\end{bmatrix}\tag{3.12}$$

可以把这个结构写成 4 个 IDV 矩阵的直和，每个 IDV 矩阵都具有特定的基因型方差：

$$\boldsymbol{G}_{L.R}=\sigma_{g1}^2\boldsymbol{I}_g\oplus\sigma_{g2}^2\boldsymbol{I}_g\oplus\sigma_{g3}^2\boldsymbol{I}_g\oplus\sigma_{g4}^2\boldsymbol{I}_g\tag{3.13}$$

也可以用代表 4 个 location 间的任意一个基因型的方差-协方差矩阵($\boldsymbol{\Sigma}$)与维度等于 RIL 数量的单位矩阵的直积写出相同的结构：

$$\boldsymbol{G}_{L.R}=\boldsymbol{\Sigma}\otimes\boldsymbol{I}_g=\begin{bmatrix}\sigma_{g1}^2 & 0 & 0 & 0\\ 0 & \sigma_{g2}^2 & 0 & 0\\ 0 & 0 & \sigma_{g3}^2 & 0\\ 0 & 0 & 0 & \sigma_{g4}^2\end{bmatrix}\otimes\boldsymbol{I}_g\tag{3.14}$$

跨地点的这种 ***G*** 结构以及异质误差方差结构的 ASReml 代码如下：

```
!PART 5   # 分块对角的R结构和G结构
height ~ mu location !r idh(location).id(RIL)   # idh = diag
residual sat(location).idv(units)
```

本例中，使用项 idh(location)创建“异质方差”矩阵(换言之，对角矩阵)，代表 $\boldsymbol{\Sigma}$ 矩阵。这个模型的部分输出结果如下所示：

```
Model_Term                              Sigma          Sigma   Sigma/SE   % C
 sat(location,1).idv(units)        121 effects
 units                     ID_V     1    84.7896       84.7896       5.43    0 P
 sat(location,2).idv(units)        118 effects
 units                     ID_V     1    107.056       107.056       5.35    0 P
 sat(location,3).idv(units)        116 effects
 units                     ID_V     1    69.9691       69.9691       5.31    0 P
 sat(location,4).idv(units)        119 effects
 units                     ID_V     1    66.1969       66.1969       5.34    0 P
idh(location).id(RIL)            248 effects
 location                DIAG_V     1    320.142       320.142      4.82    0 P
 location                DIAG_V     2    381.756       381.756      4.74    0 P
 location                DIAG_V     3    241.861       241.861      4.69    0 P
 location                DIAG_V     4    323.672       323.672      4.95    0 P
```

在输出结果中，前 4 个 Sigma 是该 4 个地点各自的误差，最后 4 个 sigma 是每个地点的 RIL 方差。DIAG_V 表明 $\boldsymbol{G}$ 方差结构是分块对角的。

3.2.4.3 *G* 效应相关

RIL 效应在地点间独立的这个假设是现实的吗？可能不是，因为相同的 RIL 品系是跨地点测试的，并且一个品系在一个环境中的表现可能与其在另一个环境中的表现相关。这就表明了不同环境下同一基因型效应间存在相关性。因此，我们不能再用直和⊕来构建这种 $\boldsymbol{G}$ 矩阵；相反，我们需要使用直积⊗，并在其中一个分量矩阵中包含成对环境相关。

作为一个简化例子，考虑嵌套在 2 个地点(location)内的 3 个基因型的方差结构，允许 location 效应中的每个基因型与另一个不同 location 中的相同基因型效应相关。$\boldsymbol{G}$ 矩阵是跨 location 水平的基因型效应的方差-协方差矩阵(这次是非结构化矩阵，而不是对角矩阵)与维度为 $g\times g(3\times3)$ 的单位矩阵的乘积：

$$\boldsymbol{G}_{\boldsymbol{L.R}}=\boldsymbol{\Sigma}\otimes\boldsymbol{I}_{\boldsymbol{g}} \tag{3.15}$$

$$=\begin{bmatrix}\sigma_{g1}^2 & \sigma_{g12}\\ \sigma_{g12} & \sigma_{g2}^2\end{bmatrix}\otimes\begin{bmatrix}1&0&0\\0&1&0\\0&0&1\end{bmatrix}=\begin{bmatrix}\sigma_{g1}^2 & 0 & 0 & \sigma_{g12} & 0 & 0\\ 0 & \sigma_{g1}^2 & 0 & 0 & \sigma_{g12} & 0\\ 0 & 0 & \sigma_{g1}^2 & 0 & 0 & \sigma_{g12}\\ \sigma_{g12} & 0 & 0 & \sigma_{g2}^2 & 0 & 0\\ 0 & \sigma_{g12} & 0 & 0 & \sigma_{g2}^2 & 0\\ 0 & 0 & \sigma_{g12} & 0 & 0 & \sigma_{g2}^2\end{bmatrix} \tag{3.16}$$

由于在这个例子中只有两组，因此就有两个方差分量(σ_{g1}^2 和 σ_{g2}^2)和不同地点 RIL 效应间的协方差(σ_{g12})。我们也可以用相关而不是协方差来将其参数化：

$$G_{\mathbf{L.R}} = \sqrt{\sigma_{g1}^2\sigma_{g2}^2}\begin{bmatrix} \dfrac{\sigma_{g1}^2}{\sigma_{g2}^2} & r_{g12} \\ r_{g12} & \dfrac{\sigma_{g1}^2}{\sigma_{g2}^2} \end{bmatrix} \otimes \begin{bmatrix} 1 & 0 & 0 \\ 0 & 1 & 0 \\ 0 & 0 & 1 \end{bmatrix} = \begin{bmatrix} \sigma_{g1}^2 & 0 & 0 & \sigma_{g12} & 0 & 0 \\ 0 & \sigma_{g1}^2 & 0 & 0 & \sigma_{g12} & 0 \\ 0 & 0 & \sigma_{g1}^2 & 0 & 0 & \sigma_{g12} \\ \sigma_{g12} & 0 & 0 & \sigma_{g2}^2 & 0 & 0 \\ 0 & \sigma_{g12} & 0 & 0 & \sigma_{g2}^2 & 0 \\ 0 & 0 & \sigma_{g12} & 0 & 0 & \sigma_{g2}^2 \end{bmatrix}$$

使用相关矩阵参数化有时更容易提供初始值，并收敛于正确的结果。使用下述 ASReml 代码，可将这种结构拟合到玉米 RIL 示例数据中：

```
!PART 6 # 分块对角R结构，G结构相关，CORUH
height ~ mu location !r coruh(location).id(RIL)
residual sat(location).idv(units)
```

方差函数 coruh(location).id(RIL)的意思是嵌套在 location 内的 RIL 效应在每对 location 中有一致相关(**coru**h)，但它们的方差在 location 间是异质的(coru**h**)。该复合项的第二部分，id(RIL)意思是 RIL 效应彼此独立。只要我们将合适的方差函数指定给复合项，则这些效应的顺序就不重要。例如，coruh(location).id(RIL)和 id(RIL).coruh(location)会产生相同的结果。

此模型的输出结果是：

```
Model_Term                              Sigma         Sigma   Sigma/SE   % C
 sat(location,1).idv(units)     121 effects
 units                  ID_V     1    79.1630       79.1630       6.27   0 P
 sat(location,2).idv(units)     118 effects
 units                  ID_V     1    128.319       128.319       6.13   0 P
 sat(location,3).idv(units)     116 effects
 units                  ID_V     1    79.3552       79.3552       6.14   0 P
 sat(location,4).idv(units)     119 effects
 units                  ID_V     1    61.8934       61.8934       5.98   0 P
coruh(location).id(RIL)        248 effects
 location               COR_R    1  0.992040      0.992040      49.50   0 P
 location               COR_V    1    325.781       325.781       4.87   0 P
 location               COR_V    2    367.577       367.577       4.70   0 P
 location               COR_V    3    237.953       237.953       4.71   0 P
 location               COR_V    4    324.181       324.181       4.98   0 P
```

很明显，从这个结果可知各地点间的 RIL 效应是强烈相关的，并且几乎完全相同。之前的模型，我们为地点内和地点间的效应拟合一个对角方差-协方差矩阵，相当于强制相关系数为零，在这种情况下，显然不是好模型。

3.2.4.4 遗传相关效应

在目前的例子中，我们假设随机基因型效应的水平是独立的。实际上，群体中的个体可以有不同程度的遗传相似性。如果我们有一种方法来估计数据集中每对个体的亲缘关系(使用谱系信息或标记数据)，就可在混合模型的 ***G*** 结构中考虑这些关系。我们将在后面章节中介绍细节，但在这里给出一个简单的示范。

例如，谱系中有 8 个个体。子代 4 和子代 7 的母本是个体 A，父本不同。子代 5 和子代 8 的母本是个体 B，父本不同。个体 C 有后代 6。谱系的加性遗传相关矩阵如下：

	A	B	C	4	5	6	7	8
A	1	0	0	0.5	0	0	0.5	0
B	0	1	0	0	0.5	0	0	0.5
C	0	0	1	0	0	0.5	0	0
4	0.5	0	0	1	0	0	0.25	0
5	0	0.5	0	0	1	0	0	0.25
6	0	0	0.5	0	0	1	0	0
7	0.5	0	0	0.25	0	0	1	0
8	0	0.5	0	0	0.25	0	0	1

亲代中的个体 A、B 和 C 被假定为不相关并且独立，因此我们指定其遗传亲缘关系为 0。个体 A 与其子代 4 和子代 7 之间的加性遗传协方差为 0.5；半同胞 4 和半同胞 7 之间的加性遗传协方差为 0.25。随机项 $\boldsymbol{G}$ 矩阵的代数形式为 $\boldsymbol{G}=\sigma_A^2\boldsymbol{A}$，其中 σ_A^2 是与加性遗传效应相关的方差分量，$\boldsymbol{A}$ 是源自谱系的加性遗传相关矩阵。通过向 ASReml 软件提供特定谱系信息文件，使用**!P** 字段定义限定符来声明与谱系关联的确切因子(如个体)，并使用模型函数 nrm()，就可将这个相关矩阵拟合到数据的一系列个体上。例如：

```
height ~ mu location ,
+ !r nrm(individual)
```

3.3　初始值

如第 2 章中所述，ASReml 使用平均信息算法从数据中获得方差参数的最大似然估计。这需要从一些初始值开始迭代，在每一步中，每次获取一个参数的最大似然估计都取决于其他参数的当前值。重复这些步骤，直到参数估计从一步到另一步的变化很小为止。这被称为最大似然解的收敛。具体来说，如果两次迭代的连续 REML 似然值对数(Log*L*)的变化不超过 0.002，并且参数估计是稳定的，则 ASReml 将停止迭代。

默认情况下，ASReml 使用因变量的表型方差来获取方差结构的参数初始值。对于大多数的简单模型，用户不需要在代码中提供初始值。对于复杂的模型，如多变量模型，当初始值与 REML 解未能合理接近时，ASReml 算法会难以收敛(Gilmour et al.，2014)。在运行模型后，当看到"Convergence failed"(收敛失败)或"Log*L* did not converge"(Log*L* 不收敛)的消息时，很可能是基于表型方差的初始值不足以完成这项任务。在这种情况下，特别是对于复杂模型，用户需要提供合适的初始值以实现收敛。

有多种方法来提供初始值。我们将使用 *MaizeRILs_miss.csv* 文件数据来示范。

(1) 使用**!INIT** 限定符在程序文件(*.as*)中插入明确的初始值。

```
!PART 2 #  随机效应的初始值
height ~ mu location !r idv(RIL !INIT 300) idv(block !INIT 1.2)
residual sat(location).idv(units)
```

在代码中，300 是 RIL 效应的初始方差，1.2 是 block 效应的初始方差。

当**!INIT** 被用来为更复杂的方差结构提供初始值时，参数的数量及其顺序必须是正确的。下面示例的双变量模型(height 和 silking)用于拟合估计两个性状间的遗传/误差相关和协方差。

```
!PART 8 #  相关误差的初始值
height silking ~ Trait Trait.location !r Trait.RIL
residual idv(units).us(Trait !INIT 92 0.1 3.2)
```

使用**!INIT** 限定符列出 height 的误差方差(92)、height 和 silking 间的协方差(0.1)及 silking 的方差(3.2)。请注意初始值的顺序，它遵循模型中性状的顺序。

也可使用**!ASSIGN** 和**!INIT** 限定符为相关误差效应模型提供初始值。在下面的示例中，非结构化 us()误差方差结构的初始值按下三角的行顺序提供：

```
!PART 7 #相关误差的初始值
!ASSIGN USe   !< !INIT
92                    # height误差方差
0.1 3.2               # 误差协方差, silking误差方差
!>
height silking ~ Trait Trait.location !r Trait.RIL
residual idv(units).us(Trait $USe) # residual idv(units).us(Trait)
```

由于参数初始值持续在多行上，我们使用!<　!>来封闭它。使用**!ASSIGN** 限定符，创建了一个名为 USe 的文件，并在代码中使用它来提供初始值。

RIL 方差初始值，也可用类似的方式提供：

```
!PART 8 #  初始值
!ASSIGN USg !INIT   300   0.2   5    # 遗传方差-协方差-方差
!ASSIGN USe !INIT    92   0.1   3    # 误差方差-协方差-方差
height silking ~ Trait Trait.location ,
                  !r us(Trait $USg).id(RIL)
residual idv(units).us(Trait $USe)
```

USg 是 RIL 效应的初始值，USe 是误差的初始值。由于误差值或 RIL 效应值在其各自的行中，因此没有必要使用!<　!>来封闭字符串。

(2)使用*.tsv* 文件和*.msv* 文件来提供初始值。

Code 03-1 Default variance modeling.as 的*.tsv* 文件示例如下：

```
Title: Maize RILs unBalanced data.
 location !A rep 2 block 8 plot !I RIL !A   pollen   silking   ASI *   height
MaizeRILs_miss.csv !SKIP 1
height ~ mu location !r RIL
```

每次运行后，ASReml 软件将方差参数的初始值写入后缀名为 *Code03-1Default variance modeling.tsv*(模板初始值)的文件中。

```
# This .tsv file is a mechanism for resetting initial parameter values
# by changing the values here and rerunning the job with !CONTINUE 2.
# You may not change values in the first 3 fields
```

```
#                         or RP fields where RP_GN is negative.

# Fields are:
# GN, Term, Type, PSpace, Initial_value, RP_GN, RP_scale.

   4, "rep.location", G, P,    0.1000000    ,    4,    1
   5, "RIL",          G, P,    0.1000000    ,    5,    1
   6, "Variance 1",   V, F,    1.0000000    ,    6,    1

# Valid values for Pspace are F, P, U and maybe Z.

# RP_GN and RP_scale define simple parameter relationships;
# RP_GN links related parameters by the first GN number;
# RP_scale must be 1.0 for the first parameter in the set and
# otherwise specifies the size relative to the first parameter.
# MultivalueRP_scale parameters may not be altered here.
```

每次迭代后，方差参数的当前值被写入两个后缀名为.*rsv*（再启动值）和.*msv* 的文件中。该 *Code3-1 Default variance modeling.rsv* 文件如下所示：

```
78 6 2173 121
# This .rsv file holds parameter values between runs of ASReml and
# is not normally modified by the User.   The current values of the
# the variance parameters are listed as a block on the following lines.
# They are then listed again with identifying information
# in a form that the user may edit.
   0.000000      0.000000      0.000000      0.18042608      3.7441206      1.000000
RSTRUCTURE                 1    1    3
 VARIANCE                  1    1    0
   6, V, P,     1.0000000       0    0
 STRUCTURE               474    1    0
rep.location                         1    1
   4, G, P,     0.18042608      0    0
RIL                                    1    1
   5, G, P,     3.7441206       0    0
```

Code3-1 Default variance modeling.msv 文件很容易理解，因为它清楚地标识出参数字段。

```
# This .msv file is a mechanism for resetting initial parameter values
# by changing the values here and rerunning the job with !CONTINUE 3.
# You may not change values in the first 3 fields
#                         or RP fields where RP_GN is negative.

# Fields are:
# GN, Term, Type, PSpace, Initial_value, RP_GN, RP_scale.

   4, "rep.location",  G, P,    0.18042608    ,    4,    1
   5, "RIL",           G, P,    3.7441206     ,    5,    1
   6, "Variance 1",    V, P,    1.0000000     ,    6,    1

# Valid values for Pspace are F, P, U and maybe Z.

# RP_GN and RP_scale define simple parameter relationships;
# RP_GN links related parameters by the first GN number;
# RP_scale must be 1.0 for the first parameter in the set and
# otherwise specifies the size relative to the first parameter.
# Multivalue RP_scale parameters may not be altered here.

# Notice that this file is overwritten if not being read.
```

请注意.*tsv* 文件和.*msv* 文件中初始值间的区别。在.*msv* 文件中的初始值是在最后一次迭代更接近实际值之后产生的。读者可以编辑 PSpace 和 Initial_value 字段。

可以使用**!CONTINUE *f*** 限定符来使用其中一个初始值文件。

如果使用**!CONTINUE 2** 或**!TSV** 限定符，就用*.tsv* 文件而不是*.rsv* 文件。

如果使用**!CONTINUE 3** 或**!MSV** 限定符，就用*.msv* 文件而不是*.rsv* 文件。

```
Title: Maize RILs unBalanced data.
 location !A rep 2 block 8 plot !I RIL !A    pollen    silking    ASI *    height
MaizeRILs_miss.csv !SKIP 1 !CONTINUE !MSV
height ~ mu location !r RIL
```

在**!CONTINUE 3** 或**!MSV** 限定符后提供具体文件名，如"Code3-1 Default variance modeling.msv"：

```
...
MaizeRILs_miss.csv !SKIP 1 !CONTINUE !MSV "Code03-1 Default variance modeling.msv"
height ~ mu location !r RIL
```

ASReml 将查找"Code03-1 Default variance modeling.msv"文件，搜寻与当前模型相关的参数值，在迭代重新开始之前，替换从*.as* 文件中获得的值。如果未提供文件名，则 ASReml 就会查找与输出文件相同基本名的*.rsv* 文件，即与*.as* 后缀的文件名同名。

（林元震 译，张卫华　林元震 校）

第4章 育 种 值

4.1 摘要

本章将介绍来自半同胞家系选择的田间子代测定数据的育种值估计的基础知识。引入个体模型或动物模型来演示跨世代个体育种值的预测，并考虑对基本模型的改进，如增加母体效应和遗传组效应。

4.2 家系选择

很多育种家对容易生产大量**半同胞(half-sib)**或**全同胞(full-sib)**家系的物种的**家系选择(family selection)**感兴趣，尤其是对不能在活体上测量的性状。出于多种原因，家系选择受到青睐。无法在活体上测量的性状(如家畜的肉质)可以在候选个体的后代或同胞中测量，并依据亲属的平均表型进行选择。多数感兴趣的性状由许多**微效应(small effect)**的基因控制，并且表现出低等到**中等遗传力(moderate heritability)**。由于环境效应大，个体的表型经常是育种亲本**遗传价值(genetic merit)**的不良预测者，因此对单个个体的表型选择[**混合选择(或大群选择，mass selection)**或严格的家系内选择]是无效的。**近交系测定(testing of inbred lines)**是解决这个问题的方法之一，但对于那些自交不亲和的物种，基于家系平均表型的选择是一种替代方案。为利用有利的**特殊配合力(specific combining ability，SCA)**(非加性遗传效应)，特定杂交后代的大量生产也可以作为目标。例如，在林木中，种子园管理者更喜欢用**亲本选择(parental selection)**来建立**种子园(seed orchard)**，这有时被称为**反向选择(backward selection)**(上一代个体的选择)或**家系间选择(among-family selection)**。育种家使用来自许多后代的表型数据，以更准确地计算家系或亲本**育种值(breeding value)**。

根据**交配设计(mating design)**和**试验设计(experimental design)**，有不同类型的家系选择。半同胞家系选择经常用于选择优良个体的**一般配合力(general combining ability，GCA)**。相反，如果育种家想推销已知父母本的种子，以提高**遗传增益(genetic gain)**并捕获双亲的特殊配合力和**杂种优势(hybrid vigor)**，则全同胞家系选择是首选。

一般来说，当一些家系有多个个体的信息可用时，选择单位和方案就更复杂(White et al.，2007；Falconer et al.，1996)。选择可以是**家系内选择(selection within family)**(Lynch and Walsh，1998)。每个家系中的个体都会被排序，然后选择每个家系中最好的个体。另外一种情况，通过减去其家系平均值来校正个体估计值，并且不管其家系表现如何，选择家系内偏差最大的个体，这被称为**家系内偏差选择(selection on within-family deviation)**。还有一种类型的选择是**家系指数选择(family index selection)**。这有时被称为**合并家系及家系内选择(combined family and within family selection)**，即**配合选择(或**

合并选择，combined selection）。将不同的权重分配给家系及家系内的个体以对其进行排序。一般情况下，家系选择的目标是提高**遗传增益**（**或遗传进展，genetic gain**），同时限制所选择的个体的**共祖系数**（**coancestry**），以尽可能地避免后代**近亲繁殖**（**inbreeding**）。

在实践中，育种家使用**家系模型**（**family model**）或**一般配合力**（**GCA**）模型来预测**亲本育种值**（**parental breeding value**）。**一般配合力**（GCA_i）是一个特定个体（$y_{i.}$）后代均值与群体均值（μ）的离差，即 $GCA_i=y_i-\mu$。**育种值**（**breeding value**，BV）是个体值，通过与群体随机交配获得的后代平均表型来测定（Falconer and Mackay，1996）。育种值可衡量一个个体等位基因的平均效应，因为它们影响后代的表现，而不是个体自身的表现（基因型值）。在二倍体物种中并且在忽略**上位性**（**epistasis**）的情况下，个体一般配合力 GCA 是其育种值 BV 的一半，因为亲本正好将其等位基因的一半传递给任何一个后代。与动物模型相比，**GCA 模型**不需要太多计算机内存来求解**混合模型方程组**（**mixed model equations**），因为混合模型方程组只针对亲本求解。

现转到子代，我们可以把亲本 BV 列入子代 j 的线性模型中，包含亲本 BV 平均值、固定总体均值和随机误差效应（e_i），即 $y_i=\mu+0.5(u_m+u_f)+e_j$，其中 u_m 和 u_f 分别为父本和母本的育种值。另外，育种家可拟合**动物模型**（**或个体模型，animal model**），以同时预测相同尺度的亲本与子代的育种值，并执行不同的**选择策略**（**selection strategy**）。

在本章中，将介绍**半同胞家系选择**（**half-sib family selection**），这是许多动植物育种计划中常用的方法。首先简要介绍一些定义，观测方差分量解释和遗传解释，然后介绍 GCA 模型的混合模型方程组和 ASReml 语法的几个例子。此外，还举例说明如何推导出半同胞家系均值和家系均值的方差作为**选择单位**（**selection unit**），并介绍两种个体模型。第一个例子使用**浅谱系**（**shallow pedigree**）（亲本与后代）的松树数据，用于 GCA 模型。第二个例子使用**深谱系**（**deep pedigree**）的生猪育种群体的数据。

4.3　理论方差分量和相似性

从数据估计的方差分量是**观测方差分量**（**observed variance components**）。把**总表型方差**（**phenotypic variance**）分为若干组，如家系间和家系内。使用观测方差分量和亲属间的**遗传协方差**（**genetic covariance**），可以计算**理论方差分量**（**causal variance component**）。**加性遗传方差**（**additive genetic variance**）是由基因**加性效应**（**additive effect**）产生的理论方差分量，该基因加性效应会导致亲属间的**相似性**（**resemblance**）。Falconer 和 MacKay（1996）用符号“σ^2”表示观测方差分量，用符号“V”表示理论方差分量。对于大多数模型，我们使用观测方差分量来估算理论方差或估算遗传力和其他群体参数。观测方差分量和理论方差分量之间的关系是由亲属间协方差的程度决定的。亲属可以分为**直系亲属**（**ancestral**）（如亲本—子代）或**旁系亲属**（**collateral**）（如同胞）（Lynch and Walsh，1998）。对于遗传力非零的性状，亲属之间的相似性比它们与群体中其他个体之间的相似性更大。个体间亲缘关系越接近，它们就越相似。个体间相似性是由 Fisher（1918）和 Wright（1921）提出的遗传协方差来衡量的。使用遗传协方差从观测估计值中估算理论方差分量。

4.3.1 半同胞协方差

在半同胞家系中(每一个半同胞家系均由一组子代组成，子代都有一个共同的亲本，而另一个亲本是从群体中随机选择的)，半同胞家系效应解释的估计方差分量的期望值是加性遗传方差的 1/4(Falconer and Mackay，1996)。这种关系从何而来?

我们可以根据个体在一个**位点**(**locus**)上的**加性效应**和**显性效应**(**dominance effect**)，建立个体基因型值的简单模型。假设种群处于**连锁平衡**(**linkage equilibrium**)并且没有上位性，这样通过位点效应和位点方差的求和，就可将**单位点模型**(**single locus model**)简单地推广到整个基因组的**多位点模型**(**multi-locus model**)。显然，这种假设在现实群体中可能不完全正确，但这种模型往往足够接近于现实群体的**遗传结构**(**genetic architecture**)。个体 A 的基因型值是群体总体均值(μ)、其携带的两个等位基因的平均效应以及这两个等位基因间的显性互作的总和，具体为

$$G_{\mathrm{A}}=\mu+\alpha_{\mathrm{A1}}+\alpha_{\mathrm{A2}}+\delta_{\mathrm{A12}} \tag{4.1}$$

个体表型值是基因型值和环境效应与随机剩余项的组合 ε 的和，具体为

$$P_{\mathrm{A}}=\mathrm{G}_{\mathrm{A}}+\varepsilon_{\mathrm{A}}=\mu+\alpha_{\mathrm{A1}}+\alpha_{\mathrm{A2}}+\delta_{\mathrm{A12}}+\varepsilon \tag{4.2}$$

群体表型方差是表型值的方差，是基因型方差与环境/剩余效应方差的总和，因为我们假设基因型值和环境值之间没有协方差，具体为

$$V_{\mathrm{p}}=V_{\mathrm{G}}+V_{\mathrm{e}}=V\left(\alpha_{\mathrm{A1}}+\alpha_{\mathrm{A1}}+\delta_{\mathrm{A12}}\right)+V(\varepsilon) \tag{4.3}$$

由于加性效应和显性效应，可以进一步将基因型方差细分为各个组分。假设群体处于**哈迪-温伯格平衡**(**Hardy-Weinberg equilibrium**)，因此任何个体内某个位点上的两个等位基因均不相关。没有相关，于是总遗传效应的方差等于这些效应方差的总和：

$$\begin{aligned}V_{\mathrm{G}}&=V\left(\alpha_{\mathrm{A1}}+\alpha_{\mathrm{A2}}+\delta_{\mathrm{A12}}\right)=V\left(\alpha_{\mathrm{A1}}\right)+V\left(\alpha_{\mathrm{A2}}\right)+V\left(\delta_{\mathrm{A12}}\right)\\&=2V(\alpha)+V(\delta)=V_{\mathrm{A}}+V_{\mathrm{D}}\end{aligned} \tag{4.4}$$

请注意，根据定义，加性方差 V_{A} 是个体等位基因加性效应方差的 2 倍：$V_{\mathrm{A}}=2V(\alpha)$。这种定义也遵循这一观点：个体育种值是其等位基因加性效应的总和，因此对于一个位点 $\mathrm{BV_A}=\alpha_{\mathrm{A1}}+\alpha_{\mathrm{A2}}$，并且育种值的方差为

$$V\left(\mathrm{BV_A}\right)=V\left(\alpha_{\mathrm{A1}}+\alpha_{\mathrm{A2}}\right)=2V(\alpha)=V_{\mathrm{A}} \tag{4.5}$$

现在，使用这个模型来找出半同胞之间的协方差。假如个体 A 分别与个体 B 和 C 杂交，并产生后代 X(来自 A×B)和 Y(来自 A×C)。可写出这两个后代基因型值之间的协方差为

$$\mathrm{Cov}\left(G_{\mathrm{X}},G_{\mathrm{Y}}\right)=C\left(\left(\alpha_{\mathrm{X1}}+\alpha_{\mathrm{X2}}+\delta_{\mathrm{X12}}\right),\left(\alpha_{\mathrm{Y1}}+\alpha_{\mathrm{Y2}}+\delta_{\mathrm{Y12}}\right)\right) \tag{4.6}$$

使用下标 X1 和 X2 来表示个体 X 中的两个等位基因。我们知道，两个等位基因中的一个遗传自亲本 A，另一个则遗传自亲本 B。因此，可以将等位基因 *X1* 的标记法转变为等位基因 Ai，其中 Ai 与亲本 A 携带的任一等位基因的概率相等。可以对其他等位基因做出类似替换，将遗传自 A 的个体 Y 的等位基因 Y1 记为 Ai′，以表示它可能与个体 X

遗传的 Ai 相同或不同：

$$
\begin{aligned}
\mathrm{Cov}(G_X,G_Y)&=C\left((\alpha_{Ai}+\alpha_{Bi}+\delta_{AiBi}),(\alpha_{Ai'}+\alpha_{Ci}+\delta_{Ai'Ci})\right)\\
&=C(\alpha_{Ai},\alpha_{Ai'})+C(\alpha_{Ai},\alpha_{Ci})+C(\alpha_{Ai},\delta_{Ai'Ci})\\
&+C(\alpha_{Bi},\alpha_{Ai'})+C(\alpha_{Bi},\alpha_{Ci})+C(\alpha_{Bi},\delta_{Ai'Ci})\\
&+C(\delta_{AiBi},\alpha_{Ai'})+C(\delta_{AiBi},\alpha_{Ci})+C(\delta_{AiBi},\delta_{Ai'Ci})
\end{aligned}
\tag{4.7}
$$

无亲缘关系的个体间随机交配的假设意味着从不同亲本遗传的等位基因不会**血缘同源(identical by descent，IBD)**，因此它们是独立的。等位基因之间的独立意味着涉及亲本 B 和 C 的所有协方差都为零。随机交配也意味着加性效应和显性效应之间没有协方差，并且显性效应也没有协方差，即使它们有一个共同等位基因(此处的两个等位基因必须同源，才能有协方差)。因此，等式(4.7)被大大简化了，因为，在随机交配的情况下，除了一个协方差分量，其他所有值均定义为零：

$$
\mathrm{Cov}(G_X,G_Y)=C(\propto_{Ai},\propto_{Ai'})
\tag{4.8}
$$

后代 X 遗传自亲本 A 的等位基因的概率与后代 Y 遗传自亲本 A 的等位基因的概率是一样的，均为 1/2。因此，协方差等于加性效应与其本身之间的协方差的 1/2，或者加性效应方差的 1/2，即等于总加性遗传方差的 1/4：

$$
\mathrm{Cov}(G_X,G_Y)=\frac{1}{2}C(\alpha_{Ai},\alpha_{Ai})=\frac{1}{2}V(\alpha_{Ai})=\frac{1}{4}V_A
\tag{4.9}
$$

如果假定具有环境效应和误差效应的后代是随机的，那么不同后代的这些效应之间就没有协方差，于是表型方差等于基因型方差：

$$
\mathrm{Cov}(P_X,P_Y)=\mathrm{Cov}(G_X+\varepsilon_X,G_Y+\varepsilon_Y)=\mathrm{Cov}(G_X,G_Y)=\frac{1}{4}V_A
\tag{4.10}
$$

后代 X 和 Y 之间的相似程度由共祖系数 θ_{xy} 衡量，它就是个体 X 中的等位基因与个体 Y 中相同位点的等位基因同源的概率。共祖系数决定了个体育种值之间的协方差，在此处记为 A_X 和 A_Y：

$$
\mathrm{Cov}(A_X,A_Y)=2\theta_{XY}V_A
\tag{4.11}
$$

更一般地，个体 X 和 Y 基因型值之间的协方差是 2 倍共祖系数 θ_{xy} 乘以加性方差与双共祖系数 Δ_{XY} 乘以显性方差的函数。在没有近亲交配的情况下，**双共祖系数(double coancestry coefficient)**是指一个个体某一位点的等位基因对与另一个体同位点的等位基因对 IBD 的概率：

$$
\mathrm{Cov}(G_X,G_Y)=2\theta_{XY}V_A+\Delta_{XY}V_D
\tag{4.12}
$$

汇总如下(Lynch and Walsh，1998)：

半同胞间的遗传协方差

情况	概率	贡献
X 和 Y 有 0 个 IBD 等位基因	1/2	0
X 和 Y 有 1 个 IBD 等位基因	1/2	$V_A/2$

于是，半同胞间的遗传协方差表示为

$$\mathrm{Cov}(G_X, G_Y) = \frac{1}{2} \times \frac{V_A}{2} = \frac{1}{4} V_A$$

4.3.2 全同胞协方差

两个亲本（B 和 C）交配产生全同胞后代（X 和 Y）。在一个基因座上，亲本基因型值（G）为

$$G_B : \alpha_{B1} + \alpha_{B2} + \delta_{B12}$$
$$G_C : \alpha_{C1} + \alpha_{C2} + \delta_{C12}$$

每个全同胞后代个体都接收一个父本和一个母本的等位基因。每个个体接收相同父本等位基因或母本等位基因的概率为 1/2。从个体 X 中随机取样的一个等位基因与从个体 Y 中随机取样的相同等位基因 IBD 的概率，就是从个体 X、Y 所取样的等位基因遗传自相同亲本的概率（概率为 1/2）乘以来自同个亲本的两个等位基因 IBD 的概率（对于非近交亲本，概率为 1/2）。因此，全同胞共祖系数为 θ_{XY}=1/4。为确定双共祖系数，考虑到全同胞之间每个位点的等位基因同源的数量有三种情况。它们可以有 0、1 或 2 个 IBD 等位基因：

$$\Pr(0\text{个IBD等位基因}) = \Pr(\text{父本等位基因不是IBD}) \times \Pr(\text{母本等位基因不是IBD})$$
$$= \frac{1}{2} \times \frac{1}{2} = \frac{1}{4}$$
$$\Pr(2\text{个IBD等位基因}) = \Pr(\text{父本等位基因是IBD}) \times \Pr(\text{母本等位基因是IBD})$$
$$= \frac{1}{2} \times \frac{1}{2} = \frac{1}{4}$$
$$\Pr(1\text{个IBD等位基因}) = 1 - \left(\Pr(2\text{个IBD等位基因}) + \Pr(0\text{个IBD等位基因})\right)$$
$$= 1 - \left(\frac{1}{4} \times \frac{1}{4}\right) = \frac{1}{2}$$

在全同胞之间等位基因对 IBD 的概率就是在全同胞之间两个等位基因均为 IBD 的概率，如上所示为 1/4。本例中，等位基因对是 IBD，其遗传协方差为

$$\begin{aligned}&\mathrm{Cov}(\alpha_{A1} + \alpha_{B1} + \delta_{A1B1}, \alpha_{A1} + \alpha_{B1} + \delta_{A1B1}) \\ &= V(\alpha_{A1} + \alpha_{B1} + \delta_{A1B1}) = V_A + V_D\end{aligned} \tag{4.13}$$

综上，汇总如下（Lynch and Walsh，1998）：

全同胞间的遗传协方差

情况	概率	贡献
X 和 Y 有 0 个 IBD 等位基因	1/4	0
X 和 Y 有 1 个 IBD 等位基因	1/2	$V_A/2$
X 和 Y 有 2 个 IBD 等位基因	1/4	$V_A + V_D$

$$\mathrm{Cov}(G_\mathrm{X},G_\mathrm{Y})=\frac{1}{2}\times\frac{V_\mathrm{A}}{2}+\frac{1}{4}[V_\mathrm{A}+V_\mathrm{D}]=\frac{1}{2}V_\mathrm{A}+\frac{1}{4}V_\mathrm{D}$$

或者，直接使用共祖系数和双共祖系数，可以得到同样的结果：

$$\mathrm{Cov}(G_\mathrm{X},G_\mathrm{Y})=2\theta_\mathrm{XY}V_\mathrm{A}+\Delta_\mathrm{XY}V_\mathrm{D}=2\left(\frac{1}{4}\right)V_\mathrm{A}+\frac{1}{4}V_\mathrm{D}=\frac{1}{2}V_\mathrm{A}+\frac{1}{4}V_\mathrm{D} \tag{4.14}$$

关于亲属间遗传协方差的更多细节，请查阅 Lynch 和 Walsh(1998)文献的第 7 章及 Falconer 和 MacKay(1996)文献的第 9 章。

4.4　GCA(家系)模型

有多种方法从**子代测定(progeny test)**数据估算方差分量和育种值。我们可能对亲本育种值感兴趣。在这种情况下，**GCA 模型(亲本模型，parental model)**可能是首选，因为它们更容易拟合。我们需要做的是求解亲本而非子代的线性混合模型方程组。例如，基于特定年龄测定的子代值来预测亲本 GCA 值的线性混合模型是：$y_i=\mu+\mathrm{age}+\mathrm{GCA}_i+e_i$。其中 age 是指子代的年龄(固定效应)。可以建立混合模型方程组来获取亲本的解(GCA 效应估计)，如下所示：

$$\begin{bmatrix}\boldsymbol{X'X} & \boldsymbol{X'Z}\\ \boldsymbol{Z'X} & \boldsymbol{Z'Z}+\boldsymbol{I}\alpha\end{bmatrix}\begin{bmatrix}\hat{\boldsymbol{b}}\\ \hat{\boldsymbol{u}}\end{bmatrix}=\begin{bmatrix}\boldsymbol{X'y}\\ \boldsymbol{Z'y}\end{bmatrix} \tag{4.15}$$

其中，$\boldsymbol{b}$ 和 $\boldsymbol{u}$ 分别是固定效应向量和随机效应向量。本例中，$\boldsymbol{b}$ 只包括年龄的固定协变量效应，$\boldsymbol{u}$ 包括亲本 GCA 值。$\boldsymbol{Z}$ 和 $\boldsymbol{X}$ 分别是固定效应和随机效应的设计矩阵。$\boldsymbol{I}$ 是维度等于亲本数量的单位矩阵，α 是剩余方差与随机家系效应所解释的遗传方差之比，$\alpha=\sigma_e^2/\sigma_u^2$。通过重排混合模型方程组，可以得到固定效应($\boldsymbol{b}$)和随机效应($\boldsymbol{u}$)的解式，如下所示：

$$\begin{bmatrix}\hat{\boldsymbol{b}}\\ \hat{\boldsymbol{u}}\end{bmatrix}=\begin{bmatrix}\boldsymbol{X'X} & \boldsymbol{X'Z}\\ \boldsymbol{Z'X} & \boldsymbol{Z'Z}+\boldsymbol{I}\alpha\end{bmatrix}^{-1}\begin{bmatrix}\boldsymbol{X'y}\\ \boldsymbol{Z'y}\end{bmatrix} \tag{4.16}$$

$$\mathrm{BLUE}(\boldsymbol{b})=\begin{bmatrix}\boldsymbol{X'X} & \boldsymbol{X'Z}\end{bmatrix}^{-1}\begin{bmatrix}\boldsymbol{X'y}\\ \boldsymbol{Z'y}\end{bmatrix} \tag{4.17}$$

$$\mathrm{BLUP}(\boldsymbol{u})=\begin{bmatrix}\boldsymbol{Z'X} & \boldsymbol{Z'Z}+\boldsymbol{I}\alpha\end{bmatrix}^{-1}\begin{bmatrix}\boldsymbol{X'y}\\ \boldsymbol{Z'y}\end{bmatrix}=\begin{bmatrix}u_1\\ u_2\\ \vdots\\ u_n\end{bmatrix} \tag{4.18}$$

$\alpha=\sigma_e^2/\sigma_u^2$，有时被称为**收缩因子(shrinkage factor)**，值域为 0 到 1。请注意，在遗传力极值 h^2=0 或 h^2=1 时，混合模型方程组将发生什么。当 $h^2\to0$ 时，则 $\alpha=\sigma_e^2/\sigma_u^2\to\infty$，BLUP 公式对角组分 $\boldsymbol{Z'Z}+\boldsymbol{I}\alpha$ 将变成无穷大。因为公式的这部分为逆，就像是将家系均值的观测差量除以无穷大或者将其乘以零。因此，结果是所有的育种值预测缩减到零(亲本间不存在遗传差异）。当 $h^2 \to 1$ 时，$\alpha = \sigma_e^2 / \sigma_u^2 \to 0$，则观测子代值将会成为亲本育种值的完美指标，因此育种值将等于其子代的平均表型（只需通过固定协变量的差异进行校正）。

假设亲本之间没有亲缘关系时，则上述混合模型方程组中使用的单位矩阵 $\boldsymbol{I}$ 是合适的。如果我们知道或者可以根据记录谱系或遗传标记数据估计亲本间的亲缘关系，就可估计它们的共祖系数并用亲本间的**加性遗传相关矩阵** $\boldsymbol{A}$ 来代替矩阵 $\boldsymbol{I}$。$\boldsymbol{A}$ 矩阵中的每个元素都是一对个体之间的共祖系数的 2 倍（$2\theta_{\mathrm{XY}}$），如上文所看到的：

$$\mathrm{BLUP}(\boldsymbol{u}) = \begin{bmatrix} \boldsymbol{Z'X} & \boldsymbol{Z'Z} + \boldsymbol{I}\alpha \end{bmatrix}^{-1} \begin{bmatrix} \boldsymbol{X'y} \\ \boldsymbol{Z'y} \end{bmatrix} = \begin{bmatrix} u_1 \\ u_2 \\ \vdots \\ u_n \end{bmatrix} \tag{4.19}$$

传统上，遗传协方差矩阵来自谱系，尽管后面的章节将介绍如何使用 DNA 标记估计遗传关系。用 $\boldsymbol{A}$ 矩阵代替 $\boldsymbol{I}$ 矩阵的一个好处是，亲本 BLUP 不仅受其自身后代的表型值影响，而且还受到与它存在谱系关系（亲本间 $\theta>0$）的任何亲本后代的表型影响。在这种情况下，收缩因子 α 对 BLUP 的效应可用于衡量所预测亲本的后代对相关亲本后代信息的影响。随着遗传力增加和 α 减少，总体收缩量减少了，但来自直接后代（来自 BLUP 等式的 $\boldsymbol{Z'Z}$ 部分）的信息对相关亲本后代（来自 BLUP 等式的 $\boldsymbol{A}\alpha$ 部分）的相对影响增加。由于遗传力较低，亲属信息就变得相对更重要。不过，如果遗传力为零，那么 BLUP 将再次全部缩回到零。

最佳线性无偏预测（BLUP）方法的优点是：

- 在计算育种值时，考虑了固定效应（如地点、年龄）。
- 在计算育种值时，BLUP 是一种使用所有亲属信息的有效方法，即使对于没有测量表型的个体也可以预测育种值。
- 考虑了数据的趋势和**奠基者效应（founder effect）**。
- 允许模型考虑基因型与环境的交互作用（相关性）。
- 直接计算**遗传增益**。

4.5 使用 GCA 模型分析半同胞子代数据

下文将使用第 1 章介绍过的 *Pine_provenance.csv* 数据来演示半同胞家系育种值的预测。回顾一下，这些数据是关于 36 个半同胞家系的树木，每个家系来自 4 个种源之一。田间试验设计为完全随机区组设计，5 次重复，每个小区中测量 2～6 棵树。分析数据时，首先写出线性模型很重要：

$$y_{ijkl} = \mu + B_i + P_j + F_{k(j)} + \mathrm{BF}_{ik(j)} + \varepsilon_{ijkl} \tag{4.20}$$

其中，y_{ijkl} 是第 i 个区组第 j 个种源第 k 个家系的第 l 个观测值；μ 是总体平均值；B_i 是第 i 个区组的随机效应～$N(0，\sigma_b^2)$；P_j 是种源固定效应(j=1,···,4)；$F_{k(j)}$ 是第 k 个母本在其种源组中的随机效应～$N(0，\sigma_f^2)$；$\mathrm{BF}_{ik(j)}$ 是区组与母本互作的随机效应（小区效应)，$\sim N(0,\ \sigma_{bf}^2)$；$\varepsilon_{ijkl}$是误差效应$\sim N(0,\ \sigma_{\varepsilon}^2)$。

根据试验设计或交配设计，线性模型可以变化。例如，如果每个区组每个母本仅有一棵树(单株小区)，那么小区项(**BF**)将会从上述模型中删除并纳入误差中。

对于这个特定示例，下述是模型中因子被视为固定或随机的原因。

• 我们想通过群体中参试树木的抽样来解释整个群体树高的变异来源。表型变异有多少是由遗传造成的，又有多少是由环境造成的？要回答这个问题，我们将家系及其母本看成是育种群体的随机抽样。由于母本代表群体的一个随机样本，任何涉及母本的互作效应(区组与母本互作，BF)也是随机的。误差效应总被认为是随机的。

• 这个试验中的区组代表了潜在区组(或微环境)效应的一些较大总体，并且我们想做超出本研究中区组的特定样本的推断，因此，把区组效应视为随机的。

• 母本取样于 4 个种源。林木中的**“种源”**(**provenance**)是指所选母本的原产地。本例中，种源效应被视为固定效应。一个原因是种源太少(只有 4 个)，不足以估计种源效应的方差。另一个原因是，我们对这 4 个种源间的差异特别感兴趣。

第一个目标是估算方差分量，以做出种群遗传变异的一些推论。可用下述 ASReml 代码拟合线性模型：

代码示例 4.1　半同胞家系子代测定的数据分析(*Code4-1_HSfamily.as*)

```
Title: Pine_provenance
 treeid !A   female !I   male *   prov !I   block * plot *   height diameter volume !*10
Pine_provenance.csv !SKIP 1 !DOPART 1
!PART 1
height ~ mu prov , #  指定固定效应
            !r idv(female) block block.female #  指定随机效应
     residual units
```

方差分量("Sigma")、Sigma 与其标准误差之比("Sigma/SE")被报告在 *Code4-1_HSfamily.asr* 文件中：

```
Model_Term                          Gamma         Sigma   Sigma/SE   % C
 block              IDV_V    5  0.425370E-01  0.107492      1.20    0 P
 idv(female)        IDV_V   36  0.749901E-01  0.189502      2.26    0 P
 block.female       IDV_V  180  0.782019E-01  0.197618      2.29    0 P
 units                     914 effects
 Residual           SCA_V  914    1.00000      2.52703     19.22    0 P
```

4.5.1　方差分量及其线性组合

子代测定的主要目标之一是将观测表型方差分解为遗传分量和环境分量。使用方差分量的线性组合来计算加性方差、表型方差、遗传力和遗传增益。下面是从半同胞后代测试数据的输出结果估算加性方差和表型方差及其标准误差的一个例子。

.asr 输出文件中的方差分量是观测方差分量。为简单起见，我们将使用近似值。家系方差分量(σ_f^2=0.189)是一个估计值，因此它有相应的误差(方差)。方差分量估计值的方差和协方差显示在 ASReml 输出文件 *Code4-1_HSfamily.vvp* 文件中。

家系方差分量的标准误差是

$$\mathrm{SE}\left(\sigma_f^2\right)=\sqrt{\mathrm{Var}\left(\sigma_f^2\right)}=\sqrt{0.00705}=0.084$$

请注意，估计方差分量本身与其标准误差之比为 0.189/0.084=2.25，与上述*.asr*文件中 "**Sigma/SE**"列中的值一致。

表型方差是母本方差、小区方差和误差方差分量的总和：

$$\sigma_P^2=\sigma_f^2+\sigma_{bf}^2+\sigma_\varepsilon^2$$

$$\sigma_P^2=0.1895+0.1976+2.527=2.91$$

估计量之和的方差是每一项方差之和，再加上其协方差的 2 倍（使用**泰勒级数近似法**）。使用*Code4-1_HSfamily.vvp*文件中的信息，可得到

$$\mathrm{Var}\left(\sigma_P^2\right)=\mathrm{Var}\left(\sigma_f^2\right)+\mathrm{Var}\left(\sigma_{bf}^2\right)+\mathrm{Var}\left(\sigma_\varepsilon^2\right)+2\left[\mathrm{Cov}\left(\sigma_f^2,\sigma_{bf}^2\right)+\mathrm{Cov}\left(\sigma_f^2,\sigma_\varepsilon^2\right)+\mathrm{Cov}\left(\sigma_{bf}^2,\sigma_\varepsilon^2\right)\right]$$

$$\mathrm{Var}\left(\sigma_P^2\right)=0.00705+0.00744+0.0173+2\times[-0.00138-0.00009-0.00329]$$

$$\mathrm{Var}\left(\sigma_P^2\right)=0.02227$$

σ_p^2标准误差是方差的平方根：

$$\mathrm{SE}(\sigma_P^2)=\sqrt{\mathrm{Var}\left(\sigma_P^2\right)}=\sqrt{0.02227}=0.149$$

加性方差

与母本（或半同胞家系）效应相关的方差分量是**加性方差（additive variance）**的 1/4。因此，加性方差估计是家系方差分量的 4 倍：

$$\sigma_A^2=4\sigma_f^2=4\times0.1895=0.758 \qquad \text{加性方差}$$

$$\mathrm{Var}\left(\sigma_A^2\right)=\mathrm{Var}\left(\sigma_f^2\right)=16\mathrm{Var}\left(\sigma_f^2\right) \qquad \text{加性方差的方差}$$

$$\mathrm{SE}\left(\sigma_A^2\right)=\sqrt{16\mathrm{Var}\left(\sigma_f^2\right)}=4\sqrt{\mathrm{Var}\left(\sigma_f^2\right)}=4\times\sqrt{0.00705}=0.3359 \qquad \text{加性方差的标准误}$$

狭义遗传力

狭义遗传力（narrow-sense heritability）是加性方差（σ_A^2）与表型方差（σ_P^2）的比值。它是一个值域为 0 到 1 的群体参数。对于半同胞家系的本例子，狭义遗传力为

$$h_i^2=\frac{\sigma_A^2}{\sigma_P^2}=\frac{4\sigma_f^2}{\sigma_f^2+\sigma_{bf}^2+\sigma_\varepsilon^2}=\frac{0.758}{2.91}=0.26$$

遗传力估计量h_i^2的近似方差可通过几种方法（Piepho and Mohring，2007）获得，包括以下两种方法：

（1）假设表型方差（σ_P^2）是一个常数，则可使用 **Dickerson 近似值**（1969）来计算遗传力的方差：

$$\mathrm{Var}\left(h_i^2\right)=\frac{16\mathrm{Var}\left(\sigma_f^2\right)}{(\sigma_P^2)^2}=\frac{16\times0.00705}{2.91^2}=0.01335$$

$$\mathrm{SE}\left(h_i^2\right)=\sqrt{0.01335}=0.1155$$

(2) **Delta 法**是获取估计量比率方差近似值的好方法，因为它使用**矩量法**的所有信息。有关 Delta 法的详细说明，请参阅 Lynch 和 Walsh (1998) 及 Holland 等 (2003b) 的相关文献。很方便，当 **VPREDICT !DEFINE** 语句用于定义遗传力(或相关值)估计时，ASReml 默认提供 Delta 法估算遗传力估计量的标准误差。下文显示了如何使用这个语句来定义方差分量估计的各种函数，包括线性组合或比率：

代码示例 4.1 (续)　半同胞家系子代测定的数据分析 (*Code4-1_HSfamily.as*)

```
...
height ~ mu prov , # 指定固定效应
        !r idv(female) block block.female #指定随机效应
        residual units
VPREDICT !DEFINE
# 确保函数F (求和, 提取, 乘积)在函数H (比率)前
F Pheno idv(female) + block.female + units      # 方差求和
F Additive idv(female)*4                       # 分量乘以4
H fam_ratio idv(female) Pheno                  # 母本方差与表型方差的比率
H plot_ratio block.female Pheno                # 小区方差与表型方差的比率
H error_ratio units Pheno                      # 误差方差与表型方差的比率
H Herit Additive Pheno                         # 遗传力，加性方差与表型方差的比率
```

或者，**VPREDICT !DEFINE** 后的代码块可以放在与*.as* 文件同名的单独文件中，但使用后缀名*.pin*。无论哪种方式，这些方差分量函数估计的输出结果都可在后缀名*.pvc* 文件中找到，本例中 *Code4-1_HSfamily.pvc* 如下：

```
ASReml 4.1 [28 Dec 2014] Title: Pine_provenance.
        Code04-1_HSfamily.pvc created 25 Aug 2015 16:33:26.811

        - - - Results from analysis of height - - -

   1 block                              V    5     0.107492         0.895767E-01
   2 idv(female)                        V   36     0.189502         0.838504E-01
   3 block.female                       V  180     0.197618         0.862961E-01
 units                      914 effects
   4 units;Residual                     V  914      2.52703         0.131479
   5 Pheno   2              2.9141      0.14973
   6 Additive  2            0.75801     0.33592
     fam_ratio    = idv(fema   2/Pheno  2   5=        0.0650    0.0275
     plot_ratio   = block.fe   3/Pheno  2   5=        0.0678    0.0290
     error_ratio  = units;Re   4/Pheno  2   5=        0.8672    0.0341
     Herit        = Additive   6/Pheno  2   5=        0.2601    0.1099
 Notice: The parameter estimates are followed by
         their approximate standard errors.
```

阴影高亮区包含了遗传力估计值 (0.2601) 及其通过 Delta 法获得的标准误差 (0.1099)。

4.5.2　家系均值间变异

狭义遗传力对于预测群体中个体选择的遗传增益很有用，这有时被称为**混合选择**。

然而，在许多动植物育种计划中，选择单位是家系而不是个体。同样，在一些动物育种计划中，根据子代值选择公畜。在这种情况下，育种家主要对家系均值的遗传力及家系(或公畜)选择的遗传增益感兴趣。例如，在林木育种中，根据子代测定，用最好家系的一小部分建立**种子园(seed orchards)**，以生产大量种子。

在松树种源数据集的示例中，可以使用半同胞家系均值作为选择单位。在校正种源效应之后，每个家系均值通过包含家系效应的小区和单株树木(误差效应)来求平均值：

$$\bar{Y}_{..k.}=\mu+F_k+\frac{\sum_{i=1}^{b}\mathrm{BF}_{ik}}{b}+\frac{\sum_{i=1}^{b}\sum_{l=1}^{n}\varepsilon_{ikl}}{bn} \tag{4.21}$$

其中，b 是区组数；n 是每个小区内每个家系株数。半同胞家系均值的期望方差为

$$V(\bar{Y}_{..k.})=E\left[\mu+F_k+\frac{\sum_{i=1}^{b}\mathrm{BF}_{ik}}{b}+\frac{\sum_{i=1}^{b}\sum_{l=1}^{n}\varepsilon_{ikl}}{bn}-\mu\right]^2 \tag{4.22}$$

由于试验设计的随机化，不同的模型效应是不相关的，上式可简化为

$$V(\bar{Y}_{..k.})=E\left(F_k\right)^2+E\left[\frac{\sum_{i=1}^{b}\mathrm{BF}_{ik}}{b}\right]^2+E\left[\frac{\sum_{i=1}^{b}\sum_{l=1}^{n}\varepsilon_{ikl}}{bn}\right]^2=E\left(F_k\right)^2+bE\left[\frac{\mathrm{BF}_{ik}}{b}\right]^2+bnE\left[\frac{\varepsilon_{ikl}}{bn}\right]^2$$
$$=\sigma_F^2+b\frac{\sigma_{\mathrm{BF}}^2}{b^2}+bn\frac{\sigma_\varepsilon^2}{(bn)^2}=\sigma_F^2+\frac{\sigma_{\mathrm{BF}}^2}{b}+\frac{\sigma_\varepsilon^2}{bn} \tag{4.23}$$

于是，可用观测方差分量估计和区组数以及小区内株数来估计半同胞家系均值的方差：

$$\mathrm{Var}(\bar{Y}_{..k.})\sim 0.189+(0.198/5)+(2.527/(5*5.2))=0.326$$

其中，b=5 是区组数，n=5.2 是每个小区内每个母本的平均数量。请注意，当数据不平衡时，方差分量的除数应该是所有每个家系均值的相关效应数量的调和均值，具体内容参见 Holland 等(2003b)的文献。

半同胞家系均值的遗传力是家系方差分量(σ_f^2)与家系均值表型方差的比值：

$$h_{\mathrm{HS}}^2=\sigma_f^2/\mathrm{Var}(\bar{Y}_{..k.})\sim 0.189/0.326=0.58$$

假设选择一个家系子集，则选择的预测**遗传增益**是家系均值遗传力与选择差的乘积：$\Delta=h_{\mathrm{HS}}^2S_f$。**选择差(selection differential)** S_f 是所选择的家系均值与群体均值之间的离差。

4.5.3 家系内变异

育种家可能对估计**家系指数选择**(或**配合选择**)和**家系内选择**的预测遗传增益感兴趣。对于家系内选择，我们需要知道家系内表型方差和家系内遗传力。可从方差分量估

计推导出这两项。总表型方差与家系均值表型方差的差值就是家系内表型方差（σ_w^2）：

$$\sigma_w^2=\left(\sigma_f^2+\sigma_{bf}^2+\sigma_\varepsilon^2\right)-\left(\sigma_f^2+\frac{\sigma_{bf}^2}{b}+\frac{\sigma_\varepsilon^2}{bn}\right)=0+\frac{(b-1)}{b}\sigma_{bf}^2+\frac{(bn-1)}{bn}\sigma_\varepsilon^2 \tag{4.24}$$

由于半同胞家系间方差 σ_f^2 是 $\boldsymbol{V}_A$ 的 1/4，其余的加性方差（$3/4\boldsymbol{V}_A$）出现在家系内并且被包含在家系内表型方差中。**家系内遗传力**仅仅是 $3/4\boldsymbol{V}_A=3\sigma_f^2$ 与家系内表型方差之比：

$$h_w^2=\frac{3\sigma_f^2}{\sigma_w^2}=\frac{3\times(0.1895)}{\frac{5-1}{5}(0.198)+\left[\frac{(5\times5.2)-1}{5\times5.2}\right]2.527}=\frac{0.5685}{0.158+2.43}=0.22$$

家系内个体选择的遗传增益可预测为家系内遗传力与家系内平均选择差(选择的子代均值与家系均值之差)的乘积。

通过把方差分量函数的一些额外代码添加到*.as*文件的 VPREDICT !DEFINE 部分上，就可以估算这些额外的家系内选择方案的遗传力。

代码示例 4.1（续）　半同胞家系子代测定的数据分析（*Code4-1_HSfamily.as*）

```
# 确保函数F(求和, 提取, 乘积)在函数H(比率)前
VPREDICT !DEFINE
F Pheno idv(female) + block.female + Residual        # 方差求和
F Additive idv(female)*4                             # 分量乘以4
H fam_ratio idv(female) Pheno                        # 母本方差与表型方差的比率
H plot_ratio block.female Pheno                      # 小区方差与表型方差的比率
H error_ratio Residual Pheno                         # 误差方差与表型方差的比率
F Phen_hs idv(female) + block.female*0.2 + Residual*0.039
F Phen_w block.female*0.80 + Residual*0.96           # 家系内表型方差
F fam3 idv(female)*3.0                               # 3/4 加性方差
H h2i Additive Pheno                                 # 单株遗传力
H h2fm idv(female) Phen_hs                           # 家系均值遗传力
H h2w fam3 Phen_w                                    # 家系内遗传力
```

输出文件为 *Code4-1_HSfamily.pvc* 文件：

```
          - - - Results from analysis of height - - -

  1 block                               V     5      0.107492           0.895767E-01
  2 idv(female)                         V    36      0.189502           0.838504E-01
  3 block.female                        V   180      0.197618           0.862961E-01
units                      914 effects
  4 units;Residual                      V   914      2.52703            0.131479
  5 Pheno   2                2.9141       0.14973
  6 Additive   2            0.75801       0.33592
    fam_ratio     = idv(fema    2/Pheno   2    5=          0.0650     0.0275
    plot_ratio    = block.fe    3/Pheno   2    5=          0.0678     0.0290
    error_ratio   = units;Re    4/Pheno   2    5=          0.8672     0.0341
  7 Phen_hs   2             0.32758       0.82299E-01
  8 Phen_w   3               2.5840       0.12504
  9 fam3   2                0.56851       0.25194
    h2i           = Additive    6/Pheno   2    5=          0.2601     0.1099
    h2fm          = idv(fema    2/Phen_hs      7=          0.5785     0.1174
    h2w           = fam3   2    9/Phen_w       8=          0.2200     0.0992
```

家系效应预测值可从解文件 *Code4-1_HSfamily.sln* 中获得。家系效应值也代表了每个家系母本 GCA 的 BLUP，并且它们分布在零附近。下面给出解文件的部分：

```
 Model_Term         Level          Effect      seEffect
 prov                  10           0.000         0.000
 prov                  11          -1.666        0.3741
 prov                  12         -0.6237        0.3701
 prov                  13          -1.220        0.3770
 mu                     1           11.51        0.3620
 …
 idv(female)          170         -0.1634        0.3433
 idv(female)          191     -0.8257E-01        0.3395
 idv(female)          192          0.2459        0.3419
…
```

在校正种源效应后，亲本 191 和 192 的 GCA 值分别为-0.0826 和 0.2459。这些 GCA 值适用于比较同一种源中的亲本育种值，但是对于跨种源比较，就需要把种源效应加到育种值中。为获得以均值为中心的 GCA 值，还可以加上截距"mu"值。

4.5.4 育种值准确性

BLUP 标准误差可用于评估预测的**可靠性(reliability)**。然而，对于比较不同性状或者不同尺度的相同性状的预测可靠性，标准误差不是一个有用的估计值，因为它取决于测量单位。作为替代方法，动物育种家根据标准误差制定了“准确性”估计，以评估预测置信。育种值真实值与预测值之间的相关性称为育种值的**准确性(accuracy)**(Mrode，2014)，此值在性状和测量单位之间是可比的，因为它被缩放到 0～1。如第 2 章中所讨论的，可靠性是准确性的平方，BLUP 准确性可通过预测值标准误差(在*.sln* 文件中可找到)的函数获得。家系 BLUP 的准确性(Gilmour et al.，2014)如下：

$$r=\sqrt{1-\frac{S^2}{(1+F)\sigma_F^2}} \tag{4.25}$$

其中，S 是*.sln* 文件中报告的家系效应预测值的标准误差；σ_F^2 是家系方差分量；F 是个体的近交系数。下文展示了如何计算种源内 BLUP 准确性；这将是一个合适的育种值，用于种源内的家系选择。

代码示例 4.2 估计种源内育种值及其准确性的 R 脚本(*Code4-2_HSfamily.R*)

```
#~~~~~~~~~~~~~~~~~~~~~~~~~~~~~~~~~~~~~~~~~~~~~~~~~~~~~~~~~~~~
dat=read.table(file='Code04-1_HSfamily.sln',header=T)
mu.idx=which(dat$Model_Term=='mu')
mu=dat$Effect[mu.idx]
fam.idx=dat$Model_Term=='idv(family)'
family=dat$Level[fam.idx]      # 选择水平
gca=dat$Effect[fam.idx]        # 选择GCA估计值
se.gca=dat$seEffect[fam.idx]   # 选择 GCA 的标准误差 SE
bv = mu + 2*gca
# 分母(家系方差=0.194)取自.asr文件
accuracy <- sqrt(1- (se.gca^2/0.194272))
solution <- data.frame(cbind(family,gca,se.gca,mu,bv, accuracy))
round(head(solution),3)
```

前六个家系的育种值及其准确性输出如下表所示。

母本	一般配合力	一般配合力标准误差	均值	育种值	准确性
170	–0.163	0.343	11.51	11.183	0.627
191	–0.083	0.34	11.51	11.345	0.638
192	0.246	0.342	11.51	12.002	0.631
196	–0.461	0.307	11.51	10.589	0.717
197	0.356	0.302	11.51	12.221	0.729
198	–0.451	0.302	11.51	10.609	0.729

4.6 个体(动物)模型

为同时预测祖父母、亲本和子代的育种值，可以使用所谓的动物模型，当用于植物时，也可能被称为个体模型。在个体模型中，个体的表型值可写成总体均值(μ)、个体效应(u)和误差(e)的线性组合：

$$y_i = \mu + u_i + e_i \tag{4.26}$$

在个体模型的混合模型方程组中，向量 $\boldsymbol{u}$ 包括亲本和子代的预测值(甚至可以包括与观测单位已知关系的任何个体)：

$$\begin{bmatrix} \boldsymbol{X'X} & \boldsymbol{X'Z} \\ \boldsymbol{Z'X} & \boldsymbol{Z'Z} + \dfrac{\sigma_e^2}{\sigma_u^2}\boldsymbol{A}^{-1} \end{bmatrix} \begin{bmatrix} \boldsymbol{b} \\ \boldsymbol{u} \end{bmatrix} = \begin{bmatrix} \boldsymbol{X'y} \\ \boldsymbol{Z'y} \end{bmatrix} \qquad \boldsymbol{u} = \begin{bmatrix} u_1 \\ u_2 \\ u_3 \\ u_4 \\ u_5 \\ u_6 \\ u_7 \\ u_8 \end{bmatrix}$$

在个体模型中，个体不再仅仅是观测单位，它们(而不是家系单位)是模型中的因子，代表需估计的效应。与 GCA 模型一样，个体模型也需要来自谱系文件或标记的遗传相关矩阵。

为什么使用个体模型与谱系信息？

- 它可同时为祖父母、亲本和子代提供育种值预测。
- 所有世代的育种值具有可比性，因为它们尺度相同。
- 容易运行更复杂的遗传模型，如加性效应、显性效应、**母体效应**和**无性系效应**。
- 使用亲属所有信息。每个亲属对每个个体育种值的估计贡献取决于它们在遗传上有多接近。
- 即使一个个体没有测量表型，但只要有其一个或更多亲属被测量，也可提供其育种值预测。

4.6.1 半同胞家系数据的个体模型

为演示个体模型的简单示例，返回到曾用于半同胞 GCA 分析的数据集 *pine_*

provenance.csv。下文将对个体模型与之前 GCA 模型进行比较。个体模型的目标是要同时预测亲本和子代的育种值。

假设母本是参考群体中的随机独立样本，所以它们没有关系。亲本谱系就相当简单：

母本	亲本 1	亲本 2
170	0	0
191	0	0
192	0	0
…		
191.1	191	0
191.2	191	0
…		

个体 191.1 和 191.2 是半同胞，因为它们母本相同，但父本不同(未知)。**加性遗传相关矩阵(additive genetic relationship matrix，*A*)**来自谱系(915 个子代和 36 个母本)，维度为 951×951。

亲本和子代的**亲缘系数**是 0.5，半同胞间的亲缘系数为 0.25。对角线上的元素都是 $1+F$，其中 F 是近交系数，本例中假定所有个体的 F 值都为 0。

本数据集的线性模型(个体模型)如下：

$$y_{ijk} = \mu + B_i + P_i + T_k + \varepsilon_{ijk} \tag{4.27}$$

式(4.27)与 GCA 模型的主要区别是，在模型中是个体效应，而不是母本(或家系)效应，其中 T_k 是第 k 棵树的随机效应～$N(0,\ \sigma_u^2)$。另有一个微妙的区别是，由于我们拟合个体效应而不是家系效应，就不容易拟合小区误差效应(之前的区组与家系互作)。在此模型中，我们允许误差合并小区误差效应。该模型的矩阵形式是 $\boldsymbol{y}=\boldsymbol{Xb}+\boldsymbol{Zu}+\boldsymbol{e}$。$\boldsymbol{Z}$ 矩阵将观测值与谱系中的树木相关联(无论它们是否有树高观测记录)。本例中，树木 170、191 和 192 是母本，它们没有树高测量值，但其子代树木确实有表型记录。

该模型的 ASReml 语法如下：

代码示例 4.3 半同胞子代测试数据的个体模型(*Code4-3_TreeModel.as*)

```
Title: Pine_provenance
 treeid !P   female !I   male *   prov !I   block * plot *   height diameter volume !*10
Pine_provenance.csv !SKIP 1 !ALPHA
Pine_provenance.csv !SKIP 1
height ~ mu prov ,                    # 指定固定效应
          !r block nrm(treeid)   #  指定随机效应
     residual units
```

• 请注意，数据文件被用作谱系文件。ASReml 只保留数据文件的前 3 列作为谱系，并弃掉其余部分。这仅适用于浅谱系，如这个松树数据，母本在遗传关系上是独立的。

• treeid 字段是随机因子，与谱系(!P)相关联。

• treeid 方差结构是 $\boldsymbol{G}=\sigma_u^2\boldsymbol{A}$，是个体效应解释的方差分量与来自谱系的加性遗传相关矩阵的乘积。

方差分量报告在主输出文件(*Code04-3_TreeModel.asr*)中：

```
Model_Term                                  Gamma         Sigma   Sigma/SE   % C
 block                  IDV_V    5  0.537164E-01      0.108390       1.24    0 P
 nrm(treeid)            NRM_V  950      0.442879      0.893648       2.71    0 P
 units                         914 effects
 Residual               SCA_V  914       1.00000       2.01782       7.06    0 P
                                  Wald F statistics
    Source of Variation          NumDF     DenDF    F-inc            P-inc
  10 mu                              1       6.2  3550.14             <.001
   4 prov                            3      32.0     9.79             <.001
```

treeid 效应解释的方差(0.8936)略大于预期的 GCA 模型中母本效应解释的方差分量(0.189)的 4 倍(代码示例 4.1)。treeid 效应解释的方差是总的加性方差。同样请注意，个体模型的误差方差(2.018)小于 GCA 模型的误差方差(2.527)。这种差异源于模型项不同。个体模型的遗传力估计简单，因为所需要做的就是个体效应解释的方差分量除以个体效应方差分量与误差分量之和。

$$h_i^2=\frac{\sigma_A^2}{\sigma_P^2}=\frac{\sigma_A^2}{\sigma_A^2+\sigma_\varepsilon^2}=\frac{0.893649}{0.893649+2.0178}=0.3069$$

可使用 ASReml 的 VPREDICT 函数估算遗传力及其标准误差：

代码示例 4.3(续)　半同胞子代测试数据的个体模型(*Code4-3_TreeModel.as*)

```
# 估计方差的线性组合
VPREDICT !DEFINE
F Additive nrm(treeid)
F Pheno nrm(treeid) + Residual
H h2i Additive Pheno
```

这些方差分量函数的结果报告在文件 *Code04-3_TreeModel.pvc* 中：

```
ASReml 4.1 [28 Dec 2014] Title: Pine_provenance.
          Code04-3_TreeModel.pvc created 30 Nov 2018 15:23:44.217

          - - - Results from analysis of height - - -

   1 block                                  V     5      0.108390          0.874113E-01
   2 nrm(treeid)                            V   950      0.893648          0.329759
 units                        914 effects
   3 units;Residual                         V   914      2.01782           0.285810
   4 Additive   2               0.89365    0.32977
   5 Pheno   2                  2.9115     0.14845
     h2i          = Additive   4/Pheno   2   5=         0.3069      0.1063
 Notice: The parameter estimates are followed by
          their approximate standard errors.
```

表型方差为 2.91，非常接近于 GCA 模型估计的表型方差(2.88)。遗传力稍高，因为两个模型中的项不同。

现在解文件(*Code04-3_TreeModel.sln*)包含了子代和亲本的效应预测值：

```
  Model_Term                Level              Effect    seEffect
  prov                         10               0.000       0.000
  prov                         11              -1.649      0.3742
  prov                         12             -0.6260      0.3702
```

```
prov                    13          -1.224       0.3771
mu                       1          11.51        0.3623
block                    1           0.3187      0.1782
block                    2           0.1299      0.1787
block                    3           0.2106      0.1786
block                    4          -0.3040      0.1795
block                    5          -0.3552      0.1808
nrm(treeid)        170              -0.3788      0.7042
nrm(treeid)        170.1             0.2431E-01  0.7793
nrm(treeid)        170.2            -0.8484      0.7793
nrm(treeid)        170.3            -0.4245      0.7793
...
nrm(treeid)        191              -0.1974      0.6936
nrm(treeid)        191.1            -0.3564      0.7794
nrm(treeid)        191.2            -0.1569      0.7794
nrm(treeid)        191.3            -0.7346E-02  0.7794
...
nrm(treeid)        192               0.5762      0.7002
nrm(treeid)        192.1             0.4575      0.7793
nrm(treeid)        192.2             0.2581      0.7793
nrm(treeid)        192.3             0.7318      0.7793
...
```

请注意，亲本的解(粗体)大约是 GCA 模型解的 2 倍，标准误差也为 2 倍左右。这是因为个体模型求解的是育种值，而不是 GCA 值。使用这个文件，就很容易对所有个体(亲本和子代)在同一尺度上进行排序，并作出选择(如果我们感兴趣的是选择相同权重的种源，而不是选择包括种源效应的总体最佳预测)。还应注意，亲本(170、191 和 192)育种值的标准误差小于子代育种值的标准误差。这是意料之中的，因为亲代育种值使用其子代的数据，而每个子代只有一个数据点。这个事实也可在残差值与育种值的残差诊断图中得到佐证。

图 4.1A 中，对于 GCA 模型，残差值相对于预测值是独立分布的。图 4.1B 中，对于个体模型，残差值并不独立于预测值，而是呈正相关，如散点图的趋势显而易见。这是预测个体值的一种效应，每个个体只有一个观察值，使得个体遗传值与其观测值的残差效应纠缠在一起。尽管如此，混合模型能通过组合亲属信息(本例中是半同胞家系均值)为每个个体做出预测，并用个体偏离家系均值的比例作为由遗传因素(来自遗传方差与家系内总方差之比)产生的估计值。相反，GCA 模型中的个体预测值只是家系均值。

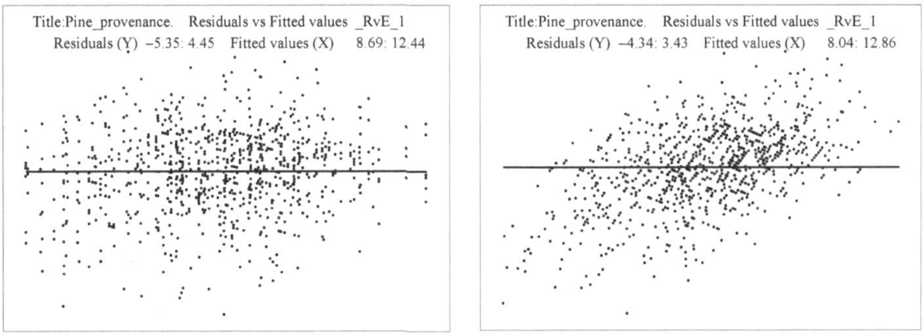

A B

图 4.1 松树种源数据两个不同模型的残差与预测值的散点图

A. GCA 模型；B. 个体模型

个体模型的个体 BLUP 的准确性(Gilmour et al.，2014)计算如下：

$$r=\sqrt{1-\frac{S^2}{(1+F)\sigma_A^2}} \tag{4.28}$$

其中，S 是*.sln* 文件中报告的预测值的标准误差；F 是被预测个体的**近交系数**；σ_A^2 是预测的加性方差(参见下一节的动物模型)。可以通过在谱系文件之后使用!DIAG 限定符来获得每个个体的 F 估计值，其报告在后缀名为*.aif* 的输出文件中。如果谱系没有指明近交，则所有的 F 系数都将为零。

将*.sln* 文件读入 R 软件中，就可以计算育种值的准确性。用下面的 R 代码执行此计算：

代码示例 4.4　来自*.sln* 输出文件，用 R 代码处理的育种值(*Code4-4_TreeModel.R*)

```
#~~~~~~~~~~~~~~~~~~~~~~~~~~~~~~~~~~~~~~~~~~~~~~~~~~~~~~~~~~~~~~~~
dat=read.table(file='Code04-3_TreeModel.sln',header=T)
mu.idx=which(dat$Model_Term=='mu')
mu=dat$Effect[mu.idx]
fam.idx=dat$Model_Term=='nrm(treeid)'
ID=dat$Level[fam.idx]    # 选择目标水平
BV=dat$Effect[fam.idx] + mu    # 选择BV估计值
BV=round(BV,2)
se.BV=dat$seEffect[fam.idx]    # 选择BV的标准误差
# 分母(加性方差=0.88)取自.asr文件
accuracy <- round(sqrt(1- (se.BV^2/0.88349)),2)
solution <- data.frame(ID=ID, BV=BV, se.BV=se.BV, accuracy=accuracy)
head(solution,10)
```

R 代码输出以总体均值为中心的育种值(BV)、标准误差(se.BV)及其准确性(accuracy)：

	ID	育种值	育种值标准误	准确性
1	191	**11.31**	0.6936	0.67
2	191.1	11.15	0.7794	0.56
3	191.2	11.35	0.7794	0.56
4	191.3	11.5	0.7794	0.56
…				
7	191.6	11.6	0.7794	0.56
8	192	**12.09**	0.7002	0.67
9	192.1	11.97	0.7793	0.56
10	192.2	11.77	0.7793	0.56
11	192.3	12.24	0.7793	0.56
…				

之前 GCA 模型中的亲本 191 和 192 的育种值分别为 11.34 和 12.00，与个体模型中的估计值大致相同(见上述粗体字；此处存在小的差异，是由误差的处理不同造成的)。正如预期，一些子代比其亲本更好。例如，子代 191.3 的育种值为 11.5，而其亲本(191)的育种值仅为 11.31。

4.6.2　具有深谱系和母体效应的动物模型

在概念上，畜禽的动物模型与上文的个体模型是相同的。然而，对基于 *pine_*

provenance.csv 数据集的之前例子分析比较有限，因为谱系相当浅，只涵盖两代(其中仅一代有表型分型)。此外，由于子代来自自由授粉，没有树木父本的信息。因此，作为一个更广泛的谱系示例，将允许我们合并跨更多世代的信息并加入父本信息，将其转到 *pig_data.txt* 文件中的数据：

pig	sire	dam	year	sex	pen	weanage	weanwt	adg	weight	loinarea
133	2	1	2004	1	52	21	13.25	2	264	5.34
654	2	1	2004	1	58	21	12.45	2	266	6.62
655	2	1	2004	1	54	21	13.55	1.6	215	5.5
153	2	1	2004	1	56	21	15.6	1.9	267	7.04
656	4	3	2004	2	59	21	10.4	1.5	210	3.94
657	4	3	2004	2	57	21	10.1	0.9	153	3.74

第一列是生猪个体编号(pig)，接下来的两列表示每头生猪的父本(sire)和母本(dam)的编号。随后的列分别表示生猪个体数据收集的年份(year)、性别(sex)、猪圈号(pen)、断奶周龄(weanage)和断奶期体重(weanwt)，以及在随后示例中不会用到的其他三个性状。

该数据集中生猪的谱系信息延续了 7 代，对应于数据集的年份。有表型数据的第一代是从 2004 年开始的，并且有这些生猪直系亲本的谱系信息。这之前的亲代是通过遗传参数推断的基础世代。假设谱系中第一代的每个亲本都是从参考群体中随机抽样的，因此，我们假定所有这些亲本彼此之间没有亲缘关系(这一代的所有共祖系数 θ 为 0)。谱系数据在文件 *pig_pedigree.txt* 中可找到：

pig	sire	dam
1	0	0
2	0	0
3	0	0
4	0	0
5	0	0
6	0	0
...		
2702	547	652
2703	641	653
2704	641	653
2705	641	653
2706	641	653
2707	641	653

在第一代子代(2004 年的 G0)中，有无亲缘关系的成对个体(2θ=0)、半同胞(2θ=0.25)和全同胞或亲子(2θ=0.5)(图 4.2)。由于遥远的共同祖先，到后面的世代具有更复杂的亲缘关系。例如，由于在前几代中拥有相同的祖先，因此个体 211 和 322 有点亲缘关系(2θ=0.0625)(图 4.2)。

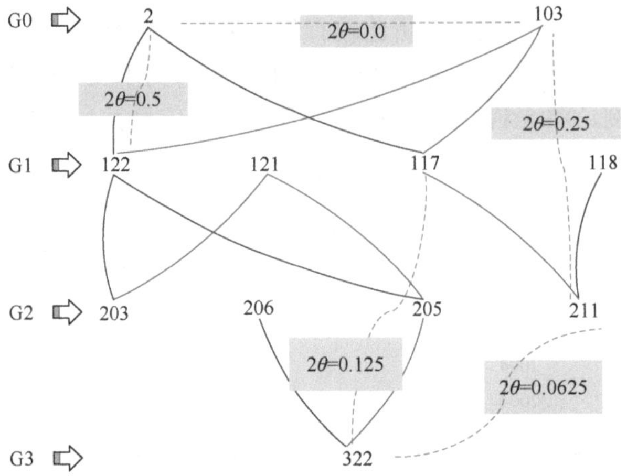

图 4.2　*pig_data.txt* 数据集中所选个体的谱系

该谱系包括了 6 代。在此处只呈现了包括 4 代的一小部分个体样本，并给出了一些用虚线连接的个体对的加性遗传相关值(2θ)

为分析这些数据并估计谱系中所有个体的育种值，可加入年份效应以解释一些时间变异，个体性别作为固定效应、生猪断奶周龄作为协变量：

$$y_{ijkl} = \mu + Y_i + S_j + W_k + P_l + \varepsilon_{ijkl} \tag{4.29}$$

其中，Y_i 是年份固定效应；S_j 是生猪性别固定效应；W_k 是断奶周龄固定协变量；P_l 是生猪个体随机效应；ε_{ijkl} 是随机误差效应。

可在 ASReml 中拟合这种简单的动物模型，如代码示例 4.5 所示：

代码示例 4.5　生猪数据仅含有直接遗传效应的动物模型(*Code4-5_AnimalModel.as*)

```
Title: animal1_wewt
  pig !P   sire !P   dam !P   year !A   sex !A   pen !A   weanage weanwt adg weight loinarea
pig_pedigree.txt !SKIP 1 !SORT !ALPHA #  谱系文件
pig_data.txt !SKIP 1 !MAXIT 100 !EXTRA 5 !NOGRAPH !DOPART 1 #  数据文件

!PART 1
weanwt ~ year sex weanage !r nrmv(pig)
VPREDICT !DEFINE
F Additive nrmv(pig)
P Pheno Residual + nrmv(pig)
H h2i Additive Pheno
```

通过 **VPREDICT !DEFINE** 限定符，能再次获得估计方差分量的函数(本例中为 h^2)，以创建*.pin* 文件。

方差分量的结果报告在文件 *Code4-5_AnimalModel.pvc* 中：

```
        - - - Results from analysis of weanwt - - -

 1 nrmv(pig)                                  V 2707        2.08149        0.222144
 2 Residual                                   V 2556        2.83680        0.147750
 3 Additive   1                 2.0815      0.22205
 4 Pheno   2                    4.9183      0.16446
   h2i           = Additive     3/Pheno   2   4=         0.4232       0.0358
```

尽管之前的模型似乎是合理的，但在畜牧业中，在模型中包含母体效应是很常见的。这些效应对于生长性状尤为重要，并意识到母体环境对于个体生长表现的重要性。从后代角度来看，母体效应是由环境引起的，但有属于母本的遗传成分。此外，母体效应的遗传组分可能与后代遗传效应之间有协方差。这种双重结构可以在 ASReml 中有效地纳入。使用刚才的相同数据，我们可扩展之前模型如下：

代码示例 4.5(续) 生猪数据的动物模型(*Code4-5_AnimalModel.as*)

```
!PART 2
weanwt ~ year sex weanage !r   str(pig   dam   us(2).nrm(pig))
VPREDICT !DEFINE
```

残差结构相同，但 G 结构变为

$$V=\begin{bmatrix} G & 0 \\ 0 & R \end{bmatrix}=\begin{bmatrix} A\sigma_a^2 & A\sigma_{am} & 0 \\ A\sigma_{am} & A\sigma_m^2 & 0 \\ 0 & 0 & 0 \\ 0 & 0 & I\sigma_e^2 \end{bmatrix}$$

增加 dam 效应

在这里，使用 ASReml 软件中的 str() 函数来表示括号内的项使用相同的 $\boldsymbol{Z}$ 矩阵将观测值与参数值相关联。本例中，指定两个具有相同结构的模型项，pig(个体)和 dam(母本)。由于在字段定义中，使用!P 限定符指定这两项为与谱系相关的因子，ASReml 软件会将这两项与所提供的谱系信息相关联。反过来，基于加性遗传相关矩阵，这些信息会用于拟合 pig 效应和 dam 效应的方差-协方差结构。在之前模型中，只单独指定 pig 作为随机的谱系相关效应，也估计出子代和母本的育种值作为共同分布的随机效应。此处的新颖之处是，把每头 pig 效应分成 weanwt(断奶体重)的直接遗传效应和母体遗传效应这两部分(如果它是雌性，并且是一些表型子代的母亲)，而这些效应的方差-协方差结构与 $\boldsymbol{A}$ 矩阵成比例。换句话说，我们正在同时拟合 pig 自身育种值及其母本(dam)对它体重的影响，这两个效应在个体间有由共祖系数决定的协方差。

最后，我们允许 pig 自身的直接遗传效应与其母体遗传效应有一个协方差，通过 str() 函数中的第三项来表示，它提供了这些效应的结构信息：str(pig dam us(2).nrm(pig))。项"us(2).nrm(pig)"表明这两个先前确定的模型因子(pig 和 dam)有一个方差-协方差结构，具体为二维非结构化的方差-协方差矩阵与基于生猪谱系信息的加性遗传相关矩阵的直积：

$$\boldsymbol{G}=\text{us}(2).\text{nrm}(\text{pig})=\begin{bmatrix} V_A & C_{A,Am} \\ C_{A,Am} & V_{Am} \end{bmatrix}\otimes\begin{bmatrix} 2\theta_{11} & 2\theta_{12} & \cdots & 2\theta_{1n} \\ 2\theta_{21} & 2\theta_{22} & \cdots & 2\theta_{2n} \\ \vdots & \vdots & & \vdots \\ 2\theta_{1n} & 2\theta_{2n} & \cdots & 2\theta_{nn} \end{bmatrix}$$

$$\boldsymbol{G}=\text{us}(2).\text{nrm}(\text{pig})=\begin{bmatrix} V_A & C_{A,Am} \\ C_{A,Am} & V_{Am} \end{bmatrix}\otimes \boldsymbol{A} \tag{4.30}$$

其中，V_A(或者 σ_a^2)是直接遗传效应的加性方差；V_{Am}(或者 σ_m^2)是母体遗传效应的加性方差；$C_{A,Am}$(或者 σ_{am})是直接遗传效应和母体遗传效应之间的协方差。在本例中，矩阵 $\boldsymbol{A}$ 的维数是 2707×2707，因为在谱系中包含了 2707 头生猪。估计 2707 个直接遗传效应的育种值，既包括所有有表型测定的生猪，也包括没有表型的 0 代生猪。同理，估计 2707 个母体效应的育种值。这似乎有些奇怪，因为公猪不能表达母体效应。然而，由于我们正在处理育种值，一头公猪可把等位基因传递给女儿们，这些等位基因会影响在它们后代表达的母体效应。所以，即使是公猪也会有一个母体遗传效应的育种值，可使用相关雌性的表型信息来预测该育种值，这与使用表型亲属来预测无表型亲本的育种值的方法相同。

由这个模型产生的方差(相关)分量结果在 Code4-5_animalmodel.asr 文件中：

```
Model_Term                             Gamma        Sigma   Sigma/SE   % C
 Residual                SCA_V 2556    1.00000     2.15066     12.27    0 P
 us(2).nrm(pig)                5414 effects
 2                       US_V  1  1   0.246000    0.529062      1.63    0 P
 2                       US_C  2  1  -0.509589   -1.09595      -4.02    0 P
 2                       US_V  2  2   1.91557     4.11973      11.09    0 P
 pig                    NRM    2707
 Covariance/Variance/Correlation Matrix US pig
  0.5291      -0.7423
  -1.096       4.120
```

$$\begin{bmatrix} \sigma_a^2 & \rho_{am} \\ \sigma_{am} & \sigma_m^2 \end{bmatrix}$$

pig 效应(直接遗传效应)的估计方差分量为 0.529，dam 效应(母体遗传效应)的估计方差分量是 4.12，它们的协方差是–1.09，相关值为–0.7。令人吃惊的是，对于 weanwt，母体效应与生猪自身基因型效应的相关性很强。

直接遗传力和母体遗传力可被定义，请记住，本例中 $\sigma_p^2 = \sigma_a^2 + \sigma_m^2 + \sigma_{am} + \sigma_e^2$。

表型方差是 0.529+4.11+(–1.09)+2.15=5.7；

直接效应 h^2=0.529/5.7=0.09；

母体效应 h^2=4.11/5.7=0.72。

在 ASReml 软件中直接使用 VPREDICT !DEFINE 命令就可以获得这些遗传力估计值。然而，对于像本例中的这个复杂模型，方差分量在输出结果中是如何命名或排序的通常不明显。当有疑问时，只需编写没有后续定义行的 VPREDICT !DEFINE 命令就会创建一个*.pvc* 文件，其中包含协方差分量，该协方差分量的名称可用于方差分量函数的定义。例如，在 *Code4–5_AnimalModel.as* 文件的!PART 2 中，如在 VPREDICT !DEFINE 指令之后没有方差分量函数被定义，则*.pvc* 输出文件就由此创建：

Code4-5_AnimalModel.pvc

```
          - - - Results from analysis of weanwt - - -
  1 Residual                               V 2556      2.15066        0.175278
us(2).nrm(pig)                  5414 effects
  2 us(2).nrm(pig);us(2)                   V  1  1    0.529062        0.324578
  3 us(2).nrm(pig);us(2)                   C  2  1   -1.09595         0.272624
  4 us(2).nrm(pig);us(2)                   V  2  2     4.11973        0.371482
pig                      NRM    2707
Notice: The parameter estimates are followed by
            their approximate standard errors.
```

于是我们就可以定义表型方差和遗传力，通过指定直接加性遗传方差为组分"2"或"us(2).nrm(pig);us(2)[1]"。后缀"[1]"用来辨认输出结果中复合项的第一个方差分量。同样地，直接加性效应和母体效应之间的协方差被指定为组分"3"或"us(2).nrm(pig);us(2)[2]"。

然后，在 VPREDICT !DEFINE 命令后添加遗传力定义，再次运行*.as* 文件以得到估计值：

代码示例 4.5(续) 生猪数据的动物模型(*Code4-5_AnimalModel.as*)

```
VPREDICT !DEFINE
F Add_pig us(2).nrm(pig);us(2)[1]
F Add_dam us(2).nrm(pig);us(2)[3]
P Pheno Residual + us(2).nrm(pig);us(2)[1] + us(2).nrm(pig);us(2)[2] +us(2).nrm(pig);us(2)[3]
H h2pig Add_pig Pheno
H h2dam Add_dam Pheno
```

结果报告在 *Code4-5_AnimalModel.pvc* 文件中：

```
              - - - Results from analysis of weanwt - - -
   1 Residual                                      V 2556        2.15066          0.175278
 us(2).nrm(pig)                   5414 effects
   2 us(2).nrm(pig);us(2)                          V   1   1     0.529062         0.324578
   3 us(2).nrm(pig);us(2)                          C   2   1    -1.09595          0.272624
   4 us(2).nrm(pig);us(2)                          V   2   2     4.11973          0.371482
 pig                       NRM    2707
   5 Add_pig   2                 0.52906        0.32551
   6 Add_dam   4                  4.1197        0.37157
   7 Pheno   1                    5.7035        0.27377
     h2pig        = Add_pig      5/Pheno   1    7=             0.0928      0.0572
     h2dam        = Add_dam      6/Pheno   1    7=             0.7223      0.0423
 Notice: The parameter estimates are followed by
              their approximate standard errors.
```

母体效应模型的一个常见扩展是在动物模型中除了遗传的母体效应外，还包括非遗传(“环境”)的母体效应。母体环境效应是指不归因于遗传因素的任何母体差异。例如，母体饮食差异会影响它们养育后代的能力，但这些差异可能完全归因于管理因素，而非遗传因素。

要实现这一点，只需在模型的随机部分添加项 ide(dam)。ide()函数指定一个我们之前定义为谱系因子(通常有一个与从谱系信息计算来的 ***A*** 矩阵成比例的方差-协方差结构)的因子将拟合为不带谱系信息。所以，在此模型中，母体效应被拟合两次，第一次拟合的随机母体效应有育种值，协方差由共祖系数决定；第二次拟合的随机母体效应没有协方差，是 IDV 结构。第二次与母体环境效应相对应，因为它包含任何不能与谱系关系相关的母体效应。

代码示例 4.5(续) 生猪数据的动物模型(*Code4-5_AnimalModel.as*)

```
!PART 3
weanwt ~ year sex weanage
  !r   str(pig dam us(2).nrm(pig))   <----
  us(2 !GUUU).nrm(pig)
  ide(dam)
```

方差结构为
$$\boldsymbol{V}=\begin{bmatrix} A\sigma_a^2 & A\sigma_{am} & 0 & 0 \\ A\sigma_{am} & A\sigma_m^2 & 0 & 0 \\ 0 & 0 & I\sigma_{me}^2 & 0 \\ 0 & 0 & 0 & I\sigma_e^2 \end{bmatrix}$$

请注意，在模型中还包含项"us(2 !GUUU).nrm(pig)"，以允许该项估计的方差-协方差结构是无约束的(基于方差和协方差分量的相关值允许超出临界，大于 1.0 或小于 –1.0)。如果我们想要将限定符添加到 str()函数中指定的模型项上，那么就只需这样做。但我们不能在 str()函数中直接加入限定符，即"str(pig dam us(2 !GUUU).nrm(pig))"不会被读取为一个有效的随机项，因此我们要再次指定在 str()函数中已经给出的相同方差结构，并在第二次指定中加入限定符。

模型 3 生成的输出结果如下：

```
Model_Term                              Gamma          Sigma    Sigma/SE   % C
 ide(dam)                IDV_V 2707  0.684007       1.59098       5.65   0 P
 Residual                SCA_V 2556   1.00000       2.32597      14.66   0 P
 us(2).nrm(pig)                5414 effects
 2                       US_V  1  1  0.445199E-01  0.103552       0.36   0 U
 2                       US_C  2  1 -0.250806     -0.583368      -2.28   0 U
 2                       US_V  2  2  0.621066       1.44458       3.36   0 U
 pig                     NRM   2707
 Covariance/Variance/Correlation Matrix US pig
  0.1036      -1.508
 -0.5834       1.445
```

母体环境效应方差分量估计为 1.59，母体遗传效应方差分量为 1.445，直接遗传效应方差为 0.104。读者会注意到这个结果有些奇怪：直接遗传效应与母体遗传效应之间的相关是–1.502，这超出了相关系数的理论界限。如果我们不限制这两种效应的非结构化方差-协方差矩阵(在模型项中使用!GUUU 限定符)，就有可能发生这种情况。本例中，假如我们要约束模型，那么它就不收敛。这一结果表明，这个模型中一项或多项的方差-协方差分量没有得到可靠的估计。请注意，直接遗传效应方差接近于零(并且小于其标准误差)。如果一个方差分量真的为零，则它不会与其他任何项有协方差。因此，这个问题可能是由于直接遗传方差分量接近于零而造成的。建议可通过舍弃直接遗传效应来简化该模型，然后比较此**降阶模型(reduced model)**和之前模型的 AIC 值，来查看是否可以接受降阶模型。

4.7　在模型中考虑遗传组效应

遗传组(genetic group)是动植物育种计划中的常见现象。育种计划中的个体可能来自不同的奠基者群体或不同的品系，而不是来自共同的基因库。例如，对于林木，单一物种内的种子来源(种源)的地理差异可能与子代中非常大的表型差异相关(Isik et al., 1999)。一个物种的**亚种群**往往已经适应非常不同的海拔或气候，这可能导致在不同地理区域内取样的亲本后代个体间的显著遗传差异。如果群体由不同的遗传组组成，那么这种结构在育种值的预测中应该加以考虑。

默认情况下，育种值以零为中心(有负值和正值)。这是基于假设所有的奠基者(祖先)个体是平等的并且它们随机交配以产生所研究的群体。当群体包含混合的不同遗传组时，这就不是一个可靠的假设。如果忽略此遗传组效应，则加性方差估计会被高估，并且选择可能有利于特定种源，从而有可能在后代中引入一些近亲繁殖的风险。所以在估计育种值时，应考虑种源或奠基者效应，以避免这类问题。

有两种方法处理育种值预测中的遗传组效应：①把遗传组视为 GCA 模型中的固定效应；②使用谱系信息和遗传组模型。

4.7.1 把遗传组视为 GCA 模型中的固定效应

在某些情况下，可以把遗传组效应视为随机的，以估计种源间方差和种源内方差。这种信息有助于研究群体间的地理差异对适应相关性状的影响。在没有几个群体的研究情况下，把遗传组效应视为固定效应可能更好，否则群体的方差分量估计可能不佳。如果种源取样为代表某些气候/海拔样带而不是随机样本，那么遗传组也应视为固定效应。

再次使用 *Pine_provenance.csv* 文件数据来演示拟合遗传组效应。之前的 GCA 模型已把种源视为固定效应，因此，该模型如前所示：

$$y_{ijkl} = \mu + B_i + P_j + F_{k(j)} + \mathrm{BF}_{ik(j)} + \varepsilon_{ijkl} \tag{4.31}$$

方差分量估计和种源固定效应的检验与之前的完全一样。然而，这里，我们把遗传值预测的重点从种源内育种值(与总体种源均值相比较，一个亲本/家系有多好)转移到**"净育种值"(net breeding values)**，其适合于比较跨种源的个体育种值，使我们可以同时在种源和种源内的个体上进行选择。回想一下，在 *Code4-6_GCAGeneticGroups.sln* 文件中的效应解，包括固定效应的 BLUE(如 prov)和家系效应的 BLUP(或亲本 GCA 效应)。作为回顾，预测值的部分如下：

```
Model_Term              Level          Effect     seEffect
prov                       10           0.000        0.000
prov                       11          -1.666       0.3741
prov                       12         -0.6237       0.3701
prov                       13          -1.220       0.3770
mu                          1           11.51       0.3620
...
idv(female)               170         -0.1634       0.3433
idv(female)               191     -0.8257E-01       0.3395
idv(female)               192          0.2459       0.3419
```

上述模型的家系**净育种值(net breeding values，NBV)**可以计算如下：

$$A_{jk} = \mu + P_j + 2\mathrm{GCA}_{jk} \tag{4.32}$$

其中，A_{jk} 是种源 j 中家系 k 的净育种值(NBV)；μ 是截距；P_j 是第 j 个种源的最佳线性无偏估计量；GCA_{jk} 是种源 j 中亲本 k 的 GCA 预测值。

亲本 191 来自 PROV 10。亲本 191 的校正 NBV 为

$=\mu+P_{10}+2\times \mathrm{GCA}_{191}$

=11.51+0.0+2×(–0.0826)=**11.34**

亲本 210 来自 PROV 12。亲本 210 的校正 NBV 为

=11.51+(–0.6237)+2×(–0.3584)=**10.17**

请注意，这些值不同于 ASReml 相同模型下述代码所获得的预测值：

```
PREDICT prov female !PRESENT prov female
```

!PRESENT 限定符阻止报告数据集中未出现的种源-家系组合的预测值，在后者情况下，家系预测在某些其他种源下，而不是在它们自己真实种源下。

PREDICT 语句生成预测值，在输出文件 *Code4-1_HSFamily.pvs* 中可找到：

```
prov        female    Predicted_Value Standard_Error Ecode
  10           170            11.3487         0.3560     E
  10           191            11.4295         0.3392     E
  10           192            11.7580         0.3498     E
  11           196             9.3858         0.3359     E
  12           210            10.5299         0.3253     E
```

因为.*pvs* 文件中的预测值是指家系平均遗传值(不是亲本育种值)，由 $\widehat{Y}_{ij}=\mu+P_j+F_{jk}$ 获得。例如，家系平均遗传值预测值可由效应估计值求得。

来自 PROV 10 的家系 191：

$=\mu+P_{10}+F_{191}$

=11.51+0.0+(–0.0826)=**11.43**

来自 PROV 12 的亲本 210：

=11.51+(–0.6237)+(–0.3584)=**10.53**

4.7.2　将遗传组拟合为个体模型的谱系信息

遗传组为固定效应的 GCA 模型的替代方案是在谱系中考虑遗传组的个体模型，而不是明确地作为模型的一个因子。此替代方法将直接产生包括遗传组效应的净育种值。此外，这种替代方法对于子代的后续世代是有用的，可以追溯到多个创始群体的祖先。我们需要创建一个谱系文件，以便将遗传组信息作为谱系的一部分。这是通过在文件的开头包含遗传组标识符，然后将遗传组标识符指定为遗传组中采样第一代个体的父母本。该谱系文件(*pine_provenance_pedigree.txt*)显示如下表所示。

个体	母本	父本
10	0	0
11	0	0
12	0	0
13	0	0
170	**10**	**10**
191	**10**	**10**
192	**10**	**10**
…	…	…
191.1	191	**10**
191.2	191	**10**
196.9	196	**11**

谱系文件中的前 4 行(10、11、12、13)是遗传组 ID。0 用来表示遗传组的父母本。为区分遗传组标识符与未知祖先的个体，我们将在谱系文件名的行(在.as 程序中)上使用!GROUPS *n* 限定符，以指出前 *n* 个记录对应于遗传组，而不是个体。

在上述谱系中，在遗传组之后，把亲本列在 treeid 栏，然后是子代。请注意，每个亲代个体都有指定的遗传组，而来自这些亲本自由授粉产生的子代都有已知的标识母本，但父本为遗传组标签。然而，如果子代来自全同胞家系，则只有其亲本被分配到遗传组(种源)。

个体模型如下：

$$y_{ik} = \mu + B_i + T_k + \varepsilon_{ik} \tag{4.33}$$

在此模型中，根据谱系结构对个体值直接建模。现在改进此个体模型，以反映每棵树的谱系将追溯到一个或多个创始组，并且个体育种值建模为其创始组祖先效应的加权平均值加上个体值与均值期望的偏差：

$$Y_{ijk} = \mu + B_i + \sum_{j=1}^{n} t_{jk} g_k + a_k + \varepsilon_{ijk} \tag{4.34}$$

在此模型中，每个个体在其祖先中可能有一个以上的遗传组效应，并且这些效应建模为遗传组效应(g_k)乘以个体 k 与祖先组 j 之间加性遗传关系的乘积总和，j=1 到 n 组。然后，对于混合模型，我们引入矩阵 $\boldsymbol{Q}$，它对应于个体和祖先组之间的加性相关矩阵，于是混合模型方程组(MME)有如下形式(Mrode，2014；Quaas and Pollak，1981)：

$$\begin{bmatrix} \boldsymbol{X'X} & \boldsymbol{X'Z} & \boldsymbol{0} \\ \boldsymbol{Z'X} & \boldsymbol{Z'Z} + \boldsymbol{A}_{nn}^{-1}\alpha & \boldsymbol{A}_{np}^{-1}\alpha \\ \boldsymbol{0} & \boldsymbol{A}_{pn}^{-1}\alpha & \boldsymbol{A}_{pp}^{-1}\alpha \end{bmatrix} \begin{bmatrix} \hat{\boldsymbol{b}} \\ \hat{\boldsymbol{u}} + \widehat{\boldsymbol{Qg}} \\ \hat{\boldsymbol{g}} \end{bmatrix} = \begin{bmatrix} \boldsymbol{X'y} \\ \boldsymbol{Z'y} \\ \boldsymbol{0} \end{bmatrix} \tag{4.35}$$

• 现在加性相关矩阵的逆矩阵 $\boldsymbol{A}^{-1}$ 被分成 4 个子矩阵，这 4 个子矩阵对应于遗传组子矩阵($\boldsymbol{A}_{pp}$)的逆矩阵、treeid 子矩阵($\boldsymbol{A}_{nn}$)的逆矩阵，以及遗传组与 treeid 之间的协方差子矩阵($\boldsymbol{A}_{np}$ 或 $\boldsymbol{A}_{pn}$)的逆矩阵。

• 求解混合模型方程组(MME)将给出向量 $\boldsymbol{u}$(谱系中的个体)和向量 $\boldsymbol{g}$(遗传组)的解。

• 个体排序将基于祖先遗传贡献(Q_g)的预测值以及个体加性效应偏差预测，该偏差来自个体 i 的预测：$u_i=\mu+Q_i+a_i$，其中 Q_i 是 $\boldsymbol{Q}$ 矩阵的行，它与第 i 个个体相对应(并包含个体 i 与每个祖先组之间的加性相关系数 a_i)。

这个模型的 ASReml 语句非常简单。

代码示例 4.6 半同胞子代测定数据的遗传组效应(*Code4-6_TreeGeneticGroups.as*)

```
Title: Pine_provenance.
 Treeid !P   Female !I   male *   prov !I   block *   plot *   height   diameter   volume !*10
Pine_provenance_pedigree.txt !SKIP 1 !ALPHA !GROUPS 4   # 指定遗传组
Pine_provenance.csv !SKIP 1
height ~ mu ,   !r block nrm(treeid)
      residual units
```

treeid 字段是随机因子，与谱系(!P)关联。谱系文件有**!GROUPS** 4 限定符，表示谱系文件的前 4 行用于标识遗传组(父母本字段均为零)。

方差分量报告在主输出文件(*Code4-6_TreeGeneticGroups.asr*)中。

```
Model_Term                              Gamma        Sigma    Sigma/SE   % C
 block                  IDV_V     5  0.537165E-01  0.108428       1.24   0 P
 nrm(treeid)            NRM_V   954  0.442880      0.893968       2.71   0 P
 units                          914 effects
 Residual               SCA_V   914   1.00000       2.01853       7.07   0 P
```

再次，treeid 效应的方差分量(0.89)大约是 GCA 模型中家系方差分量的 4 倍，因为它代表总的加性方差。

遗传组模型在一次运行中就为所有基因型(prov、female 和 treeid)水平产生预测。群体均值(截距)自动添加到育种值中以获得净育种值。

预测(*Code4--6_TreeGeneticGroups.sln*)：

```
Model_Term              Level          Effect    seEffect
mu                          1           0.000       0.000
...
nrm(treeid)                10           11.51      0.3623
nrm(treeid)                11           9.864      0.2282
nrm(treeid)                12           10.89      0.2216
nrm(treeid)                13           10.29      0.2328
nrm(treeid)               170           11.13      0.5825
nrm(treeid)               191           11.32      0.5499
nrm(treeid)               192           12.09      0.5704
...
```

请注意，亲本的净育种值接近于之前 GCA 模型获得的净育种值，GCA 模型把遗传组(prov)看成是固定的。例如，上述遗传组模型中亲本 191 的育种值预测大约是 11.32，相比而言，由效应估计的线性函数估计为 11.31。来自遗传组模型的预测文件为谱系中的所有成员产生相同尺度的育种值预测，而不需要额外的计算(如 GCA 值乘以 2)。

4.8 自交对方差分量的影响

当子代的一个亲本未知，但该物种可以自交时，应在遗传相关矩阵中考虑**自交率(probability of selfing)**。例如，对于桉树，假设自交率高达 0.3 是很普遍的(Grattapaglia et al.，2004；Patterson et al.，2004)。如果不考虑自交，则加性方差将会被高估，因为子代并不都是半同胞——它们的亲缘关系越接近，因此比模型假定的更相似。

孟德尔抽样(Mendelian sampling)是由子代中亲本基因的随机分离与重组所产生的结果。自交会影响矩阵 $\boldsymbol{A}$ 的对角元素，它是个体与其自身的共祖系数的 2 倍。自交一代个体的近交系数为 0.5。对于反复自交 t 代，近交系数将会增加到

$$F=1-(0.5)^t \tag{4.36}$$

当 t 变得很大时，F 迅速接近于 1。

个体与其自身的共祖系数为

$$\theta_{XX}=1/2(1+F_X) \tag{4.37}$$

$\boldsymbol{A}$ 矩阵的对角元素是共祖系数的 2 倍，因此 $\boldsymbol{A}$ 矩阵对角元素是

$$A_{ii}=2\theta_{ii}=(1+F_i) \tag{4.38}$$

在近亲繁殖的情况下，对角元素可以大于 1。对于父本是未知的并且未知父本也是母本的概率为 s 的一代，$\boldsymbol{A}$ 矩阵的对角元素为(Mrode，2014)：

$$A_{ii}=2\theta_{ii}=(1-s)(1)+s(1+0.5)=1+0.5s \tag{4.39}$$

在ASReml中，在谱系文件之后使用!SELF *s* 限定符来声明自交率，其中 *s* 概率从0到1。下述示例中，限定符!SELF 0.1用于告诉ASReml在松树种源数据中自交率是0.1。设自交概率为0.2、0.3、0.4、0.5和1，运行相同的模型来演示自交率如何影响方差分量估计。

代码示例 4.7　松树半同胞子代测定数据的自交对遗传方差的影响(*Code4-7_Selfing.as*)

```
Title: Pine_provenance.
 Treeid !P   Female !I   male *   prov !I   block *   plot *   height diameter volume !*10
Pine_provenance.csv !SKIP 1 !SELF 0.1   # 自交率改为.2, .3 ...
Pine_provenance.csv !SKIP 1
height ~ mu prov !r block nrm(treeid)
```

不同水平自交的方差分量报告如下。由于近亲繁殖，部分近交群体的观测方差不仅代表了非近交参考群体中的加性方差。因此，当自交率增加时，非近交参考群体中的遗传方差估计减少，而误差方差增大，如下表所示。

自交率	遗传方差	误差方差
0.0	0.89	2.02
0.1	0.74	2.14
0.2	0.62	2.23
0.3	0.53	2.30
0.4	0.46	2.36
0.5	0.40	2.42
…		
1.0	0.22	2.58

(林元震 译，吴富村　林元震 校)

第5章 遗 传 值

5.1 摘要

像因子交配和双列杂交这样的交配设计会产生全同胞家系。这些交配设计可将观测遗传方差分解为加性遗传效应与非加性遗传效应。全同胞家系选择在动植物育种计划中很常见。如果可以繁殖全同胞家系，则非加性遗传效应可提高选择增益。此外，可选择已知谱系的杂交后代用于建立下一个育种群体。本章演示双列杂交和因子交配的例子，将观测遗传方差分解为加性遗传分量和显性遗传分量。然后，展示无性系子代测定数据分析的例子，用于全同胞家系内选择。

5.2 特殊配合力和遗传值

个体的表型可定义为**加性效应** A、**显性效应** D 和**环境效应** e 的线性组合：

$$y_i = \mu + A_i + D_i + e_i \tag{5.1}$$

基于亲本**一般配合力**(GCA)效应的模型，是加性遗传效应的函数，曾在第 4 章介绍过。本章将介绍**特殊配合力(specific combining ability，SCA)**效应，它由显性效应(位点内的等位基因互作)产生。在考虑群体均值与亲本 GCA 效应的总和时，特定杂交子代的平均基因型值可能偏离期望值(Falconer and MacKay，1996)。这个偏差就是杂交的特殊配合力。可以把亲本 A 和 B 杂交产生的全同胞家系的平均基因型值(G_{AB})定义为总体均值(μ)、两个亲本的 GCA 和 SCA 的总和：

$$G_{AB} = \mu + \mathrm{GCA}_A + \mathrm{GCA}_B + \mathrm{SCA}_{AB} \tag{5.2}$$

杂交的 SCA 效应可通过减法得到

$$\mathrm{SCA}_{AB} = G_{AB} - \left(\mu + \mathrm{GCA}_A + \mathrm{GCA}_B\right) \tag{5.3}$$

估算显性遗传方差(D)的传统方法是估算与一些杂交 SCA 效应相关联的方差。观测 SCA 方差分量的期望值是参考群体中显性遗传方差的 1/4。

几种常用的交配设计可用于将观测方差分解为**加性效应(additive effect)**和**显性遗传效应(dominance genetic effect)**，如**因子交配设计(factorial mating design)**、**巢式设计(nested design)**和**双列杂交设计(diallel)**(Hallauer et al.，2010)。双列杂交通常用于植物育种计划，植物个体可同时作为父母本；除了使用双列杂交来估算**加性方差**和**显性方差**外，某些双列杂交设计还可估计**反交效应(reciprocal cross effect)**。双列杂交不能用于**雌雄异体(dioecious)**的植物(雌雄花出现在不同个体)和哺乳动物。不过，因子交配设计可用于雌雄异体物种以估算显性遗传方差。下文将演示双列杂交和因子交配的例子，然后演示无性系子代测定数据分析的例子，用于家系内选择。

5.3 双列杂交设计

在**雌雄同株(monoecious)**的植物育种中，当同一个体同时作为父母本时，这种交配设计就称为双列杂交设计。下述是植物育种中常用的双列杂交设计。

完全双列杂交(full diallel)包含了亲本间所有可能的杂交组合，包括**反交**和亲本**自交**(如果可能的话)。对于 n 个亲本，完全双列交配需要 $n\times n$ 次杂交，当取样亲本越多时，杂交数很快就变得难以应对。

半双列杂交(half diallel)：每个亲本与其他每个亲本交配一次，不包括自交和反交。n 个亲本需要 $n(n-1)/2$ 次杂交。

部分双列杂交(partial diallel)：并非所有杂交都进行，没有反交或自交。其目的是为 n 个亲本产生少于 $n(n-1)/2$ 次杂交，以减少给定亲本样的育种工作量。

连续双列杂交(connected diallel)：两组个体(1～6 和 7～12)用于形成两组双列杂交，但是它们通过杂交组合 4×9、7×1、9×3 和 10×2 连接在一起。下述示例中，第二组双列杂交还包括一些自交(S)和反交(R)。

如果亲本组之间没有关联，那么该设计就是一组双列杂交。双列杂交设计为亲本和全同胞家系提供了很好地评估。如果假设所用亲本样本足够代表参考群体，它们还可估计加性遗传效应和显性遗传效应以及归因于加性遗传效应和显性遗传效应的遗传增益(Baker，1978；Holland et al.，2003b)。由于需要大量的杂交组合，双列杂交的一个缺点是育种和子代评估的成本高。对于 6 个亲本的完全双列杂交，需要 36 个杂交组合；对于 10 个亲本的完全双列杂交就需要 100 个杂交组合。虽然这些组合数也许可操作，但 10 个左右的亲本是否真的可以提供参考群体遗传方差的有用估计，可能会受到质疑(Baker，1978)。还有很多其他的双列杂交设计组合，更多细节参见文献(White et al.，2007；Hallauer and Miranda，1988)。

5.3.1 双列杂交示例

6 棵松树采用半双列杂交设计进行交配，没有自交或反交。松树是雌雄同株，这就意味着雄花球果和雌花球果都在同一棵树上。一棵树可用作交配的父本、母本或者双亲。其中一个亲本组合没有进行，所以半双列杂交是不完全的。总共获得了 14 个杂交组合(全同胞家系)。田间试验设计是随机完全区组设计，试验单位是小区，小区包含每个全同胞家系平均 4.3 棵树。试验在 4 个地点重复，每个地点有 6 个区组。木材密度在 10 年生时测定。数据集(*diallel.csv*)的前 5 个观测结果如下表所示。

TREE 个体	FEMALE 母本	MALE 父本	CROSS 杂交组合	SITE 地点	BLOCK 区组	Density 密度
1A11	590	626	590 626	1	1	424.9
1A12	590	626	590 626	1	1	414.5
1A13	590	626	590 626	1	1	394.3
1A14	590	626	590 626	1	1	352.4
1A15	590	626	590 626	1	1	438.8

在 ASReml 软件或其他软件中编写模型前，先正确地写出统计模型极其重要。鉴于交配设计和试验设计，可使用下面的线性模型把性状的表型方差分解为遗传组分和环境组分：

$$y_{ijklm} = \mu + L_i + B_{j(i)} + G_k + G_l + S_{kl} + \mathrm{LG}_{ik} + \mathrm{LG}_{il} + \mathrm{LS}_{ikl} + \varepsilon_{ijkl} + w_{ijklm} \tag{5.4}$$

其中，y_{ijklm} 是第 kl 杂交的第 i 个地点第 j 个区组第 m 棵树的观测值；μ 是总体均值；L_i 是第 i 个地点(环境)固定效应，i=1～t；$B_{j(i)}$ 是嵌套在第 i 个地点内的第 j 个区组随机效应，j=1～b；G_k、G_l 分别是第 k 个母本、第 l 个父本的一般配合力(GCA)随机效应，这些都是独立的正态分布，G_k 和 G_l～NID(0，σ_G^2)；S_{kl} 是第 k 个母本和第 l 个父本的特殊配合力(SCA)随机效应($k \neq 1$)～NID(0，σ_S^2)；LG_{ik}、LG_{il} 是父母本 GCA 与地点互作的随机效应～NID(0，σ_{LG}^2)；LS_{ikl} 是 SCA 与地点互作的随机效应～NID(0，σ_{LS}^2)；ε_{ijkl} 是小区均值间误差变异的试验误差项～NID(0，σ_ε^2)；w_{ijklm} 是小区内单株间误差变异的试验误差项～NID(0，σ_W^2)。

下一节展示在 ASReml 中如何拟合多地点的双列杂交试验模型[式(5.4)]。

5.3.2 GCA 模型

先从一个简单的降价模型开始，估计由 GCA 效应引起的遗传方差。与第 4 章中所看到的半同胞家系数据不同，编写双列杂交的 GCA 效应比较棘手，因为相同亲本同时用作父母本。我们打算拟合亲本 GCA 效应是相同的，不论它们是通过父本传递还是通过母本传递。因此，无论亲本 A 是其子代的父本还是母本，亲本 A 的子代都被拟合为含有亲本 A 的 GCA 效应。通过在线性混合模型中“重叠”父母本的设计矩阵 **Z** 来实现对模型的这种约束。不管亲本是如何使用的，其将估算每个亲本的一个共同 GCA 方差和一个 SCA 方差。

忽略了特殊配合力(SCA)效应的简化线性模型如下：

$$y_{ijklm} = \mu + L_i + B(L)_{j(i)} + G_k + G_l + \varepsilon_{ijkl} + w_{ijklm} \tag{5.5}$$

代码示例 5.1　半双列杂交的 GCA 模型(*Code5-1_diallels.as*)

```
Title: Diallel.
  tree !A 1480   female !I   male !AS female   cross !I   location *   block *   density
diallel.csv !SKIP 1 !DOPATH 1
!PATH 1 # GCA模型
density ~ mu location ,                  # 固定效应
        !r location.block ,              # 嵌套区组随机效应
            female and(male)             #  GCA随机效应
            location.block.female.male   # 小区试验误差
residual units                           # 小区内单株变异的误差
```

代码说明：

!AS	用于表明母本效应和父本效应的水平代码是相同的。
and(male)	将模型项父本的设计矩阵重叠到前一个模型项(本例中为母本)的设计矩阵上。
!AS 和 and()	一起使用以确保能得到亲本的单一相同 GCA 效应，无论亲本用作母本、父本还是双亲。

在该模型中，block 效应是嵌套在 location 效应内的，因为 block 效应只随 location

作为 *location.block* 出现，所以不存在跨地点的 block 主效应。

Code5-1_diallels.asr 文件的部分输出结果如下：

```
Notice: ASReml assumes female and and(male)
            have the same levels in the same order.
 ...
          - - - Results from analysis of density - - -

 Model_Term                                  Gamma         Sigma    Sigma/SE   % C
 location.block            IDV_V    24   0.296193      125.872        2.83    0 P
 female                    IDV_V     6   0.221045      93.9369        1.55    0 P
 location.block.female.m   IDV_V   864   0.134900      57.3279        4.38    0 P
 units                           1440  effects
 Residual                  SCA_V  1440   1.00000       424.967       23.87    0 P
```

• 请注意，输出文件中关于父母本的信息在相同顺序中具有相同水平。ASReml 软件假定编码为"1"的母本与同样编码为"1"的父本是同一个体。我们使用!AS 限定符和 and()函数来确保这种情况。

需要注意的是，虽然在此输出中只报告了一个亲本(female)的 GCA 方差分量，但模型包含了父母本的 GCA 方差。我们约束模型以强制它们相等，这就是为何只报告双亲 GCA 方差中的一个。female 方差分量预期等于加性遗传方差的 1/4。(未报告的)父本方差分量是相同的，也预期等于加性遗传方差的 1/4。这两个 GCA 方差一起代表了加性遗传方差的一半，即全同胞家系中期望的加性遗传方差的比例(Holland et al.，2003b)。此模型中的误差方差起因于小区内树木间变异，它既包括家系内遗传变异，也包括外源的非遗传误差变异。家系内的遗传变异包括另一半的加性遗传方差以及所有非加性遗传(SCA)方差。

本设计中所用亲本的解(GCA 估计)报告在 *Code5-1_diallels.sln* 文件中：

```
 Model_Term               Level            Effect      seEffect
 location                     1             0.000        0.000
 location                     2            -11.86        7.100
 location                     3             14.37        6.751
 location                     4            -13.59        6.759
 mu                           1             410.1        9.242
 location.block           1.001        0.1467E-01        5.395
 ...
 female                     590           -0.6103        4.139
 female                     626           -5.062         4.164
 female                     634           -12.13         4.140
 female                     652           -1.542         4.143
 female                     612            2.686         4.173
 female                     649            16.66         4.138
```

• 此处给出解文件的部分结果。亲本 649 有一个大的正 GCA 效应估计值(16.66，其标准误差为 4.138)，而亲本 634 有一个大的负值(–12.13)，其标准误差为 4.14。

5.3.3 在 GCA 模型中使用谱系

在上述模型中，假定亲本是不相关的，这样 GCA 效应是独立的且没有协方差：G_k 和 G_l～NID(0，σ_G^2)。然而，如果亲本间存在已知谱系关系，那么应该在分析中包含这些信息来解释相关亲本效应间的相关性。

谱系文件。用于交配设计中的 6 个亲本中，个体 590 和 626 有一个共同亲本(333)。其余的双亲均是不相关的。谱系文件的前 9 行如下表所示：

个体	母本	父本
333	0	0
590	333	0
626	0	333
634	0	0
652	0	0
612	0	0
649	0	0
1A11	590	626
1A12	590	626
…		

虽然没有祖亲本 333 的任何观测值，但扩展了向量 ***a*** 包含个体加性效应，将所有祖先包含在基本群体里。因此，在使用该谱系信息的模型解文件(*.sln*)中将看到祖亲本 333 的解(GCA 值)。

ASReml 命令文件采用如下方式将谱系关系整合到亲本上：

代码示例 5.2　使用亲本谱系信息的半双列杂交 GCA 模型(*Code5-2_diallels_with_pedigree.as*)

```
 Title: Diallel with pedigree.
 tree !A 1480   female !P   male !P     cross !I    location *    block * density
diallel_pedigree.txt !SKIP 1 # 谱系
diallel.csv !SKIP 1 !DOPART 1
!PART 1 # GCA 模型
density ~ mu location ,                      # 固定效应
          !r location.block ,                # 区组随机效应
              female and(male,1),            #  GCA随机效应
location.block.female.male                   # 小区误差方差
```

下面给出了主输出文件(*Code5-2_diallels_with_pedigree.asr*)的部分结果。在方差分量估计之前，*.asr* 文件包含了有关谱系文件的读取信息。请注意，ASReml 软件正确地识别出个体 333 在谱系中被同时用作父母本，并输出警告(因为这不应该发生在哺乳动物谱系中)。此外，*.asr* 文件在表型子代的谱系中报告了 7 个标识符(6 个亲本加上 1 个已知的共同祖亲本)。

```
diallel_pedigree.txt    !SKIP 1
 Reading pedigree file diallel_pedigree.txt: skipping                1    lines
 Pedigree Header Line: tree mother father
 Pedigree check: fath 333    previously occurred as a moth Now at line 3: 626    0          333
         7 identities in the pedigree over 1 generations.
         For first parent labelled moth, second labelled fath
      moth moth_of_moth fath_of_moth          fath moth_of_fath fath_of_fath
          1                0                0          1                0                0
 Using an adapted version of    Meuwissen & Luo GSE 1992 305-313:
 PEDIGREE [diallel_pedigree.txt ] has              7 identities,             9 Non zero elements
 GIV0    NRM                          7            7              -0.58
```

方差分量估计为：

```
Model_Term                                Gamma        Sigma   Sigma/SE   % C
 location.block             IDV_V   24  0.296185    125.868       2.83    0 P
 female                     NRM_V    7  0.221136    93.9749       1.55    0 P
 location.block.female.m IDV_V 1176  0.134908    57.3310       4.38    0 P
 Residual                   SCA_V 1440   1.00000    424.964      23.87    0 P
```

• GCA 效应解释的方差是 93.97。母本 female 因子(与父本 male 因子重叠)与谱系相关联，根据加性遗传相关矩阵(在*.asr* 文件中标记为"NRM_V")拟合了亲本效应的方差-协方差结构。基于谱系的模型，female 方差分量估计略大于之前假定亲本效应间无关的模型的 female 方差分量。有些增加是预期的，因为有一些谱系关系的亲本 GCA 效应是不独立的，因此，在之前模型中将它们看成是独立的，这低估了参考群体中 GCA 间的真实方差。

下面给出了亲本的 GCA 效应的解(*Code5-2_diallels_with_pedigree.sln*)：

```
 Model_Term            Level            Effect    seEffect
 ...
 female                 333             -2.437      8.219
 female                 590            -0.8351      4.281
 female                 626             -5.257      4.307
 female                 634             -12.33      4.270
 female                 652             -1.742      4.271
 female                 612              2.489      4.302
 female                 649              16.46      4.268
```

现在该模型预测了祖先 333 的 GCA 效应值，否则亲本 GCA 预测就类似于无谱系的模型。

5.3.4 增加 GCA 与地点互作项

由于杂交在多个地点进行评估，可把 GCA 与地点的互作效应(LG_{ik})加入模型中：

$$y_{ijklm} = \mu + L_i + B\left(L\right)_{j(i)} + G_k + G_l + \mathrm{LG}_{ik} + \mathrm{LG}_{il} + \varepsilon_{ijkl} + w_{ijklm} \tag{5.6}$$

在 ASReml 软件中，为双列杂交拟合 GCA 与地点互作需要一些额外的技巧。我们使用 and()指定想把母本 female 与地点互作的设计矩阵叠加到父本 male 与地点互作的设计矩阵。但是，不能直接这样做，因为在插入 and()指定之前，必须先定义互作项"location.male"。示例是最好的解释，ASReml 模型代码如下所示：

代码示例 5.2(续) 使用亲本谱系信息并增加 GCA-环境互作的半双列杂交模型
(*Code5-2_diallels_ with_pedigree.as*)

```
!PART 2 # GCA 与 GxE 模型
density ~ mu location ,                     # 固定效应
        !r location.block ,                 # 区组随机效应
           female and(male),                # GCA随机效应
          loc.female  –loc.male   and(loc.male),    # GxE
location.block.female.male                  # 小区误差方差
```

• loc.female and(loc.male)是写成模型代码的最直接方法。但这种方法行不通，因为在互作项被定义前，需要解析 and()函数内部的项。因此，and()函数中的任何项必须由

字段定义直接定义或者事先明确声明。

• 前一行模型代码 female and(male)行得通，是因为"male"已通过字段定义来定义。然而，loc.female and(loc.male)函数就行不通，因为 loc.male 项至今尚未定义。

• 要解决 and()函数的严格解析，可编写代码 loc.female -loc.male and(loc.male)：-loc.male 对地点 locatio 和父本 male 互作定义一个项，但不把此项包含在模型中，这样在解析 and()项时，它可以被识别。

• 请注意，location 简写为 loc。ASReml 软件能识别它是 location，通过把 location 与已定义字段名的前三个字母进行匹配。仅在不会错误匹配字段时，模型项才能简写。

模型的方差分量如下：

```
Model_Term                              Gamma          Sigma    Sigma/SE   % C
 location.block          IDV_V   24   0.295285        125.461       2.84    0 P
 female                  NRM_V    7   0.220009        93.4776       1.52    0 P
 loc.female              IDV_V   28   0.210848E-01    8.95855       1.51    0 P
 location.block.female.m IDV_V 1176   0.112914        47.9751       3.80    0 P
 Residual                SCA_V 1440    1.00000        424.882      23.87    0 P
 female                 NRM       7
```

• 请注意，此模型小区的误差方差(location.block.female.male=47.97)小于无 G×E 互作项的模型小区的误差方差(57.33)；G×E 方差已被拟合为随机效应，而不是与小区误差方差合并。相比之下，小区内误差方差几乎没有变化。

5.3.5 特殊配合力效应

对于双列杂交设计，可以把总遗传方差分解为加性遗传方差(由 GCA 效应解释)和显性遗传方差(由 SCA 效应解释)。在下述模型中，cross 项定义 SCA。在此数据集中，杂交组合水平应编码为亲本的特定组合，不考虑哪个亲本是父本或者母本。换句话说，杂交组合和反交组合的水平应该相同。但是，只有当我们不把父本和母本看成是谱系关联因子时(由于谱系信息把一个特定的方差-协方差矩阵强加在主效应之上，因而该主效应不能简单地推广到它们互作上)，SCA 也可定义为父本效应和母本效应间的互作。此外，为了确保母本 *l*×父本 *k* 效应等同于母本 *k*×父本 *l* 效应，需要再次使用 and()函数。由于没有定义为 male.female 的字段，因此必须先在模型中定义它，但不拟合它，SCA 的模型代码部分编写如下：

female.male –male.female and(male.female)

这将产生单一的 female.male 方差分量估计，其值将恰好是杂交组合方差分量估计的一半，因为我们默认把杂交组合变异平分为 female.male 和 male.female 两部分。考虑到这些复杂的情况，如果在数据集中创建"cross"字段，通常更容易编写模型与理解结果。

最后，在模型中添加 SCA 与地点互作项(*loc.cross*)：

代码示例 5.2(续) 使用亲本谱系信息并添加 SCA 效应的半双列杂交模型
(*Code5-2_diallels_with_ pedigree.as*)

```
!PART 3   # GCA, GxE 和 SCA模型
density ~ mu location ,                  # 固定效应
        !r location.block ,              # 区组随机效应
```

```
female and(male),                  # GCA随机效应
loc.female   –loc.male   and(loc.male),   # GxE
cross,      #  SCA随机效应
loc.cross,  #  SCA x Loc  随机效应
location.block.cross
```

主输出文件(*.asr*)中的方差分量如下所示：

```
Model_Term                              Gamma          Sigma    Sigma/SE   % C
 cross                  IDV_V   14  0.151500E-02  0.643662       0.18   0 P
 location.block         IDV_V   24  0.295446       125.524       2.84   0 P
 female                 NRM_V    7  0.219946       93.4463       1.51   0 P
 loc.female             IDV_V   28  0.211815E-01   8.99918       1.51   0 P
 loc.cross              IDV_V   56  0.101193E-06  0.429929E-04   0.00   0 B
 location.block.cross   IDV_V  336  0.111973       47.5728       3.73   0 P
 Residual               SCA_V 1440   1.00000       424.861      23.87   0 P
 female                NRM       7
```

• SCA 方差以及 SCA×loc 互作方差都很小，而且估计值与其标准误差的比值小于 1，表明显性方差可能不显著。模型 Log 似然值(–5179.14)和之前 GCA 模型 Log 似然值(–5179.16)几乎没有差异。因此，我们不能拒绝 SCA 方差以及 SCA×Loc 互作方差均为零的零假设。

每个 cross 水平的 SCA 效应都包括在解文件(*.sln*)中，并且效应全都很小，正如预期，因为 SCA 方差接近于零：

```
Model_Term               Level           Effect      seEffect
 ...
 cross                   590626          0.1036       0.7806
 cross                   590634          0.5446E-02   0.7807
 cross                   590652          0.1325       0.7789
 ...
 cross                   649652          0.2667       0.7801
 cross                   652626          0.1141       0.7810
 cross                   652634         -0.3849       0.7822
 ...
 female                     333         -2.414        8.234
 female                     590         -0.7736       4.475
 female                     626         -5.262        4.500
 female                     634         -12.04        4.464
 female                     652         -1.775        4.464
 female                     612          2.365        4.494
 female                     649          16.28        4.462
```

杂交组合 590×626 的育种值(BV)和基因型值(GV)是什么？亲本 590 的 GCA 为 –0.7736。亲本 626 的 GCA 为–5.262。杂交组合 590×626 的预期 BV 就是其亲本 GCA 值的总和：BV(590×626)=(–0.7736)+(–5.262)= –6.04。GV(基因型值)就是 BV 加上杂交组合的 SCA 估计值：GV(590×626)=(–6.04)+0.1036= –5.94。

5.3.6 反交效应

正如上一节中所讨论的那样，亲本 A 和 B 之间的杂交组合 SCA 效应在两种互交方式间是相同的，即 SCA(A×B)=SCA(B×A)。如果数据中有正反交，就可拟合反交 SCA 效应，这是由于 A×B 和 B×A 间的差异。此外，反交效应的一部分可能归因于作为父本和母本的亲本 GCA 效应的差异。可以把双列杂交模型扩展到同时包含 GCA 和 SCA 的反交效应。为

此，需要添加一列指标变量到数据集中，以区分正反交。这个指标变量可以是一个方向的杂交组合设置为 1 的协变量，另一方向设置为–1，哪个方向编码为 1 是任意的。

例如，*maize_diallel.csv* 文件包含了整套部分双列杂交数据，其中有 55 个玉米植株亲本，每 5 个亲本为一组，共 11 组，用多种方式进行了杂交。所有可能的杂交组合都尝试过，虽然并非所有的杂交组合都成功了。连续 2 年在随机单株小区中测定了 3500 个子代样本。部分数据显示如下：

Year	Progeny	female	male	cross	*r*	DTA	PltHt
2013	1	171_11	170_1	170_1×171_11	–1	72	270
2013	27	171_11	170_1	170_1×171_11	–1	73	225
2013	44	170_1	171_11	170_1×171_11	1	73	240
2013	76	170_1	171_11	170_1×171_11	1	81	220
2013	143	171_11	170_1	170_1×171_11	–1	75	215
2013	200	171_11	170_1	170_1×171_11	–1	74	215

在此数据集中，读者可以看到，当亲本 170_1 和 171_11 杂交时，子代的 cross 字段水平设置为 170_1×171_11，不论哪个亲本被用作母本。变量"*r*"是区分这一组合的两种互交的协变量，当 171_11 被用作母本时，它被设为-1，当 170_1 被用作母本时，就被设为 1。在一个特定组合中，哪种互交标记为 *r*= –1 或 1 是随意的。例如，当 170_1 被用在与亲本 167_6 杂交组合的母本时，子代 *r* 值就设为–1。

已用此种方法创建了数据，就可以编写 ASReml 代码来定义"*r*"变量的字段为数值型协变量，然后拟合其与 GCA 和 SCA 效应之间的互作，以捕获反交效应（Holland et al.，2003b；Möhring et al.，2011；Piepho and Mohring，2007）。完整模型还应包含反交与环境互作，它是遗传效应、反交协变量及环境之间的真正三元互作。

代码示例 5.3　有反交的双列杂交模型（*Code5-3_reciprocal_effects.as*）

```
Title: Maize diallel
 Year !I  Progeny !I  female !A  male !A !AS female   cross !A   r  DTA   PltHt
maize_diallel.csv !SKIP 1 !MAXITER 30 !DOPART 1
!PART 1
PltHt ~ mu  Year,                  # 指定固定效应
    !r  female  and(male),                              # GCA
    Year.female  -Year.male  and(Year.male),            # GCA x Year
    female.r  -male.r  and(male.r),                     # 反交 GCA
    Year.female.r  -Year.male.r  and(Year.male.r),      # 反交GCA x Year
   cross  Year.cross,                                   # SCA和SCA x Year
cross.r  Year.cross.r                                   # 反交 SCA 和反交 SCA x Year
```

该分析的方差分量估计如下：

```
Model_Term                       Gamma        Sigma     Sigma/SE   % C
 female          IDV_V   53   0.107210      64.1576       2.93    0 P
 Year.female     IDV_V  106   0.497229E-02  2.97556       0.78    0 P
 female.r        IDV_V   53   0.297211E-03  0.177859      0.14    0 P
 Year.female.r   IDV_V  106   0.101193E-06  0.605567E-04  0.00    0 B
 cross           IDV_V   89   0.799283E-01  47.8314       2.07    0 P
 cross.r         IDV_V   89   0.101193E-06  0.605567E-04  0.00    0 B
 Year.cross      IDV_V  178   0.122755E-01  7.34601       0.86    0 P
 Year.cross.r    IDV_V  178   0.101193E-06  0.605567E-04  0.00    0 B
 Residual        SCA_V 3196   1.00000       598.429      38.86    0 P
```

• 这些结果表明，存在反交效应的证据很少：与反交效应相关的方差分量要么很小(female.r，对应于反交 GCA)，要么基本上为零。

5.3.7 观测方差的解释

假设上位性遗传效应可以忽略不计，与母本效应(GCA)相关的方差分量是加性遗传方差的 1/4，与杂交效应(SCA)相关的方差分量是显性方差的 1/4。如果试验是在一个环境中建立的，这些方差可能还包含归因于混杂的基因与环境互作的贡献。与反交 GCA 效应(female.r，σ^2_{GCAR})相关的方差可归因于**母体效应(maternal effect)**和**细胞质遗传效应(cytoplasmic genetic effect)**，这两种效应在同一母本的所有杂交中共享，但在其被用作父本的杂交中就没有。反交 SCA 方差(cross.r，σ^2_{SCAR})归因于特定杂交的特定方向的任何效应，这可能是由于母本细胞质和父本核等位基因之间的互作而发生的。

对观测 GCA 方差分量和 SCA 方差分量等于它们在参考群体中的加性方差和显性方差的解释，必须谨慎。如上所述，使用双列杂交估计遗传方差分量的一个主要局限性是亲本的抽样普遍有限，这导致来自不同亲本样本的估计之间可能存在巨大差异(Isik et al.，2005)。即使参考群体处于连锁平衡，小样本也会导致违背了位点间独立的假设，这将影响估计的方差分量(Baker，1978)。一般来说，把亲本视为固定因子，避免估计方差分量更为安全(Hallauer and Miranda，1988)，但是，如果一些杂交组合缺失了，那么可能会导致固定效应方法估计 GCA 效应的困难。

上文表明，亲本之间的亲缘关系可通过加入谱系信息来拟合，从而使 GCA 方差得到适当地校正，以反映参考群体中不相关样本间的方差。ASReml 软件通过使用加性遗传相关矩阵拟合亲本的加性效应，从内部做出这种校正。不过，ASReml 软件不会自动校正 SCA 方差，以考虑这种可能性，即基于当代谱系的看似半同胞的一些子代，实际上亲缘关系可能较近并共享显性效应。回到松树双列杂交示例，亲本 590×634 的杂交子代与 626×634 的杂交子代亲缘关系(2θ=0.3125)比半同胞更近，因为亲本 590 和 626 都是祖先 333 的后代。此外，杂交组合 590×626 的子代亲缘关系比全同胞更近，它们的加性相关为 2θ=0.625。当 ASReml 软件使用亲本的谱系信息时，它会考虑这些情况下增加的加性相关。但是ASReml软件没有考虑家系590×634和626×634之间的小协方差($\varDelta$=0.0625)，或者 590×626 家系内子代间略微增加的显性协方差($\varDelta$=0.281 25)。忽略这些关系导致了基于双列杂交 SCA 方差估计的显性方差的有偏估计。在此示例中，偏差预期较小，因为受影响的系数变化较小。

5.3.8 方差分量的线性组合

记住上一节所述的注意事项，我们仍然想用双列杂交模型的估计方差分量来估计遗传力。鉴于双列杂交设计中所固有的家系结构，我们可以估计几种不同的遗传力，这可以解释为与单株选择、半同胞家系选择、全同胞家系选择或配合选择的响应有关(Holland et al.，2003b)。

如果我们有个体数据(而不仅仅是含有多个共同家系个体的小区平均值或总值)，就可从双列杂交分析结果估计个体表型方差（σ^2_{phen}）和狭义遗传力（h^2_i）。多地点重复的无反交双列试验，每个试验单位有多株的个体表型方差如下：

$$\sigma^2_{\text{phen}} = 2\sigma^2_G + \sigma^2_S + 2\sigma^2_{\text{LG}} + \sigma^2_{\text{LS}} + \sigma^2_\varepsilon + \sigma^2_w \tag{5.7}$$

狭义遗传力为加性遗传方差与个体表型方差的比值：

$$h^2_i = \sigma^2_A / \sigma^2_{\text{phen}} = 4\sigma^2_G / \sigma^2_{\text{phen}} \tag{5.8}$$

广义单株遗传力（h^2_{bs}）是类似的，但在分子中同时包含了加性方差和显性方差：

$$h^2_{bs} = 4\left(\sigma^2_G + \sigma^2_S\right) / \sigma^2_{\text{phen}} \tag{5.9}$$

双列杂交中的选择单位可以是**半同胞家系均值**，在这种情况下，预测选择响应的相关遗传力将会是半同胞家系加性方差与家系均值方差的比值。半同胞家系均值方差可从线性模型和观测方差得到，半同胞家系 k 的平均值如下：

$$\begin{aligned}\bar{Y}_{..k..} &= \mu + \bar{L}_{.} + \bar{B}_{..} + G_k + \frac{\sum\limits_{l\neq k}^{p-1} G_l}{p-1} + \frac{\sum\limits_{l\neq k}^{p-1} S_{kl}}{p-1} + \frac{\sum\limits_{i}^{e} \text{LG}_{ik}}{e} + \frac{\sum\limits_{l\neq k}^{p-1}\sum\limits_{i}^{e} \text{LG}_{il}}{e(p-1)} + \frac{\sum\limits_{l\neq k}^{p-1}\sum\limits_{i}^{e} \text{LS}_{ikl}}{e(p-1)} \\ &\quad + \frac{\sum\limits_{l\neq k}^{p-1}\sum\limits_{i}^{e}\sum\limits_{j}^{r} \varepsilon_{ijkl}}{er(p-1)} + \frac{\sum\limits_{l\neq k}^{p-1}\sum\limits_{i}^{e}\sum\limits_{j}^{r}\sum\limits_{m}^{n} w_{ijklm}}{er(p-1)n} \\ &= \frac{p\sigma^2_{\text{GCA}}}{p-1} + \frac{\sigma^2_{\text{SCA}}}{p-1} + \frac{p\sigma^2_{\text{LG}}}{e(p-1)} + \frac{\sigma^2_{\text{LS}}}{e(p-1)} + \frac{\sigma^2_\varepsilon}{er(p-1)} + \frac{\sigma^2_w}{ern(p-1)}\end{aligned} \tag{5.10}$$

其中，p 是双列杂交亲本数；e 是环境（本例中为地点）数量；r 是每个环境的重复数或区组数；n 是每个小区的株数。半同胞家系均值包括 G_k（相同母本 k 的 GCA），父本 GCA 效应对 $(p–1)$ 的平均，亲本 k 与其他亲本组合的 SCA 效应对 $(p–1)$ 的平均，以及相关的遗传×环境互作效应、小区效应和误差效应的均值。如果 p 很大（如 $p>20$），那么 $p/(p–1)$ 大约为 1，于是家系均值的方差$\left[\text{Var}(\bar{Y}_{..k..})\right]$近似为

$$\sigma^2_{\text{HS}} = \sigma^2_{\text{GCA}} + \frac{\sigma^2_{\text{SCA}}}{p-1} + \frac{\sigma^2_{\text{LG}}}{e} + \frac{\sigma^2_{\text{LS}}}{e(p-1)} + \frac{\sigma^2_\varepsilon}{er(p-1)} + \frac{\sigma^2_w}{ern(p-1)} \tag{5.11}$$

如果每个试验单位的株数发生变化，就用每个试验单位的株数的调和均值（n_h）来替换上述方程中的 n（指每个单位恒定的株数）（Holland et al.，2003b；Nyquist，1991）。这个方程也适用于来自父本的半同胞家系。

半同胞家系均值的遗传力仅是 GCA 方差与半同胞家系均值的表型方差的比值：

$$h^2_{\text{HS}} = \frac{\sigma^2_G}{\sigma^2_{\text{HS}}} = \frac{\frac{1}{4}\sigma^2_A}{\sigma^2_{\text{HS}}} \tag{5.12}$$

另外，育种家可在全同胞家系均值中进行选择。全同胞家系 kl 的平均值为

$$\bar{Y}_{..k.}=\mu+\bar{L}_{.}+\bar{B}_{..}+G_k+G_l+S_{kl}+\frac{\sum_i^e \text{LG}_k}{e}+\frac{\sum_i^e \text{LG}_l}{e}+\frac{\sum_i^e \text{LS}_{ikl}}{e}+\frac{\sum_i^e\sum_j^r \varepsilon_{ijkl}}{er}+\frac{\sum_i^e\sum_j^r\sum_m^n w_{ijklm}}{ern} \tag{5.13}$$

全同胞家系均值的方差$\left[\text{Var}(\bar{Y}_{..k..})\right]$是

$$\sigma_{\text{FS}}^2=\sigma_{\text{GCA}}^2+\sigma_{\text{GCA}}^2+\sigma_{\text{SCA}}^2+\frac{\sigma_{\text{LG}}^2}{e}+\frac{\sigma_{\text{LG}}^2}{e}+\frac{\sigma_{\text{LS}}^2}{e}+\frac{\sigma_{\varepsilon}^2}{er}+\frac{\sigma_w^2}{ern} \tag{5.14}$$

$$=2\sigma_{\text{GCA}}^2+\sigma_{\text{SCA}}^2+\frac{2\sigma_{\text{LG}}^2}{e}+\frac{\sigma_{\text{LS}}^2}{e}+\frac{\sigma_{\varepsilon}^2}{er}+\frac{\sigma_w^2}{ern} \tag{5.15}$$

如果育种家对全同胞家系中选定的个体进行重组，以创建一个新群体，那么只有全同胞家系方差的加性部分贡献于下一代的选择增益。显性方差对增益没有贡献，因为显性互作被选定家系间的随机交配打乱了：

$$h_{\text{FS}}^2=2\sigma_G^2/\sigma_{\text{FS}}^2 \tag{5.16}$$

在一些物种中，有可能产出足够数量的优质杂交种子或个体作为生产单位，于是选定的家系可以直接用于生产。从独立环境中生长的这些选定家系预测的增益与原始群体的增益相比，前者在分子中涉及了全同胞家系基因型值的全部方差，正如响应单位与选择单位共享显性偏差(Holland et al., 2003)：

$$H_{\text{FS}}^2=\frac{2\sigma_G^2+\sigma_S^2}{\sigma_{\text{FS}}^2}=\frac{0.5\sigma_A^2+0.25\sigma_D^2}{\sigma_{\text{FS}}^2} \tag{5.17}$$

育种家还可能对最优杂交与最优杂交子代的选择感兴趣。这只是家系选择和家系内选择的一个指标。家系内的表型方差是个体总方差与全同胞家系均值表型方差之间的差：

$$\begin{aligned}\sigma_{\text{fsw}}^2&=\sigma_{\text{phen}}^2-\sigma_{\text{FS}}^2\\&=\left(2\sigma_G^2+\sigma_S^2+2\sigma_{\text{LG}}^2+\sigma_{\text{LS}}^2+\sigma_{\varepsilon}^2+\sigma_w^2\right)\\&\quad-\left(2\sigma_G^2+\sigma_S^2+\frac{2\sigma_{\text{LG}}^2}{e}+\frac{\sigma_{\text{LS}}^2}{e}+\frac{\sigma_{\varepsilon}^2}{er}+\frac{\sigma_w^2}{ern}\right)\\&=\frac{(e-1)2\sigma_{\text{LG}}^2}{e}+\frac{(e-1)\sigma_{\text{LS}}^2}{e}+\frac{(er-1)\sigma_{\varepsilon}^2}{er}+\frac{(ern-1)\sigma_w^2}{ern}\\&=\frac{(e-1)}{e}\left(2\sigma_{\text{LG}}^2+\sigma_{\text{LS}}^2\right)+\frac{(er-1)\sigma_{\varepsilon}^2}{er}+\frac{(ern-1)\sigma_w^2}{ern}\end{aligned} \tag{5.18}$$

广义和狭义的家系内遗传力估计为

$$h_w^2=2\sigma_G^2/\sigma_{\text{fsw}}^2 \tag{5.19}$$

$$H_w^2=\left(2\sigma_G^2+3\sigma_S^2\right)/\sigma_{\text{fsw}}^2 \tag{5.20}$$

可通过 ASReml 软件的方差分量函数获得这些遗传力的估计。例如，通过把系数 e=4、

r=6 和 p=6 代入上述方程，在包含 GCA 和 SCA 及其与环境互作的此模型后，使用 VPREDICT !DEFINE 函数，就可以获得松树双列杂交示例的遗传力估计量。有一个小难题是，还需要计算小区株数的调和均值，因为每个小区的株数并非恒定。使用少许 R 代码就可轻松计算出调和均值：

代码示例 5.4 计算 diallel.csv 数据集小区株数的调和均值的 R 脚本（*Code5-4_Harmonic_mean.R*）

```
diallel <- read.csv("diallel.csv")  # 读取数据diallel.csv
trees_per_plot <- aggregate(density ~ MALE + FEMALE + CROSS + SITE +BLOCK, data = diallel, length)
 (nh = 1/mean(1/trees_per_plot$density))  #小区株数的调和均值
```

返回值为 4.0017。因此，我们可以用 4 作为家系均值遗传力计算中的 n_h 值。

代码示例 5.2（续） 双列杂交方差分量的线性组合计算（*Code5-2_diallels_with_pedigree.as*）

```
VPREDICT !DEFINE
F SCA cross
F GCA female
F GCAxL loc.female
F SCAxL loc.cross
F Error location.block.cross        # 小区误差方差
F Within Residual                   # 误差方差
F A_var female*4.0                  # 加性方差
F D_var cross*4.0                   # 显性方差
F GCA2 female*2.0                   # 2倍GCA方差或1/2加性方差
F SCA.GCA2 SCA + GCA*2.0            # 广义全同胞家系遗传力的分子
F SCA3.GCA2 SCA*3.0 + GCA*2.0  # 广义全同胞家系内遗传力的分子
F phen_i GCA*2.0 + SCA + GCAxL*2.0 + SCAxL + Error + Within # 个体表型方差
# 半同胞均值表型方差
F phen_hs GCA*1.2 + SCA*0.2 + GCAxL*0.3 + SCAxL*0.05 + Error*0.0083 + Within*0.002
# 全同胞均值表型方差
F phen_fs GCA*2.0 + SCA + GCAxL*0.5 + SCAxL*0.25 + Error*0.041667 + Within*0.0104
# 全同胞家系内表型方差
F phen_wfs GCAxL*1.5 + SCAxL*0.75 + Error*0.958333 + Within*0.99
H h2_i A_var phen_i                 # 狭义单株遗传力
H h2_hs GCA phen_hs                 # 狭义半同胞家系遗传力
H h2_fsns GCA2 phen_fs              # 狭义全同胞家系遗传力
H H2_fsbs SCA.GCA2 phen_fs          # 广义全同胞家系遗传力
H h2_wfs GCA2 phen_wfs              # 狭义半同胞家系内遗传力
H H2_wfs SCA3.GCA2 phen_wfs         # 广义全同胞家系内遗传力
```

由 VPREDICT 定义的方差分量函数的输出结果保存在文件 *Code5-2_diallels_with_pedigree.pvc* 中：

```
          - - - Results from analysis of density - - -

   1 cross                                      V   14      0.643662          3.57590
   2 location.block                             V   24       125.524          44.1986
   3 female                                     V    7       93.4463          61.8850
   4 loc.female                                 V   28       8.99918          5.95972
   5 loc.cross                                  V   56      0.429929E-04      0.00000
   6 location.block.cross                       V  336       47.5728          12.7541
   7 Residual                                   V 1440       424.861          17.7990
 female                  NRM         7
   8 SCA   1                    0.64366      3.6527
   9 GCA   3                     93.446      61.768
  10 GCAxL   4                   8.9992      5.9421
  11 SCAxL   5                  0.42993E-04  0.18008E-05
  12 Error   6                   47.573      12.766
```

```
 13 Within  7                  424.86        17.796
 14 A_var   3                  373.79        247.07
 15 D_var   1                  2.5746        14.611
 16 GCA2  3                    186.89        123.54
 17 SCA.GCA2  8                187.54        123.55
 18 SCA3.GCA2  8               188.82        123.91
 19 phen_i  9                  677.97        125.11
 20 phen_hs  9                 116.21        74.103
 21 phen_fs  9                 198.44        123.53
 22 phen_wfs 10                479.70        19.794
    h2_i          = A_var  3  14/phen_i     19=          0.5513     0.2648
    h2_hs         = GCA  3     9/phen_hs    20=          0.8041     0.0232
    h2_fsns       = GCA2  3   16/phen_fs    21=          0.9418     0.0429
    H2_fsbs       = SCA.GCA2  17/phen_fs    21=          0.9451     0.0373
    h2_wfs        = GCA2  3   16/phen_wfs   22=          0.3896     0.2582
    H2_wfs        = SCA3.GCA  18/phen_wfs   22=          0.3936     0.2591
Notice: The parameter estimates are followed by
        their approximate standard errors.
```

• 显性方差估计值比其标准误小得多，因此它可能与零没有差别。本例中，这是预料之中的，因为我们已经注意到 SCA 方差不显著。

• 从结果可知，在其分子中包括了显性方差的广义遗传力估计值约等于相应的狭义遗传力估计值。

• 单株遗传力(h^2_i)估计值的标准误差大，但家系均值遗传力很高且标准误差相对较小。

• 再次提醒读者，这些遗传力估计值不应视为可靠的，因为用于建立双列杂交的 6 个亲本样本量很小。

5.4 因子交配设计

在**因子交配设计**中，一组个体用作母本，另一组个体用作父本。类似双列杂交，有多种因子交配设计(Hallauer and Miranda，1988；White et al.，2007)。经常使用的**单对因子交配设计(single pair factorial mating design)**和**双对因子交配设计(double pair factorial mating design)**，因为与**全因子交配设计(complete factorial mating design)**相比，所需杂交数量大大减少了。

5.4.1 因子交配设计的线性模型

因子交配设计用于 3 个不相关母本和 3 个不相关父本的杂交，产生了 9 个全同胞家系(杂交)。田间试验为完全随机区组设计，区组有 6 个。在另一个地点进行重复试验。height(树高)是因变量，在 6 年生时测量。

统计模型为

$$y_{ijpqk} = \mu + L_i + B_{j(i)} + F_p + M_q + \mathrm{FM}_{pq} + \mathrm{LF}_{ip} + \mathrm{LM}_{iq} + \mathrm{LFM}_{ipq} + \varepsilon_{ijpqk} \tag{5.21}$$

其中，y_{ijpqk} 是第 i 个地点第 j 个区组的第 pq 个杂交的第 k 个观测值；μ 是总体均值；L_i 是第 i 个地点(环境)固定效应，i=1～t；$B_{j(i)}$ 是嵌套在第 i 个地点内的第 j 个区组固定效应，j=1～b；F_p 是第 p 个母本的一般配合力(GCA)随机效应，～NID(0，σ^2_{F})；M_q 是

第 q 个父本的一般配合力(GCA)随机效应，～NID(0，σ_{M}^2)；FM_{pq} 是第 p 个母本和第 q 个父本的随机杂交效应($p \neq q$)，～NID(0，σ_{FM}^2)；LF_{ip} 是母本与地点互作的随机效应，～NID(0，σ_{LF}^2)；LM_{iq} 是父本与地点互作的随机效应，～NID(0，σ_{LM}^2)；LFM_{ipq} 是杂交与地点互作的随机效应，～NID(0，σ_{LFM}^2)；ε_{ijpqk} 是随机误差项，～NID(0，σ_{ε}^2)。

对于因子交配设计，ASReml 模型与双列杂交模型相似。不同之处是因子交配设计中的父母本是不同的，因此在因子交配中不会使用"male !AS female"这样的字段定义，因为编码为"1"的父本与编码为"1"的母本不会是同一个亲本。同样，可以在模型中拟合父本效应、母本效应以及父本×母本的互作效应，不过因子交配模型编码更为简单，因为不需要使用 and()函数来重叠设计矩阵。相反，我们想允许父本因子与母本因子不同，将会获得两个不同的 GCA 方差估计，一个是父本的，另一个是母本的。

类似于双列杂交，可以估算理论遗传方差(加性方差和显性方差)并推导出方差分量的线性组合。观测母本或父本的方差分量是加性遗传方差的 1/4($\sigma_{\mathrm{F}}^2 = 1/4\sigma_{\mathrm{A}}^2$，$\sigma_{\mathrm{M}}^2 = 1/4\sigma_{\mathrm{A}}^2$)。这些方差可能是不理想的估计值，因为用于交配中的母本或父本的数量往往较少，并且母本或父本效应相关的方差分量可能有较大的标准误差。较好的加性方差估计是母本方差分量和父本方差分量的平均值的 4 倍：$\sigma_{\mathrm{A}}^2 = 2\left(\sigma_{\mathrm{F}}^2 + \sigma_{\mathrm{M}}^2\right)$。表型方差($\sigma_{\mathrm{p}}^2$)是除了随机区组效应外的所有方差分量的总和：

$$\sigma_{\mathrm{phen}}^2 = \sigma_{\mathrm{F}}^2 + \sigma_{\mathrm{M}}^2 + \sigma_{\mathrm{FM}}^2 + \sigma_{\mathrm{SF}}^2 + \sigma_{\mathrm{SM}}^2 + \sigma_{\mathrm{SFM}}^2 + \sigma_{\varepsilon}^2 \tag{5.22}$$

狭义遗传力(h_i^2)的最优估计是

$$h_i^2 = 2\left(\sigma_{\mathrm{F}}^2 + \sigma_{\mathrm{M}}^2\right) / \sigma_{\mathrm{phen}}^2 \tag{5.23}$$

同一母本的半同胞家系的平均值为

$$\overline{Y}_{..p..} = \mu + \overline{L}_{.} + \overline{B}_{..} + F_p + \frac{M_{.}}{m} + \frac{\mathrm{FM}_{p.}}{m} + \frac{\overline{\mathrm{LF}}_{.p}}{l} + \frac{\overline{\mathrm{LM}}_{..}}{lm} + \frac{\overline{\mathrm{LFM}}_{.p.}}{lm} + \frac{\overline{\varepsilon}_{..p..}}{lbmn} \tag{5.24}$$

母本半同胞家系均值的表型方差是

$$\mathrm{Var}(\overline{Y}_{..p..}) = \sigma_{\mathrm{phen\_}f}^2 = \sigma_{\mathrm{F}}^2 + \frac{\sigma_{\mathrm{M}}^2}{m} + \frac{\sigma_{\mathrm{FM}}^2}{m} + \frac{\sigma_{\mathrm{LF}}^2}{l} + \frac{\sigma_{\mathrm{LM}}^2}{lm} + \frac{\sigma_{\mathrm{LFM}}^2}{lm} + \frac{\sigma_{\varepsilon}^2}{lbmn} \tag{5.25}$$

请注意，父本效应对母本均值的表型方差的贡献减小了，因为父本数量用于与每个母本杂交。

父本半同胞家系的均值和均值表型方差是类似的：

$$\overline{Y}_{...q.} = \mu + \overline{L}_{.} + \overline{B}_{..} + \frac{F_{.}}{f} + M_q + \frac{\mathrm{FM}_{.q}}{f} + \frac{\overline{\mathrm{LF}}_{..}}{lf} + \frac{\overline{\mathrm{LM}}_{.q}}{l} + \frac{\overline{\mathrm{LFM}}_{..q}}{lf} + \frac{\overline{\varepsilon}_{...q.}}{lbfn} \tag{5.26}$$

$$\mathrm{Var}\left(\overline{Y}_{...q.}\right) = \sigma_{\mathrm{phen\_}f}^2 = \frac{\sigma_{\mathrm{F}}^2}{f} + \sigma_{\mathrm{M}}^2 + \frac{\sigma_{\mathrm{FM}}^2}{f} + \frac{\sigma_{\mathrm{LF}}^2}{lf} + \frac{\sigma_{\mathrm{LM}}^2}{l} + \frac{\sigma_{\mathrm{LFM}}^2}{lf} + \frac{\sigma_{\varepsilon}^2}{lbfn} \tag{5.27}$$

可以取母本和父本的亲本均值表型方差的平均值，以得到半同胞家系表型方差的合

并估计。母本和父本的半同胞家系均值的遗传力估计以及合并的平均遗传力为

$$h_f^2 = \sigma_F^2 / \sigma_{phen\_f}^2 \text{或者}$$
$$h_m^2 = \sigma_M^2 / \sigma_{phen\_m}^2 \text{或者} \tag{5.28}$$
$$h_{fm\_pooled}^2 = \frac{\frac{1}{2}\left(\sigma_F^2 + \sigma_M^2\right)}{\sigma_{phen_{pooled}}^2}$$

5.5 无性系子代测定的数据分析

在一些动植物物种中，个体可以被克隆并且其遗传上相同的拷贝可以在多个环境中进行测试。克隆通过家系内选择得到的优良个体是桉树树种(Mullin et al., 2011)和许多观赏植物以及无性繁殖作物研发品种的常用方法。克隆允许育种家捕获杂交优势以及杂交内和杂交间的非加性遗传效应。与个体估计相比，克隆个体并在重复的田间试验进行测试，具有提高基因型预测值准确性的优点(Isik et al., 2004)。对于无性系子代，可以通过加大分子项(包括所有的基因型方差，因为广义的遗传力适用于选择的遗传增益)和通过更多的观测值计算无性系均值以减小分母项来提高遗传力。如果交配设计的子代是克隆的，那么除了加性方差外，还可以估计总的基因型方差，这提供了一种评估非加性遗传方差的相对重要性的方法。

5.5.1 示例数据集

作为无性系评估的数据分析的示例，本书提供了一份来自北卡罗来纳州立大学树木改良计划协作组的火炬松(*Pinus taeda*)数据集。使用单对交配设计产生 8 个全同胞家系(杂交组合)。用于杂交的一些亲本是有亲缘关系的。通过**体细胞胚胎发生方法(somatic embryogenesis)**克隆杂交子代，共克隆了 136 个遗传特异的子代。在 3 个地点使用**非平衡不完全区组设计(unbalanced incomplete block design)**进行无性系的田间测定。两个地点有 8 个区组，第三个地点有 4 个区组。没有一个区组包含了所有遗传材料，并且一些材料在一些区组中出现了两次。平均来说，本试验中基因型大约为 15 个无性系拷贝。种植 8 年后，测定树高(height8)和胸径(dia8)。树干分叉(fork)记录为二元性状，0=不分叉，1=分叉树干。目标是估算方差分量并预测无性系遗传值，用于家系内选择。数据文件(*Pine_clones.csv*)的前 5 行如下表所示，cloneid 是指子代个体基因型的编码(而不是基因型中的特定无性系拷贝)：

cloneid	parent1	parent2	cross	location	block	height8	dia8	fork
18	14	16	J	Hill	2	35.9	7	0
18	14	16	J	Hill	4	38.3	6.6	0
18	14	16	J	Hill	6	27.7	5.85	0
18	14	16	J	Hill	8	37	6.4	0
18	14	16	J	Orchard	2	35.7	5.4	0

5.5.2 统计模型

下列线性混合模型用于拟合该数据以估算树高(height8)的方差分量并预测树高(height8)的无性系遗传值。我们有提供各无性系加性遗传相关的谱系信息，因此可使用个体模型，并运用加性遗传相关矩阵来拟合无性系间的方差-协方差：

$$y_{ijk} = \mu + L_i + B_{j(i)} + G_k + \mathrm{LG}_{ik} + \varepsilon_{ijk} \tag{5.29}$$

其中，y_{ijk} 是第 i 个地点第 j 个区组第 k 个基因型的观测值；μ 是总体均值；L_i 是第 i 个地点(环境)固定效应，i=1～t；$B_{j(i)}$ 是嵌套在第 i 个地点内的第 j 个不完全区组的随机效应，j=1～b；G_k 是无性系基因型的随机效应，～$N(0, A\sigma_{\mathrm{A}}^2)$；$\mathrm{LG}_{ik}$ 是无性系与地点互作的随机效应，～$\mathrm{N}(0, A\sigma_{\mathrm{AL}}^2)$；$\varepsilon_{ijk}$ 是随机误差项，～$\mathrm{NID}(0, \sigma_\varepsilon^2)$。此模型将提供加性方差及其与环境互作方差的估计。

可以扩展该模型包含基因型间的任何遗传变异，其未被根据加性遗传相关矩阵建模的方差-协方差遗传项所捕获。这将包含非加性遗传方差，尽管不能具体指出是哪个非加性方差贡献于这个附加项。它会包含上位方差和显性方差。该扩展模型包含了两个附加项：

$$y_{ijk} = \mu + L_i + B_{j(i)} + G_k + \mathrm{Gr}_k + \mathrm{LG}_{ik} + \mathrm{LGr}_{ik} + \varepsilon_{ijk} \tag{5.30}$$

该模型项与之前模型项相同，但增加了两个额外项：Gr_k 是第 k 个无性系的剩余遗传(非加性)效应，Gr_k ～$\mathrm{NID}(0, \sigma_{\mathrm{Gr}}^2)$；$\mathrm{LGr}_{ik}$ 是第 k 个无性系剩余遗传(非加性)效应与第 i 个环境互作，LGr_{ik} ～$\mathrm{NID}(0, \sigma_{\mathrm{LGr}}^2)$。因此，该模型包括每个无性系 k 的两个遗传效应，一个效应具有与 $\boldsymbol{A}$ 矩阵成比例的方差-协方差结构，另一个效应具有独立同分布结构(IID)。请注意，加性方差和剩余遗传方差的方差分量总和不一定等于总遗传方差，因为，如果无性系间有亲缘关系，则剩余遗传方差的 IID 假设是不正确的。同样，这就是为何不能对剩余遗传方差作出具体的解释，而说它是非加性方差。

下面给出了这些模型的 ASReml 代码。

代码示例 5.5 无性系子代测试数据分析的代码示例(*Code5-5_clones.as*)

```
Title: clonal data
  cloneid !P     female !P    male !P    cross !A    location !A    block *    height8 dia8 fork
Pine_clones_pedigree.txt !SKIP 1 !ALPHA
Pine_clones.csv !SKIP 1 !NOREORDER !DOPART 1

TABULATE height8 ~ location block !COUNT
TABULATE height8 ~ cloneid !COUNT
TABULATE height8 ~ location !COUNT

!PART 1   #  加性遗传方差模型
height8 ~ mu location ,
              !r location.block   nrm(cloneid)   nrm(cloneid).location
              residual units

!PART 2   #  添加ide项，以捕获非加性遗传方差
height8 ~ mu location ,
              !r location.block nrm(cloneid) nrm(cloneid).location ,
                    ide(cloneid) ide(cloneid).location
residual units
```

• 项 nrm(cloneid)根据谱系文件所提供的谱系信息拟合无性系的加性效应。

• 由于 cloneid 因子在字段定义被定义为谱系因子，因此需要使用一个特殊项来拟合无谱系关系的 cloneid。用项 ide(cloneid)即可实现，其复制了谱系因子 cloneid，并用单位矩阵作为其方差-协方差结构来拟合无加性遗传相关的 cloneid。

• !NOREORDER 限定符保留方差按模型指定的顺序排序。

下面给出了以上模型的方差分量估计：

模型 1：

```
 8 LogL=-3824.59     S2=  13.050         2068 df

          - - - Results from analysis of height8 - - -
 Akaike Information Criterion       7657.18 (assuming 4 parameters).
 Bayesian Information Criterion     7679.72

 Model_Term                             Gamma         Sigma   Sigma/SE   % C
 location.block         IDV_V   24  0.108434       1.41509       2.67   0 P
 nrm(cloneid)           NRM_V  153  0.438690       5.72501       6.15   0 P
 units                        2071 effects
 Residual               SCA_V 2071   1.00000       13.0502      30.94   0 P
 cloneid                NRM    153
 nrm(cloneid).location         459 effects
 location                ID_V    1  0.101193E-06  0.132059E-05   0.00   0 B
```

• 与 nrm(cloneid)相关的方差是加性遗传方差。项 nrm(cloneid).location 是指加性效应与地点互作方差，其估计的方差分量为零，因此，它可以从模型中剔除。

模型 2：

```
 7 LogL=-3824.52     S2=  13.047         2068 df

          - - - Results from analysis of height8 - - -
 Akaike Information Criterion       7661.03 (assuming 6 parameters).
 Bayesian Information Criterion     7694.84

 Model_Term                             Gamma         Sigma   Sigma/SE   % C
 location.block         IDV_V   24  0.108445       1.41491       2.67   0 P
 nrm(cloneid)           NRM_V  153  0.341199       4.45172       1.53   0 P
 ide(cloneid)           IDV_V  153  0.528400E-01  0.689420       0.44   0 P
 ide(cloneid).location  IDV_V  459  0.101193E-06  0.132030E-05   0.00   0 B
 units                        2071 effects
 Residual               SCA_V 2071   1.00000       13.0473      30.94   0 P
 cloneid                NRM    153
 nrm(cloneid).location         459 effects
 location                ID_V    1  0.101193E-06  0.132030E-05   0.00   0 B
```

• 项 ide(cloneid)解释很小的变异(0.689)，并且这个模型的似然值与之前模型几乎相同，因此本例没有非加性遗传方差显著的证据。

尽管非加性方差不显著，但出于完整性考虑，这里演示如何估算模型 2 的单株遗传力：

$$h^2 = \frac{\sigma_A^2}{\sigma_A^2 + \sigma_{\mathrm{Gr}}^2 + \sigma_{\mathrm{AL}}^2 + \sigma_{\mathrm{LGr}}^2 + \sigma_\varepsilon^2} \tag{5.31}$$

无性系均值的遗传力计算如下：

$$h_{cm}^2 = \frac{\sigma_A^2}{\sigma_A^2 + \sigma_{\text{Gr}}^2 + \frac{\sigma_{\text{AL}}^2}{l} + \frac{\sigma_{\text{LGr}}^2}{l} + \frac{\sigma_\varepsilon^2}{n}} \tag{5.32}$$

其中，l 是地点数；n 是每个无性系所测株数的调和均值。

在模型 2 后给出了 VPREDICT !DEFINE 语句的 ASReml 语法，请注意，这里没有把基因型与地点互作方差加到表型方差中，因为本例中它们为零。

代码示例 5.5(续)　无性系子代测试数据的分析程序(*Code5-5_clones.as*)

```
!PART 2   # 添加ide项，以捕获非加性遗传方差
height8 ~ mu location ,
          !r location.block nrm(cloneid) nrm(cloneid).location ,
ide(cloneid) ide(cloneid).location
residual units
VPREDICT !DEFINE
F Va nrm(cloneid)               # 加性方差
F Vna ide(cloneid)              # 非加性方差
P Verr units;Residual           # 误差
F Vp Va + Vna + Verr            # 个体表型方差
F Vp_m Va + Vna + Verr*0.082    # 无性系均值表型方差，株数调和均值=12.2
H h2 Va Vp                          # 单株遗传力
H h2_cm Va Vp_m                     # 无性系均值遗传力
```

在无性系均值的表型方差估计中，误差项乘以每个无性系所测株数的调和均值的倒数(1/12.2=0.082)。

VPREDICT 指令的输出结果在 *Code5-5_clones.pvc* 文件中：

```
          - - - Results from analysis of height8 - - -

  1 location.block                           V    24      1.41491        0.529929
  2 nrm(cloneid)                             V   153      4.45172        2.90962
  3 ide(cloneid)                             V   153     0.689420        1.56686
  4 ide(cloneid).locatio                     V   459     0.132030E-05    0.00000
units                       2071 effects
  5 units;Residual                           V  2071      13.0473        0.421697
cloneid              NRM     153
nrm(cloneid).location        459 effects
  6 location                                 V     1     0.132030E-05    0.00000
  7 Va   2                  4.4517        2.9029
  8 Vna   3                0.68942        1.5511
  9 Verr   5               13.047        0.42170
 10 Vp   7                 18.188         1.5625
 11 Vp_m   7                6.2110        1.5135
    h2          = Va   2    7/Vp   7      10=          0.2448     0.1406
    h2_cm       = Va   2    7/Vp_m   7    11=          0.7167     0.3074
```

• 单株遗传力仅为 0.24，但无性系均值(对不同重复和环境的无性系拷贝进行平均)的遗传力更高(0.72)。

Code5-5_clones.sln 文件的部分解如下所示：

```
Model_Term              Level                   Effect     seEffect
...
nrm(cloneid)            1                        1.495        1.666
nrm(cloneid)            2                      -0.2138        2.012
nrm(cloneid)            3                      -0.1706        1.945
```

...			
nrm(cloneid)	18	0.3148E-01	1.269
nrm(cloneid)	19	-2.102	1.235
nrm(cloneid)	20	-0.3655	1.147
...			
ide(cloneid)	1	0.000	0.8304
ide(cloneid)	2	0.000	0.8304
ide(cloneid)	3	0.000	0.8304
...			
ide(cloneid)	18	-0.1362	0.7665
ide(cloneid)	19	-0.7972	0.7615
ide(cloneid)	20	-0.2592	0.7493

• cloneid 水平 1～17 的解是亲本的。nrm(cloneid)解是加性遗传效应，由于已知谱系关系，可同时对亲本及子代估算加性遗传效应。

• cloneid 水平为 18 及更高的解是试验中直接测定的子代的。

• ide(cloneid)的解是剩余非加性遗传效应。请注意，亲本(水平为 1、2 和 3)的 ide(cloneid)解为零，因为 ide()效应被拟合为独立的，并且未对亲本直接测定。

• 可以将 ide(cloneid)值添加到子代 nrm(cloneid)值上，以估计总的基因型值，这可用于选择子代，并将其无性化作为生产的新品种。

不过，要选择最佳预测育种值的无性系相互交配以产生新一代，nrm(cloneid)值将适用于作为选择标准。

(丁昌俊 译，王卫军 林元震 校)

第6章　多变量模型

6.1　摘要

多变量模型常用于估算动植物育种计划中多性状的表型方差、遗传方差、环境方差及其协方差和相关。当性状间相关时，来自多变量模型中的育种值预测比单变量模型更准确。本章将介绍两个数据集的多变量模型：玉米自交系多环境试验和适用于动物模型的带有谱系的生猪数据。

6.2　简介

在育种应用上，**多变量模型**(**multivariate model**)比它们相应的**单变量模型**(**univariate model**)有几个优点。例如，对于低遗传力的性状[如**适应度**(**fitness**)和**生育力**(**fertility**)]，在多变量模型中，可通过利用它们与具有较高遗传力的性状(如个体大小和形态性状)之间的协方差来提高估算的**试验育种值**(**empirical breeding value，EBV**)的准确性。即使是高度遗传的性状，也可从多变量分析中获益，尽管这种优势可能有限。**遗传相关**(**genetic correlation**)可用于预测对一个性状进行**间接选择**(**indirect selection**)的效率。间接选择的主要目标是改良另一个性状。例如，假定株高是容易测定且与产量高度相关的性状，并需要更多的时间和精力来提高产量，则有可能通过株高选择使群体产量更有效地发生正向变化。此外，多变量模型能够处理选择过程的隐性结构，在此过程中，个体在其生命周期内可能会根据一系列性状而有次序地被淘汰，使得数据不是随机缺失的，但是对于后期有记录的性状而言缺失更加频繁。在这种以及其他情况下，个体可能会有不同性状的缺失数据，多变量分析能更好地处理缺失数据。相反，普通最小二乘(多变量 ANOVA)方法要求丢弃在联合分析的多性状中的任一性状有缺失值的所有记录。混合模型分析能更有效地使用缺失或不平衡的数据，在并非对所有试验单位测量所有性状的情况下，混合模型分析效果更佳。例如，植物育种多环境试验中，其中一个性状未在多环境的一个环境中测量。单性状在多个时间点的重复测量分析也是一种特定类型的多变量分析。

数量遗传学研究人员通常将观测表型方差分解为理论(遗传和环境)组分，而多变量分析允许将这种方法扩展到将观测的协方差和相关分解为潜在的环境及遗传的协方差和相关。在群体遗传学和进化遗传学中，遗传相关估计值有助于理解不同性状如何与适应度在遗传上相关，以及更高适应度的自然选择如何影响其他性状或受其约束。

虽然多变量分析具有一些优点，但代价是增加计算需求。尤其是当模型中包括多个随机效应并且待估计参数的数量增加时，多变量模型 REML 分析的内存需求会迅速增加。此外，对于多变量模型，收敛到全局最优参数值变得更加困难，并且该算法可能收敛到不是最佳的局部最优解。因此，多变量模型中方差和协方差的初始值选择就显得比较重要。根据经验，建议先执行单性状模型分析，然后使用单变量模型的方差分量估计值作为后续多变量模型的初始值。单变量估计的方差分量也可作为多变量模型产生合理参数估计的有用检验。对于一些复杂的模型，可运行不同初始值的分析，并评估这些分析结果的一致性。

6.3　基础理论

在同批对象上测量的不同性状表型值通常是相关的。环境因子和遗传效应对不同性状的表型值之间的相关均有影响。当一种共同环境变化影响了多个性状时，就会产生**环境相关(environmental correlation)**。例如，温度会影响植物的开花时间和株高。**遗传相关(genetic correlation)**可由两个原因中的任意一个产生：**多效性(pleiotropy)**和**连锁不平衡(linkage disequilibrium)**。当一个或多个基因影响一个以上的性状时就会发生多效性。即使影响一对性状的位点是不同的，连锁不平衡也会导致**基因型相关(genotypic correlation)**，因为不同位点处的等位基因(影响不同性状)之间不是独立的。这导致了它们的效应是相关的，而且这些性状相关在所有位点对上的净效应可以产生遗传相关。本书不区分遗传相关的产生原因，而是将重点放在估算相关系数值上。

与如何将一个性状的表型方差分解为方差分量类似，可以将两个或更多性状的表型协方差分解为试验中不同的遗传因子和非遗传因子相关联的协方差分量。然后，就可以估算两个性状 x 和 y 之间的表型相关 $r_{p(x,y)}$ 为两性状的表型协方差与其表型方差乘积的平方根的比值：

$$r_{P(x,y)} = \frac{\sigma_{G(x,y)} + \sigma_{\varepsilon(x,y)}}{\sqrt{\sigma_{Gx}^2 + \sigma_{\varepsilon x}^2}\sqrt{\sigma_{Gy}^2 + \sigma_{\varepsilon y}^2}} \tag{6.1}$$

其中，$\sigma_{G(x,y)}$ 是基因型协方差；$\sigma_{\varepsilon(x,y)}$ 是环境协方差；σ_{Gx}^2、$\sigma_{\varepsilon x}^2$、σ_{Gy}^2、$\sigma_{\varepsilon y}^2$ 分别是性状 x 和 y 的基因型方差或环境方差。

基因型协方差是加性效应、显性效应和上位效应之间的协方差的总和。回想一下，性状 x 和 y 的遗传方差是由加性效应、显性效应和上位效应互作引起的，具体如下：

$$\sigma_{Gx}^2 = \sigma_{Ax}^2 + \sigma_{Dx}^2 + \sigma_{AAx}^2 + \sigma_{ADx}^2 + \sigma_{DDx}^2 + \dots \tag{6.2}$$

$$\sigma_{Gy}^2 = \sigma_{Ay}^2 + \sigma_{Dy}^2 + \sigma_{AAy}^2 + \sigma_{ADy}^2 + \sigma_{DDy}^2 + \dots \tag{6.3}$$

同样，不同性状之间的基因型协方差是各性状中每个组分效应之间的协方差的总和：

$$\sigma_{G(x,y)} = \sigma_{A(x,y)} + \sigma_{D(x,y)} + \sigma_{AA(x,y)} + \sigma_{AD(x,y)} + \sigma_{DD(x,y)} + \dots \tag{6.4}$$

其中，$\sigma_{A(x,y)}$ 是 x 和 y 性状之间的加性协方差，其他项表示性状之间的显性协方差和上位协方差。假设每个性状的加性方差和显性方差可以使用第 4 章、第 5 章概述的试验设计和分析来估算，则加性遗传相关 $r_{A(x,y)}$、显性遗传相关 $r_{D(x,y)}$ 及环境相关 $r_{E(x,y)}$ 也可估算为协方差组分与方差组分的比值。

$$r_{A(x,y)} = \frac{\sigma_{A(x,y)}}{\sqrt{\sigma_{Ax}^2}\sqrt{\sigma_{Ay}^2}} \tag{6.5}$$

$$r_{D(x,y)} = \frac{\sigma_{D(x,y)}}{\sqrt{\sigma_{Dx}^2}\sqrt{\sigma_{Dy}^2}} \tag{6.6}$$

$$r_{E(x,y)} = \frac{\sigma_{E(x,y)}}{\sqrt{\sigma_{Ex}^2}\sqrt{\sigma_{Ey}^2}} \tag{6.7}$$

在某些情况下，如当我们缺失谱系信息且没有适当的交配设计时，试验数据不允许将总的基因型方差分解为加性方差和其他组分方差。这时，基因型协方差和基因型相关也不能再分解为其他组分。

6.3.1 多变量的线性混合模型

作为示例，假设测定了 2 个半同胞家系的 5 个个体的株高(height)和产量(yield)，我们想要拟合株高和产量的双变量模型，以获得这两个性状的方差、协方差和相关值。数据如下表所示：

个体	株高	产量
1	87	0.52
2	84	0.48
3	75	0.45
4	90	0.69
5	79	0.74

我们将使用个体 1 和 2 是半同胞家系以及个体 3、4 和 5 是另一个半同胞家系这一事实来建模个体遗传效应的方差-协方差结构。

多变量模型的通用形式为

$$Y_{ij} = \mu_j + A_{ij} + \varepsilon_{ij} \tag{6.8}$$

其中，μ_j 是性状 j 的截距，每个性状都有一个独立截距，j=1 和 2 来代表两个性状，这样从引用性状 X 和 Y 转换为 Y_1 和 Y_2；A_{ij} 是个体 i 性状 j 的加性遗传效应；ε_{ij} 是个体 i 的误差。

多变量数据和线性模型可用两种不同方式组织：因变量观测值可组织为数据矩阵，每一列代表一个性状；或者组织为单一向量。这些形式在数学上是等效的，但矩阵形式对于初学者来说可能更容易理解，而向量形式是一些软件所要求的(Holland，2006)。

先展示以矩阵形式组织数据的多变量模型：

$$\begin{aligned} &\boldsymbol{y} = \boldsymbol{Xb} + \boldsymbol{Zu} + \boldsymbol{e} \\ &\boldsymbol{Y}_{n\times d} = \boldsymbol{X}_{n\times(p+1)}\boldsymbol{b}_{(p+1)\times d} + \boldsymbol{Z}_{n\times r}\boldsymbol{u}_{r\times d} + \boldsymbol{e}_{n\times d} \end{aligned} \tag{6.9}$$

其中，n 是行数(个体数或试验单元数，本例中为 5)；d 是因变量数(本例中为 2)。设计矩阵 $\boldsymbol{X}$ 的维度为 $n\times(p+1)$，p 是性状的固定预测变量数，额外的一列代表截距。$\boldsymbol{b}$ 是固定效应值的矩阵，维度为 $(p+1)\times d$。矩阵 $\boldsymbol{b}$ 的行数与预测变量数一致，而列数与因变量数一致。设计矩阵 $\boldsymbol{Z}$ 的维度为 $n\times r$，r 代表随机变量数。$\boldsymbol{u}$ 是随机效应值的矩阵，维度为 $r\times d$。这种形式的所有矩阵集如下：

$$
\begin{aligned}
\boldsymbol{y}=\begin{bmatrix}87 & 0.52\\84 & 0.48\\75 & 0.45\\90 & 0.69\\79 & 0.74\end{bmatrix}&=\begin{bmatrix}y_{11} & y_{12}\\y_{21} & y_{22}\\y_{31} & y_{32}\\y_{41} & y_{42}\\y_{51} & y_{52}\end{bmatrix}\\
&=\begin{bmatrix}1\\1\\1\\1\\1\end{bmatrix}\begin{bmatrix}\mu_1 & \mu_2\end{bmatrix}+\begin{bmatrix}1&0&0&0&0\\0&1&0&0&0\\0&0&1&0&0\\0&0&0&1&0\\0&0&0&0&1\end{bmatrix}\begin{bmatrix}A_{11} & A_{12}\\A_{21} & A_{22}\\A_{31} & A_{32}\\A_{41} & A_{42}\\A_{51} & A_{52}\end{bmatrix}+\begin{bmatrix}\varepsilon_{11} & \varepsilon_{12}\\\varepsilon_{21} & \varepsilon_{22}\\\varepsilon_{31} & \varepsilon_{32}\\\varepsilon_{41} & \varepsilon_{42}\\\varepsilon_{51} & \varepsilon_{52}\end{bmatrix}
\end{aligned}
\tag{6.10}
$$

$$
\boldsymbol{X}=\begin{bmatrix}1\\1\\1\\1\\1\end{bmatrix}\boldsymbol{b}=\begin{bmatrix}\mu_1 & \mu_2\end{bmatrix}\boldsymbol{Z}=\begin{bmatrix}1&0&0&0&0\\0&1&0&0&0\\0&0&1&0&0\\0&0&0&1&0\\0&0&0&0&1\end{bmatrix}\boldsymbol{u}=\begin{bmatrix}A_{11} & A_{12}\\A_{21} & A_{22}\\A_{31} & A_{32}\\A_{41} & A_{42}\\A_{51} & A_{52}\end{bmatrix}\boldsymbol{e}=\begin{bmatrix}\varepsilon_{11} & \varepsilon_{12}\\\varepsilon_{21} & \varepsilon_{22}\\\varepsilon_{31} & \varepsilon_{32}\\\varepsilon_{41} & \varepsilon_{42}\\\varepsilon_{51} & \varepsilon_{52}\end{bmatrix}
\tag{6.11}
$$

本例是一个非常简单的例子，$\boldsymbol{Z}$ 矩阵是单位矩阵，但它通常不是这样的。

我们可以求解 Henderson 混合模型，得到两个性状的预测结果，混合模型方程组与单变量分析(第 2 章)的一样：

$$
\begin{pmatrix}\boldsymbol{X}'\boldsymbol{R}^{-1}\boldsymbol{X} & \boldsymbol{X}'\boldsymbol{R}^{-1}\boldsymbol{Z}\\ \boldsymbol{Z}'\boldsymbol{R}^{-1}\boldsymbol{X} & \boldsymbol{Z}'\boldsymbol{R}^{-1}\boldsymbol{Z}+\boldsymbol{G}^{-1}\end{pmatrix}\begin{pmatrix}\hat{\boldsymbol{b}}\\ \hat{\boldsymbol{u}}\end{pmatrix}=\begin{pmatrix}\boldsymbol{X}'\boldsymbol{R}^{-1}\boldsymbol{y}\\ \boldsymbol{Z}'\boldsymbol{R}^{-1}\boldsymbol{y}\end{pmatrix}
\tag{6.12}
$$

为使用这些方程组来求解多变量模型，需理解 $\boldsymbol{R}$ 矩阵和 $\boldsymbol{G}$ 矩阵的形式。本例中：

$$
\boldsymbol{G}=\boldsymbol{A}\otimes\begin{bmatrix}\sigma_{A1}^2 & \sigma_{A12}\\ \sigma_{A12} & \sigma_{A2}^2\end{bmatrix}
\tag{6.13}
$$

$$
\boldsymbol{R}=\boldsymbol{I}\otimes\begin{bmatrix}\sigma_{\varepsilon 1}^2 & \sigma_{\varepsilon 12}\\ \sigma_{\varepsilon 12} & \sigma_{\varepsilon 2}^2\end{bmatrix}
\tag{6.14}
$$

在这些模型效应的方差-协方差矩阵中，两个性状的方差在对角线上，而性状间的协方差是非对角元素。本例中，前 2 个个体和后 3 个个体各代表一个半同胞家系，因此 $\boldsymbol{G}$ 矩阵为

$$
\boldsymbol{G}=\begin{bmatrix} 1 & 0.25 & 0 & 0 & 0 \\ 0.25 & 1 & 0 & 0 & 0 \\ 0 & 0 & 1 & 0.25 & 0.25 \\ 0 & 0 & 0.25 & 1 & 0.25 \\ 0 & 0 & 0.25 & 0.25 & 1 \end{bmatrix} \otimes \begin{bmatrix} \sigma_{A1}^2 & \sigma_{A12} \\ \sigma_{A12} & \sigma_{A2}^2 \end{bmatrix} =
$$

$$
\begin{bmatrix}
\sigma_{A1}^2 & \sigma_{A12} & 0.25\sigma_{A1}^2 & 0.25\sigma_{A12} & 0 & 0 & 0 & 0 & 0 & 0 \\
\sigma_{A12} & \sigma_{A2}^2 & 0.25\sigma_{A12} & 0.25\sigma_{A2}^2 & 0 & 0 & 0 & 0 & 0 & 0 \\
0.25\sigma_{A1}^2 & 0.25\sigma_{A12} & \sigma_{A1}^2 & \sigma_{A12} & 0 & 0 & 0 & 0 & 0 & 0 \\
0.25\sigma_{A12} & 0.25\sigma_{A2}^2 & \sigma_{A12} & \sigma_{A2}^2 & 0 & 0 & 0 & 0 & 0 & 0 \\
0 & 0 & 0 & 0 & \sigma_{A1}^2 & \sigma_{A12} & 0.25\sigma_{A1}^2 & 0.25\sigma_{A12} & 0.25\sigma_{A1}^2 & 0.25\sigma_{A12} \\
0 & 0 & 0 & 0 & \sigma_{A12} & \sigma_{A2}^2 & 0.25\sigma_{A12} & 0.25\sigma_{A2}^2 & 0.25\sigma_{A12} & 0.25\sigma_{A2}^2 \\
0 & 0 & 0 & 0 & 0.25\sigma_{A1}^2 & 0.25\sigma_{A12} & \sigma_{A1}^2 & \sigma_{A12} & 0.25\sigma_{A1}^2 & 0.25\sigma_{A12} \\
0 & 0 & 0 & 0 & 0.25\sigma_{A12} & 0.25\sigma_{A2}^2 & \sigma_{A12} & \sigma_{A2}^2 & 0.25\sigma_{A12} & 0.25\sigma_{A2}^2 \\
0 & 0 & 0 & 0 & 0.25\sigma_{A1}^2 & 0.25\sigma_{A12} & 0.25\sigma_{A1}^2 & 0.25\sigma_{A12} & \sigma_{A1}^2 & \sigma_{A12} \\
0 & 0 & 0 & 0 & 0.25\sigma_{A12} & 0.25\sigma_{A2}^2 & 0.25\sigma_{A12} & 0.25\sigma_{A2}^2 & \sigma_{A12} & \sigma_{A2}^2
\end{bmatrix}
$$

单一个体的这两个性状的加性效应间的协方差等于加性协方差。个体 1 的性状 1 与其半同胞的性状 2 的加性效应间的协方差是加性协方差的 0.25 倍。不相关个体的测量值之间的协方差为零。

单一个体的这两个性状的误差效应间的协方差等于误差协方差，但在传统模型中，一个性状的误差在个体间是独立的，因此个体误差效应间的协方差为零：

$$
\boldsymbol{R}=\boldsymbol{I}_5 \otimes \begin{bmatrix} \sigma_{\varepsilon 1}^2 & \sigma_{\varepsilon 12} \\ \sigma_{\varepsilon 12} & \sigma_{\varepsilon 2}^2 \end{bmatrix} = \begin{bmatrix}
\sigma_{\varepsilon 1}^2 & \sigma_{\varepsilon 12} & 0 & 0 & 0 & 0 \\
\sigma_{\varepsilon 12} & \sigma_{\varepsilon 2}^2 & \sigma_{\varepsilon 1}^2 & \sigma_{\varepsilon 12} & 0 & 0 \\
0 & \sigma_{\varepsilon 12} & \sigma_{\varepsilon 2}^2 & \sigma_{\varepsilon 1}^2 & \sigma_{\varepsilon 12} & 0 & 0 \\
0 & 0 & \sigma_{\varepsilon 12} & \sigma_{\varepsilon 2}^2 & \sigma_{\varepsilon 1}^2 & \sigma_{\varepsilon 12} & 0 \\
0 & 0 & 0 & \sigma_{\varepsilon 12} & \sigma_{\varepsilon 2}^2 & \sigma_{\varepsilon 1}^2 & \sigma_{\varepsilon 12} \\
0 & 0 & 0 & 0 & \sigma_{\varepsilon 12} & \sigma_{\varepsilon 2}^2
\end{bmatrix} \tag{6.15}
$$

这种形式的混合模型要求个体和性状的每种组合在一行(或一个方程)。如果一个个体缺失一个性状的观测值，仍会将缺失性状表示为混合模型方程组中的一行，这样就可以保持单变量 $\boldsymbol{X}$ 矩阵和 $\boldsymbol{Z}$ 矩阵的结构，尽管该行的 y 观测值是缺失的。

6.4 玉米 RIL 多变量模型

以第 2 章中的玉米平衡数据 *MaizeRILs.csv* 为例，示范多变量分析。该数据含有 62 个重组自交系(RIL)，采用完全区组设计，2 次重复，4 个地点。每系为 20 株小区。本例目标是估算方差和遗传相关的三个性状是：散粉期(pollen)、吐丝期(silking)和每个小区内 5 棵植株的平均株高(height)。

该试验的线性模型如下：

$$y_{ijk}=\mu+L_i+B(L)_{ij}+G_k+\mathrm{GL}_{ik}+\varepsilon_{ijk} \tag{6.16}$$

其中，μ 是总体均值；L_i是 i 地点效应；$B(L)_{ij}$是地点 i 内第 j 个重复(完全区组)效应；G_k是第 k 个基因型效应(RIL 效应)；GL_{ik}是基因型 k 和地点 i 的互作效应；ε_{ijk}是含有地点 i 内第 j 个重复第 k 个基因型的小区误差效应(试验误差)。假定地点是固定效应，区组(重复)、RIL 和地点与 RIL 的互作是随机效应。本例中，可以估算基因型方差、协方差和相关，但不能将基因型协方差分解为加性分量和非加性分量。

多变量模型可能会遇到收敛问题，好的初始值可以省去很多麻烦。我们建议先使用单变量模型独自分析各性状，以获取各性状的方差分量估计值。来自单变量模型的方差估计值可用做多变量分析的初始值。

下述代码用相同的单变量模型分别拟合 height、pollen 和 silking，以获取对应的方差分量。

代码示例 6.1　玉米 RIL 数据的单变量分析(*Code 6-1_MultivariateMaize.as*)

```
!ARGS 1 !RENAME 1
Title: Maize RILs multivariate analysis
location !A rep * block * plot !I RIL !A   pollen !M0   silking !M0   ASI   height !M0
MaizeRILs.csv !SKIP 1 !DOPATH $A

!PATH 1   # 单元分析
!CYCLE height pollen silking
$I ~ mu location ,   !r rep.location RIL RIL.location
    residual idv(units)
```

提醒一下，这里使用限定符!ARGS(在首行)和!CYCLE(直接在 PATH1 后声明)来控制程序的哪些部分被运行(详见第 1 章)。

• !ARGS 1 !RENAME 1：　表示字符变量$A 在后续代码出现时应替换为"1"，并且输出文件将在其名称中包含此字符串。

• !DOPATH $A：表示首行!ARGS 之后列出的字符将在这里被替代，并执行限定符"!DOPATH 1"，指示程序运行对应于"!PATH 1"的代码。

• !CYCLE：限定符用所列的变量替换模型中的$I，因此，对 3 个性状运行相同模型，每次运行一个性状，并将输出组合到单一输出文件中。

• 所有随机项的方差结构为默认的 IID 结构。例如，RIL 效应，假定符合分布(0, $\sigma^2_{\mathrm{RIL}}\boldsymbol{I}_{62}$)。由于有多个随机因子(重复、RIL 和重复×RIL)，因此所有随机效应的方差矩阵都是块状对角矩阵。$\boldsymbol{G}=\oplus_{j=1}^{L}\sigma_{uj}^2=\sigma_{\mathrm{rep}}^2\boldsymbol{I}_8\oplus\sigma_{\mathrm{RIL}}^2\boldsymbol{I}_{62}\oplus\sigma_{\mathrm{loc.RIL}}^2\boldsymbol{I}_{248}$

• 误差为 IID 方差结构，即 $\boldsymbol{R}=\sigma^2_e\boldsymbol{I}_{474}$。这假定所有地点的误差方差都是相同的。第 8 章会演示如何放宽这种假设，并允许每个地点有特异方差。

主输出文件 *Code6-1_MultivariateMaize1.asr* 的部分如下：

```
...Cycle 1 value is height...
 Univariate analysis of height
 Model_Term                              Gamma         Sigma   Sigma/SE   % C
 rep.location          IDV_V    8   0.207229      13.4463       1.31    0 P
 RIL                   IDV_V   62    4.67204      303.151       5.27    0 P
 RIL.location          IDV_V  248   0.384246      24.9323       3.73    0 P
 idv(units)                   496 effects
```

```
Residual                 SCA_V  496    1.00000       64.8862       11.05    0 P

...Cycle 2 value is pollen...
Univariate analysis of pollen
Model_Term                              Gamma         Sigma    Sigma/SE    % C
rep.location             IDV_V    8  0.381313      0.449696        1.36    0 P
RIL                      IDV_V   62   4.14640       4.88999        5.21    0 P
RIL.location             IDV_V  248  0.486081      0.573253        4.32    0 P
idv(units)                      496 effects
Residual                 SCA_V  496   1.00000       1.17934       11.05    0 P

...Cycle 3 value is silking...
Univariate analysis of silking
Model_Term                              Gamma         Sigma    Sigma/SE    % C
rep.location             IDV_V    8  0.229566      0.662877        1.32    0 P
RIL                      IDV_V   62   1.72876       4.99185        4.95    0 P
RIL.location             IDV_V  248  0.289872      0.837013        3.08    0 P
idv(units)                      496 effects
Residual                 SCA_V  496   1.00000       2.88753       11.05    0 P
```

上述输出的粗体部分是各性状的所有模型项的估计方差分量。有了不错的方差分量估计值后，现在可转向多变量模型，逐步增加复杂性来构建模型。从一个相对简单的多变量模型开始，同时分析三个性状，但随机效应采用对角的方差-协方差结构，于是这些效应在各性状之间的协方差为零。换句话说，一个特定重组系效应在这三个性状间是独立的。在代码 PART 2 部分，对所有随机项都拟合对角方差结构 diag().id()，而误差拟合非结构化的 id().us()结构。

代码示例 6.1(续)　玉米 RIL 数据的多变量分析——仅残差相关(*Code 6-1_MultivariateMaize.as*)

```
!ARGS 2 !RENAME 1
Title: Maize RILs multivariate analysis
...
!PATH 2   # 对角结构, 未设置初始值
height pollen silking ~ Trait Trait.location , #  固定效应
    !r diag(Trait).id(rep.location)    diag(Trait).id(RIL)    diag(Trait).id(RIL.location),
    residual id(units).us(Trait)
```

多变量模型需要一些特定的修改：

• Trait 是单变量模型中截距(mu)的多变量版本。它创建了一个含有分析中每个性状对应截距的向量。"Trait"是 ASReml 的保留项，只能用于多变量分析，不能用于其他方面。

• 所有的固定效应和随机效应均应与 Trait 形成交互形式，以创建这些效应合适的设计矩阵。例如，对这三个性状拟合一个地点的共同效应是没有意义的；而拟合 Trait.location 项更有意义，表示对每个地点的每个性状分别估算效应。

多变量模型随机效应的方差结构(***G*** 矩阵)需要更详细的指定：

• 每个随机项的 ***G*** 方差结构都有子矩阵：Trait.RIL, Trait.location.RIL 和 Trait.location.rep。

• diag(Trait).id(RIL)指定随机 RIL 效应的方差结构是两个矩阵的乘积：块状-对角矩阵 $\boldsymbol{\Sigma}$(diag(Trait))和单位矩阵 $\boldsymbol{I}$(id(RIL))：

$$\boldsymbol{G}_{\text{Trait.RIL}}=\sum\nolimits_{\text{Trait.RIL}}\otimes\boldsymbol{I}_{62}=\begin{bmatrix}\sigma^2_{\text{RILh}} & 0 & 0\\ 0 & \sigma^2_{\text{RILp}} & 0\\ 0 & 0 & \sigma^2_{\text{RILs}}\end{bmatrix}\otimes\boldsymbol{I}_{62}=\boldsymbol{G}_{\text{RILh}}\oplus\boldsymbol{G}_{\text{RILp}}\oplus\boldsymbol{G}_{\text{RILs}}$$

• 请注意：子矩阵 $\boldsymbol{\Sigma}$(diag(Trait))的非对角位置的协方差为零，因为它是块状-对角矩阵，表示各性状的 RIL 效应之间是不相关的。

• $\boldsymbol{G}_{\text{RILh}}$、$\boldsymbol{G}_{\text{RILp}}$ 和 $\boldsymbol{G}_{\text{RILs}}$ 分别表示 height、pollen 和 silking 性状的同质子矩阵(IDV)。每个子矩阵都有一样的 62×62 维度，代表每个性状的 62 个 RIL 效应的方差。

• $\boldsymbol{G}_{\text{Trait.RIL}}$ 的最终维度为 186×186(3 traits×62 RILs)。

• Trait.location.RIL 是对角矩阵，维度为 744×744 (3 traits×4 locations×62 RIL)。

• Trait.location.rep 是对角矩阵，维度为 24×24 (3 traits×4 locations×2 reps)。

误差方差结构(***R*** 矩阵)：

• id(units).us(Trait)：***R*** 矩阵是单位矩阵 ***I*** 与非结构化矩阵 $\boldsymbol{\Sigma}$(方差-协方差矩阵)的直积。请注意，***I*** 单位矩阵在 $\boldsymbol{\Sigma}$ 矩阵之前，因为性状嵌套于试验单位内。

$$\boldsymbol{R}=\boldsymbol{I}_{496}\otimes\boldsymbol{\Sigma}^{3\times3}=\boldsymbol{I}_{496}\otimes\begin{bmatrix}\sigma^2_{\varepsilon1} & \sigma_{\varepsilon12} & \sigma_{\varepsilon13}\\ \sigma_{\varepsilon12} & \sigma^2_{\varepsilon2} & \sigma_{\varepsilon23}\\ \sigma_{\varepsilon13} & \sigma_{\varepsilon23} & \sigma^2_{\varepsilon3}\end{bmatrix}$$

$$\boldsymbol{R}=\begin{bmatrix}\begin{matrix}\sigma^2_{\varepsilon1} & \sigma_{\varepsilon12} & \sigma_{\varepsilon13}\\ \sigma_{\varepsilon12} & \sigma^2_{\varepsilon2} & \sigma_{\varepsilon23}\\ \sigma_{\varepsilon13} & \sigma_{\varepsilon23} & \sigma^2_{\varepsilon3}\end{matrix} & 0 & \cdots & 0\\ 0 & \begin{matrix}\sigma^2_{\varepsilon1} & \sigma_{\varepsilon12} & \sigma_{\varepsilon13}\\ \sigma_{\varepsilon12} & \sigma^2_{\varepsilon2} & \sigma_{\varepsilon23}\\ \sigma_{\varepsilon13} & \sigma_{\varepsilon23} & \sigma^2_{\varepsilon3}\end{matrix} & \cdots & 0\\ \cdots & \cdots & \cdots & 0\\ 0 & 0 & \cdots & \begin{matrix}\sigma^2_{\varepsilon1} & \sigma_{\varepsilon12} & \sigma_{\varepsilon13}\\ \sigma_{\varepsilon12} & \sigma^2_{\varepsilon2} & \sigma_{\varepsilon23}\\ \sigma_{\varepsilon13} & \sigma_{\varepsilon23} & \sigma^2_{\varepsilon3}\end{matrix}\end{bmatrix}$$

• ***US*** 矩阵中的对角元素($\sigma^2_{\varepsilon1}$, $\sigma^2_{\varepsilon2}$, $\sigma^2_{\varepsilon3}$)是各性状的误差方差。与模型中其他效应使用的块状-对角矩阵不同，相同试验单位内不同性状测量值的误差效应间并非独立，这导致一些非对角元素不为零。***R*** 矩阵维度为 496×3=1488，496 个维度为 3×3 的子矩阵，每个试验单位一个子矩阵。

主输出文件 *Code6-1_MultivariateMaize2.asr* 部分如下：

```
...
Multivariate analysis of height         pollen         silking
Summary of 496 records retained of 496 read
...
```

```
7 LogL=-2528.45     S2=  1.0000        1476 df

         - - - Results from analysis of height pollen silking - - -
Akaike Information Criterion      5086.90 (assuming 15 parameters).
Bayesian Information Criterion    5166.36

Model_Term                                  Sigma          Sigma   Sigma/SE   % C
id(units).us(Trait)                1488 effects
Trait                     US_V  1  1    65.7356        65.7356      11.03    0 P
Trait                     US_C  2  1   0.514761       0.514761       0.94    0 P
Trait                     US_V  2  2    1.39859        1.39859      11.29    0 P
Trait                     US_C  3  1   -1.45647       -1.45647      -1.77    0 P
Trait                     US_C  3  2    1.03554        1.03554       7.99    0 P
Trait                     US_V  3  3    3.37169        3.37169      11.35    0 P
diag(Trait).id(rep.location)     24 effects
Trait                    DIAG_V     1   13.3384        13.3384       1.31    0 P
Trait                    DIAG_V     2  0.421211       0.421211       1.34    0 P
Trait                    DIAG_V     3  0.607466       0.607466       1.30    0 P
diag(Trait).id(RIL)               186 effects
Trait                    DIAG_V     1   304.252        304.252       5.28    0 P
Trait                    DIAG_V     2   4.72094        4.72094       5.25    0 P
Trait                    DIAG_V     3   4.87977        4.87977       5.02    0 P
diag(Trait).id(RIL.location)      744 effects
Trait                    DIAG_V     1   23.4403        23.4403       3.58    0 P
Trait                    DIAG_V     2  0.275090       0.275090       2.70    0 P
Trait                    DIAG_V     3  0.248013       0.248013       1.16    0 P
Covariance/Variance/Correlation Matrix US Residual
  65.74        0.5369E-01 -0.9783E-01
 0.5148         1.399       0.4769
 -1.456         1.036        3.372
...
Finished: 12 Dec 2018 16:03:42.337    LogL Converged
```

• 本模型要求 15 个参数估计。前 6 个是误差效应的方差和协方差，紧接着分别是项 rep.location、RIL 和 RIL.location 的各 3 个参数。对于误差，US_V 表示 ***US*** 矩阵中的误差方差分量，US_C 表示成对性状间的误差协方差。

• 在底部，有一个 3×3 的误差 ***US*** 矩阵(协方差/方差/相关矩阵)，其中对角元素为 height、pollen 和 silking 的误差方差，上三角元素是同小区内不同性状的误差之间相关值。性状 pollen 和 silking 之间有一个中等的环境正相关(0.4768)，而这两性状与 height 的环境相关都较低。性状 height 和 pollen 之间的环境相关为负值(–0.098)。下三角元素为误差协方差。

!PATH 2 中的模型并未指定初始值，但成功收敛了，这是因为使用简单模型拟合平衡且相对较小的数据集。然而，当模型变得更复杂时，好的初始值对于实现收敛可能有用，甚至是必要的。我们演示了对模型 2 的两种修改，它们与模型 2 相同，但以两种不同方法指定初始值。在模型 3 中，直接在 **G** 结构和 **R** 结构定义里使用限定符!INIT 提供初始值。

代码示例 6.1(续)　玉米 RIL 数据的多变量分析——仅残差相关并带有初始值(*Code 6-1_MultivariateMaize.as*)

```
!ARGS 3 !RENAME 1 !OUTFOLDER V: \Book\Book1_Examples\ch06_mvar\outputfiles
Title: Maize RILs multivariate analysis
...
!PATH 3 # 具有初始值的对角方差结构
height pollen silking ~ Trait Trait.location    !r   diag(Trait !INIT 13.44 0.45 0.663).id(rep.location),
        diag(Trait !INIT 303.15 4.9 4.992).id(RIL)   diag(Trait !INIT 24.93 0. 573 0.837).id(RIL.location) ,
    residual id(units).us(Trait 64.9 0.0 1.179 0.0 0.0 2.89)
```

在 **G** 结构定义中，我们需要为每项提供 3 个方差分量值。方差分量顺序应与性状作为因变量列在模型表达式左侧的顺序保持一致。因此，按 height(13.44)、pollen(0.45)和 silking(0.663) 的顺序为 rep.location 提供初始值，即 diag(Trait !INIT 13.44 0.45 0.663).id(rep.location)。

在 **R** 结构定义中，需要提供 3 个方差值和 3 个协方差值，因为我们正使用非结构化 ***R*** 矩阵，它包含方差和协方差：residual id(units).us(Trait 64.9 0.01.179 0.0 0.0 2.89)。初始值顺序遵循对称矩阵($\boldsymbol{\Sigma}$)的下三角元素顺序：$\sigma_{\varepsilon h}^2$，$\sigma_{\varepsilon hp}$，$\sigma_{\varepsilon p}^2$，$\sigma_{\varepsilon hs}$，$\sigma_{\varepsilon ps}$ 和 $\sigma_{\varepsilon s}^2$。请注意，这里将协方差初始值设为零，因为不知道协方差会是什么值。不过，我们并未把这些值固定为零，因此模型解将给出这些协方差的最佳估计。

提供初始值的另一种方法是使用限定符!ASSIGN 将初始值作为字符串分配给指定变量，然后在相应项的结构定义中加入该变量。例如，在模型定义之前，可以写入：

!ASSIGN repDIAG !INIT 13.44 0.45 0.663

其将字符串值"!INIT 13.44 0.45 0.663"分配给名为 repDIAG 的变量。然后，在模型定义中写入 diag(Trait $repDIAG).id(rep.location)，该项类似**宏变量(macro variable)**，它被指定的字符串值替代，从而产生一个模型项定义为：diag(Trait !INIT 13.44 0.45 0.663).id(rep.location)。请注意，该指定变量名不能超过 8 个字符。

这种方法的优点是可以在多行上定义字符串值，这可以帮助我们在模型结构变得更复杂时更好地跟踪初始值。例如，不像我们在模型 3 中用 residual id(units).us(Trait 64.9 0.01.179 0.0 0.0 2.89)定义误差方差和协方差的初始值，而是把这些值写成下三角矩阵的格式，这样更易确保我们把它们放在正确的顺序：

```
!ASSIGN RUS !< !INIT
64.88
0.0 1.179
0.0 0.0 2.89 !>
```

请注意，为方便起见，它遵循下述格式：

$$\begin{pmatrix} \sigma_{\varepsilon h}^2 & & \\ \sigma_{\varepsilon hp} & \sigma_{\varepsilon p}^2 & \\ \sigma_{\varepsilon hs} & \sigma_{\varepsilon ps} & \sigma_{\varepsilon s}^2 \end{pmatrix}$$

特定字符**!<**和 **!>**，将多行代码指定为一个代码块，用于字符串的定义。由于我们将这个字符串分配给名为"RUS"的变量(为方便起见所选择的任意名，以提醒它是非结构化 **R** 结构)，因此只需在模型想插入这个字符串处中加入"$RUS"即可。

代码示例 6.1(续)　玉米 RIL 数据的多变量分析——仅残差相关并用!ASSIGN 设置初始值
(*Code 6-1_ MultivariateMaize.as*)

```
!PATH 4 #使用 ASSIGN 限定符为对角方差结构设置初始值
!ASSIGN repDIAG !INIT 13.44 0.44969 0.66288
!ASSIGN RilDIAG !INIT 303.15 4.8899 4.9918
!ASSIGN locRilD !INIT 24.93 0.57325 0.8370
!ASSIGN RUS !< !INIT    64.88    0.0 1.179    0.0 0.0 2.89 !>
```

```
height pollen silking ~ Trait Trait.location   !r     diag(Trait $repDIAG).id(rep.location),
        diag(Trait $RilDIAG).id(RIL), diag(Trait $locRilD).id(RIL.location)
  residual id(units).us(Trait $RUS)
```

该模型与之前给出的模型 3（PATH 3）一样，并生成了与模型 2 和模型 3 相同的结果，因为本例中提供的初始值不会影响结果。

为建模性状间的遗传相关，我们所需做的是改变 Trait.RIL 项的方差结构，将其指定为 US 结构（方差-协方差结构，模型 5）或 CORGH 结构（具有相关值的异质方差结构，模型 6）。

代码示例 6.1（续）　玉米 RIL 数据的多变量分析——US 结构的相关误差和 RIL 效应（*Code 6-1_ MultivariateMaize.as*）

```
!PATH 5 # RIL 和残差为 US 结构，其它因子为对角结构
!ASSIGN RilUS !< !INIT
303.15
0.0 4.8899
0.0 0.0 4.9918 !>
!ASSIGN repDIAG !INIT 13.44 0.44969 0.66288
!ASSIGN locRilD !INIT 24.93 0.57325 0.8370
!ASSIGN RUS !< !INIT   64.88 0.0 1.179   0.0 0.0 2.89 !>
height pollen silking ~ Trait Trait.location ,
  !r     diag(Trait $repDIAG).id(rep.location)   us(Trait $RilUS).id(RIL)   diag(Trait $locRilD).id(RIL.location)
  residual id(units).us(Trait $RUS)
```

$$\begin{bmatrix} \sigma^2_{\mathrm{RIL}h} & \sigma_{\mathrm{RIL}hp} & \sigma_{\mathrm{RIL}hs} \\ \sigma_{\mathrm{RIL}hp} & \sigma^2_{\mathrm{RIL}p} & \sigma_{\mathrm{RIL}ps} \\ \sigma_{\mathrm{RIL}hs} & \sigma_{\mathrm{RIL}ps} & \sigma^2_{\mathrm{RIL}s} \end{bmatrix} \otimes \boldsymbol{I}_{62}$$

• 在模型 5 中，拟合了 US 结构，并提供了在对角线上的 3 个性状的基因型方差和在下三角-非对角线上的成对性状间的基因型协方差的初始参数值。

• 最终的 $\boldsymbol{G}_{\mathrm{Trait.RIL}}$ 矩阵（186×186 维度）是带状结构的稀疏矩阵，如下所示：

$$\boldsymbol{G}_{\mathrm{Trait.RIL}} = \begin{bmatrix} \sigma^2_{h1} & \cdots & 0_{62} & \sigma_{hp} & \cdots & 0_{124} & \sigma_{hs} & \cdots & 0_{186} \\ \cdots & \cdots & \cdots & \cdots & \sigma_{hp} & \cdots & \cdots & \sigma_{hs} & \cdots \\ 0_{62} & \cdots & \sigma^2_{h62} & \cdots & \cdots & \sigma_{hp} & \cdots & \cdots & \sigma_{hs} \\ \sigma_{hp} & \cdots & \cdots & \sigma^2_{p1} & \cdots & \cdots & \sigma_{ps} & \cdots & \cdots \\ \cdots & \sigma_{hp} & \cdots & \cdots & \cdots & \cdots & \cdots & \sigma_{ps} & \cdots \\ 0_{124} & \cdots & \sigma_{hp} & \cdots & \cdots & \sigma^2_{p62} & \cdots & \cdots & \sigma_{ps} \\ \sigma_{hs} & \cdots & \cdots & \sigma_{ps} & \cdots & \cdots & \sigma^2_{s1} & \cdots & \cdots \\ \cdots & \sigma_{hs} & \cdots & \cdots & \sigma_{ps} & \cdots & \cdots & \cdots & \cdots \\ 0_{186} & \cdots & \sigma_{hs} & \cdots & \cdots & \sigma_{ps} & \cdots & \cdots & \sigma^2_{s62} \end{bmatrix}$$

该模型的结果在文件 *Code6-1_MultivariateMaize5.asr* 中：

```
 16 LogL=-2483.15     S2=  1.0000         1476 df

          - - - Results from analysis of height pollen silking - - -

 Akaike Information Criterion      5002.31 (assuming 18 parameters).
 Bayesian Information Criterion    5097.66

 Model_Term                              Sigma          Sigma    Sigma/SE    % C
 id(units).us(Trait)           1488 effects
 Trait                    US_V  1  1   65.7143        65.7143       11.03    0 P
```

```
Trait                      US_C  2  1  0.461274       0.461274      0.85    0 P
Trait                      US_V  2  2   1.38399        1.38399     11.30    0 P
Trait                      US_C  3  1  -1.54571       -1.54571     -1.88    0 P
Trait                      US_C  3  2   1.01303        1.01303      7.91    0 P
Trait                      US_V  3  3   3.34474        3.34474     11.35    0 P
...
Covariance/Variance/Correlation Matrix US Residual
  65.71       0.4837E-01 -0.1043
 0.4613        1.384      0.4708
 -1.546        1.013       3.345
Covariance/Variance/Correlation Matrix US us(Trait).id(RIL)
  303.4       0.5964      0.5493
  23.08        4.938      0.8547
  21.57        4.281       5.080
...
```

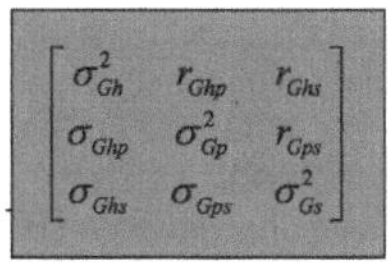

• 基因型方差和基因型协方差与 us(Trait).id(RIL) 项关联，所以可用 σ_{Gi}^2 代表性状 i 的 RIL 方差分量。

• 成对性状间的基因型相关在输出结果的底部。协方差/方差/相关矩阵中对角线的粗体值分别是 height、pollen 和 silking 的 RIL 效应的方差分量；上三角的值是基因型相关，值域在 0.55～0.86；下三角的值是成对性状间的基因型协方差。

模型 6 与模型 5 相同，但参数化不同，对因子 Trait.RIL 的方差-协方差矩阵的非对角元素使用相关值，而非协方差。我们拟合了一个异质方差的完全相关结构(corgh)，并为对角线上的 3 个性状的方差和非对角线上的相关值提供了初始值。虽然结果与模型 5 相同，但 corgh 参数化的计算效率更高，在一些情况下更易收敛。

代码示例 6.1(续)　玉米 RIL 数据的多变量分析——相关误差和 corgh 结构的 RIL 效应 (*Code 6-1_MultivariateMaize.as*)

```
!PART 6 #  相关误差和 corgh 结构的 RIL 效应
height pollen silking ~ Trait Trait.location ,
  !r diag(Trait).id(rep.location)  corgh(Trait).id(RIL)  diag(Trait).id(RIL.location)
  residual id(units).us(Trait)
```

结果文件 *Code6-1_MultivariateMaize6.asr* 如下：

```
 15 LogL=-2483.15      S2=  1.0000         1476 df

Akaike Information Criterion      5002.31 (assuming 18 parameters).
Bayesian Information Criterion    5097.66

Model_Term                              Sigma          Sigma   Sigma/SE   % C
id(units).us(Trait)               1488 effects
Trait                      US_V  1  1   65.7144        65.7144     11.03    0 P
Trait                      US_C  2  1  0.461274       0.461274      0.85    0 P
Trait                      US_V  2  2   1.38399        1.38399     11.30    0 P
Trait                      US_C  3  1  -1.54571       -1.54571     -1.88    0 P
Trait                      US_C  3  2   1.01303        1.01303      7.91    0 P
Trait                      US_V  3  3   3.34474        3.34474     11.35    0 P
diag(Trait).id(rep.location)        24 effects
Trait                     DIAG_V    1   13.3227        13.3227      1.31    0 P
Trait                     DIAG_V    2  0.421840       0.421840      1.34    0 P
Trait                     DIAG_V    3  0.608348       0.608348      1.30    0 P
corgh(Trait).id(RIL)               186 effects
Trait                      COR_R    1  0.596376       0.596376      6.73    0 P
Trait                      COR_R    2  0.549329       0.549329      5.55    0 P
Trait                      COR R    3  0.854736       0.854736     20.63    0 P
```

```
Trait                  COR_V   1   303.397      303.397      5.28   0 P
Trait                  COR_V   2   4.93773      4.93773      5.26   0 P
Trait                  COR_V   3   5.07973      5.07973      5.04   0 P
diag(Trait).id(RIL.location)   744 effects
Trait                 DIAG_V   1   23.5327      23.5327      3.59   0 P
Trait                 DIAG_V   2  0.279986     0.279986      2.74   0 P
Trait                 DIAG_V   3  0.256863     0.256863      1.20   0 P
Covariance/Variance/Correlation Matrix US Residual
  65.71      0.4837E-01 -0.1043
 0.4613       1.384      0.4708
 -1.546       1.013       3.345
Covariance/Variance/Correlation Matrix COR corgh(Trait).id(RIL)
  303.4      0.5964      0.5493
  23.08       4.938      0.8547
  21.57       4.281       5.080
```

• 输出结果中有个提示，US 结构被调整了 2 次，以使它是正定矩阵。这里是指误差的方差-协方差矩阵，在收敛过程中，有 2 次估计的协方差超出一贯正定矩阵的临界，但程序将它们推回临界内。信息还说"If ASReml has fixed the structure [flagged by B], it may not have converged to a maximum likelihood solution"，这是警告，告诉用户应检查*.asr* 文件里估计值的"C"栏标签；本例中，"C"栏全是"P"，表示"正定"，所以没有任何问题。假如发现一些估计值标记为"B"，这意味着它们被强制在临界值，这种情况下，可使用额外的迭代重新运行模型，或者简化模型，或者使用!GU 让一些参数超出临界值。

• 该警告信息也建议对一些参数使用限定符!GU(非约束)，这样它们可以超出临界(方差可以是负值，协方差可以超出方差乘积的平方根的±1 倍)。在某些情况下，这可能是获得收敛的必要条件，但最终得到的估计基因型相关值可能超出 1，这可能会造成一些困扰。

• 该警告信息还建议使用扩展因子分析结构(XFA)，它是参数更少、更简约的模型，可有助于模型收敛。第 8 章的多环境试验将介绍因子分析结构，但它们也可用于多变量模型。文件 *Code 6-1_MultivariateMaize.as* 中包含的最后模型 9 中作为 XFA 模型的示例，但本章节将不会详细介绍，因为当性状数量超过 3 个时，XFA 模型才会变得更简约。

• 与模型 5 结果的唯一区别是 Sigma 栏报告了估计相关值("COR_R")，而不是 Trait.RIL 的协方差估计值。但模型 5 和模型 6 的似然值 likelihood、AIC 值和参数估计值均相同。

模型 7 扩展了模型 5 以含有不同性状的所有模型项效应间的协方差。我们将 Trait.rep.location 项和 Trait.RIL.location 项的 diag()结构改为 us()：

代码示例 6.1(续) 玉米 RIL 数据的多变量分析——所有随机项都用 US 结构(*Code 6-1_MultivariateMaize.as*)

```
!PART 7 #所有随机项都用 US 结构
height pollen silking ~ Trait Trait.location,
  !r  us(Trait).id(rep.location)  us(Trait).id(RIL)  us(Trait).id(RIL.location)
  residual id(units).us(Trait)
```

该分析的结果在文件 *Code6-1_MultivariateMaize7.asr* 中：

```
 26 LogL=-2464.44     S2=  1.0000        1476 df

Akaike Information Criterion     4976.88 (assuming 24 parameters).
```

```
Bayesian Information Criterion    5104.01

Model_Term                                  Sigma         Sigma   Sigma/SE   % C
id(units).us(Trait)                  1488 effects
Trait                      US_V  1  1   64.8862       64.8862      11.05    0 P
Trait                      US_C  2  1 -0.176168     -0.176168      -0.31    0 P
Trait                      US_V  2  2   1.17934       1.17934      11.05    0 P
Trait                      US_C  3  1  -1.78707      -1.78707      -2.02    0 P
Trait                      US_C  3  2  0.637361      0.637361       5.10    0 P
Trait                      US_V  3  3   2.88753       2.88753      11.05    0 P
us(Trait).id(rep.location)             24 effects
Trait                      US_V  1  1   13.4463       13.4463       1.31    0 P
Trait                      US_C  2  1  -1.72941      -1.72941      -1.11    0 P
Trait                      US_V  2  2  0.449696      0.449696       1.36    0 P
Trait                      US_C  3  1  -2.26286      -2.26286      -1.15    0 P
Trait                      US_C  3  2  0.542074      0.542074       1.36    0 P
Trait                      US_V  3  3  0.662877      0.662877       1.32    0 P
us(Trait).id(RIL)                     186 effects
Trait                      US_V  1  1   303.151       303.151       5.27    0 P
Trait                      US_C  2  1   22.7931       22.7931       3.81    0 P
Trait                      US_V  2  2   4.88999       4.88999       5.21    0 P
Trait                      US_C  3  1   21.5031       21.5031       3.56    0 P
Trait                      US_C  3  2   4.18711       4.18711       4.70    0 P
Trait                      US_V  3  3   4.99185       4.99185       4.95    0 P
us(Trait).id(RIL.location)            744 effects
Trait                      US_V  1  1   24.9323       24.9323       3.73    0 P
Trait                      US_C  2  1   1.47768       1.47768       2.19    0 P
Trait                      US_V  2  2  0.573253      0.573253       4.32    0 P
Trait                      US_C  3  1  0.370188      0.370188       0.39    0 P
Trait                      US_C  3  2  0.562225      0.562225       3.74    0 P
Trait                      US_V  3  3  0.837013      0.837013       3.08    0 P
Covariance/Variance/Correlation Matrix US Residual
  64.89      -0.2014E-01 -0.1306
 -0.1762       1.179       0.3454
  -1.787       0.6374      2.888
Covariance/Variance/Correlation Matrix US us(Trait).id(rep.loc
  13.45      -0.7033      -0.7579
  -1.729       0.4497      0.9928
  -2.263       0.5421      0.6629
Covariance/Variance/Correlation Matrix US us(Trait).id(RIL)
  303.2        0.5920      0.5528
  22.79        4.890       0.8475
  21.50        4.187       4.992
Covariance/Variance/Correlation Matrix US us(Trait).id(RIL.loc
  24.93        0.3909      0.8104E-01
  1.478        0.5733      0.8117
 0.3702        0.5622      0.8370
```

…

```
          6  possible outliers: see .res file
Finished: 12 Dec 2018 16:15:18.583    LogL Converged
```

请注意，该模型估计了大量参数。随着模型复杂性增加，REML 解的收敛会变得更加困难(尽管在本特例下没有问题)。用户可采取多种方法来实现复杂模型的收敛。一种方法是使用限定符!MAXIT 增加迭代次数，看看最终能否收敛。另一种方法是提供参数初始值，以使 ASReml 在第一次迭代时更接近最终解。在某些情况下，重参数化模型可能会有所帮助。作为重参数化示例，模型 8 使用 CORGH()结构来生成与模型 7 相同的模型，但是使用相关参数化而不是 US()结构的协方差。在本例中，模型 8 的收敛需要使用"!f mv"项将缺失值拟合为稀疏效应。一般来说，多变量分析不需要该项，但它有时能帮助收敛；不过，它有时又会减缓收敛(模型 7 就是个例子)。在没有它模型不收敛时，用户可尝试加入它。另外，对于误差非本章例子中使用的 id(units).us(Trait)结构的模型，还需要"!f mv"和限定符"ASUV"。一个例子是重复测量模型，在不同时间点测量的误差效应被约束为具有均一的方差和协方差(id(units).coruv(Trait))。

代码示例 6.1(续) 玉米 RIL 数据的多变量分析——所有随机项都用 corgh 结构 (*Code 6-1_MultivariateMaize.as*)

```
!PART 8 #所有随机项都用 corgh 结构
height pollen silking ~ Trait Trait.location   !f mv ,
 !r   corgh(Trait).id(rep.location)   corgh(Trait).id(RIL) corgh(Trait).id(RIL.location),
   residual id(units).us(Trait)
```

该模型的结果在文件 *Code6-1_MultivariateMaize8.asr* 中：

```
  18 LogL=-2464.44     S2=  1.0000        1476 df

Akaike Information Criterion      4976.88 (assuming 24 parameters).
 Bayesian Information Criterion    5104.01

 Model_Term                             Sigma         Sigma   Sigma/SE    % C
 id(units).us(Trait)            1488 effects
 Trait                   US_V  1  1   64.8862       64.8862      11.05    0 P
 Trait                   US_C  2  1 -0.176168     -0.176168      -0.31    0 P
 Trait                   US_V  2  2   1.17934       1.17934      11.05    0 P
 Trait                   US_C  3  1  -1.78707      -1.78707      -2.02    0 P
 Trait                   US_C  3  2  0.637361      0.637361       5.10    0 P
 Trait                   US_V  3  3   2.88753       2.88753      11.05    0 P
 corgh(Trait).id(rep.location)   24 effects
 Trait                   COR_R    1 -0.703295     -0.703295      -2.48    0 P
 Trait                   COR_R    2 -0.757950     -0.757950      -3.07    0 P
 Trait                   COR_R    3  0.992848      0.992848      31.00    0 P
 Trait                   COR_V    1   13.4463       13.4463       1.31    0 P
 Trait                   COR_V    2  0.449696      0.449696       1.36    0 P
 Trait                   COR_V    3  0.662877      0.662877       1.32    0 P
 corgh(Trait).id(RIL)            186 effects
 Trait                   COR_R    1  0.591998      0.591998       6.62    0 P
 Trait                   COR_R    2  0.552766      0.552766       5.54    0 P
 Trait                   COR_R    3  0.847481      0.847481      19.86    0 P
 Trait                   COR_V    1   303.151       303.151       5.27    0 P
 Trait                   COR_V    2   4.88999       4.88999       5.21    0 P
 Trait                   COR_V    3   4.99185       4.99185       4.95    0 P
 corgh(Trait).id(RIL.location)  744 effects
 Trait                   COR_R    1  0.390865      0.390865       2.26    0 P
 Trait                   COR_R    2  0.810354E-01  0.810354E-01   0.38    0 P
 Trait                   COR_R    3  0.811653      0.811653       6.09    0 P
 Trait                   COR_V    1   24.9323       24.9323       3.73    0 P
 Trait                   COR_V    2  0.573253      0.573253       4.32    0 P
 Trait                   COR_V    3  0.837013      0.837013       3.08    0 P
 Covariance/Variance/Correlation Matrix US Residual
   64.89      -0.2014E-01 -0.1306
 -0.1762        1.179       0.3454
  -1.787       0.6374       2.888
 Covariance/Variance/Correlation Matrix COR corgh(Trait).id(rep.
   13.45      -0.7033      -0.7579
  -1.729       0.4497       0.9928
  -2.263       0.5421       0.6629
 Covariance/Variance/Correlation Matrix COR corgh(Trait).id(RIL)
   303.2       0.5920       0.5528
   22.79        4.890       0.8475
```

```
  21.50      4.187      4.992
 Covariance/Variance/Correlation Matrix COR corgh(Trait).id(RIL.
  24.93     0.3909     0.8104E-01
  1.478     0.5733     0.8117
 0.3702     0.5622     0.8370
```

请注意，模型 7 和模型 8 的似然值及参数估计值(如高亮的基因型相关)是相同的。有几个非遗传效应的性状间相关值(rep 和 RIL.location)远远不为零，这表明该模型可能比之前模型更好，后者拟合这些效应在性状间独立。可使用 AIC 值比较不同的模型(表 6.1)。

表 6.1　玉米多变量模型拟合的方差结构结果

模型项	模型 2～4	模型 5	模型 6	模型 7、模型 8
rep.location	DIAG	DIAG	DIAG	CORGH
RIL	DIAG	US	CORGH	CORGH
RIL.location	DIAG	DIAG	DIAG	CORGH
Residual	US	US	US	US
参数数量	15	18	18	24
Log*L* 值	–2528.45	–2483.15	–2483.15	–2464.44
AIC 值	5086.9	5002.31	5002.31	4976.88

模型 7 和模型 8 引入额外参数以解释 rep.location 和 RIL.location 效应间的协方差，即便受到惩罚，它们的 AIC 值也比其他模型更低(更好)，表明它们确实是最优的。

6.4.1　方差和协方差的线性组合

从多变量模型的输出中可直接得到基因型相关值，但不能直接得到这些估计值的标准误差。有几种方法从 ASReml 得到相关估计值的标准误差。在所有情况下，当样本足够大时，这些差异法的近似标准误差是合理的(Holland, 2006)。

一种从 CORGH 模型输出得到基因型相关估计值标准误差的方法是由 Sigma/SE 反算。请注意，参数估计值后是估计值与其近似标准误差的比率。例如，在 *Code6-1_MultivariateMaize8.asr* 中，RIL 相关估计如下：

```
Model_Term                        Sigma         Sigma   Sigma/SE   % C
 ...
 corgh(Trait).id(RIL)          186 effects
 Trait                COR_R    1  0.591998     0.591998      6.62    0 P
 Trait                COR_R    2  0.552766     0.552766      5.54    0 P
 Trait                COR_R    3  0.847481     0.847481     19.86    0 P
 ...
```

由这些值，可将估计值(Sigma)除以估计值与其标准误差的比值(Sigam/SE)来反算标准误差(SE)：

参数	估计值	估计值/标准误	标准误差
r_{ghp}	0.591 998	6.62	0.591 998/6.62=0.089
r_{ghs}	0.552 766	5.54	0.100
r_{gps}	0.847 481	19.86	0.043

然而，更好的方法是通过在模型定义后添加 VPREDICT 指令请求默认.*pvc* 输出来获

得在 CORGH 模型中估计的所有相关系数的标准误差。

代码示例 6.1(续)　玉米 RIL 数据的多变量分析——VPREDICT !DEFINE 空语句生成默认*.pvc* 输出(*Code 6-1_MultivariateMaize.as*)

```
! PART 9 #所有随机项都用 corgh 结构
height pollen silking ~ Trait Trait.location    !f mv ,
 !r   corgh(Trait).id(rep.location)    corgh(Trait).id(RIL) corgh(Trait).id(RIL.location),
residual id(units).us(Trait)
VPREDICT !DEFINE
```

如果没有加入方差分量组合的任何定义，则*.pvc* 文件将输出模型中所有参数的估计值及其标准误差(*Code6-1MaizeMultivariateData8.pvc*)：

```
         - - - Results from analysis of height pollen silking - - -

 id(units).us(Trait)             1488 effects
   1 id(units).us(Trait);us(Trait)          V  1  1      64.8862          5.87205
   2 id(units).us(Trait);us(Trait)          C  2  1    -0.176168          0.568284
   3 id(units).us(Trait);us(Trait)          V  2  2      1.17934          0.106728
   4 id(units).us(Trait);us(Trait)          C  3  1     -1.78707          0.884688
   5 id(units).us(Trait);us(Trait)          C  3  2     0.637361          0.124973
   6 id(units).us(Trait);us(Trait)          V  3  3      2.88753          0.261315
 corgh(Trait).id(rep.location)    24 effects
   7 corgh(Trait).id(rep.loc;corgh(Trait)   R     1 -  -0.703295          0.283587
   8 corgh(Trait).id(rep.loc;corgh(Trait)   R     2 -  -0.757950          0.246889
   9 corgh(Trait).id(rep.loc;corgh(Trait)   R     3     0.992848          0.320274E-01
  10 corgh(Trait).id(rep.loc;corgh(Trait)   V     1      13.4463          10.2644
  11 corgh(Trait).id(rep.loc;corgh(Trait)   V     2     0.449696          0.330659
  12 corgh(Trait).id(rep.loc;corgh(Trait)   V     3     0.662877          0.502180
 corgh(Trait).id(RIL)            186 effects
  13 corgh(Trait).id(RIL);corgh(Trait)      R     1     0.591998          0.894257E-01
  14 corgh(Trait).id(RIL);corgh(Trait)      R     2     0.552766          0.997773E-01
  15 corgh(Trait).id(RIL);corgh(Trait)      R     3     0.847481          0.426728E-01
  16 corgh(Trait).id(RIL);corgh(Trait)      V     1      303.151          57.5239
  17 corgh(Trait).id(RIL);corgh(Trait)      V     2      4.88999          0.938578
  18 corgh(Trait).id(RIL);corgh(Trait)      V     3      4.99185          1.00845
 corgh(Trait).id(RIL.location)   744 effects
  19 corgh(Trait).id(RIL.loc;corgh(Trait)   R     1     0.390865          0.172949
  20 corgh(Trait).id(RIL.loc;corgh(Trait)   R     2     0.810354E-01      0.213251
  21 corgh(Trait).id(RIL.loc;corgh(Trait)   R     3     0.811653          0.133276
  22 corgh(Trait).id(RIL.loc;corgh(Trait)   V     1      24.9323          6.68426
  23 corgh(Trait).id(RIL.loc;corgh(Trait)   V     2     0.573253          0.132697
  24 corgh(Trait).id(RIL.loc;corgh(Trait)   V     3     0.837013          0.271757
Notice: The parameter estimates are followed by
          their approximate standard errors.
```

• 高亮值为估计的基因型相关值及其近似标准误差，标准误差与上文计算的结果一致。

获得相关估计值的标准误差的第三种方法是使用 VPREDICT 指令将它们直接定义为协方差分量和方差分量的函数。如果目标相关是由上文 CORGH 模型直接产生的，就没有理由使用这种方法。然而，可能存在更复杂的相关或目标方差分量的其他函数，如表型相关，它不能从 CORGH 模型直接得到。本试验中，性状 x 和 y 之间的表型相关为

$$r_{p(x,y)}=\frac{\mathrm{Cov}_{p(x,y)}}{\sqrt{V_{p(x)}V_{p(y)}}}=\frac{\sigma_{g(x,y)}+\sigma_{ge(x,y)}+\sigma_{\varepsilon(x,y)}}{\sqrt{\left(\sigma_{g(x)}^2+\sigma_{ge(x)}^2+\sigma_{\varepsilon(x)}^2\right)\left(\sigma_{g(y)}^2+\sigma_{ge(y)}^2+\sigma_{\varepsilon(y)}^2\right)}} \tag{6.17}$$

为估算表型相关，需要 RIL、RIL.location 及误差效应在成对性状间的协方差。返回

US() 模型 (模型 7) 获取这些效应值。我们先运行在"VPREDICT !DEFINE"语句下未定义函数的模型，这将生成默认的*.pvc* 输出 (*Code6-1_MultivariateMaize7.pvc*)，需检查它以确保在函数中正确引用方差/协方差分量：

```
         - - - Results from analysis of height pollen silking - - -

 id(units).us(Trait)            1488 effects
   1 id(units).us(Trait);us(Trait)          V  1  1     64.8862          5.87205
   2 id(units).us(Trait);us(Trait)          C  2  1    -0.176168         0.568284
   3 id(units).us(Trait);us(Trait)          V  2  2     1.17934          0.106728
   4 id(units).us(Trait);us(Trait)          C  3  1    -1.78707          0.884688
   5 id(units).us(Trait);us(Trait)          C  3  2     0.637361         0.124973
   6 id(units).us(Trait);us(Trait)          V  3  3     2.88753          0.261315
 us(Trait).id(rep.location)       24 effects
   7 us(Trait).id(rep.locati;us(Trait)      V  1  1     13.4463          10.2644
   8 us(Trait).id(rep.locati;us(Trait)      C  2  1    -1.72941          1.55803
   9 us(Trait).id(rep.locati;us(Trait)      V  2  2     0.449696         0.330659
  10 us(Trait).id(rep.locati;us(Trait)      C  3  1    -2.26286          1.96770
  11 us(Trait).id(rep.locati;us(Trait)      C  3  2     0.542074         0.398584
  12 us(Trait).id(rep.locati;us(Trait)      V  3  3     0.662877         0.502180
 us(Trait).id(RIL)               186 effects
  13 us(Trait).id(RIL);us(Trait)            V  1  1     303.151          57.5239
  14 us(Trait).id(RIL);us(Trait)            C  2  1     22.7931          5.98244
  15 us(Trait).id(RIL);us(Trait)            V  2  2     4.88999          0.938578
  16 us(Trait).id(RIL);us(Trait)            C  3  1     21.5031          6.04020
  17 us(Trait).id(RIL);us(Trait)            C  3  2     4.18711          0.890875
  18 us(Trait).id(RIL);us(Trait)            V  3  3     4.99185          1.00845
 us(Trait).id(RIL.location)      744 effects
  19 us(Trait).id(RIL.locati;us(Trait)      V  1  1     24.9323          6.68426
  20 us(Trait).id(RIL.locati;us(Trait)      C  2  1     1.47768          0.674740
  21 us(Trait).id(RIL.locati;us(Trait)      V  2  2     0.573253         0.132697
  22 us(Trait).id(RIL.locati;us(Trait)      C  3  1     0.370188         0.949200
  23 us(Trait).id(RIL.locati;us(Trait)      C  3  2     0.562225         0.150328
  24 us(Trait).id(RIL.locati;us(Trait)      V  3  3     0.837013         0.271757
```

首先，可从这些结果 (再次!) 计算 RIL 效应、RIL.location 效应和误差效应的相关值，以展示 VPREDICT 函数定义的一些特殊性。我们先用一个 R 开头的单一函数定义从 RIL 方差和协方差计算出全部 3 个基因型相关，如果给定一个单一方差-协方差矩阵作为输入，则该函数将估计所有的相关值。对于此方差-协方差矩阵，可将 RIL 的整个方差-协方差矩阵表示为 us(Trait).id(RIL)，与上述*.pvc* 输出中的高亮标签匹配。

代码示例 6.1 (续)　玉米 RIL 数据的多变量分析——由方差和协方差分量估计基因型相关 (*Code 6-1_ MultivariateMaize.as*)

```
!PATH 10 #所有随机项都用 US 结构
...
VPREDICT !DEFINE
R rg us(Trait).id(RIL)
```

这将在默认*.pvc* 输出 (*Code6-1_MultivariateMaize7.pvc*) 生成如下结果：

```
...
rg      2  1 = us(Tr 14/SQR[us(Tr 13*us(Tr 15]=    0.5920     0.0894
rg      3  1 = us(Tr 16/SQR[us(Tr 13*us(Tr 18]=    0.5528     0.0998
rg      3  2 = us(Tr 17/SQR[us(Tr 15*us(Tr 18]=    0.8475     0.0427
```

再次，估计的标准误差与上文的计算结果一致。

现在我们尝试估计 RIL.location 的相关，情况就变得棘手。参照上述例子，代码似乎可以这样写：

代码示例 6.1（续）　玉米 RIL 数据的多变量分析——RIL.location 的基因型相关
（*Code 6-1_MultivariateMaize.as*）

```
!PATH 11 #所有随机项都用 US 结构
...
VPREDICT !DEFINE
R rg us(Trait).id(RIL)
R rge us(Trait).id(RIL.location)
```

但这产生错误：

```
...
 ERROR: Failed to locate model term which matches us(Trait).id(RIL.location)
          Use the names as given here; some may be truncated.
 Notice: VPREDICT line format is
           [C|D|F|S|V|X|R|H] in position 1, a label starting in position 3
           and an expression depending of line type. Skipping line:
           R rge us(Trait).id(RIL.location)
...
```

问题出在 ASReml 在内部截断了"us(Trait).id(RIL.location)"项的名称。可在*.pvc* 输出（*Code6-1_MultivariateMaize7.pvc*）的默认部分中看到这种截断：

```
...
R rge us(Trait).id(RIL.locati
...
```

具有长标签的模型项会是问题。有几种不同的快捷方式来标识函数定义中的确切项：

(1) 有时可从默认*.pvc* 输出中来确定参数的截断形式，如上述输出的高亮第二项。当在函数定义中引用该项时，可用";"之前的参数标签这部分直接替代：

```
...
R rgeus(Trait).id(RIL.locati
...
```

(2) 从直接结果引用参数的另一种方法，是使用默认*.pvc* 输出（见下述高亮部分）中被";"标签分隔的组分因子名：

```
us(Trait).id(RIL.location)        744 effects
  19 us(Trait).id(RIL.locati;us(Trait)          V   1   1         24.9323                6.68426
 ...
```

因此函数定义可写成：

```
...
R rge id(RIL.locati;us(Trait)
...
```

或者，实际上使用任何唯一的子字符串来引用参数名称中的合并项：

```
...
R rge RIL.locati;us(Trait)
...
```

(3)使用参数编号。从默认.*pvc* 输出中，可看到复合项"us(Trait).id(RIL.location)"与6个不同的参数关联，编号为19～24：

```
...
 us(Trait).id(RIL.location)          744 effects
  19 us(Trait).id(RIL.locati;us(Trait)        V  1  1      24.9323        6.68426
  20 us(Trait).id(RIL.locati;us(Trait)        C  2  1      1.47768        0.674740
  21 us(Trait).id(RIL.locati;us(Trait)        V  2  2      0.573253       0.132697
  22 us(Trait).id(RIL.locati;us(Trait)        C  3  1      0.370188       0.949200
  23 us(Trait).id(RIL.locati;us(Trait)        C  3  2      0.562225       0.150328
  24 us(Trait).id(RIL.locati;us(Trait)        V  3  3      0.837013       0.271757
```

可使用编号索引来引用这样连续的参数值序列：

```
...
R rge 19:24
...
```

同样，可以将误差的方差-协方差矩阵引用为"id(units).us(Trait)"或"units;us(Trait)"或"1:6"来请求误差效应的相关值：

```
...
R rerr id(units).us(Trait)
...
```

这3个函数定义将在.*pvc* 输出(*Code6-1_MultivariateMaize11.pvc*)中生成9个相关估计值(粗体)及其标准误差：

```
rg      2  1 = us(Tr 14/SQR[us(Tr 13*us(Tr 15]=   0.5920    0.0894
rg      3  1 = us(Tr 16/SQR[us(Tr 13*us(Tr 18]=   0.5528    0.0998
rg      3  2 = us(Tr 17/SQR[us(Tr 15*us(Tr 18]=   0.8475    0.0427
rge     2  1 = us(Tr 20/SQR[us(Tr 19*us(Tr 21]=   0.3909    0.1732
rge     3  1 = us(Tr 22/SQR[us(Tr 19*us(Tr 24]=   0.0810    0.2119
rge     3  2 = us(Tr 23/SQR[us(Tr 21*us(Tr 24]=   0.8117    0.1332
rerr    2  1 = id(un  2/SQR[id(un  1*id(un  3]=  -0.0201    0.0640
rerr    3  1 = id(un  4/SQR[id(un  1*id(un  6]=  -0.1306    0.0629
rerr    3  2 = id(un  5/SQR[id(un  3*id(un  6]=   0.3454    0.0564
```

• 请注意，相关值使用整数标记以标识性状(1、2或3)。用户必须知道模型语句所列性状的顺序，以知道它们具体所指(本例中为height、pollen和silking)。

现在为计算表型相关，首先需要一个估计表型协方差的函数，然后是提取所需方差的函数，最后是计算相关的函数。这里先演示如何从方差-协方差结果中提取特定值来计算性状height和pollen间的表型相关，然后再演示如何有效地一次性计算所有性状间的表型相关。

为估算性状height和pollen间的表型协方差，需要对它们的RIL效应、RIL.location效应和误差效应的协方差进行求和，这些协方差均位于这三项的每个方差-协方差矩阵6个值中的第2个。可在函数定义的总项名后使用[*i*]来引用复合项的第*i*个值，所以height和pollen间表型协方差用下述函数计算：

代码示例6.1(续) 玉米RIL数据的多变量分析——表型协方差(*Code 6-1_MultivariateMaize.as*)

```
!PATH 12
...
F Cov_p_hp us(Trait).id(RIL)[2]+us(Trait).id(RIL.locati[2] + id(units).us(Trait)[2]
...
```

• 注意：在程序文件中，函数定义不断行。

表型协方差提供了表型相关的分子项。为得到分母项，需要 height 和 pollen 的表型方差，它们分别是 RIL 效应、RIL.location 效应和误差效应的每个方差-协方差矩阵中的第 1 项或第 3 项之和。最后，用"R"函数来构建相关，以表示这是相关，然后按照下述顺序提供该相关的组分：①第一个性状的方差；②两性状间的协方差；③第二个性状的方差。必须使用这个顺序来正确定义相关。综上，代码如下：

代码示例 6.1（续） 玉米 RIL 数据的多变量分析——表型相关（*Code 6-1_MultivariateMaize.as*）

```
!PATH 13
...
F Cov_p_hp us(Trait).id(RIL)[2] + us(Trait).id(RIL.locati[2] +id(units).us(Trait)[2]  #  height 和 pollen 性状间的表型协方差
F Vp_h us(Trait).id(RIL)[1] + us(Trait).id(RIL.locati[1] +id(units).us(Trait)[1]      #  height 性状的表型方差
F Vp_p us(Trait).id(RIL)[3] + us(Trait).id(RIL.locati[3] +id(units).us(Trait)[3]      #  pollen 性状的表型方差
R rp_hp Vp_h Cov_p_hp Vp_p        #  height 和 pollen 性状间的表型相关
```

这在*.pvc* 文件（*Code6-1_MultivariateMaize13.pvc*）中生成如下输出：

```
...
25 Cov_p_hp 14                 24.095        6.0027
26 Vp_h 13                     392.97        57.740
27 Vp_p 15                     6.6426        0.94401
   rp_hp        = Cov_p_hp/SQR[Vp_h 13 *Vp_p 15 ]=    0.4716      0.0757
```

表型相关为 0.47，标准误差为 0.08。这种方法提取表型相关相应部分非常麻烦，但幸运的是，ASReml 提供了一种快捷方式，它可计算复合项的整个矩阵的线性组合。因此，可将这 3 个（RIL 效应、RIL.location 效应和误差效应的）协方差矩阵相加，来创建一个包含所有表型方差和协方差的矩阵。然后，将该矩阵提供给"R"函数，它知道从矩阵中估算所有相关值。同时，这也提供了一种更有效的方法来估算每个性状的遗传力，因为此表型方差-协方差矩阵包含了这 3 个性状遗传力的分母项：

代码示例 6.1（续） 玉米 RIL 数据的多变量分析——由方差组分估计遗传力
（*Code 6-1_MultivariateMaize. as*）

```
!PATH 14
...
F Covp us(Trait).id(RIL)+RIL.loc;us(Trait)+ id(units).us(Trait)  # 三个性状的总表型方差-协方差矩阵
R rp Covp        # 三个性状的所有表型相关值
H H_ht us(Trait).id(RIL)[1] Covp[1]      #  height 性状的遗传力
H H_p us(Trait).id(RIL)[3] Covp[3]       #  pollen 性状的遗传力
H H_s us(Trait).id(RIL)[6] Covp[6]       #  silking 性状的遗传力
```

现在，在*.pvc* 输出（*Code6-1_MultivariateMaize14.pvc*）中得到 3 个表型相关、3 个遗传力及其近似标准误差：

```
...
28 Covp 13                    392.97        57.740
29 Covp 14                    24.095        6.0027
30 Covp 15                    6.6426        0.94401
31 Covp 16                    20.086        6.0857
32 Covp 17                    5.3867        0.89736
33 Covp 18                    8.7164        1.0312
   rp      2   1 = Covp  29/SQR[Covp  28*Covp  30]=    0.4716     0.0757
   rp      3   1 = Covp  31/SQR[Covp  28*Covp  33]=    0.3432     0.0787
```

```
    rp      3   2 = Covp  32/SQR[Covp  30*Covp  33]=     0.7079     0.0403
    H_ht          = us(Trait  13/Covp 13   28=           0.7714     0.0362
    H_p           = us(Trait  15/Covp 15   30=           0.7362     0.0405
    H_s           = us(Trait  18/Covp 18   33=           0.5727     0.0535
 Notice: The parameter estimates are followed by
         their approximate standard errors.
```

6.4.2 多变量模型的预测

从多变量模型中得到的 height 预测育种值与单变量模型的不同，这是因为性状 pollen 和 silking 对特定 RIL 影响的信息用于 height 的预测。假如这些性状间相关，则由于计算预测值中使用了额外信息，预期来自多变量模型的预测值标准误差更小。例如，可以在模型 1 中加入 predict 语句，从单变量模型中得到 RIL 的预测值：

```
predict RIL
```

预测值在文件 *Code6-1MaizeMultivariateData1.pvs* 里：

```
---- ---- ---- ----    1 height  ---- ---- ---- ----
Predicted values of height
The SIMPLE averaging set:  location
The ignored set: rep

RIL            Predicted_Value Standard_Error Ecode
RIL-1                 182.1005         3.0964     E
RIL-11                182.8557         3.0964     E
RIL-12                185.1213         3.0964     E
...
---- ---- ---- ----    1 pollen  ---- ---- ---- ----
Predicted values of pollen
The SIMPLE averaging set:  location
The ignored set: rep

RIL            Predicted_Value Standard_Error Ecode
RIL-1                  78.3525         0.4467     E
RIL-11                 74.4663         0.4467     E
RIL-12                 77.8667         0.4467     E
...
---- ---- ---- ----    1 silking  ---- ---- ---- ----
Predicted values of silking
The SIMPLE averaging set:  location
The ignored set: rep

RIL            Predicted_Value Standard_Error Ecode
RIL-1                  82.7819         0.6487     E
RIL-11                 76.8206         0.6487     E
RIL-12                 78.8077         0.6487     E
...
```

在模型 8 中加入下述 predict 语句，对单变量模型预测与多变量模型预测进行比较：

```
predict RIL
```

预测值在文件 *Code6-1MaizeMultivariateData8.pvs* 里：

```
---- ---- ---- ---- ---- ----    1  ---- ---- ---- ---- ---- ----
The SIMPLE averaging set:  location
```

```
The ignored set: rep

RIL          Trait        Predicted_Value Standard_Error Ecode
RIL-1        height             182.6460        3.0728    E
RIL-1        pollen              78.4022        0.4433    E
RIL-1        silking             82.5288        0.6266    E
RIL-11       height             182.2226        3.0728    E
RIL-11       pollen              74.5053        0.4433    E
RIL-11       silking             76.7818        0.6266    E
RIL-12       height             184.9607        3.0728    E
RIL-12       pollen              77.8466        0.4433    E
RIL-12       silking             78.9407        0.6266    E
...
```

两个模型的预测值略有不同。例如，基因型 RIL-1，单变量模型的 height 预测值为 182.1cm，多变量模型的预测值为 182.6cm。这是由于多变量模型的 height 预测值会受到该品系的 silking 和 pollen 的观测值影响，因为这些性状间存在遗传(和其他的)相关。正如预期，多变量模型的预测值标准误差比单变量模型的更小，因为更多的信息用于多变量模型预测。性状 silking 的标准误差跌幅最大(从 0.65 降到 0.63)，因为它是低遗传力性状，但与其他高遗传力性状的遗传相关达到中等程度。因此，性状 silking 的预测从相关性状的信息中获益最大。

6.5 个体模型的多变量分析

上文将表型协方差分解为基因型效应、基因型×环境效应和误差效应的分量，但不能将基因型协方差或相关分解为加性分量和非加性分量。本节将扩展第 4 章介绍的基于谱系的个体模型(或动物模型)来纳入性状间相关，并利用个体间的加性遗传相关来估算性状间的加性遗传协方差和加性遗传相关。示例数据集再次使用 *pig_data.txt*。

pig	sire	dam	year	sex	pen	weanage	weanwt	adg	weight	loinarea
133	2	1	2004	1	52	21	13.25	2	264	5.34
654	2	1	2004	1	58	21	12.45	2	266	6.62
655	2	1	2004	1	54	21	13.55	1.6	215	5.5
153	2	1	2004	1	56	21	15.6	1.9	267	7.04
656	4	3	2004	2	59	21	10.4	1.5	210	3.94
657	4	3	2004	2	57	21	10.1	0.9	153	3.74

本节将对性状 weanwt(断奶时体重)和 weight(生长试验末期的体重)进行双变量分析。回顾第 4 章，可拟合一个模型，包含生猪自身育种值、母体效应育种值及其协方差，以及母体环境效应，但对于性状 weanwt，该完整模型未能收敛在理论范围内。因此，本章节将不尝试拟合母体环境效应(ide(dam))，而重点拟合直接加性效应(加性效应)和母体加性效应(母体效应)，来演示如何将所有这些效应的性状间的协方差组合起来。下述 ASReml 模型可对这两个性状执行单变量分析。之前的分析表明，应把 year(年份)、sex(性别)、weanage(断奶周龄)作为性状 weanwt 的固定协变量，而把 year、sex 和 pen(猪圈号)作为性状 weight(生长试验末期的体重)的固定协变量。

代码示例 6.2　含有母体效应的个体模型(*Code 6-2_BivariateAnimal.as*)

```
!RENAME 1 !ARGS 1
Title: Bivariate Animal model
pig !P    sire !P    dam !P   year !A    sex !A     pen !A   weanage weanwt adg weight loinarea
pig_pedigree.txt !SKIP 1 !ALPHA    #   谱系文件
pig_data.txt !SKIP 1 !DOPATH $1 !Workspace 1600 !MAXIT 300 !EXTRA 14
!PATH 1 ### 单变量模型
weanwt ~ year sex weanage !r str(pig dam corgh(2).nrm(pig))
!PATH 2
weight ~ year sex pen    !r str(pig dam corgh(2).nrm(pig))
```

• 回顾一下，str()对括号内的项共享一个共同的方差-协方差系数矩阵，因此 str(pig dam corgh(2).nrm(pig))项的含义是该模型包含具有共同方差-协方差结构的被测生猪效应和母体效应，这样两者都成比例于加性遗传相关矩阵 nrm(pig)。使用 corgh(2)结构可允许加性效应和母体效应有各自方差及其协方差。

上述模型生成的单变量输出结果(*Code6-2_BivariateAnimal1.asr*)如下：

```
         - - - Results from analysis of weanwt - - -
 Akaike Information Criterion      5717.47 (assuming 4 parameters).
 Bayesian Information Criterion    5740.84

 Model_Term                              Gamma         Sigma   Sigma/SE   % C
 Residual                 SCA_V 2556   1.00000       2.15066      12.27   0 P
 corgh(2).nrm(pig)              5414 effects
 2                        COR_R    1 -0.742342     -0.742342      -4.41   0 P
 2                        COR_V    1  0.246000      0.529062       1.63   0 P
 2                        COR_V    2  1.91557       4.11973      11.09   0 P
 pig                      NRM     2707
 Covariance/Variance/Correlation Matrix COR pig
  0.5291      -0.7423
  -1.096       4.120
```

• 上述输出结果表明，对于性状 weanwt，加性方差是 0.5291，而母体效应方差大得多(4.120)，它们之间的相关为–0.74。

PART 2 的结果(*Code6-2_BivariateAnimal2.asr*)：

```
          - - - Results from analysis of weight - - -
  Akaike Information Criterion     18611.96 (assuming 4 parameters).
  Bayesian Information Criterion   18635.24
 Model_Term                              Gamma         Sigma   Sigma/SE   % C
 Residual                 SCA_V 2556   1.00000       387.075      13.01   0 P
 corgh(2).nrm(pig)              5414 effects
 2                        COR_R    1 -0.423905E-01 -0.423905E-01  -0.22   0 P
 2                        COR_V    1  0.465324      180.115       3.38   0 P
 2                        COR_V    2  0.438955      169.908       5.37   0 P
 pig                      NRM     2707
 Covariance/Variance/Correlation Matrix COR pig
   180.1      -0.4239E-01
  -7.415       169.9
```

上述结果表明，对于性状 weight，加性方差是 180.1，母体效应方差是 169.9，但它们之间不相关(–0.042)。

weight（生长试验末期的体重）育种值（方差为 180.1）比 weanwt（断奶时体重）育种值更重要。这是有道理的，因为预期生猪基因型在生长后期比断奶时对表型的影响更大，断奶时的体重很大程度上取决于其母亲的照顾。

现在拟合一个简单的多变量模型，只有加性效应（没有母体效应），采用 DIAG 结构使各性状有独立方差但性状间无协方差。对误差效应使用 US 结构，允许性状有独立的误差方差及其协方差。换句话说，该模型假定性状间在遗传效应水平上不相关，但误差是相关的。

代码示例 6.2（续）　加性效应为 diag 结构的双变量模型（*Code 6-2_BivariateAnimal.as*）

```
!PATH 3 ### 双变量模型，加性效应为 Diag 结构，误差为 US 结构
weanwt weight ~ Trait.year , Trait.sex ,
     at(Trait,1).weanage, at(Trait,2).pen,
 !r diag(Trait).pig !f mv # Diag 结构 <-----------------
 residual idv(units).us(Trait) # US 结构
```

$$\begin{bmatrix} \sigma_{A1}^2 & 0 \\ 0 & \sigma_{A2}^2 \end{bmatrix} \otimes \mathbf{A}_{5414}$$

• 请注意，可使用 at()将 weanage 只拟合为 weanwt 的固定协变量，pen 只拟合为 weight 的固定效应。加性效应的 **G** 结构是两个矩阵 Kronecker 积的块状-对角矩阵：性状加性方差的块状-对角矩阵和来自谱系的 ***A*** 矩阵。diag(Trait).pig 也可写成 diag(Trait).nrm(pig)，以声明加性效应(pig)具有与加性遗传相关矩阵(***A***)成比例的方差-协方差结构。然而，这不是必需的，因为在字段域已定义 pig 与谱系关联，因此 pig 会默认与 ***A*** 矩阵关联，而不是与单位矩阵关联。

PART 3 的运行结果（*Code6-2_BivariateAnimal3.asr*）如下：

```
 14 LogL=-2389.06      S2=  1.0000          5037 df

          - - - Results from analysis of weanwt weight - - -
 Akaike Information Criterion     24788.13 (assuming 5 parameters).
 Bayesian Information Criterion   24820.75

 Model_Term                               Sigma          Sigma    Sigma/SE    % C
 idv(units).us(Trait)              5112 effects
 Trait                     US_V   1   1    2.89147        2.89147      20.06    0 P
 Trait                     US_C   2   1    12.4938        12.4938      12.83    0 P
 Trait                     US_V   2   2    385.789        385.789      16.57    0 P
 diag(Trait).pig                   5414 effects
 Trait                    DIAG_V      1    1.98813        1.98813       9.49    0 P
 Trait                    DIAG_V      2    315.811        315.811       8.65    0 P
 pig                      NRM      2707
 Covariance/Variance/Correlation Matrix US Residual
   2.891        0.3741
   12.49         385.8
```

• weanwt 加性方差为 1.98813，而 weight 加性方差为 315.811，这两性状间的误差相关为 0.3741。

如果在 ASReml 程序中使用!nodisplay 参数，则会默认生成残差散点图。该图被分成两张副图，模型中的每个性状各有一张（图 6.1）。第一张副图是先列出的性状(weanwt)。

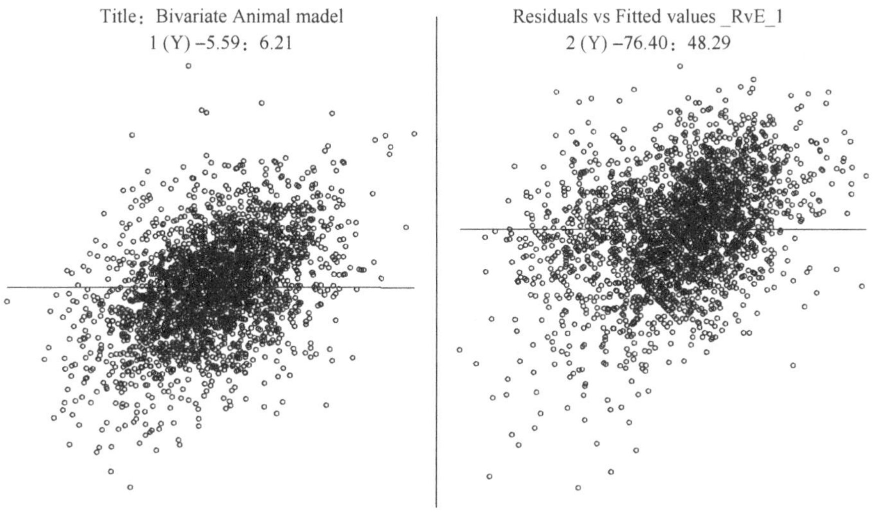

图 6.1　来自双变量模型的两个性状残差图

模型 4 扩展了多变量的个体模型，它使用 CORGH 结构以包含加性效应间的相关。

代码示例 6.2(续)　加性效应为 corgh 结构的双变量模型(*Code 6-2_BivariateAnimal.as*)

```
!PATH 4 #加性效应为 corgh 结构，残差为 US 结构
weanwt weight ~ Trait.year   Trait.sex !f mv ,
       at(Trait,1).weanage   at(Trait,2).pen,
  !r corgh(Trait).pig   # CORGH 结构 <- - - - - -
  residual idv(units).us(Trait) # US  结构
```

$$\begin{bmatrix} \sigma_{A1}^2 & \sigma_{A12} \\ \sigma_{A12} & \sigma_{A2}^2 \end{bmatrix} \otimes \mathbf{A}_{5414}$$

PART 4 的结果(*Code6-2_BivariateAnimal4.asr*)如下：

```
         - - - Results from analysis of weanwt weight - - -
Akaike Information Criterion     24788.44 (assuming 6 parameters).
Bayesian Information Criterion   24827.59

Model_Term                              Sigma         Sigma   Sigma/SE   % C
idv(units).us(Trait)             5112 effects
Trait                    US_V   1  1    2.85247       2.85247      19.36   0 P
Trait                    US_C   2  1    11.3732       11.3732       8.35   0 P
Trait                    US_V   2  2    378.932       378.932      15.85   0 P
corgh(Trait).pig                 5414 effects
Trait                    COR_R     1  0.956055E-01  0.956055E-01    1.24   0 P
Trait                    COR_V     1    2.05446       2.05446       9.35   0 P
Trait                    COR_V     2    328.723       328.723       8.54   0 P
pig                     NRM    2707
Covariance/Variance/Correlation Matrix US Residual
  2.852        0.3459
  11.37         378.9
Covariance/Variance/Correlation Matrix COR corgh(Trait).pig
  2.054        0.9561E-01
  2.485         328.7
```

• 该模型中性状间的加性遗传相关比较低(~0.10)，而且似乎不必保留，因为与模型 3 相比，该模型 AIC 值有所增加。但为了完整性，在后续模型中仍保留该项。

模型 5，加入可解释归因于加性遗传效应的母体效应。把它作为加性效应的独立项，

这意味着它们被建模为与加性效应独立(零协方差)。然而，对每项使用 CORGH 结构，允许在每个性状的加性效应和母体效应之内含有协方差。

代码示例 6.2(续) 加性效应为 corgh 结构的双变量模型(*Code 6-2_BivariateAnimal.as*)

```
!PATH 5 # 增加母体效应，但与加性效应无关
weanwt weight ~ Trait.year Trait.sex  !f mv ,
         at(Trait,1).weanage, at(Trait,2).pen,
  !r corgh(Trait).pig, #加性效应为 CORGH 结构
  corgh(Trait).dam # 母体效应为 CORGH 结构
  residual idv(units).us(Trait) # 残差为 US 结构
```

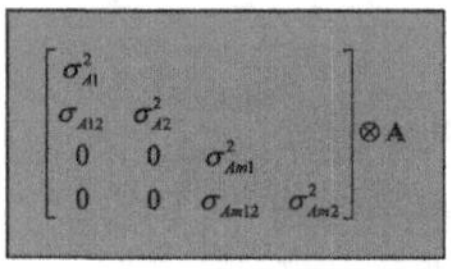

PART 5 的结果(*Code6-2_BivariateAnimal5.asr*)如下：

```
         - - - Results from analysis of weanwt weight - - -
 Akaike Information Criterion    24133.59 (assuming 9 parameters).
 Bayesian Information Criterion  24192.31

 Model_Term                              Sigma         Sigma   Sigma/SE   % C
 idv(units).us(Trait)            5112 effects
 Trait                    US_V  1  1   2.39593       2.39593      18.42   0 P
 Trait                    US_C  2  1   11.2124       11.2124       8.40   0 P
 Trait                    US_V  2  2   381.957       381.957      14.79   0 P
 corgh(Trait).pig                5414 effects
 Trait                    COR_R    1 -0.994594     -0.994594      -0.10   0 P
 Trait                    COR_V    1  0.108347E-01  0.108347E-01   0.05   0 P
 Trait                    COR_V    2   187.036       187.036       4.18   0 P
 pig                     NRM     2707
 corgh(Trait).dam                5414 effects
 Trait                    COR_R    1  0.193259      0.193259       2.41   0 P
 Trait                    COR_V    1   3.61617       3.61617      11.30   0 P
 Trait                    COR_V    2   174.592       174.592       6.39   0 P
 dam                     NRM     2707
 Covariance/Variance/Correlation Matrix US Residual
   2.396       0.3706
   11.21        382.0
 Covariance/Variance/Correlation Matrix COR corgh(Trait).pig
  0.1083E-01 -0.9946
  -1.416        187.0
 Covariance/Variance/Correlation Matrix COR corgh(Trait).dam
   3.616       0.1933
   4.856        174.6
```

• 拟合加性效应和母体效应为独立项，结果表明第一个性状的加性效应方差几乎为零(0.0108)，即该性状主要受母体效应控制。本例中，加性相关–0.994588 是误导，因为其中一个性状的加性方差几乎为零。

根据 AIC 值，可知模型 5 优于之前的任一多变量模型。现在可扩展该模型，允许加性效应和母体效应在性状内和性状间的协方差。这可通过将单变量模型项 str(pig dam corgh(2).nrm(pig))修改为多变量模型项 str(Trait.pig Trait.dam corgh(4).nrm(pig))来实现。在多变量情况下，corgh 矩阵维度为 4，因为每个个体有两个加性效应(每个性状一个)、每个母体有两个效应(每个性状一个)。这将生成一个在所有效应对间有 4 个方差和 6 个协方差的矩阵。

代码示例 6.2（续）　加性效应与母体效应相关的双变量模型（*Code 6-2_BivariateAnimal.as*）

```
!PATH 6  # 加性效应与母体效应为 CORGH 结构
weanwt weight ~ Trait.year ,
    Trait.sex ,
      at(Trait,1).weanage,
     at(Trait,2).pen,
 !r str(Trait.pig  Trait.dam  corgh(4).nrm(pig)) !f mv # CORGH 结构
  residual idv(units).us(Trait)          # 误差为 US 结构
```

$$\begin{bmatrix} \sigma_{A1}^2 & & & \\ \sigma_{A12} & \sigma_{A2}^2 & & \\ \sigma_{A1Am1} & \sigma_{A2Am1} & \sigma_{Am1}^2 & \\ \sigma_{A1Am2} & \sigma_{A2Am2} & \sigma_{Am12} & \sigma_{Am2}^2 \end{bmatrix} \otimes \mathbf{A}$$

PART 6 的结果（*Code6-2_BivariateAnimal6.asr*）如下：

```
          - - - Results from analysis of weanwt weight - - -
 Akaike Information Criterion     24121.12 (assuming 13 parameters).
 Bayesian Information Criterion  24205.94

 Model_Term                                    Sigma          Sigma   Sigma/SE    % C
 idv(units).us(Trait)            5112 effects
 Trait                     US_V  1  1    2.12811        2.12811      12.03    0 P
 Trait                     US_C  2  1    10.1967        10.1967       6.20    0 P
 Trait                     US_V  2  2    383.131        383.131      12.94    0 P
 corgh(4).nrm(pig)              10828 effects
 4                         COR_R    1  0.772227E-01  0.772227E-01    0.27    0 P
 4                         COR_R    2 -0.713219     -0.713219       -4.71    0 P
 4                         COR_R    3 -0.206750     -0.206750       -1.61    0 P
 4                         COR_R    4 -0.302079     -0.302079       -1.37    0 P
 4                         COR_R    5 -0.134145E-01 -0.134145E-01   -0.07    0 P
 4                         COR_R    6  0.256988      0.256988        2.99    0 P
 4                         COR_V    1  0.577114      0.577114        1.75    0 P
 4                         COR_V    2  185.100       185.100         3.48    0 P
 4                         COR_V    3  4.10084       4.10084        11.11    0 P
 4                         COR_V    4  176.907       176.907         5.53    0 P
 pig                      NRM    2707
 Covariance/Variance/Correlation Matrix US Residual
   2.128       0.3571
   10.20        383.1
 Covariance/Variance/Correlation Matrix COR Trait.pig
  0.5771      0.7722E-01 -0.7132      -0.3021
  0.7981       185.1     -0.2067      -0.1342E-01
  -1.097      -5.696      4.101        0.2570
  -3.052      -2.429      6.922        176.9
```

模型 6 极大改善了 AIC 值，但 weanwt 的加性方差似乎很小（0.5771），因此在模型中也许不需要它。一种检验方法是拟合一个降阶模型，它不含 weanwt 加性效应，但含有 weight 加性效应。为演示如何拟合一个复杂的方差-协方差结构，使其仅含有一些性状的效应，将使用 at() 来拟合只含 weight 的加性效应，并在 str() 函数中保留该项，使得这些加性效应与母体效应间有协方差。本例中，由于移除了 weanwt 的加性效应，因此 CORGH 矩阵的维度从 4 降为 3，从而将得到 3 个方差分量及其 3 个两两相关的估计。

代码示例 6.2（续）　加性效应与母体效应相关但无 weanwt 加性效应的降阶双变量模型（*Code 6-2_ BivariateAnimal.as*）

```
!PATH 7 # 移除 weanwt 加性效应
weanwt weight ~ Trait.year Trait.sex   !f mv ,
      at(Trait,1).weanage  at(Trait,2).pen,
 !r str(at(Trait,2).pig  Trait.dam  us(3).nrm(pig)) #CORGH 结构
  residual idv(units).us(Trait) #残差 US 结构
```

$$\begin{bmatrix} \sigma_{A2}^2 & & \\ \sigma_{A2Am1} & \sigma_{Am1}^2 & \\ \sigma_{A2Am2} & \sigma_{Am12} & \sigma_{Am2}^2 \end{bmatrix} \otimes \mathbf{A}$$

PART 7 的结果(*Code6-2_BivariateAnimal7.asr*)如下：

```
      - - - Results from analysis of weanwt weight - - -
Akaike Information Criterion    24133.44 (assuming 9 parameters).
Bayesian Information Criterion  24192.16

Model_Term                              Sigma         Sigma   Sigma/SE   % C
idv(units).us(Trait)           5112 effects
Trait                    US_V  1  1   2.40114       2.40114      31.93   0 P
Trait                    US_C  2  1   10.5130       10.5130      13.24   0 P
Trait                    US_V  2  2   384.584       384.584      13.25   0 P
us(3).nrm(pig)                 8121 effects
3                        US_V  1  1   182.037       182.037       3.52   0 P
3                        US_C  2  1  -2.56878      -2.56878      -0.80   0 P
3                        US_V  2  2   3.62664       3.62664      12.29   0 P
3                        US_C  3  1   7.01347       7.01347       0.21   0 P
3                        US_C  3  2   5.11434       5.11434       2.30   0 P
3                        US_V  3  3   169.590       169.590       5.48   0 P
pig                     NRM    2707
Covariance/Variance/Correlation Matrix US Residual
  2.401      0.3460
  10.51      384.6
Covariance/Variance/Correlation Matrix US at(Trait,2).pig
  182.0     -0.1000     0.3992E-01
 -2.569      3.627      0.2062
  7.013      5.114       169.6
```

请注意，模型 7 的 AIC 值(24133.44)比更完整模型(模型 6，24121.12)的更差(大)，表明不应移除 weanwt 的加性效应，因此模型 6 更适用于估算方差、相关和预测育种值。

(丁昌俊 译，张卫华　林元震 校)

第7章 空 间 分 析

7.1 摘要

本章将描述空间分析，它通过事后分析处理异质误差，而不是通过试验设计。空间分析通过更准确地建模田间试验中误差效应的空间分布来改善遗传效应的估计。当模型的固定效应和随机效应都不同时，选择一个最优模型可能很复杂。本章演示了模型比较过程，以选择一个可能提供遗传值最优预测的模型。

7.2 基础理论

普通最小二乘法方差分析的假设是误差效应为**独立同分布**(IID)。这种假设在许多动物育种和遗传学的研究中可能是合理的，由于动物本身是一个试验单位，并且能够移动，减少了环境中的空间趋势效应。然而，这种假设对于许多植物或林木育种的田间试验可能不成立。在可能的情况下，植物育种家会选择同质的试验地开展试验，但由于土壤类型、肥力、持水能力等方面的差异，一些试验地可能表现出高异质性。当每个遗传材料的单一小区能分配到每一个同质区组中时，随机区组设计是一个很好的试验设计，但是当试验基因型的数目变大时，随机区组设计就越来越困难，因为很难将试验地分割成同质试验单位的区组。

不完全区组设计，如拉丁方设计(Cochran and Cox, 1957)和 α 设计(Patterson and Williams, 1976)，就是针对区组内试验单位不均匀的情况开发的。不完全区组设计引入非平衡到试验设计中，混合模型分析能很好应对它，且可同时估计随机区组效应和不完全区组效应以及其他(随机或固定)处理效应。当不完全区组内的试验单位一致时，不完全区组设计将非常有效，但不能保证在田间试验中会是这种情况。一般来说，不完全区组设计不太可能捕获未知空间趋势的田间试验单位的异质性(尽管一些趋势在种植前可能是明显的，其他一些趋势不会；还有一些空间趋势只会出现在种植后，这是由于经营管理和数据收集造成的)。行列 α 设计(John and Eccleston, 1986)允许在行和列两个方向上进行区组化，同时优化成对遗传材料比较精确度的平衡作为设计的一部分。

本章将同时考虑随机区组和不完全区组试验设计，并探讨空间分析，它通过事后分析处理异质误差，而非通过试验设计。空间分析通过更准确地建模田间试验中误差效应的空间分布来改善遗传效应的估计。空间分析对田间数据分析的潜在优势不应作为放弃好的试验设计原则的一个理由。事实上，对于比较大的试验，在可能的情况下，我们建议使用不完全区组设计和行列设计，并比较传统的不完全区组设计分析与空间分析，也许结合这两种分析来优化建模田间试验的非遗传变异是改进试验材料的育种值估计的方法之一。

7.3 空间效应建模

随机完全区组设计(randomized complete block design)是通过在分析中拟合区组主

效应来处理试验单位的异质性的一种方法。不同重复下小区差异的平均程度是由区组效应决定的，而区组效应所解释的变异是在模型中由其自身解释的，因此与忽略区组效应的分析相比，减少了误差方差。**不完全区组设计(incomplete block design)**和**行列设计(row-column design)**进一步扩展了这个概念，吸收了归因于完全区组内不完全区组效应的额外变异，但代价是需要估计更多的参数，并在试验设计中引入了不平衡以及成对遗传材料比较的不同精确度水平。**行列 α 设计**(John and Eccleston, 1986)允许区组同时设在行列两个方向，并将优化平衡成对基因型比较的精确度作为试验设计的一部分。如果可能，对于大型试验，我们建议使用不完全区组设计和行列设计来估计农林作物的育种值或基因型值。

在某些情况下，由于实际原因，不可能使用行列设计。例如，北卡罗来纳州立大学的玉米育种计划在多个实验研究站开展了各种作物和项目的研究。试验地在作物和项目之间轮作多年，并且用于种植的试验地特性通常要等到根据种植所需的种子数与包装数确定试验设计后才知道。因此，α 网格通常用于试验设计，因为知道不完全区组可能不会代表试验地的矩形部分。尽管如此，它们仍可以捕获某些试验地梯度，因此是有用的。使用重复对照品种[如各种形式的**增广设计(augmented design)**(Federer and Raghavarao, 1975)]，以系统的或随机的方式(Müller et al., 2010)，都有助于提供空间趋势信息，并可允许以这种方式对它们进行建模。

除了设计试验在完全区组内解释变异的先验之外，还有试图拟合试验地位置效应的事后分析方法。例如，当行列之间的遗传材料有足够重叠时，行列效应可以被包含在分析中，通过趋势分析[用正交多项式变量拟合行列位置(Brownie et al., 1993)]、样条函数(Gilmour et al., 1997)、惩罚样条函数(Rodrıguez-Alvarez et al., 2016)，或者甚至简单拟合行列作为随机效应。另外一种方法，可将误差效应建模为归因于空间邻近性的相关来解释空间异质性(见下节)。不过，这些方法不是唯一的，读者可将行列因子拟合为固定或随机效应，也可拟合误差相关。不完全区组设计或行列设计、空间分析和模型选择的结合可显著提高品种选育试验的准确性(Qiao et al., 2004, 2000)。使用这些方法的一个关键挑战是，要避免模型的过拟合，并在众多可能模型中选出一个理想的模型。

7.3.1　误差方差-协方差矩阵

对于随机区组设计，传统 ANOVA 模型假定误差是独立同分布的(ε_i~iid $N(0,\sigma_e^2)$)，这意味着小区 1 到 n 的 $\boldsymbol{R}$ 误差的方差-协方差矩阵结构如下：

$$\boldsymbol{R}=\begin{array}{c} \\ 1\\2\\3\\ \vdots \\ n\end{array}\begin{array}{c}\begin{array}{ccccc}1&2&3&\cdots&n\end{array}\\ \begin{bmatrix}\sigma_\varepsilon^2&0&0&\cdots&0\\0&\sigma_\varepsilon^2&0&0&0\\0&0&\sigma_\varepsilon^2&0&0\\\vdots&0&0&\ddots&0\\0&0&0&0&\sigma_\varepsilon^2\end{bmatrix}\end{array}=\boldsymbol{I}_n\sigma_\varepsilon^2 \tag{7.1}$$

一个典型的田间试验空间相关误差的模型是二维可分离的一阶自回归模型(AR1×AR1)(Cullis et al., 1998)。这个模型基于行和列方向的小区之间距离来拟合误差的相关性(相关性随距离增加而减小)，并且在两个方向上的空间相关具有不同值。如果将试验地布置为矩形网格或行列，则可以使用矩阵直积来有效写出误差的复杂方差-协方差矩阵(**R**)。

通过对试验单位按先列后行排序，可将误差方差-协方差矩阵写成两个子矩阵的直积：

$$\sigma_e^2 \boldsymbol{\Sigma}_{\mathrm{c}}(\rho_c) \otimes \boldsymbol{\Sigma}_{\mathrm{r}}(\rho_r) \tag{7.2}$$

其中，$\boldsymbol{\Sigma}_r(\rho_r)$是维度为 $r \times r$ 的行相关矩阵；ρ_r 是行方向的自相关参数；$\boldsymbol{\Sigma}_c(\rho_c)$是维度为 $c \times c$ 的列相关矩阵；ρ_c 是列方向的自相关参数。两个都是对称矩阵，所以只列出下三角形元素：

$$\boldsymbol{\Sigma}_r = \begin{bmatrix} 1 & & & & \\ \rho_r & 1 & & & \\ \rho_r^2 & \rho_r & 1 & & \\ \cdots & \cdots & \cdots & \ddots & \\ \rho_r^{r-1} & \rho_r^{r-2} & \rho_r^{r-3} & \cdots & 1 \end{bmatrix} \boldsymbol{\Sigma}_c = \begin{bmatrix} 1 & & & & \\ \rho_c & 1 & & & \\ \rho_c^2 & \rho_c & 1 & & \\ \cdots & \cdots & \cdots & \ddots & \\ \rho_c^{c-1} & \rho_c^{c-2} & \rho_c^{c-3} & \cdots & 1 \end{bmatrix} \tag{7.3}$$

在该模型中，相邻小区的误差之间的相关性，大于由一个以上的行或列分隔的误差之间的相关性，并且相关性将随着小区间距离增加而趋向于零。在行方向上的误差相关的幂次方增加到行维度上两个小区之间的距离(其中距离可以是地理距离或简单的分隔行数)。类似地，在列方向上的误差相关的幂次方增加到两小区的列之间的距离。由于相关系数ρ_c、ρ_r小于或等于 1，因此小区之间的成对相关值将随着小区之间的距离增加而减少。与列方向相比，二维模式可允许相关值随着行方向的距离增加而发生不同变化。

举个例子，假设有个试验地，12 个小区，按 3 行 4 列排列：

	列 1	列 2	列 3	列 4
行 3	9	10	11	12
行 2	5	6	7	8
行 1	1	2	3	4

AR1×AR1 误差结构需要 3 个参数估计：σ_e^2、ρ_c 和 ρ_r。**R** 矩阵可用误差方差与行列 AR1 矩阵直积的乘积表示：

$$\boldsymbol{\Sigma}_{\boldsymbol{r}}(\rho_r) = \begin{bmatrix} 1 & \rho_r & \rho_r^2 \\ \rho_r & 1 & \rho_r \\ \rho_r^2 & \rho_r & 1 \end{bmatrix} \tag{7.4}$$

$$\boldsymbol{\Sigma}_{\boldsymbol{c}}(\rho_c) = \begin{bmatrix} 1 & \rho_c & \rho_c^2 & \rho_c^3 \\ \rho_c & 1 & \rho_c & \rho_c^2 \\ \rho_c^2 & \rho_r & 1 & \rho_c \\ \rho_c^3 & \rho_c^2 & \rho_c & 1 \end{bmatrix} \tag{7.5}$$

$$
\begin{aligned}
\boldsymbol{R} &= \sigma_e^2 \boldsymbol{\Sigma}_r(\rho_r) \otimes \boldsymbol{\Sigma}_c(\rho_c) \\
&= \sigma_e^2 \begin{bmatrix}
1 & & & & & & & & & & & \\
\rho_c & 1 & & & & & & & & & & \\
\rho_c^2 & \rho_r & 1 & & & & & & & & & \\
\rho_c^3 & \rho_c^2 & \rho_c & 1 & & & & & & & & \\
\rho_r & \rho_r\rho_c & \rho_r\rho_c^2 & \rho_r\rho_c^3 & 1 & & & & & & & \\
\rho_r\rho_c & \rho_r & \rho_r\rho_c & \rho_r\rho_c^2 & \rho_c & 1 & & & & & & \\
\rho_r\rho_c^2 & \rho_r\rho_c & \rho_r & \rho_r\rho_c & \rho_c^2 & \rho_c & 1 & & & & & \\
\rho_r\rho_c^3 & \rho_r\rho_c^2 & \rho_r\rho_c & \rho_r & \rho_c^3 & \rho_c^2 & \rho_c & 1 & & & & \\
\rho_r^2 & \rho_r^2\rho_c & \rho_r^2\rho_c^2 & \rho_r^2\rho_c^3 & \rho_r & \rho_r\rho_c & \rho_r\rho_c^2 & \rho_r\rho_c^3 & 1 & & & \\
\rho_r^2\rho_c & \rho_r^2 & \rho_r^2\rho_c & \rho_r^2\rho_c^2 & \rho_r\rho_c & \rho_r & \rho_r\rho_c & \rho_r\rho_c^2 & \rho_c & 1 & & \\
\rho_r^2\rho_c^2 & \rho_r^2\rho_c & \rho_r^2 & \rho_r^2\rho_c & \rho_r\rho_c^2 & \rho_r\rho_c & \rho_r & \rho_r\rho_c & \rho_c^2 & \rho_c & 1 & \\
\rho_r^2\rho_c^3 & \rho_r^2\rho_c^2 & \rho_r^2\rho_c & \rho_r^2 & \rho_r\rho_c^3 & \rho_r\rho_c^2 & \rho_r\rho_c & \rho_r & \rho_c^3 & \rho_c^2 & \rho_c & 1
\end{bmatrix}
\end{aligned}
\tag{7.6}
$$

在上述对称矩阵中，元素 $\boldsymbol{R}[5,4]$是行 5 列 4 的小区之间的误差相关值，它们相隔 1 行 3 列，所以相关值为 $\rho_r\rho_c^3$。

举个数值例子，假设行相关值为 0.9，列相关值为 0.5，则 $\boldsymbol{R}$ 矩阵为

$$
\boldsymbol{R} = \sigma_e^2 \begin{bmatrix}
1 & & & 0.9 & & & & & & & & 0.10125 \\
0.5 & 1 & & & & & & & & & & \\
0.25 & 0.5 & 1 & & & & & & & & & \\
0.125 & 0.25 & 0.5 & 1 & & & & 0.9 & & & & \\
0.9 & 0.45 & 0.225 & 0.1125 & 1 & & & & & & & \\
0.45 & 0.9 & 0.45 & 0.225 & 0.5 & 1 & & & & & & \\
0.225 & 0.45 & 0.9 & 0.45 & 0.25 & 0.5 & 1 & & & & & \\
0.1125 & 0.225 & 0.45 & 0.9 & 0.125 & 0.25 & 0.5 & 1 & & & & \\
0.81 & 0.405 & 0.2025 & 0.10125 & 0.9 & 0.45 & 0.225 & 0.1125 & 1 & & & \\
0.405 & 0.81 & 0.405 & 0.2025 & 0.45 & 0.9 & 0.45 & 0.225 & 0.5 & 1 & & \\
0.2025 & 0.405 & 0.81 & 0.405 & 0.225 & 0.45 & 0.9 & 0.45 & 0.25 & 0.5 & 1 & \\
0.10125 & 0.2025 & 0.405 & 0.81 & 0.1125 & 0.225 & 0.45 & 0.9 & 0.125 & 0.25 & 0.5 & 1
\end{bmatrix}
$$

本例中可以看出，成对误差相关值在同列相邻行间最大。例如，小区组合(1,5)、(8,4)，相关值 r=0.9。当小区间距离最大时，相关值最小，如小区组合(12, 1)、(9,4)，相关值 r=0.101 25。

7.3.2　模型选择

田间试验数据分析的目的是选择最准确、最简洁地解释田间外部空间效应的模型，

从而提供了品系效应的最准确和最精确的估计。学者们对模型选择的合适方法的推荐各不相同。Brownie 等(1993)、Brownie 和 Gumpertz(1997)提出对固定趋势建模给予最高优先权，并建议只有在考虑固定趋势后，再选择一个合适的误差方差-协方差结构(***R*** 矩阵)。相反，Gilmour 等(1997b)则建议先建模误差结构，在选择一个适当的 **R** 结构之后，再拟合固定的趋势效应。在选择模型时，这些作者在品系预测值的精确度最大化与模型拟合准则的相对重要性上也存在分歧。

如果待比较的两个模型是嵌套模型，则可以采用**似然比检验**(likelihood ratio test, LRT)进行模型选择。也就是说，这两个模型具有相同的固定效应，其中一个模型[**降阶模型**(reduced model)]是另一个模型[**全阶模型**(full model)]随机效应的子集。如果这两个模型具有相同的固定效应，但不是嵌套的，则可用**信息准则**(information criteria)进行比较，如**赤池信息量准则**(Akaike's Information Criteria，AIC)或**施瓦茨贝叶斯信息准则**(Schwarz's Bayesian Information Criteria，BIC)(Lynch and Walsh, 1998; Welham et al., 2010)。然而混合模型的一个技术问题是，对于有不同固定效应和不同随机效应的模型，不能通过误差似然值或基于似然值的信息准则(AIC 或 BIC)进行比较，**模型选择**就变得复杂。REML 法是先吸收掉固定效应，根据给定的从模型固定效应分离的剩余偏差条件，再估计模型随机效应的最大似然值(Lynch and Walsh, 1998)。因此，REML 法对不同的固定效应模型估计的似然值空间是不等价的，并且模型不能基于似然值进行比较。这意味着，一个有固定效应和 IID **R** 结构($\boldsymbol{R}=\sigma_e^2\boldsymbol{I}$)的模型，另一个没有固定效应但有空间相关 **R** 结构的模型，无法对这两个模型通过似然值进行比较。

我们建议按照以下步骤来进行空间分析的模型选择，并考虑模型有没有固定效应、随机区组效应和复杂 **R** 结构。

(1)拟合一个只有品系效应的基础模型，查看基于田间网格行列的残差图形，以了解田间趋势的潜在重要性。

(2)拟合一个有随机区组的模型，这可以包含完全区组和不完全区组。

(3)拟合一个有随机行列效应的模型。模型 2、模型 3 不是嵌套的，但可用 AIC 或 BIC 进行比较(Kehel et al., 2010; Lynch and Walsh, 1998)。当试验的重复有限且没有重复对照时，拟合模型就得小心。本步骤中的模型包括行效应(n_r)和列效应(n_c)，这可能导致模型的过拟合。

(4)拟合一个有固定多项式趋势效应(行列均达 4 阶)的模型(Brownie et al., 1993)。该模型通常比模型 3 更简约，因为它最多能拟合 8 个固定效应，或许在某些情况下可以使用，如当模型 3 因重复有限而无法使用时。另有一种方法，拟合固定效应的平滑样条来捕获行列方向的外部变异(Gilmour et al., 1997)。模型 4 无法用似然值准则与模型 2、模型 3 比较，因为模型的固定效应不同。尽管如此，固定效应部分可用 F 检验查看显著性，并通过误差方差、品系效应的 F 值和成对品系比较的平均标准误来比较模型。选择的最优模型是品系 F 值显著性最高和成对品系比较的平均标准误最小。

(5)在上述的最优模型上添加 AR1×AR1 的 **R** 结构，然后用似然比法检验该 **R** 结构的显著性。空间相关值有可能仅在一个方向上是显著的，这可通过在*.asr* 文件中输出的相关系数大小和相关系数与其标准误差的比值来大致判断。在这种情况下，可拟合一个有 AR1×ID 结构的嵌套降阶模型，并用似然比法检验。

(6) 在拟合 **R** 结构后，固定效应可用 *F* 检验复验。或者，步骤 (3) 中选出的随机行列或区组，它们可通过步骤 (3)、(5) 的模型采用似然比法复验。如果不显著，就可剔除它们以获得最终的简约模型。

7.4 田间试验的空间分析示例

以大麦品系田间试验数据为例，该试验采用随机完全区组设计，6 次重复，25 个品系。这份数据来自 ASReml 内置的案例数据 (*barley.asd*)，在 ASReml 手册中有相关分析示例 (Gilmour et al., 2009)，并在文献 (Gilmour et al., 1997) 中有详细介绍。该试验地为 10 行 15 列的规则网格。每个完全区组 (重复) 里有 25 个小区，为 5 行 5 列的交集子块。为演示 ASReml V4 的一些功能，新建一份数据集 *barley_missing_data.csv*，与原始数据集一致，但删除了最后一个小区数据 (第 10 行第 15 列)。

根据上述的步骤在程序 *Code 7-1_SpatialAnalysis.as* 给出了 10 个模型。R 程序 *Code 7-2_Heatmaps.R* 提供了绘制残差热图的脚本。每个模型的关键统计汇总在表 7.1。*Code 7-3_Spatial_asremlR.R* 包含了 *ASReml-R* 的等效代码，其基于 Miraslov Zoric (塞尔维亚农田作物研究所) 提供的代码。

表 7.1 模型的比较结果

模型-R 结构	随机效应	固定效应	Log*L* 值	AIC 值	误差方差	*F* 值	SED 值
1：IID		variety	−747	1496.72	44108	2.41	122
2：IID	rep	variety	−738	1479.98	34936	3.04	108
3：IID	row, col	variety	−732	1469.11	25523	3.79	99
4：IID		variety, pol (row,4), pol (col, 4)	−696a	1394.11	31604	3.31	106
5：IID		variety, pol (row,4), pol (col, 3)	−700	1401.09	31334	3.36	105
6：AR1×AR1	row, col	variety	−695	1400.25	35663	13.08	59
7：AR1×AR1		variety	−695	1396.74	39002	12.91	60
8：AR1×AR1+units		variety	−692	1391.72	46143+4927	10.11	61
9：ID×AR1+units		variety	−705	1416.06	42615+0	8.68	68

注：模型 4 和模型 5 的固定效应与其他模型不同，它们不能相互比较或与其他模型通过似然值准则 (如 AIC) 比较。

7.4.1 模型 1——无区组或空间效应

基础模型非常简单，唯一的随机项是具有默认 IID 方差-协方差结构的误差。对模型中一些新的限定符和项使用了阴影高亮。首先，引入了!ROWFACTOR 和!COLFACTOR 作为数据集的限定符，这些项被 ASReml 解释为指示这两个因子定义了试验单位的空间网格的两个维度。本例中，维度因子简便地命名为 row 和 column，但它们可以有任何其他的名称。这两个限定符非常重要，因为与模型中的"!f mv"组合，将检查数据集中两因子的所有组合(行列的所有可能组合)，如果存在缺失，将在内部补全以形成完整的网格。在拟合误差之间的空间相关时，完整的网格对于后续的空间模型是必需的。"!f mv"告诉ASReml应该估计缺失值，并作为稀疏的固定效应。另外一个数据集的限定符"!BRIEF -1"，告诉ASReml将固定效应值直接输出到*.asr*文件里(否则就得在*.sln*文件里查找它们)。为方便起见，我们使用这个方法，因为后面的模型会包含一些固定协变量，我们希望能快速判断这些协变量的重要性。对于模型 1，不需要这些限定符和项，但在后面会越来越重要。然而，如果数据集的网格不完整，且使用了限定符!ROWFACTOR和!COLFACTOR，则在模型中必须使用"!f mv"，即便不是拟合空间模型。此外，也需要指定"residual units"，否则默认的误差结构就会是默认的空间相关结构。

本例中，有 149 个小区，但通过限定符形成完整网格，最后也估计 150 个效应，所以误差结构为 $\boldsymbol{R}=\sigma_e^2\boldsymbol{I}_{150}$。该模型及后续模型的关键诊断统计量如表 7.1 所示。"Average SED"(表 7.1)是指两个品系均值间差异的平均标准误，如果在模型后加入语句"predict variety"，就可在*.pvs*输出文件的底部看到"Average SED"。

代码示例 7.1 大麦数据的空间分析(*Code 7-1_SpatialAnalysis.as*)

```
!ARG 1 !RENAME 1 !DOPART $1
Title: Spatial analysis of barley data
  Rep 6  RowBlk 30  ColBlk 30  row 10  column 15  variety 25  yield
barley_missing_data.csv !skip 1 !ROWFACTOR row !COLFACTOR column !BRIEF -1
!PART 1 # 无区组效应，仅有简单的误差
yield ~ mu variety !f mv
residual units
predict variety
```

7.4.2 模型 2——随机区组效应

对于 RCBD 设计，只需在上述模型中加入 rep 随机因子，即可拟合随机区组效应：

代码示例 7.1(续) 大麦数据的空间分析(*Code 7-1_SpatialAnalysis.as*)

```
!PART 2 # rep 随机效应
yield ~ mu variety !f mv !r rep
residual units
predict variety
```

本模型有两个随机项：rep[随机区组，$u_r \sim N(0, \sigma_r^2\boldsymbol{I}_6)$]和误差组分(IID 误差，或误差效应 $\boldsymbol{R}=\sigma_e^2\boldsymbol{I}_{150}$)。RCBD 模型和基础模型的比较统计如表 7.1 所示。

7.4.3 模型 3——随机行列效应

代码示例 7.1(续) 大麦数据的空间分析(*Code 7-1_SpatialAnalysis.as*)

```
!PART 3 # 随机行列效应
yield ~ mu variety !f mv !r row column
residual units
predict variety
```

尽管本试验不是行列不完全区组设计，仍可类似不平衡分析拟合行列效应，拟合 10 行、15 列效应。

与 RCBD 模型相比，模型 3 的误差和平均 SED 大幅减少，但品系 F 值和似然值变大，表明与完全区组相比，行列效应在建模和控制空间变异方面做得更好(表 7.1)。不能用似然比法比较这两个模型，因为它们不是嵌套模型，但可用 AIC 值和 BIC 值比较，由于它们的固定效应一样。AIC 值和 BIC 值报告在*.asr* 输出中，但下文演示如何计算得到它们。

$AIC=-2\ln L+2K$。其中，$\ln L$ 是模型的似然值 log；k 是随机变量数，因此，模型 2 中 $k=2$(方差分量用于 rep 和误差)，模型 3 中 $k=3$(方差分量用于行、列和误差)。

模型 2：$AIC=-2\times(-743.340)+2\times 2=1480$

模型 3：$AIC=-2\times(-746.828)+2\times 3=1470$

AIC 值小的模型是更优模型(本例中为模型 3)。在拟合附加模型项时，BIC 值比 AIC 值有更强的惩罚，因此也可用 BIC 值比较。

$BIC=-2\ln L+K\ln(n)$。其中 $\ln L$、k 与 AIC 值公式的一样，n 是观测值总数。本例中两个模型，$n=149$。

模型 2：$BIC=-2\times(-743.340)+2\times\ln(149)=1486$

模型 3：$BIC=-2\times(-746.828)+3\times\ln(149)=1479$

模型 BIC 值间的差异更小，这是因为模型 3 似然值的提高受所用附加参数的惩罚更大。本例中 AIC 值和 BIC 值的比较结果一致：行列效应模型比 RCBD 模型控制误差的效果更好。

7.4.4 模型 4——固定的行列正交多项式效应

代码示例 7.1(续) 大麦数据的空间分析(*Code 7-1_SpatialAnalysis.as*)

```
!PART 4
yield ~ mu variety pol(row, -4) pol(column, -4) !f mv
residual units
predict variety pol(row, -4) 0 pol(column, -4) 0
```

模型 3 拟合行列随机效应，提高了模型拟合，但需要估计 25 个附加的随机效应。不过，可以尝试通过拟合行列方向的高达 4 阶正交多项式来更简洁地捕获试验地中重要的线性和非线性趋势。通常，这些变量被拟合为固定协变量。

pol(row,-4)项根据行因子创建了从第 1 阶至第 4 阶的 4 阶正交多项式。F 检验结果显示行列多项式是显著的。

```
                        Wald F statistics
   Source of Variation   NumDF     DenDF    F-inc          P-inc
  8 mu                       1     116.0 10208.11          <.001
  6 variety                 24     116.0     3.36          <.001
  9 pol(row,-4)              4     116.0     4.06          0.004
 10 pol(column,-4)           4     116.0    10.20          <.001
```

请注意，每个趋势项有 4 个自由度。例如，对所有 4 个行多项式进行组合 F 检验。可以通过检查*.asr* 输出文件中的每个回归系数值及其标准误来确定是否需要拟合到 4 阶多项式。

```
                      Solution        Standard Error    T-value      T-prev
10 pol(column,-4)
                  1    -103.240         24.5588          -4.20
                  2    -74.5544         30.4151          -2.45        0.75
                  3     150.740         34.4541           4.38        5.10
                  4  -0.136026E-01      32.8986          -0.00       -3.28
9 pol(row,-4)
                  1    -63.3770         23.5678          -2.69
                  2    -5.70253         28.7630          -0.20        1.56
                  3     50.1794         27.1655           1.85        1.42
                  4     63.9285         25.2398           2.53        0.37
```

上述结果表明，在列方向上的线性趋势效应是-103.2[试验单位(units)沿着试验地移动一半发生的标准化变化，如某列总长 100m，在该列沿着试验地 50m 处的预期变化是-103.2]，标准误差是 24.6。这些回归系数显著性的粗略判断标准就是当其绝对值应该大于 2 倍标准误时，即 *T* 值绝对值大于 2 时是显著的。本例中，第 4 阶的列多项式、第 2 阶和第 3 阶的行多项式看起来并不显著。因此，可以考虑删除第 4 阶的列多项式、第 2 阶和第 3 阶的行多项式。但 ASReml 没有相应的简单函数。例如，只包括第 1 阶和第 4 阶的行多项式。因此，想要拟合第 4 阶的行多项式，则必须从第 1 阶拟合到第 4 阶。

不能用似然值对模型 3、模型 4 进行比较，由于它们的固定效应不同。然而，与模型 4 相比，模型 3 的误差和品系比较 SED 更小，品系 *F* 值更大，意味着模型 3 更好。但在放弃多项式趋势的固定效应前，可尝试删除第 4 阶的列多项式以改进模型。

7.4.5　模型 5——固定的 4 阶行效应和 3 阶列效应

代码示例 7.1(续)　大麦数据的空间分析(*Code 7-1_SpatialAnalysis.as*)

```
!PART 5   # 1 至 4 阶行趋势和 1 至 3 阶列趋势的固定效应
yield ~ mu variety pol(row, -4) pol(column, -3) !f mv
residual units
predict variety pol(row, -4) 0 pol(column, -3) 0
```

模型 5 是从模型 4 稍作修改来的，唯一差别是列多项式只拟合到 3 阶。

除了似然值外，模型 5 好像每点都比模型 4 好，同样不能用似然值进行模型比较。只拟合到 3 阶，列多项式的总体 *F* 检验得到了改善。

```
                          Wald F statistics
  Source of Variation     NumDF     DenDF    F-inc             P-inc
 8 mu                         1     117.0  10296.12            <.001
 6 variety                   24     117.0      3.39            <.001
 9 pol(row,-4)                4     117.0      4.10            0.004
10 pol(column,-3)             3     117.0     13.72            <.001
```

但基于品系效应的 *F* 值和品系差异的精确度，更倾向于选择模型 3，因此不再拟合固定的空间协变量。

顺便提一句，如果按常规语句来获取模型 4 或模型 5 的品系预测值：

```
predict variety
```

将不能得到品系预测值，相反则得到如下的错误信息(*.pvs* 文件)：

```
Predict statement 1 aborted: cannot average over pol(column, -4)
Nominate a particular level of column to predict.
```

因为需要明确地包含待预测协变量的值，一种明智的做法是在缩放的行变量和列变量为零处做预测，这是试验地的中心。

```
predict variety pol(row, -4) 0    pol(column, -3) 0
```

7.4.6 模型 6——随机行列效应+AR1×AR1

代码示例 7.1（续） 大麦数据的空间分析（*Code 7-1_SpatialAnalysis.as*）

```
!PART 6 #  随机行列  + AR1 x AR1 误差
yield ~ mu variety !f mv    !r row column
residual ar1v(row).ar1(column)
predict variety
```

现在允许误差效应为行列方向的自回归空间相关模式来扩展模型 3。指定 **R** 结构为两个子矩阵的直积，它们拟合行列方向的相关。

R 结构的函数定义，residual ar1v(row).ar1(column)告诉 ASReml，**R** 结构为两个相关矩阵的直积[$\boldsymbol{R}=\sigma_e^2\boldsymbol{\Sigma}_{\mathrm{r}}(\rho_r)\otimes\boldsymbol{\Sigma}_{\mathrm{c}}(\rho_c)$]，具体为二维（行和列）一阶独立的自回归空间相关结构。请注意，$\boldsymbol{\Sigma}_c(\rho_c)$不是求和，而是一个相关矩阵结构，如上文所述。该模型允许行列方向的相关值不同。

本模型估计的方差分量（*.asr* 文件）如下：

```
Model_Term                                  Gamma          Sigma    Sigma/SE    % C
 row                      IDV_V    10   0.833557E-01    2972.73       0.64     0 P
 column                   IDV_V    15   0.128872E-06  0.459599E-02    0.00     0 B
 ar1v(row).ar1(column)            150  effects
 Residual                 SCA_V   150    1.00000       35663.1        4.40     0 P
 row                       AR_R     1   0.482956      0.482956        5.60     0 P
 column                    AR_R     1   0.644831      0.644831        7.36     0 P
```

标为 Residual 和 SCA_V 的项是误差组分；之后标为 row、column 和 AR_R 的项是行列方向的自回归空间相关值。

模型 3 和模型 6 可以用 LRT 法比较，因为模型 3 是模型 6 的嵌套模型。模型 6 只是多了两个新参数（两个空间误差相关值），但似然值的差异大（大约 37），因此很明显模型 6 更好。品系 F 值从 3.79 急剧增加到 13.08，同时平均 SED 缩减了近一半（表 7.1）。很显然，模型 6 在拟合空间变异上有了显著的改善。当然读者可能会感到奇怪，该模型的误差方差远大于模型 5，这是 AR1×AR1 模型的典型特征。AR1 模型能够改进模型的原因是其通过空间相关结构能更精确地拟合误差，而非必须降低误差值。

回想一下，两值比较的方差为

$$\mathrm{Var}(X-Y)=\mathrm{Var}(X)+\mathrm{Var}(Y)-2\mathrm{Cov}(X,Y) \tag{7.7}$$

假定误差独立，则不同小区误差间的协方差为零，因此两品系均值间也没有协方差，于是可以忽略上述方差的最后一项。然而，假如拟合误差有空间协方差，则成对品系比较的精确度将会不同，并且精确度取决于品系对应小区之间的接近程度。本例中只有 25 个品系，相同重复内的两个品系小区间，甚至不同重复里的两个品系小区间，不会相隔太远；由于误差强烈的空间相关，这些小区的误差间将会有实质的正协方差。因此，假定 *X*、*Y* 代表本试验中品系 X、Y 的均值，则模型 6 的 Var(*X*)和 Var(*Y*)将大于模型 3，其 Cov(*x*,*y*)将会相当大并且是正的(模型 3 中为零)，在一定程度降低了品系比较的方差，抵销了误差方差的增加。

同样，AR1×AR1 模型在误差空间结构上的作用不是降低误差大小，而是将空间片状的边缘平滑化，以使负误差趋于聚在一起(表 7.1)。

当在 ASReml 中指定空间相关的 **R** 结构时，程序会默认生成两张残差图。一张是半方差图，显示残差间差异的期望方差与行列方向上小区间距的图形。对于示例的模型 6，半方差图如图 7.1 所示。

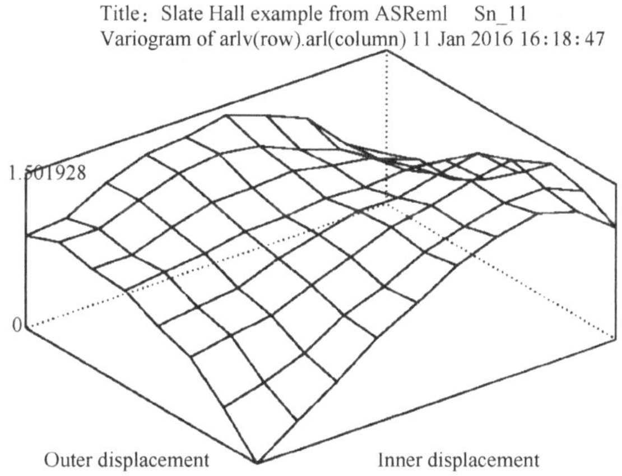

图 7.1　模型 6 的半方差图

尤其对于大型试验，解释半方差图是困难的，但图形表面急剧起伏是空间趋势拟合不好的提示(Gilmour et al., 1997b)。本例中，半方差图虽然没有呈现理想的平滑曲面，但这不是本模型的主要缺陷。

另外一张默认图形是每行的列向误差趋势图，是与热图有相同信息的另一种图，同时也包含了误差的行列边际概况(图 7.2)。

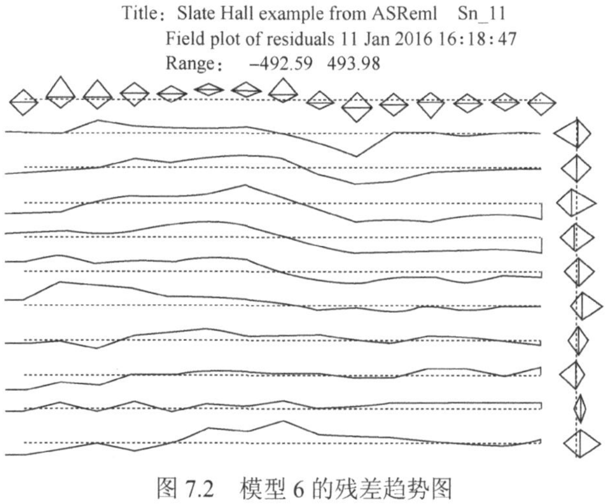

图 7.2　模型 6 的残差趋势图

由于模型 6 比之前模型都有所改进，因此很明显不再需要随机行列主效应。列效应方差为零，所以可以剔除；行效应方差分量也小于其标准误差。这不奇怪，拟合的行列方向的空间相关吸收了之前模型中与行列主效应关联的大部分变异，反之亦然。因此，下一步是删除行列随机效应。

7.4.7　模型 7——只有行列方向的空间相关误差(AR1×AR1)

代码示例 7.1(续)　大麦数据的空间分析(*Code 7-1_SpatialAnalysis.as*)

```
!PART 7 # 只有 AR1 x AR1 误差
yield ~ mu variety !f mv
residual ar1v(row).ar1(column)
predict variety
```

模型 6 和模型 7 的比较结果表明，模型选择标准有时会出现差异。根据似然准则，模型 7 更好。由于模型 7 是模型 6 的嵌套模型，可用似然比(LRT)法(两个自由度)检验无行列主效应的零假设，会发现模型的似然值几乎没有差异，因此不能拒绝零假设，剔除行列主效应似乎是合理的。剔除行列主效应后，AIC 值也得到改善。然而，品系 *F* 值、误差方差及品系均值比较的标准误差，模型 7 更差，说明应该保留行列主效应(或者，由于过拟合，模型 6 更好)。我们建议使用似然值标准比较模型，并在可能的情况下选择简约性，以避免过拟合。本例中，模型 7 的 AIC 值更好、参数更少，因此我们建议模型 7 更优。

对空间误差模型的改进是将剩余方差分割成两个独立部分，其中一个有空间相关，另一个为不相关的独立分布。独立误差部分可通过模型随机因子 units 来拟合，而非 residual 部分。回顾一下，units 是 ASReml 保留项，是指个体观测值效应，因此与该项相关的方差是随机误差方差。

7.4.8　模型 8——AR1×AR1+units

代码示例 7.1(续)　大麦数据的空间分析(*Code 7-1_SpatialAnalysis.as*)

```
!PART 8 # AR1 x AR1 误差  + units 随机误差
yield ~ mu variety !f mv    !r units
   residual ar1v(row).ar1(column)
predict variety
```

虽然 units 用在随机效应部分，但它确是随机误差项。有时，将 units 称为**块金效应(nugget effect)**或**测量误差(measurement error)**。units 告诉 ASReml 对每个试验单位(如树木或小区)创建一个额外随机项，使得第二个(独立的)误差项可以添加至 **R** 结构，除了非独立的误差结构外。测量误差或块金方差是独立同分布的，因此，这样就将剩余效应分成两部分，一部分是小区间独立，另一部分是基于空间距离的小区间相关。假如部分误差受空间位置(如土壤肥力和持水能力)影响，另一部分误差不受空间位置影响(如由于测量误差引起的变异，这是固有的，不论数据在何处收集)，则这个模型是有意义的。

也可以使用下述形式的模型，将 units 拟合为 IID 误差项，并且将源自行列的空间相关方差结构置于模型的随机部分：

```
yield ~ mu variety !f mv,
  !r ar1v(row).ar1(column)
  residual units
```

结果是相同的，虽然输出中的项标签不同。两种模型的实际误差结构均为

$$\boldsymbol{R} = \sigma_e^2(\gamma_n \boldsymbol{I}_{150} + \boldsymbol{\Sigma}_r(\rho_r) \otimes \boldsymbol{\Sigma}_c(\rho_c))$$

本模型估算的方差分量结果如下：

```
Model_Term                          Gamma          Sigma    Sigma/SE   % C
 units                        150 effects
 Residual              SCA_V  150   1.00000      4927.86        2.72   0 P
 ar1v(row).ar1(column)        150 effects
 row                    AR_R    1  0.684339     0.684339        6.68   0 P
 row                    AR_V    1   9.36413      46145.1        2.73   0 P
 column                 AR_R    1  0.844093     0.844093       12.31   0 P
```

第一项是独立分布的测量误差或块金方差，第二项是遵循 AR1×AR1 分布的误差方差组分，之后是空间相关系数。请注意，测量误差 units 比空间误差小一个数量级，表明大部分的误差效应是空间相关的。此外，与模型 7 相比，模型 8 的空间相关系数都变大了，这是由于将误差分为空间相关部分和不相关部分，因此空间相关部分的误差效应具有更强的相关性。

比较模型 7、模型 8 的误差方差，可发现模型 8 的误差方差大幅度增加，但平均 SED 变化不大。同样，因为品系均值比较的精确度考虑了误差之间的相关，当这些相关变得更正相关时，它们就抵消了误差分量的增大。品系 F 值有所下降，这导致一个问题：模型 8 是否真是更好的模型。可对独立误差 units 的显著性进行正式检验，模型 7 是模型 8 的降阶嵌套模型，并且它们相差一个参数，因此，似然比法检验值约为 6(自由度为 1)，得到 p 值小于 0.05。所以 units 显著改善了模型，即使它稍微降低了品系比较的精确度。半方差图没有明显变化，但热图显示模型 7 中观察到的误差片块的平滑趋势增强了。再次出现这种情况，是因为模型 8 估计的空间相关更高，这意味着它拟合了相邻小区之间强烈的正相关。

7.4.9 模型 9——单向空间相关

代码示例 7.1(续) 大麦数据的空间分析(*Code 7-1_SpatialAnalysis.as*)

```
!PART 9 # ID x AR1 + units
yield ~ mu variety !f mv   !r units
     residual idv(row).ar1(column)
predict variety
```

模型 7 的结果表明行列两方向的空间相关值都是强烈、显著的。因此，没有理由剔除其中任何一个相关。但为了演示目的，此处展示了一个降阶模型，将 $\boldsymbol{R}$ 矩阵中的 AR1×AR1 结构替换为 ID×AR1 结构，后者的含义是误差相关仅基于列方向的小区间距。

上述代码指定了一个二维误差空间结构，但仅在列方向上有空间相关，行方向是独立的(ID)，即该误差为 $\sigma_e^2 \boldsymbol{I}_{10} \otimes \boldsymbol{\Sigma}_c(\rho_c)$。

本模型的方差分量结果如下：

```
Model_Term                                  Gamma         Sigma   Sigma/SE    % C
 units                   IDV_V  150  0.101193E-06  0.431239E-02     0.00     0 B
 idv(row).ar1(column)           150 effects
 Residual                SCA_V  150    1.00000        42615.5       4.66     0 P
 column                   AR_R    1  0.731845       0.731845       11.78     0 P
```

比较模型 8、模型 9，很明显，剔除行方向的空间相关显著降低了模型的拟合度，因此，无须再考虑 ID×AR1 结构。我们选择模型 8 作为最终模型，并使用 predict 语句估计品系均值。

7.5 空间模型的遗传力

在上述的大麦例子中，假定品系是固定效应，其目的在于比较品系均值和选择预期的品系。如果目的是关于群体遗传参数的估计，如方差分量、遗传力和遗传相关，则应将品系效应作为随机效应。然而，空间相关误差模型引入了遗传力估计的复杂性，因为之前已看到相关误差模型可更好地拟合数据，但误差方差更大。传统的遗传力估计只使用方差分量，并忽略误差效应之间的相关性，因此，如果误差方差增大，则遗传力估计值将降低。直觉上，育种家不会喜欢遗传力较低的模型。在这种情况下，我们展示的另外一种遗传力估计量更适合，它将更好地反映误差相关模型的选择有效性。

作为演示，我们将比较另外两个模型，并把品系拟合为随机效应。第一个模型(模型 10)，将 rep 作为随机因子，并指定误差为 IID 结构；第二个模型(模型 11)，剔除 rep 效应，并将误差指定为 AR1×AR1 结构+ units IID 结构。

模型 10 和模型 11：variety 随机效应，并带有 rep 和 IID 误差或 AR1×AR1 +units 误差结构

```
!PART 10 # 类似模型 2,   rep 随机效应, IID 误差
yield ~ mu !f mv   !r rep variety
residual units
predict variety
VPREDICT !DEFINE
F pheno_plt variety + units
F pheno_lm variety + units*0.167
H H_plt variety pheno_plt
H H_lm variety pheno_lm

!PART 11 # AR1 x AR1 + units
yield ~ mu !f mv   !r variety units
residual ar1(row).ar1(column)
predict variety
VPREDICT !DEFINE
F pheno_plt variety + units + Residual
F pheno_lm variety + units*0.167 + Residual*0.167
H H_plt variety pheno_plt
H H_lm variety pheno_lm
```

上述两个模型，均通过 VPREDICT 语句来估计小区遗传力(H_plt)和品系均值遗传力(H_lm)。对于模型 10，小区表型方差等于品系方差和误差方差之和；对于模型 11，小区表型等于品系方差、块金方差 units 和剩余方差之和。

模型 10 的.*asr* 结果如下：

```
 7 LogL=-869.009     S2=  34921.        148 df   0.2678     0.3415
        - - - Results from analysis of yield - - -
Akaike Information Criterion     1744.02 (assuming 3 parameters).
Bayesian Information Criterion   1753.01

Model_Term                         Gamma         Sigma   Sigma/SE   % C
rep                   IDV_V    6  0.267832      9352.85      1.37   0 P
variety               IDV_V   25  0.341482      11924.8      2.30   0 P
units                        150 effects
Residual              SCA_V  150   1.00000      34920.6      7.71   0 P
```

模型 11 的*.asr*结果如下：

```
 14 LogL=-822.656     S2=  5195.6        148 df

        - - - Results from analysis of yield - - -
Akaike Information Criterion     1655.31 (assuming 5 parameters).
Bayesian Information Criterion   1670.30

Model_Term                         Gamma         Sigma   Sigma/SE   % C
variety               IDV_V   25   3.00375      15606.4      3.09   0 P
units                        150 effects
Residual              SCA_V  150   1.00000      5195.63      2.90   0 P
ar1v(row).ar1(column)        150 effects
row                    AR_R    1  0.694427     0.694427      6.91   0 P
row                    AR_V    1   8.76859      45558.4      2.68   0 P
column                 AR_R    1  0.845976     0.845976     12.38   0 P
```

由于两个模型都没有固定效应，因此可用似然值和 AIC/BIC 值进行比较。很显然，根据所有评判准则，模型 11 是更好的拟合模型。当通过方差分组估计遗传力时，会发现模型 11 的遗传力比较低，这是因为来自误差相关模型的误差更大。

模型 10 的*.pvc* 文件结果：

```
        - - - Results from analysis of yield - - -

  1 rep                               V    6       9352.85          6826.90
  2 variety                           V   25       11924.8          5184.70
units                       150 effects
  3 units;Residual                    V  150       34920.6          4529.26
  4 pheno_plt  2            46845.    6366.5
  5 pheno_lm  2             17757.    5129.1
    H_plt        = variety  2/pheno_pl  4=      0.2546     0.0895
    H_lm         = variety  2/pheno_lm  5=      0.6716     0.1040
```

模型 11 的*.pvc* 文件结果：

```
  1 variety                           V   25       15606.4          5050.62
units                       150 effects
  2 units;Residual                    V  150       5195.63          1791.60
ar1v(row).ar1(column)       150 effects
  3 ar1v(row).ar1(column);ar1v(row)   R    1     0.694427         0.100496
  4 ar1v(row).ar1(column);ar1v(row)   V    1      45558.4          16999.4
  5 ar1v(row).ar1(column);ar1(column) R    1     0.845976         0.683341E-01
  6 pheno_plt  1            66360.    18124.
  7 pheno_lm  1             24082.    5824.3
    H_plt        = variety  1/pheno_pl  6=      0.2352     0.0848
    H_lm         = variety  1/pheno_lm  7=      0.6480     0.1075
```

如前所述，对这种明显矛盾的解释是，模型 11 的品系均值差异方差实际上更小，因为相关误差引入了从方差组分[式(7.9)]中减去的协方差。两个品系均值差异的标准误涉及块金方差加上空间方差并减去这两个品系小区误差间的平均协方差。如果忽略空间方差，只使用 units 方差，将低估表型方差；如果包含空间方差，但不考虑误差效应间的协方差，则高估了表型方差。为适当考虑相关误差，应使用另一种方法来估计遗传力，以适用于复杂的误差结构和不平衡的试验设计(Cullis et al., 2006; Piepho and Möhring, 2007)：

$$H_c = 1 - \frac{\bar{V}_{\text{BLUP\_difference}}}{2\hat{\sigma}_G^2} \tag{7.8}$$

其中，$\bar{V}_{\text{BLUP_difference}}$是成对品系 BLUP 差异的平均方差；$\hat{\sigma}_G^2$是品系的遗传方差。

请注意，这个遗传力的定义与第 2 章、第 4 章介绍的育种值预测的可靠性及其精确度的平方根[式(4.25)]有关。随机效应预测的可靠性是效应 u 预测值和真实值间的相关平方，可用**预测误差方差(prediction error variance，PEV)**和遗传方差分量的函数(Mrode, 2014)来估计：

$$\hat{r}_{g,\hat{g}}^2 = 1 - \frac{\text{PEV}}{\hat{\sigma}_g^2} \tag{7.9}$$

在第 4 章中，用上述方程的具体形式来获得育种值预测的准确性。本例中，品系效应对应于近交基因型，不能被解释为育种值，但是可以使用相同的通用公式。对所有测试基因型的平均可靠性的期望是广义遗传力，适用于预测基于 BLUP 基因型的选择响应(Piepho and Möhring, 2007)：

$$E\left(\hat{r}_{g,\hat{g}}^2\right) = \frac{\sigma_g^2}{\sigma_P^2} = h^2 E\left(\hat{r}_{g,\hat{g}}^2\right) = \frac{\sigma_g^2}{\sigma_P^2} = h^2 \tag{7.10}$$

为理解式(7.10)和式(7.11)之间的关系，注意预测差异的平均标准误差(使用预测指令从 ASReml 获得)与不相关误差和 PEV 之间的关系：

$$\text{SE of prediction differences} = \sqrt{\text{Var}(\text{BLUP\_differences})} = \sqrt{\text{Var}\left(\hat{Y}_i - \hat{Y}_{i'}\right)} = \sqrt{2\text{Var}\left(\hat{Y}\right)_i} = \sqrt{2\text{PEV}}$$

将预测差异的平均标准误差代入可靠性公式可得

$$1 - \frac{\text{PEV}}{\hat{\sigma}_g^2} = 1 - \frac{\left(\text{SE of prediction differences} / \sqrt{2}\right)^2}{\hat{\sigma}_g^2} = 1 - \frac{\hat{V}_{\text{BLUP\_difference}}}{\widehat{2\sigma_g^2}}$$

ASReml 提供了品系预测之间差异的平均标准误差[式(7.11)中 $\hat{V}_{\text{BLUP\_difference}}$ 的平方根]，在预测输出文件(*.pvs*)的最后一行。

模型 10 的品系 BLUP 间差异的平均标准误如下：

SED: Overall Standard Error of Difference 88.68

模型 11 的品系 BLUP 间的平均标准误如下：

SED: Overall Standard Error of Difference 57.92

这些值是品系 BLUP 差异的平均方差的平方根，是遗传力 Cullis 估计量所需的。

对于模型 10，可得

$$H_c = 1 - \frac{\bar{V}_{\text{BLUP\_difference}}}{\widehat{2\sigma_G^2}} = 1 - \frac{88.68^2}{2(11924.8)} = 1 - 0.33 = 0.67 \tag{7.11}$$

请注意，在平衡数据和 IID 误差的情况下，这种遗传力估计与传统的基于方差分量估计的品系均值遗传力是相同的。

对于模型 11，估计的品系均值遗传力为

$$H_c = 1 - \frac{\bar{V}_{\text{BLUP\_difference}}}{\widehat{2\sigma_G^2}} = 1 - \frac{57.92^2}{2(15603.4)} = 1 - 0.11 = 0.89 \tag{7.12}$$

来自 AR1×AR1 模型的品系均值的广义遗传力大幅度提高了，这与其为更优模型的结果相一致。使用 $\bar{V}_{\text{BLUP\_difference}}$ 的广义遗传力(0.89)也高于从模型 11(*.pvc* 文件)获得的遗传力估计(0.648)。对于非 IID 误差结构模型，Cullis 等(2006)提出的空间分析遗传力估计量优于基于方差分量估计的遗传力，因为空间误差相关是正相关时，基于方差分量估计的遗传力会向下偏差(遗传力偏低)。

请注意，如果要求跨重复(模型 10)或在行和列(模型 11)的实测水平上进行平均条件预测，也可以通过计算品系的平均可靠性来获得正确的遗传力估计值。边际预测本身很好，但是它们的标准误差太大，因为它们包括因跨重复(或者跨行和列)的变异而导致的变异。边际预测可通过下述 predict 语句获得：

```
!PART 10 #品系、 rep 为随机效应, IID 误差
yield ~ mu !f mv    !r rep variety
    residual units
predict variety   # 边际预测

!PART 11 #品系、AR1 x AR1 为随机效应, IID 块金误差
yield ~ mu !f mv    !r variety ar1(row).ar1(column)
    residual units
predict variety   # 边际预测
predict variety row 0 column 0   # 边际预测
```

对于模型 10，前三个品系的边际预测是：

品系	预测值	标准误差	Ecode
1	1291.0009	74.4751	E
2	1494.2845	74.4751	E
3	1461.4679	74.4751	E
...			
SED: Overall Standard Error of Difference 88.68			

对于模型 11，前三个品系的边际预测是：

品系	预测值	标准误差	Ecode
1	1262.242	98.4421	E
2	1510.4295	98.435	E
3	1403.2221	98.7673	E
...			
SED: Overall Standard Error of Difference 57.92			

请注意，如果忽略 predict 语句中的行列效应("predict variety")或者如果在行列的"0"水平进行预测("predict variety row 0 column 0")，将会得到相同的边际预测和标准误。

条件预测是通过在其他随机效应的平均水平上明确请求它们的值来获得的：

```
!PART 10 #品系、 rep 为随机效应, IID 误差
.....
predict variety !AVERAGE rep   # 边际预测

!PART 11 #品系、AR1 x AR1 为随机效应, IID 块金误差
.....
predict variety !AVERAGE row column   # 边际预测
```

请注意，上述代码获得了模型 10 的相同预测结果以及品系差异的平均标准误差，但个体条件预测的标准误差变低。

模型 10 的条件预测：

品系	预测值	标准误差	Ecode
1	1291.0009	63.1485	E
2	1494.2845	63.1485	E
3	1461.4679	63.1485	E
...			
SED: Overall Standard Error of Difference 88.68			

请注意，单个品系预测的标准误差几乎都是相同的；它们的均值(63.31)乘以 $\sqrt{2}$ 约等于品系预测差异的总标准误(88.68)。同样，如果计算每个品系 i 的可靠性为

$$\hat{r}^2_{gi,\widehat{gi}} = 1 - \frac{\text{PEV}_i}{\hat{\sigma}_g^2} = 1 - \frac{(\text{SE}_i)^2}{11\,924.8} \tag{7.13}$$

则模型 10 的可靠性平均值为 0.66，几乎等于式(7.11)的估计结果。

从模型 11 获得的条件预测与忽略行列因子的预测值不同，因为其对行列水平进行平均：

品系	预测值	标准误差	Ecode
1	1288.4823	40.9721	E
2	1536.6699	42.1394	E
3	1429.4624	40.7044	E
...			
SED: Overall Standard Error of Difference 57.92			

但是，品系预测间的相对差异仍是相同的(与边际预测相比，它们都增加了 26.24)，差异的总标准误没有改变。然而，对于条件预测，个体预测标准误差比来自相同模型的边际预测要低得多，并且它们的平均值比差异的总标准误约大 $\sqrt{2}$ 倍。模型 11 的品系预测的平均可靠性等于之前获得的遗传力 Cullis 估计量：

$$\hat{r}^2_{gi,\widehat{gi}} = 1 - \frac{(\text{SE}_i)^2}{15\,604.2} = 0.89$$

其中，SE_i 是品系预测的平均标准误(41.4278)。

(林元震 译，丁昌俊　林元震 校)

第 8 章 多环境试验分析

8.1 摘要

栽培品种(**cultivar**)在种植时可能要面临不同的环境条件，因此大多数植物育种**田间测定**(**field test**)都是在这些不同环境中重复进行，以测量育种群体在一定范围的环境条件下的表现。**多环境试验**(**multi-environment trial，MET**)提供了基因型对特定环境或环境组的**适应性**(**adaptability**)的信息。上文章节中介绍的方差-协方差结构可用于在多环境试验中拟合基因型与环境互作效应。由于完全拟合多环境试验模型所需的参数数量比环境数增加更快，因此当环境数较大时，更**简约的模型**(**parsimonious model**)是首选。本章比较了**非结构化矩阵**(**unstructured matrix**)和更简约的模型，前者涉及每个环境中遗传方差的独立参数以及两两环境之间的**遗传相关**(**genetic correlation**)，后者如**因子分析结构**(**factor analytic structure**)，参数要求更少。因子分析结构通常不需要非常复杂的模型就可以有效地捕获基因型与环境互作模式。

8.2 简介

在多环境试验(MET)中，一组基因型或家系在多个环境中进行试验。其目的是：在不同环境下比较基因型表现，确定广泛适应于这些测定环境的基因型，或者鉴定部分测定环境中的**优异基因型**(**superior genotype**)。如果无法获得**广泛适应型**(**broad adaptation**)，则育种家可以优先选择在部分环境中表现优异的不同基因型。MET 数据的正确分析不仅可以揭示哪些基因型在全部或部分环境中“表现最优”，而且还可以通过**基因型与环境互作**(**genotype by environment, G×E**)的**模式**(**pattern**)揭示环境之间的关系。这些信息可通过鉴定高度相关的**环境群**(**clusters of environment**)来提高**育种计划**(**breeding program**)效率，环境群可能表示相似环境下的**过采样**(**oversampling**)。

除了使用 MET 估计 G×E 互作外，在实际应用方面，MET 还能降低由环境灾难导致的遗传材料丢失的风险。在许多情况下，育种家先利用在一定年份内可获得的部分材料进行测试，当有新材料可用时，再建立新的田间试验。部分多年份使用的遗传材料(如“对照”品种)可用作系列(多年)测定之间的连接。随时间变化建立起来的一系列田间试验也属于 MET。

对于产量和**生长性状**(**growth trait**)，在自然环境中经常观察到巨大差异。这是因为土壤肥力、降水、温度和病原体感染等方面的差异。对于**多年生**(**perennial**)的物种，可能会引入其他变异，因为测定年龄可能在自然环境中不同。例如，不同的**生长率**(**growth rate**)可能导致显著的 G×E 互作，即使**基因型排序**(**genotype rank**)在环境中没有变化，但**基因型方差**(**genotypic variance**)大小在环境中有差异(Cooper and DeLacy, 1994;

Cockerham, 1963）。这是 G×E 互作的一种形式，只是由**尺度效应（scale effect）**引起的，不会影响**育种增益（breeding gain）**。

忽略方差的**异质性（heterogeneity）**可能在育种值的预测和遗传方差的估计中引入偏差，特别是如果**育种单位（breeding unit）**未在所有环境中重复试验（Hill，1984）。考虑数据的异质性能提高**评估准确性（accuracy of evaluation）**。在作物试验和林木田间测定中，同一年内各试验点间数据可能是平衡的，在混合模型中考虑误差方差的异质性，通过对误差方差较小的环境给予更大的权重，可以改善**基因型预测（genotype prediction）**。

早期使用**普通最小二乘法（ordinary least squares）方差分析**（ANOVA）不容易处理这些问题，但混合模型的灵活性允许拟合复杂的**多环境模型（multi-environment model）**，其可考虑各试验点间不同的误差方差和基因型方差。此外，混合模型方法允许建模环境间的**成对遗传相关（pairwise genetic correlation）**，这比传统方差分析中假设所有成对环境间具有一个**共同相关值（common correlation）**更现实。

8.2.1　多环境试验分析的一般方法和注意事项

根据试验地点的数量，可执行一步法或两步法 MET 分析。**一步分析法（one-stage analysis）**是首选，但如果试验量大，则可能行不通。**两步分析法（two-stage analysis）**的分析过程如下：

• 对每个地点的数据分别分析，以检查数据质量、估计均值和方差。即便使用一步分析法，我们建议也要执行这一步。

• 如果小区的田间位置坐标可用，则选择每个地点的最优**空间模型（spatial model）**并预测品系的**地点特异基因型值（site-specific genotype values）**。

• 在文件中保存基因型预测值及其标准误差。

• 基于每个地点预测值，执行多点的**合并分析（combined analysis）**。在合并分析中，可固定一些或大部分的方差，以帮助**模型收敛（model convergence）**。

• 第二步可以利用第一步得到的预测方差值的倒数进行加权（Welham et al.，2010）。

随着计算能力的提高，一步分析法已可用于大数据集。ASReml 方便在多环境一步分析法中对不同地点拟合环境内非遗传效应和变异的不同模型。地点之间的差异可以包括：①不同的田间设计和协变量；②地点内的不同空间模型；③地点间的异质方差。

如果地点较少、遗传材料较多，使用非结构化（US）协方差矩阵拟合成对地点间的遗传相关是可行的。对于 s 个环境，US 协方差模型需要 s 个环境内遗传方差和 $s(s-1)/2$ 个**成对环境间协方差（pairwise environment covariance）**。如果地点很多，估计的参数量将变得非常大。在这种情况下，因子分析（FA 或 XFA）模型通常更适用于拟合复杂的 **G×E** 模式，因为它们更简约，涉及更少的参数估计。ASReml 还允许将一些方差和相关值固定在理论临界值，以帮助模型收敛。对于给定的 MET 数据集，我们可以考虑利用越来越复杂的方差-协方差结构的**多层次模型（hierarchy of model）**估计误差效应（$\boldsymbol{R}$ 矩阵）和基因型-环境效应（$\boldsymbol{G}$ 矩阵）。像田间试验的空间分析一样，MET 分析的主要重点是选择最佳拟合模型（同时避免过拟合）来考虑异质性，并预测遗传材料的高置信度育种值。

MET 分析中可用的典型 **R** 结构包括：

· **IDV** 结构：所有地点一个共同误差方差；

· **DIAG** 结构：各地点的异质误差方差；

· **AR1** 结构：异质空间相关 R 结构，每个地点具有特定的误差方差和二维空间误差相关模式。

MET 分析中常用的 **G** 结构包括：

· **DIAG** 结构：每个地点都有特定的遗传方差，但地点间没有相关，**G** 结构有 1 个参数；

· **CORUV** 结构：在地点间和地点内遗传方差间的遗传相关是恒定的，**G** 有两个参数。下文表明，这是多点模型的经典 ANOVA 结构。这种结构也称为复合对称结构。

· **CORUH** 结构：成对地点间的遗传相关是恒定的，但地点内遗传方差间的遗传相关是不同的(有 $1+s$ 个参数)。如果有 $s=10$ 个地点，则需要 $1+s=11$ 个参数。

· **US 结构**：非结构化的协方差和异质方差，每个地点都有特定的遗传方差，每对地点有特定的协方差，有 $s\times(s+1)/2$ 个方差参数。对于 10 个地点，则 $10\times(10+1)/2=55$，需要 55 个方差参数。

· **CORGH 结构=US 结构**：这也是一个完全异质的遗传相关和方差结构，所以等同于 US 结构，但它的参数化是使用环境间的相关系数，而不是协方差。

· **FA*n* 和 XFA*n* 结构**：因子分析和扩展因子分析模型，可拟合异质的地点内遗传方差和特定的环境间成对相关系数，但相关值被约束，仅捕获数据中的前 n 个多变量因子。这需要 $s(k+1)-k(k-1)/2$ 个参数，其中 k 是建模因子数。对于 10 个地点，FA1 模型需要 20 个参数估计。与 US 结构和 CORGH 结构相比，参数量大大减少了。

8.3　统计模型

对于 s 个地点(每个地点有 b 个完全区组)、m 个基因型的**交叉分类设计(cross-classified design)**，传统方差分析模型如下：

$$Y_{ijkl}=\mu+E_i+G_j+\mathrm{GE}_{ij}+\mathrm{B(E)}_{ik}+\varepsilon_{jikl} \tag{8.1}$$

其中，μ 是总体均值；E_i 是地点 i 的固定效应；G_j 是基因型 j 的随机效应，$G_j\sim N(0,\sigma_G^2)$；GE_{ij} 是基因型 j 与地点 i 互作的随机效应，$\mathrm{GE}_{ij}\sim N(0,\sigma_{\mathrm{GE}}^2)$；$\mathrm{B(E)}_{ik}$ 是区组 k 与地点 i 互作的随机效应，$\mathrm{B(E)}_{ik}\sim N(0,\sigma_B^2)$；$\varepsilon_{ijkl}$ 是误差效应，与地点 i、区组 k、基因型 j 和试验单位 l 相关，$\varepsilon_{ijkl}\sim N(0,\sigma_e^2)$。

根据方差分析，可以估算方差分量，并可计算特定地点和所有环境下的基因型均值。需要强调的是，该模型假定不同效应间不相关。基于上述假设，对于两个不同地点(i 和 i')，基因型间的协方差如下：

$$\mathrm{Cov}(Y_{ij.},Y_{i'j.})=\mathrm{Cov}(G_{j'},G_j)+\mathrm{Cov}(\mathrm{GE}_{ij},\mathrm{GE}_{i'j})=\sigma_{\mathrm{G}}^2+0=\sigma_{\mathrm{G}}^2 \tag{8.2}$$

其中，Y_{ij}、$Y_{i'j'}$ 是基因型 j 在两个环境下的表型值；G_j、$G_{j'}$ 是基因型 j 的遗传值，在两个地点下相同；GE_{ij}、$\mathrm{GE}_{i'j'}$ 是基因型 j 与地点的互作效应。根据定义，基因型 j 效应与它自身的协方差是基因型效应的方差。基因型 j 与两个不同地点的互作效应之间的协方差为零。因此，基因型 j 在两个地点的协方差就是基因型方差（σ_{G}^2）。单个环境下基因型真实值的方差(无测量误差)如下：

$$\mathrm{Var}(Y_{ij.})=\mathrm{Var}(G_j)+\mathrm{Var}(\mathrm{GE}_{ij})=\sigma_{\mathrm{G}}^2+\sigma_{\mathrm{GE}}^2 \tag{8.3}$$

所以，同一基因型在任意两个地点中的真实值之间的相关系数如下：

$$r(Y_{ij},Y_{i'j})=\frac{\mathrm{Cov}(Y_{ij},Y_{i'j})}{\sqrt{\mathrm{Var}(Y_{ij})\mathrm{Var}(Y_{i'j})}}=\frac{\sigma_{\mathrm{G}}^2}{\sqrt{(\sigma_{\mathrm{G}}^2+\sigma_{\mathrm{GE}}^2)(\sigma_{\mathrm{G}}^2+\sigma_{\mathrm{GE}}^2)}}=\frac{\sigma_{\mathrm{G}}^2}{\sigma_{\mathrm{G}}^2+\sigma_{\mathrm{GE}}^2} \tag{8.4}$$

式(8.4)的比值 $\sigma_{\mathrm{G}}^2/(\sigma_{\mathrm{G}}^2+\sigma_{\mathrm{GE}}^2)$ 有时称为 B 型遗传相关(Burdon, 1977)。通常，**B 型遗传相关(type B genetic correlation)**是指家系均值在不同地点下的表现一致性(Yamada, 1962)。该比值范围为 $0\leqslant r_{\mathrm{B}}\leqslant 1$。当 $r_{\mathrm{B}}=0$ 时，则基因型在不同地点下的表现完全不同；当 $r_{\mathrm{B}}=1$ 时，基因型在不同地点下的表现完全一致(Burdon, 1977)。如果分别分析两个地点并估计这两个测试地点的家系育种值，则家系育种值之间的**积差相关(product-moment correlation)**将与 r_{B} 类似。

因此，该模型假设所有地点内基因型方差是相等的（$\sigma_{\mathrm{G1}}^2=\sigma_{\mathrm{G2}}^2=\sigma_{\mathrm{G3}}^2=\cdots=\sigma_{\mathrm{G}s}^2$），以及所有地点之间的成对基因型相关是相同的($r_{12}=r_{13}=r_{23}=\cdots=r_{(s-1)s}$)。而混合模型方法允许放宽这些假设，但混合模型形式上要做到这一点，可能不会很明显，因为它将基因型和基因型与环境互作组合为嵌套于地点的基因型的单一**复合模型因子(compound model factor)**：$\mathrm{G(E)}_{ij}$。所以，这种做法可允许指定地点内基因型方差模式和地点间共同基因型效应的相关结构。首先指定嵌套混合模型：

$$Y_{ijkl}=\mu+E_i+\mathrm{G(E)}_{ij}+\mathrm{B(E)}_{ik}+\varepsilon_{jikl} \tag{8.5}$$

上述各项的含义与交叉分类模型[式(8.1)]一样，但把 G_j 和 GE_{ij} 组合为单一因子 $\mathrm{G(E)}_{ij}$。假设 $\mathrm{G(E)}_{ij}$ 是**独立同分布(IID)**，则 $\mathrm{G(E)}_{ij}\sim N(0,\sigma_{\mathrm{G(E)}}^2)$。在此假设下，不同地点间的同一基因型值协方差为零：

$$\mathrm{Cov}(Y_{ij},Y_{i'j})=\mathrm{Cov}[\mathrm{G(E)}_{ij},\mathrm{G(E)}_{i'j}]=0 \tag{8.6}$$

地点内基因型真实值的方差仅是交叉分类模型定义的基因型与环境互作方差，即

$$\mathrm{Var}(Y_{ij})=\mathrm{Var}(\mathrm{G(E)}_{ij})=\sigma_{\mathrm{GE}}^2 \tag{8.7}$$

当然，独立同分布假设通常比上文提及的交叉分类模型更糟，但是这种形式写出的模型和使用混合模型分析给予了很大的灵活性，可指定一系列备择假设和模型形式。例如，可通过改变复合效应 $\mathrm{G(E)}_{ij}$ 的方差-协方差结构，使模型等效于交叉分类分析模型，这样在所有地点间有一个共同的方差和一个共同的协方差(本例中 3 个地点)：

$$\mathrm{Cov}(Y_{ij}, Y_{i'j})=\mathrm{Cov}[\mathrm{G(E)}_{ij}+\mathrm{G(E)}_{i'j}]=\sigma_{\mathrm{G}}^2$$

$$\mathrm{Var}\left[\mathrm{G(E)}_{ij}\right]\sim\begin{bmatrix}\sigma_{\mathrm{G(E)}}^2 & \sigma_{\mathrm{G}}^2 & \sigma_{\mathrm{G}}^2\\ \sigma_{\mathrm{G}}^2 & \sigma_{\mathrm{G(E)}}^2 & \sigma_{\mathrm{G}}^2\\ \sigma_{\mathrm{G}}^2 & \sigma_{\mathrm{G}}^2 & \sigma_{\mathrm{G(E)}}^2\end{bmatrix}\otimes \boldsymbol{I}_m=\sigma_{\mathrm{G}}^2 \tag{8.8}$$

其中，$\boldsymbol{I}_m$ 是针对 m 个基因型维度为 $m\times m$ 的**单位矩阵(identity matrix)**。例如，3 个地点，式(8.8)的方差-协方差矩阵维度为 3×3。通过改变该 Kronecker 积中 3×3 矩阵的结构，就可分别允许基因型方差和协方差在地点间和成对地点间不同。例如，从模型复杂性的极端面看，可以允许每个环境有自身的遗传方差和每对环境有自身的协方差。这是环境效应内基因型的非结构化(US)协方差模型，它涉及 6 个特定参数：

$$\mathrm{Var}\left[\mathrm{G(E)}_{ij}\right]=\begin{bmatrix}\sigma_{\mathrm{G(E1)}}^2 & \sigma_{\mathrm{G21}}^2 & \sigma_{\mathrm{G31}}^2\\ \sigma_{\mathrm{G12}}^2 & \sigma_{\mathrm{G(E2)}}^2 & \sigma_{32}^2\\ \sigma_{\mathrm{G13}}^2 & \sigma_{\mathrm{G23}}^2 & \sigma_{\mathrm{G(E3)}}^2\end{bmatrix}\otimes \boldsymbol{I}_m=\sigma_{\mathrm{G}}^2 \tag{8.9}$$

当 MET 涉及大量基因型和环境时，$\boldsymbol{G}$ 矩阵的 US 协方差结构常常不能收敛。例如，涉及 50 个环境试验，非结构化 $\boldsymbol{G}$ 矩阵需要估计 1275 个参数。显然，估计如此大量的参数在计算上难以实现。

MET 的因子分析(FA)协方差结构提供了一种更简约的方法来捕获多地点间协方差的复杂性，同时限定需要估计的参数量(Smith et al., 2001，2005; Thompson et al., 2003)。对于 s 个试验，US 模型估计的参数量为 $p=s(s+1)/2$，而对于 FA 模型，它是 $s(k+1)-k(k-1)/2$，其中 k 是因子数(Thompson et al., 2003)。在 50 个地点和 $k=1$ 因子的情况下，与非结构化模型所需的 1275 个参数相比，可以看到 FA 模型需要估计的参数减少，它仅估计 100 个参数。

US **复合对称模型(compound symmetry model)**可以表示为 FA 模型的特例。例如，如果拟合参数量最大值 $k=s-1$，于是有 $s(s+1)/2$ 个参数，重返 US 模型。另一个极端，可通过拟合 $k=1$ 个因子，迫使地点载荷(下文解释)相等来创建复合对称模型，它仅需要两个参数，一个因子产生环境间的相关，另一个因子用于方差分量(Cullis et al., 2014; Meyer, 2009)。

如果将嵌套在地点内的遗传效应的向量写成 $\boldsymbol{u}_{\mathrm{g}}$，就可设想这些效应被排列为 m 行(m 个基因型)和 s 列(s 个地点)的效应矩阵。概念上，这种效应矩阵可进行因子分析，其中跨环境的基因型效应模式可拟合为基因型效应与一个或少数因子之间的互作，这些互作项可以揭示环境对环境内基因型的表型的影响。FA 模型可以解释为 k 个未知环境协变量的基因型和 GE 效应的**随机回归模型(random regression model)**，其中每个基因型都有自身斜率(基因型分值)，但是有一个共同截距(Crossa et al., 2006)。这些斜率通过用每个因子中每个地点的“载荷”数值来衡量基因型对模型中所用的假定环境因子的敏感性(Piepho et al., 2007; Smith et al., 2005)。在该模型中，地点 i 中基因型 j 的基因型效应(u_{gij})

是 k 个可乘项(**multiplicative term**)的总和(Cullis et al., 2014; Smith et al., 2002):

$$u_{gij} = \lambda_{1i} f_{1j} + \lambda_{2i} f_{2j} + \cdots + \lambda_{ki} f_{kj} + \delta_{ij} \tag{8.10}$$

可乘模型(multiplicative model)中的项包括 λ_{1i},环境 i 在第一个因子的**载荷(loading)**; f_{1j},基因型 j 在第一个因子的遗传效应(**得分 score**); λ_{ki},环境 i 在第 k 个因子的载荷; f_{kj},基因型 j 在第 k 个因子的得分; δ_{ij} 是基于可乘因子模型拟合的环境 i 中基因型 j 的观测遗传效应与其预测值的偏差。因子分析与主成分分析相关,但是 GE 效应矩阵的**主成分分解(principal components decomposition)**根据它们对环境内变异和环境间协方差的解释能力来确定**特征向量(eigenvector)**,而 FA 模型则确定最大限度地解释环境间协方差的因子,并引入一个额外的特殊方差来捕获每个环境内的任何其他变异。

FA 模型根据包含在模型中 k 个因子(可乘项)的数量来命名,如 FA1、FA2 和 FAk。我们的目的是确定一个模型,其可以用尽可能少的因子来准确地描述在环境间和环境内的观测方差-协方差关系。

对于选定 k 个因子的给定数量,不同环境的基因型表现间协方差估计(Smith et al., 2002)为

$$\mathrm{Cov}(Y_{ij}, Y_{i'j}) = \sum_{f=1}^{k} \lambda_{fi} \lambda_{fi'} \tag{8.11}$$

请注意,如果环境间的载荷不同,则会为每对环境产生特定的协方差。环境内基因型效应的方差估计为

$$\mathrm{Var}(Y_{ij}) = \sum_{f=1}^{k} \lambda_{fi}^2 + \sum_{j=1}^{m} \frac{\mathrm{Var}(\delta_{ij}^2)}{m} \tag{8.12}$$

预期方差的第二项是环境 i 内所有 m 个基因型的平均地点特异方差。这是因子载荷未能解释的地点内方差,将被指定为 $\boldsymbol{\psi}_{gi}$ (Smith et al., 2002)。

$$\mathrm{Var}(Y_{ij}) = \sum_{m=1}^{k} \lambda_{mi}^2 + \boldsymbol{\psi}_{gi} \tag{8.13}$$

将环境内基因型效应的向量写成 $m \times s$ 矩阵形式,则有

$$\boldsymbol{u}_g = (\boldsymbol{\Lambda} \otimes \boldsymbol{I}_m)\boldsymbol{f} + \boldsymbol{\delta} \tag{8.14}$$

其中,$\boldsymbol{I}_m$ 是维度为 $m \times m$ 的单位矩阵;$\boldsymbol{\Lambda}$ 是环境载荷矩阵(维度为 $s \times k$);$\boldsymbol{f}$ 是维度 $mk \times 1$ 的基因型得分的向量; $\boldsymbol{\delta}$ 是剩余遗传效应的向量(维度为 $ms \times 1$)。如果基因型效应是带有加性相关矩阵 $\boldsymbol{A}$ 的**加性育种值(additive breeding value)**,则 $\boldsymbol{f}$ 和 $\boldsymbol{\delta}$ 的方差为

$$\mathrm{Var}(\boldsymbol{f}) = \boldsymbol{A} \otimes \boldsymbol{I}_k \tag{8.15}$$

$$\mathrm{Var}(\boldsymbol{\delta}) = \boldsymbol{A} \otimes \boldsymbol{\psi} \tag{8.16}$$

其中,$\boldsymbol{I}_k$ 是 $k \times k$ 单位矩阵; $\boldsymbol{\psi}$ 是 $s \times s$ **对角矩阵(diagonal matrix)**,其中对角元素是地点特异遗传方差(ψ_s)和非对角元素为地点间的零协方差。如果亲缘关系未知且假定家系独

立，则 $\boldsymbol{A}$ 可以用 $\boldsymbol{I}_m$ 替换，或者用其他关系矩阵替换，如第 11 章中描述的基因组关系矩阵。

所有试验中加性基因型效应的方差为

$$\mathrm{Var}\left(\boldsymbol{u}_g\right)=\boldsymbol{G}_g=(\boldsymbol{\Lambda}\boldsymbol{\Lambda}^{\mathrm{T}}+\boldsymbol{\psi})\otimes\boldsymbol{A} \tag{8.17}$$

通常，模型拟合过程先拟合 FA1 模型，然后再拟合更复杂模型（k>1）。由于模型是嵌套的，就可以使用**似然比检验（LRT）**、**赤池信息量准则（AIC）**或者**贝叶斯信息准则（BIC）**来选择模型。在某种程度上，模型收敛可能会阻碍拟合更复杂的模型，这时可停止模型拟合。Smith 等（2014）指出 AIC 和 LRT 可能选择太复杂[**过拟合（overfit）**]的模型，而 BIC 则更多地惩罚模型复杂性，可能会选择在数据中错过一些重要信号的**欠拟合（underfit）**模型。他们建议根据每个独立地点中 k 个因子解释方差的百分比（V_i）和所有地点的平均值（$\bar{V}$）来衡量每个模型的**拟合优度（goodness-of-fit）**，具体如下：

$$V_i=100\frac{\sum_{r=1}^{k}\lambda_{ri}^2}{\sum_{r=1}^{k}\lambda_{ri}^2+\psi_i^2} \tag{8.18}$$

$$\bar{V}=100\frac{\mathrm{tr}(\boldsymbol{\Lambda}\boldsymbol{\Lambda}^{\mathrm{T}})}{\mathrm{tr}(\boldsymbol{\Lambda}\boldsymbol{\Lambda}^{\mathrm{T}}+\boldsymbol{\psi})} \tag{8.19}$$

其中，tr() 是矩阵的迹（对角元素的总和）（Smith et al., 2014）。第一个因子解释尽可能多的环境间基因型表现的协方差；随后的因子独立于先前因子，并对协方差的解释相继减少。Smith 等（2015）提出一个模型，其中大多数环境内变异解释较高，少数环境方差解释较低。这些是有效的诊断指标，但遗憾的是，它们不提供**模型选择标准（model selection criterion）**。拟合因子数的选择仍然很复杂；理想情况下，几个因子就能捕获观测数据中的大部分模式，减少参数量是最佳选择。

8.3.1　ASReml 中配置 FA 模型

在 ASReml 中，FA 模型以协方差形式、相关形式或扩展因子分析（XFAk）形式指定（Gilmour et al., 2014）。在 FA 模型的协方差形式中，方差以地点（环境）的 FA 协方差矩阵和基因型效应相关矩阵（可以是 IDV 或基因型效应的加性或其他关系矩阵）的直积给出。地点的 FA 协方差结构被参数化为 $\boldsymbol{\Lambda}\boldsymbol{\Lambda}^{\mathrm{T}}+\boldsymbol{\Psi}$，其中 $\boldsymbol{\Lambda}$ 是协方差尺度的载荷矩阵。举个例子，在 4 个地点测试 m 个无关基因型的 FA1 模型的协方差矩阵为：

k=1 个因子：

$$\boldsymbol{\Lambda}=\begin{bmatrix}\lambda_{11}\\ \lambda_{12}\\ \lambda_{13}\\ \lambda_{14}\end{bmatrix},\quad \boldsymbol{\Psi}=\begin{bmatrix}\psi_1 & 0 & 0 & 0\\ 0 & \psi_2 & 0 & 0\\ 0 & 0 & \psi_3 & 0\\ 0 & 0 & 0 & \psi_4\end{bmatrix},$$

$$\boldsymbol{G}_g=\left[\boldsymbol{\Lambda}\boldsymbol{\Lambda}^{\mathrm{T}}+\boldsymbol{\psi}\right]\otimes\boldsymbol{I}_m=\begin{bmatrix}\lambda_{11}^2+\psi_1 & \lambda_{11}\lambda_{12} & \lambda_{11}\lambda_{13} & \lambda_{11}\lambda_{14}\\ \lambda_{11}\lambda_{12} & \lambda_{12}^2+\psi_2 & \lambda_{12}\lambda_{13} & \lambda_{12}\lambda_{14}\\ \lambda_{11}\lambda_{13} & \lambda_{12}\lambda_{13} & \lambda_{13}^2+\psi_3 & \lambda_{13}\lambda_{14}\\ \lambda_{11}\lambda_{14} & \lambda_{12}\lambda_{14} & \lambda_{13}\lambda_{14} & \lambda_{14}^2+\psi_4\end{bmatrix}\otimes\boldsymbol{I}_m$$

4 个地点测试 m 个无关基因型的 FA2 模型的协方差矩阵为：

k=2 个因子：

$$\boldsymbol{\Lambda}=\begin{bmatrix}\lambda_{11} & \lambda_{21}\\ \lambda_{12} & \lambda_{22}\\ \lambda_{13} & \lambda_{23}\\ \lambda_{14} & \lambda_{24}\end{bmatrix},$$

$$\boldsymbol{G}_g=\begin{bmatrix}\lambda_{11}^2+\lambda_{21}^2+\psi_1 & \lambda_{11}\lambda_{12}+\lambda_{21}\lambda_{22} & \lambda_{11}\lambda_{13}+\lambda_{21}\lambda_{23} & \lambda_{11}\lambda_{14}+\lambda_{21}\lambda_{24}\\ \lambda_{11}\lambda_{12}+\lambda_{21}\lambda_{22} & \lambda_{12}^2+\lambda_{22}^2+\psi_2 & \lambda_{12}\lambda_{13}+\lambda_{21}\lambda_{22} & \lambda_{12}\lambda_{14}+\lambda_{22}\lambda_{24}\\ \lambda_{11}\lambda_{13}+\lambda_{21}\lambda_{23} & \lambda_{12}\lambda_{13}+\lambda_{21}\lambda_{22} & \lambda_{13}^2+\lambda_{23}^2+\psi_3 & \lambda_{13}\lambda_{14}+\lambda_{23}\lambda_{24}\\ \lambda_{11}\lambda_{14}+\lambda_{21}\lambda_{24} & \lambda_{12}\lambda_{14}+\lambda_{22}\lambda_{24} & \lambda_{13}\lambda_{14}+\lambda_{23}\lambda_{24} & \lambda_{14}^2+\lambda_{24}^2+\psi_4\end{bmatrix}\otimes\boldsymbol{I}_m$$

在 FA 模型的相关参数化中，因子载荷由地点内的遗传方差缩放。现在将载荷矩阵称为 $\boldsymbol{F}$，并且与协方差公式中的 $\boldsymbol{\Lambda}$ 矩阵类似。例如，相关尺度的 FA1 模型为

$$\boldsymbol{F}=\begin{bmatrix}f_{11}\\ f_{12}\\ f_{13}\\ f_{14}\end{bmatrix}=\begin{bmatrix}\dfrac{\lambda_{11}}{\sqrt{\lambda_{11}^2+\psi_1}}\\ \dfrac{\lambda_{12}}{\sqrt{\lambda_{12}^2+\psi_2}}\\ \dfrac{\lambda_{13}}{\sqrt{\lambda_{13}^2+\psi_3}}\\ \dfrac{\lambda_{14}}{\sqrt{\lambda_{14}^2+\psi_4}}\end{bmatrix}$$

积 $\boldsymbol{FF}^{\mathrm{T}}$ 的非对角线元素是环境间的相关系数。然而，$\boldsymbol{FF}^{\mathrm{T}}$ 不是相关矩阵，因为它的对角线元素不等于 1。因此，可通过将对角矩阵添加到 $\boldsymbol{FF}^{\mathrm{T}}$ 的对角元素使其等于 1 来创建相关矩阵 $\boldsymbol{C}$：$\boldsymbol{C}=\boldsymbol{FF}^{\mathrm{T}}+\boldsymbol{E}$，其中 $\boldsymbol{E}$ 是对角矩阵，定义为 $\boldsymbol{E}=\mathrm{diag}(1-\boldsymbol{F}^2)$。

然后就可以生成地点的协方差矩阵 $\boldsymbol{DCD}$，其中 $\boldsymbol{D}$ 是 $s\times s$ 对角矩阵，其元素是每个地点内遗传方差的平方根，即 FA1 模型的 $\boldsymbol{D}_{11}=\sqrt{\lambda_{11}^2+\psi_1}$。于是，地点内基因型的协方差结构为

$$\boldsymbol{G}_g=[\boldsymbol{DCD}]\otimes\boldsymbol{I}_m$$

请注意，FA 相关模型中的 $\boldsymbol{DF}$ 等效于 FA 协方差形式中的 $\boldsymbol{\Lambda}$。类似地，FA 相关形式中的 $\boldsymbol{DED}$ 等于 FA 协方差形式中的 $\boldsymbol{\Psi}$(Gilmour et al., 2014)。

模型参数化的协方差和相关形式可能会有收敛问题，并生成零甚至负的地点特异方差。这会发生，当因子（$\boldsymbol{\Lambda\Lambda}^{\mathrm{T}}$ 或 $\boldsymbol{FF}^{\mathrm{T}}$）单独解释一个地点内的所有方差或预测方差比实际观测方差更多，于是 $\boldsymbol{\Psi}$ 或 $\boldsymbol{E}$ 的一个或多个元素为零或负值。这种情况称为 **Heywood 现象**（Smith et al., 2001）。开发的扩展因子分析（XFA*k*）模型用于避免与 Heywood 现象相关的收敛问题，同时提高了计算效率（Meyer, 2009; Thompson et al., 2003）。XFA 模型与 FA 协方差模型（$\boldsymbol{\Lambda\Lambda}^{\mathrm{T}}+\boldsymbol{\Psi}$）有相同的参数化，但是用于拟合模型的算法不同。公共因子（$\lambda_{ri}f_{rj}$）与特定因子（$\delta_{g_{ij}}$）分开拟合，这导致混合模型方程中的稀疏度较大。此外，如果地点特异方差为零，则将该地点的 $\delta_{g_{ij}}$ 效应设为零，就不会阻碍收敛以估计其他模型效应（Meyer, 2009; Thompson et al., 2003）。在 ASReml 语法中，协方差和相关模型中的参数按载荷 $\boldsymbol{\Lambda}$ 或 $\boldsymbol{F}$ 的顺序指定，然后是**特殊方差（specific variance）**$\boldsymbol{\Psi}$ 或 $\boldsymbol{E}$。相反，在 XFA*k* 模型中，首先指定特殊方差 $\boldsymbol{\Psi}$，然后是载荷 $\boldsymbol{\Lambda}$。

8.4　松树混合授粉 MET 数据分析示例

混合授粉（polymix mating）是用一组树木收集的混合花粉对另一组树木进行授粉，可降低**育种成本（cost of breeding）**。目标是预测**母本育种值（breeding values of female）**，用于**半同胞家系选择（half-sib family selection）**。美国北卡罗来纳州立大学**树木改良计划协作组（cooperative tree improvement program）**在火炬松**第三轮育种（the third cycle breeding）**使用了混合授粉技术，来预测母本的总体表现（McKeand and Bridgwater, 1998）。其中一个遗传测定，对 70 棵树用从另一组 40 棵树采集的混合花粉授粉。杂交子代被认为是母本已知但父本不同的**半同胞家系（half-sibs）**。采用随机完全区组设计，设 20 个区组。每个区组包含每个母本的一个子代；每个地点种植时，各 20 个子代。试验在美国东南部 12 个地点重复进行。height（树高）、volume（材积）、rust（瘤锈病发病率，有=1，无=0）和 stemform（通直度，1~6，1 是最通直）是在 6 年生时测定。部分数据（*Pine_polymix.csv*）如下：

female	male	site	block	height	volume	rust	stemform
16	0	101	18	25.5	0.755 899	0	1
16	0	101	5	21.5	1.087 909	0	4
16	0	101	6	24.5	1.187 434	0	4
16	0	101	3	29	2.150 127	0	5
16	0	101	17	32	2.851 078	0	2
16	0	101	16	27	1.635 601	0	3

8.4.1　各点数据汇总

本节将检查程序是否正确读取数据，并提供各地点的汇总统计。线性模型中仅含有截距、地点的固定效应和母本的随机效应。

代码示例 8.1　松树混合授粉数据分析(*Code 8-1_MET.as*)

```
!ARGS height !RENMAE 2 !OUTFOLDER V: \Book\ch08_met\outputfiles
Title: Polymix progeny tests
 female !I    male !I    site !Iblock !I    height volume rust stemform
polymix.csv !SKIP 1 !DOPART $A !FCON !DDF 2
!PART 1
TABULATE height volumn ~site !COUNT
TABULATE height volumn ~female !COUNT
$B ~ mu site !r female #模型 1
```

- 将以感叹号和空格开始的行里的文本写入主输出文件(*.asr*)。这是一种在输出之前包含注释的方式。
- 我们请求每个地点的 height 制表(TABULATE)。这将生成*.tab* 后缀名的文件，包括 height 的平均值、标准偏差、最小值和最大值以及每个地点的总观测数。第二个 TABULATE 语句生成 female 的汇总统计量。

TABULATE(*Code 8-1_MET1_height.tab*)的输出包含各地点的**描述性统计(descriptive statistics)**。各地点 height 均值的值域为 21.8~29.7。每个地点的观测数范围为 1125～1372。主输出文件*.asr* 中的**近似 *F* 检验(approximate *F*-test)** 如下：

```
                                   Wald F statistics
    Source of Variation            NumDF  DenDF_con    F-inc    F-con   M  P-con
  9 mu                                 1       69.4 79076.11 79076.11   .  <.001
  3 site                              11    15313.2  1205.49  1205.49   A  <.001
```

地点效应较大且显著的 F 值表明地点间差异是显著的。多地点试验(MET)数据的常见现象是，当地点间性状的均值差异显著时，误差方差通常在地点间也可能差异显著。这通常只是一个尺度问题，更大的方差与更大的观测值有关。本例中，所有地点的误差同质[$\varepsilon\sim N(0,\sigma_e^2\boldsymbol{I}_n)$]的默认假设可能不成立。

8.4.2　单点分析获取方差

第二步是分别分析每个地点，以获得地点特异误差方差和遗传方差。每个地点的模型是：$Y_{ijk}=\mu+B_i+G_j+\varepsilon_{ijk}$，其中 B_i 是随机区组效应，G_j 是随机母本效应，ε_{ijk} 是随机误差。在运行 MET 合并分析并尝试拟合已知误差方差时，来自各个地点的方差分量可用作初始参数。对不同地点运行相同模型的一种方法是将"! FILTER site ! SELECT *n*"与!ARGS 组合使用：

代码示例 8.1(续)　松树混合授粉数据分析(*Code 8-1_MET.as*)

```
!ARGS 2 height 1 2 3 4 5 6 7 8 9 10 11 12 !RENAME 3 !OUTFOLDER V: \Book
Title: Multi Environmental Trials
 female !I    male !I    site !I    block !I    height volume rust stemform
polymix.csv !SKIP 1 !DOPART $A
...
!PART2
!FILTER site !SELECT $C
$B ~ mu block !r female
```

- 数据文件名后的参数$A 表示第一个参数("2")将作为$A 替代点(待分析的 PART)。
- 模型中的参数$B 表示第二个参数("height")将作为$B 替代点(待分析的性状)。

- $C 表示程序将在迭代处替换剩余的参数，每次一个(从 1 到 12)。这里$C 表示在当前迭代时筛选数据子集时所选择的地点水平。!FILTER *v* !SELECT *n* 一起用于选择单地点数据进行分析。*v* 是数据字段的数字或名称(本例中为"site")，*n* 是要选择的字段数值。*n* 可以是一个整数(如本示例)或带引号的字符串。这与 SAS 程序使用 BY 语句类似。

为每个地点创建不同的输出文件(文件名包含与 PART、TRAIT 和 SITE 对应的三个变量后缀值)。在输出文件中，可看到地点间遗传方差(值域 0.45~1.48)及误差方差(3.18~11.41)的差异很大。每个地点的区组方差也解释了较大的变异，并应保留在随后的多环境模型中。遗传力估计值范围为 0.28~0.61。现在，可对数据的异质性有所了解，请记住，最终模型应该反映这一点。然而，在联合模型中纳入这种复杂性前，将从最简单的模型开始，即交叉分类的 ANOVA。

8.4.3 模型 3——交叉分类 ANOVA 模型

可以使用传统的交叉分类基因型-环境模型进行多地点的合并分析。随机效应的方差结构(包括误差)是独立同分布(IID)方差。线性模型为 $Y_{ijk} = \mu + S_i + SB_{ij} + F_k + SF_{ik} + \varepsilon_{ijk}$，其中 Y_{ijk} 是地点 i 内区组 j 中母本 k 的子代观测值，S_i 是第 i 个地点效应，SB_{ij} 是嵌套在地点内的随机区组效应，F_k 是母本随机效应，SF_{ik} 是母本与地点互作的随机效应，ε_{ijk} 是与数据点相关联的随机误差。由于本例是**平衡设计(balanced design)**，可以将地点拟合为固定效应，因为我们的兴趣不在于对地点效应或方差做出预测或推断。母本 (female) 是随机因子，因此地点与母本的互作也是随机的，即使地点效应是固定效应。

代码示例 8.1(续)　松树混合授粉数据分析(*Code 8-1_MET.as*)

```
!PART 3
$B ~ mu site  !r  female
site.female  site.block
```

下面给出了*.asr* 输出文件的一小部分：

```
  7 LogL=-3323.03     S2=  7.1215       15379 df

          - - - Results from analysis of height - - -
 Akaike Information Criterion     46654.05 (assuming 4 parameters).
 Bayesian Information Criterion   46684.61

 Model_Term                          Gamma         Sigma    Sigma/SE   % C
 female               IDV_V    70  0.790825E-01  0.563185       5.42   0 P
 site.block           IDV_V   240  0.130773      0.931300       9.53   0 P
 site.female          IDV_V   840  0.244968E-01  0.174454       5.95   0 P
 Residual            SCA_V 15391   1.00000       7.12148       84.68   0 P
```

- 所有方差分量看起来都是显著的，因为它们都至少是其标准误的 2 倍(Sigma/SE 栏)。

8.4.4 模型 4——复合对称结构

可以将因子家系-环境模型修改为家系内嵌套于环境的模型：$Y_{ijk}=\mu+S_i+SB_{ij}+SF_{ik}+\varepsilon_{ijk}$，其中除了删除家系主效应外，模型项与模型 3 相同，现在家系效应嵌套在地点内。通过将**复合对称模型**(coruv **G**结构)拟合到嵌套的site.female效应来恢复模型等效于**交叉分类ANOVA 模型**。该模型拟合地点内相同的遗传方差和地点间相同的**成对相关(pairwise correlation)**。假定在地点效应内家系的相同方差(coruv)和成对地点间的相同相关(coruv)或协方差。ASReml 中模型为：

代码示例 8.1(续)　松树混合授粉数据分析(*Code 8-1_MET.as*)

```
!PART 4
! IID and G structure
$B ~ mu site
     !r   coruv(site).id(female) ,
     site.id(block)
# residual at(site).units
```

$$\begin{bmatrix} \sigma^2_{g(e)} & \rho & \rho & \rho \\ \rho & \sigma^2_{g(e)} & \rho & \rho \\ \rho & \rho & \sigma^2_{g(e)} & \rho \\ \rho & \rho & \rho & \sigma^2_{g(e)} \end{bmatrix} \otimes \boldsymbol{I}_m$$

- 右侧示例所示的协方差结构仅用于 4 个地点。
- 模型中没有家系效应，它与地点一起作为复合项(site.female)。

结果输出如下：

```
  8 LogL=-3323.03      S2=  7.1215       15379 df

          - - - Results from analysis of height - - -
 Akaike Information Criterion     46654.05 (assuming 4 parameters).
 Bayesian Information Criterion   46684.61

 Model_Term                           Gamma         Sigma    Sigma/SE   % C
 site.id(block)          IDV_V   240  0.130773     0.931300      9.53   0 P
 Residual               SCA_V 15391   1.00000      7.12148      84.68   0 P
 coruv(site).id(female)          840 effects
 site                    COR_R     1  0.763497     0.763497     16.76   0 P
 site                    COR_V     1  0.103579     0.737639      6.88   0 P
```

- 与 site.female 效应相关的参数标记为地点间的成对相关(成对地点间相同)的"site COR_R"，或者地点内 female 方差分量的"site COR_V"。

来自模型 4 的 COR_R 和 COR_V 估计与来自交叉分类模型(PART 3)的方差分量之间的关系可能并不明显，但它们确实是相同的模型。我们仅仅改变了模型是如何参数化的。请注意，模型 3 和模型 4 的误差 Log*L* 是相同的。回想一下，交叉分类的 ANOVA 模型产生了 female 效应的方差分量估计为 0.5632，female.site 互作效应的方差分量为 0.1744。来自 ANOVA 模型的这两个方差分量的总和(0.5632+0.1744)等于**嵌套模型(nested model)**中复合项 site.female 的方差分量，即 $\mathrm{Var}(Y_{ij})=\mathrm{Var}(\mathrm{G}(\mathrm{E})_{ij})=\sigma^2_{\mathrm{G}}+\sigma^2_{\mathrm{Ge}}$=0.737。此外，从 ANOVA 交叉分类模型估计的 female 与 female 和 site.female 方差分量之和的比值[0.5632/(0.5632+0.1744)= 0.76]等于CORUV 嵌套模型的成对地点间相关估计(COR_R=0.76)。

8.4.5　模型 5——异质的误差效应和区组效应

在上述模型中，我们假设嵌套在地点内的误差和区组有相同尺度的方差结构。然而，在 PART 2 中看到，每个地点分析拟合的模型产生了非常不同的误差方差。因此，检查地点间误差方差的异质性是推荐做法。可对误差方差在地点间相同的零假设进行正式检验，通过拟合**块状对角误差结构** residual sat(site).id(units)，其对每个地点分别拟合误差方差，并将所得的 log likehood 值与模型 3 或模型 4 进行比较。异质 R 结构模型的 Log*L* 为-2909(模型 5)，而同质误差模型的 Log*L*=-3323(模型 4)。似然比检验统计量为 2(-2909-(-3323))=828，自由度为 11（1 个误差方差对比 12 个）。很显然，自由度为 11 的卡方值 828 是显著的($p=0.05$ 时，自由度为 11 的卡方临界值为 19.67)，所以我们可以大胆拒绝地点间误差方差相等的零假设。此外，还可以检验区组方差在地点间相同的假设，通过用模型项 idh(site).block[或等效地，at(site).block]拟合地点内异质区组方差结构。结果是，地点内异质区组方差的模型也显著地更好，所以本章的剩余例子，将使用地点间的异质误差和异质区组方差。接下来，将着重于拟合不同的 **G** 结构来构建地点内家系间的方差-协方差关系。

8.4.6　模型 6——CORUH 结构

模型 4 和模型 5 中遗传效应的复合对称结构 coruv()假定随机基因型和基因型与环境互作效应是恒定的。它只涉及两个遗传参数：方差和相关。这是**欠拟合模型(underfit model)**，将在下面的模型中看到这一点。可通过允许每个地点遗传方差不同来放宽同质 **G** 结构的要求。这是有意义的，因为 female 方差分量在地点间似乎差异较大，PART 2 的每个地点模型得到的值域为 0.45(地点 12)到 1.48(地点 1)。拟合 **CORUH 模型(CORUH model)**的 ASReml 程序为 PART 6，如下：

代码示例 8.1(续)　松树混合授粉数据分析(*Code 8-1_MET.as*)

```
!PART 6
$B ~ mu site
     !r   coruh(site).id(female) ,  ←
          idh(site).block
residual sat(site).id(units)
```

$$\begin{bmatrix} \sigma^2_{g(e)1} & \rho & \rho & \rho \\ \rho & \sigma^2_{g(e)2} & \rho & \rho \\ \rho & \rho & \sigma^2_{g(e)3} & \rho \\ \rho & \rho & \rho & \sigma^2_{g(e)4} \end{bmatrix} \otimes \boldsymbol{I}_m$$

- F(E)$_{ij}$ 效应的 **G** 结构是地点内共同 female 效应的 $s\times s$ 方差-协方差矩阵(尽管上述示例仅显示 4 个位点的矩阵)与单位矩阵(假定母本间不相关)的直积。方差函数 coruh()对 female 效应拟合异质方差结构。coru 表示相同相关，h 表示异质方差。

部分结果如下：

```
 12 LogL=-2850.48     S2=  1.0000        15379 df

         - - - Results from analysis of height - - -
 Akaike Information Criterion     45774.97 (assuming 37 parameters).
 Bayesian Information Criterion   46057.67

 Model_Term                          Sigma         Sigma   Sigma/SE   % C
 sat(site,01).id(units)         1359 effects
 Residual_1              SCA_V 1359    10.1028       10.1028      25.24   0 P
 ...
 sat(site,12).id(units)         1333 effects
 Residual_12             SCA_V 1333    5.43417       5.43417      25.31   0 P
 idh(site).block                 240 effects
 site                   DIAG_V    1   0.225988      0.225988       1.86   0 P
 ...
 site                   DIAG_V   12   0.275270      0.275270       2.37   0 P
```

```
coruh(site).id(female)            840 effects
site                  COR_R    1  0.854856     0.854856      22.52    0 P
site                  COR_V    1    1.18884      1.18884      4.28    0 P
site                  COR_V    2  0.540722     0.540722       4.44    0 P
site                  COR_V    3  0.596009     0.596009       3.73    0 P
...
site                  COR_V   12  0.486363     0.486363       3.79    0 P
```

- 模型 6 的 log*L* 为-2850.48。相对于包含异质的区组和误差方差(结果未显示)的修改后的模型 5，这是实质性改进。

8.4.7　模型 7 和模型 8——US 和 CORGH 结构

模型 6 放宽了方差恒定假设，对地点内的 female 效应拟合了异质方差结构。然而，coruh()模型仍可能受限，因为它假定成对地点间的遗传相关是恒定的。female 效应的方差结构的常见形式是在每个地点中有不同方差，并且成对地点间具有不同的相关(或协方差)。换句话说，拟合 us()和 corgh()结构需要 $p=s\times(s+1)/2$ 个参数。随着地点数量的增加，模型收敛和参数估计可靠性会成为一个问题。因此，不推荐这些结构用于大量地点的多环境模型(Smith et al., 2005)。本例中，地点内 female 效应的这些模型的参数估计量是 78 个。拟合这些模型的 ASReml 代码包括在示例代码文件"*Code 8-1_MET.as*"中，如模型 7 和模型 8 所示。只有模型 8(CORGH 模型)能达到收敛，其 log*L* 为-2804.06、AIC 值为 45812.12、BIC 值为 46591.48。

8.4.8　模型 9——FA1 协方差结构

PART 9 对数据使用协方差参数化拟合 FA1 模型。

代码示例 8.1(续)　松树混合授粉数据分析(*Code 8-1_MET.as*)

```
!PART 9
$B ~ mu site   !r
    facv(site).id(female) ,
    idh(site).block
residual sat(site).id(units)
```

$$\begin{bmatrix} \lambda_{11}^2+\psi_1 & \lambda_{11}\lambda_{12} & \lambda_{11}\lambda_{13} & \lambda_{11}\lambda_{14} \\ \lambda_{11}\lambda_{12} & \lambda_{12}^2+\psi_2 & \lambda_{12}\lambda_{13} & \lambda_{12}\lambda_{14} \\ \lambda_{11}\lambda_{13} & \lambda_{12}\lambda_{13} & \lambda_{13}^2+\psi_3 & \lambda_{13}\lambda_{14} \\ \lambda_{11}\lambda_{14} & \lambda_{12}\lambda_{14} & \lambda_{13}\lambda_{14} & \lambda_{14}^2+\psi_4 \end{bmatrix} \otimes \boldsymbol{I}_m$$

- 复合项 site.female 的方差协方差结构是地点效应的 FA1 矩阵与 female 效应的单位矩阵的直积。如果 female 有可用谱系信息，就可使用 nrm(female)考虑 female 间的遗传关系。

部分*.asr* 输出文件如下：

```
 19 LogL=-2829.63     S2=  1.0000        15379 df

           - - - Results from analysis of height - - -
 Akaike Information Criterion     45755.27 (assuming 48 parameters).
 Bayesian Information Criterion   46122.03

 Model_Term                              Sigma         Sigma   Sigma/SE   % C
 sat(site,01).id(units)          1359 effects
 ...
 idh(site).block                  240 effects
```

```
site                  DIAG_V    1  0.230551        0.230551       1.89    0 P
...
facv(site).id(female)          840 effects
site                 FACV_L  1  1  0.824276        0.824276       5.75    0 P
site                 FACV_L  1  2  0.678819        0.678819       9.31    0 P
site                 FACV_L  1  3  0.720417        0.720417       8.24    0 P
...
site                 FACV_L  1 12  0.675752        0.675752       8.93    0 P
site                 FACV_V  0  1  0.769547        0.769547       3.40    0 P
site                 FACV_V  0  2  0.856234E-01   0.856234E-01    1.73    0 P
site                 FACV_V  0  3  0.669201E-01   0.669201E-01    0.84    0 P
...
site                 FACV_V  0 12  0.126184E-01   0.126184E-01    0.24    0 P
```

$$\Lambda=\begin{bmatrix}\lambda_{11}\\ \lambda_{12}\\ \lambda_{13}\\ \lambda_{14}\\ \vdots\\ \lambda_{112}\end{bmatrix}\qquad \mathrm{diag}(\boldsymbol{\Psi})=\begin{bmatrix}\psi_1\\ \psi_2\\ \psi_3\\ \psi_4\\ \vdots\\ \psi_{12}\end{bmatrix}$$

Covariance/Variance/Correlation Matrix FACV facv(site).id(female

1.45	**0.63**	**0.64**	**0.68**	0.38	0.55	0.68	0.68	0.63	0.68	0.64	0.68
0.56	**0.55**	**0.86**	**0.92**	0.51	0.74	0.92	0.92	0.84	0.92	0.86	0.91
0.59	**0.49**	**0.59**	**0.94**	0.52	0.76	0.94	0.94	0.86	0.94	0.89	0.93
0.61	**0.50**	**0.54**	**0.55**	0.55	0.80	1.00	1.00	0.91	1.00	0.94	0.99
0.36	0.30	0.32	0.33	0.63	0.44	0.55	0.55	0.51	0.55	0.52	0.55
0.58	0.48	0.51	0.52	0.31	0.77	0.80	0.80	0.73	0.80	0.76	0.79
0.77	0.63	0.67	0.69	0.41	0.66	0.87	1.00	0.91	1.00	0.94	0.99
0.62	0.51	0.54	0.56	0.33	0.53	0.71	0.57	0.91	1.00	0.94	0.99
0.67	0.55	0.58	0.60	0.35	0.57	0.76	0.61	0.78	0.91	0.86	0.90
0.61	0.51	0.54	0.55	0.33	0.53	0.70	0.56	0.60	0.56	0.94	0.99
0.81	0.67	0.71	0.73	0.43	0.70	0.92	0.75	0.80	0.74	1.10	0.93
0.56	0.46	0.49	0.50	0.30	0.48	0.63	0.51	0.55	0.50	0.67	0.47

- **FA1 模型**的 log*L* 为−2829.63，与 corgh()模型(模型 8 的 log*L* 为−2804.06)类似，但 FA1 模型对环境内基因型协方差矩阵只需要 24 个参数，相比 us()/corgh()模型则需要 78 个。通过更少的参数捕获方差/协方差结构，FA1 模型比 corgh()模型有更好(较低)的 AIC 值和 BIC 值。
- 在.*asr* 输出文件中，相关尺度的地点载荷标记为"FACV_L"。带有"FACV_V"标签的数值是地点特殊遗传方差($\boldsymbol{\Psi}$ 对角元素)。
- 输出底部的"covariance/variance/correlation matrix"给出了地点内遗传方差以及成对地点间的协方差和相关的估计值。在上述示例输出中，以粗体突出了前 4 个地点的估计值。
- FACV 协方差矩阵的对角线元素可通过载荷平方加上地点特殊方差获得。例如，对于地点 1，方差(covariance/variance/correlation matrix 的元素[1,1])为

$$\sigma^2_{g(e)1}=\lambda^2_{11}+\psi_1=(0.824\,275)^2+0.769\,548=1.45$$

- 请注意，必须将相对较大的额外地点特殊方差添加到地点 1 的载荷平方以获得地点内遗传方差的良好估计。相比之下，对于地点 4，其地点内方差可以通过其载荷平方准确估计，因此其地点特殊方差接近于零。
- 家系表现在地点 1 和地点 2 间的估计遗传协方差(covariance/variance/correlation

matrix)的元素[2,1]仅是它们载荷的乘积：

$$\sigma_{g12}=\lambda_{11}\lambda_{12}=(0.824\,275)\times(0.678\,831)=0.56$$

- 家系表现在地点 1 和地点 2 间的估计遗传相关(covariance/variance/correlation matrix)的元素[1,2]是协方差除以地点内遗传方差乘积的平方根：

$$r_{g12}=\frac{\lambda_{11}\lambda_{12}}{\sqrt{(\lambda_{11}^2+\psi_1)\times(\lambda_{12}^2+\psi_2)}}=\frac{0.56}{\sqrt{(1.45)\times(0.55)}}=0.62$$

本例中，female 效应代表半同胞家系均值，所以遗传方差和协方差估计是加性遗传方差/协方差的 1/4，相关估计是**加性遗传相关(additive genetic correlation)**。

8.4.9　模型 10——FA1 相关结构

PART 10 使用**相关参数化(correlation parameterization)**拟合 FA1 模型。

代码示例 8.1(续)　松树混合授粉数据分析(*Code 8-1_MET.as*)

```
!PART 10
$B ~ mu site  !r  fa(site).id(female)      idh(site).block
residual sat(site).id(units)
```

部分.*asr* 输出文件如下：

```
 19 LogL=-2829.70      S2=  1.0000       15379 df

         - - - Results from analysis of height - - -
 Akaike Information Criterion    45755.39 (assuming 48 parameters).
 Bayesian Information Criterion  46122.15

 Model_Term                          Sigma         Sigma   Sigma/SE   % C
 sat(site,01).id(units)        1359 effects
 Residual_1               SCA_V 1359   9.81099       9.81099     25.20   0 P
 ...
 idh(site).block                240 effects
 site                    DIAG_V    1  0.230549      0.230549      1.89   0 P
 ...
 fa(site).id(female)            840 effects
 fa(site)                 FA_R  1  1  0.684556      0.684556      7.55   0 P
 fa(site)                 FA_R  1  2  0.918126      0.918126     19.63   0 P
 fa(site)                 FA_R  1  3  0.941089      0.941089     14.22   0 P
 fa(site)                 FA_R  1  4  0.998354      0.998354      0.00   0 B
 ...
 fa(site)                 FA_R  1 12  0.986509      0.986509     17.47   0 P
 fa(site)                 FA_V  0  1   1.44765       1.44765      4.34   0 P
 fa(site)                 FA_V  0  2  0.545522      0.545522      4.46   0 P
 fa(site)                 FA_V  0  3  0.584913      0.584913      3.60   0 P
 fa(site)                 FA_V  0  4  0.553160      0.553160      3.84   0 P
 ...
 fa(site)                 FA_V  0 12  0.468369      0.468369      3.76   0 P
```

$$\boldsymbol{F}=\begin{bmatrix} f_{11} \\ f_{12} \\ f_{13} \\ f_{14} \\ \vdots \\ f_{112} \end{bmatrix}$$

$$\mathrm{diag}(\boldsymbol{D})=\begin{bmatrix} D_{11}^1 \\ D_{22}^2 \\ D_{33}^3 \\ \vdots \\ D_{1212}^2 \end{bmatrix}$$

```
Covariance/Variance/Correlation Matrix FA fa(site).id(femail
1.45 0.63 0.64 0.68 0.38 0.55 0.68 0.68 0.63 0.68 0.64 0.68
0.56 0.55 0.86 0.92 0.51 0.74 0.92 0.92 0.84 0.92 0.86 0.91
0.59 0.49 0.59 0.94 0.52 0.76 0.94 0.94 0.86 0.94 0.89 0.93
0.61 0.50 0.54 0.55 0.55 0.80 1.00 1.00 0.91 1.00 0.94 0.99
0.36 0.30 0.32 0.33 0.63 0.44 0.55 0.55 0.51 0.55 0.52 0.55
0.58 0.48 0.51 0.52 0.31 0.77 0.80 0.80 0.73 0.80 0.76 0.79
0.77 0.63 0.67 0.69 0.41 0.66 0.87 1.00 0.91 1.00 0.94 0.99
0.62 0.51 0.54 0.56 0.33 0.53 0.71 0.57 0.91 1.00 0.94 0.99
0.67 0.55 0.58 0.60 0.35 0.57 0.76 0.61 0.78 0.91 0.86 0.90
0.61 0.51 0.54 0.55 0.33 0.53 0.70 0.56 0.60 0.56 0.94 0.99
0.81 0.67 0.71 0.73 0.43 0.70 0.92 0.75 0.80 0.74 1.10 0.93
0.56 0.46 0.49 0.50 0.30 0.48 0.63 0.51 0.55 0.50 0.67 0.47
```

- 在.*asr* 输出文件中，报告了误差方差、遗传方差及成对地点间的遗传相关("Sigma"列)。相关尺度的地点载荷在输出中标记为"FA_R"。带有"FA_V"标签的数值是每个地点内遗传方差(地点载荷平方与地点特殊方差之和)。相关尺度的几个地点载荷非常接近于 1(FA_R = 0.9995)，并约束在由"B"标记的临界处。
- 输出底部的"covariance/variance/correlation matrix"也给出了遗传方差和相关估计。请注意，模型 9 和模型 10 的模型 log*L* 以及协方差/方差/相关的估计值是相同的。唯一的区别在于如何报告参数估计值。
- 相关尺度的载荷等于协方差模型的载荷除以地点内遗传方差的平方根。例如，对于地点 1，相关载荷等同于协方差模型参数：

$$f_{11}=\frac{\lambda_{11}}{\sqrt{\left(\lambda_{11}^2+\psi_1\right)}}=\frac{0.824\,275}{\sqrt{1.45}}=0.68$$

- 标记为"FA_V"的估计是 ***D*** 矩阵对角元素的平方，等于协方差参数估计的地点内方差。例如，对于地点 1：$D_{11}^2=\lambda_{11}^2+\psi_1=1.45$。

地点间遗传相关可直接通过相关载荷的乘积(输出中的"FA_R"值)获得，它们是 ***F*** 向量的元素。例如，仅考虑前 4 个地点的载荷：

$$\boldsymbol{F}=\begin{bmatrix}0.6847\\0.9183\\0.9412\\0.9999\end{bmatrix}$$

可从 $\boldsymbol{FF}^{\mathrm{T}}$ 积构建接近相关矩阵的形式：

$$\boldsymbol{FF}^{\mathrm{T}}=\begin{bmatrix}0.47&0.63&0.64&0.68\\0.63&0.84&0.86&0.92\\0.64&0.86&0.89&0.94\\0.68&0.92&0.94&0.99\end{bmatrix}$$

积的非对角元素是成对地点间的相关系数，即

$$r_{12}=0.6847\times0.9183=0.63$$

然而，对角元素不等于 1，因此 $\boldsymbol{FF}^{\mathrm{T}}$ 不是正确的**相关矩阵**。例如，$\boldsymbol{FF}^{\mathrm{T}}$ 元素(1,1)为 $0.6847^2=0.47$，因此可构建矩阵 $\boldsymbol{E}=\mathrm{diag}(1-\boldsymbol{F}^2)$，并将其添加到 $\boldsymbol{FF}^{\mathrm{T}}$ 矩阵，来获得相关矩阵 $\boldsymbol{C}$，其对角元素正好等于 1，具体如下：

$$\boldsymbol{E}=\begin{bmatrix}1-(0.6847)^2 & 0 & 0 & 0\\ 0 & 1-(0.9183)^2 & 0 & 0\\ 0 & 0 & 1-(0.9412)^2 & 0\\ 0 & 0 & 0 & 1-(0.9999)^2\end{bmatrix}$$

$$\boldsymbol{C}=\boldsymbol{FF}^{\mathrm{T}}+\boldsymbol{E}=\begin{bmatrix}1 & 0.63 & 0.64 & 0.68\\ 0.63 & 1 & 0 & 0.92\\ 0.64 & 0.86 & 1 & 0.94\\ 0.68 & 0.92 & 0.94 & 1\end{bmatrix}$$

$\boldsymbol{D}$ 矩阵是以每个地点内方差的平方根为对角元素：

$$\boldsymbol{D}=\begin{bmatrix}\sqrt{1.45} & 0 & 0 & 0\\ 0 & \sqrt{0.55} & 0 & 0\\ 0 & 0 & \sqrt{0.59} & 0\\ 0 & 0 & 0 & \sqrt{0.55}\end{bmatrix}$$

可获得地点内家系效应的相关矩阵，如下：

$$\boldsymbol{G}=\boldsymbol{DCD}^{\mathrm{T}}\otimes\boldsymbol{I}\sigma_{\mathrm{F}}^2=\begin{bmatrix}1.45 & 0.56 & 0.60 & 0.61\\ 0.56 & 0.55 & 0.49 & 0.51\\ 0.60 & 0.49 & 0.59 & 0.54\\ 0.61 & 0.51 & 0.54 & 0.55\end{bmatrix}\otimes\boldsymbol{I}\sigma_{\mathrm{F}}^2$$

现在来看看如何将这个模型重新转换为协方差矩阵。协方差尺度($\boldsymbol{\Lambda}$)的载荷等于来自相关参数化的 $\boldsymbol{DF}$ 矩阵的乘积：

$$\boldsymbol{\Lambda}=\boldsymbol{DF}=\begin{bmatrix}\sqrt{1.45} & 0 & 0 & 0\\ 0 & \sqrt{0.55} & 0 & 0\\ 0 & 0 & \sqrt{0.59} & 0\\ 0 & 0 & 0 & \sqrt{0.55}\end{bmatrix}\begin{bmatrix}0.6847\\ 0.9183\\ 0.9412\\ 0.9999\end{bmatrix}=\begin{bmatrix}0.8243\\ 0.6788\\ 0.7204\\ 0.7436\end{bmatrix}$$

这就是用 FA1 模型(模型 9)的协方差形式获得的一组载荷。

8.4.10　模型 11——XFA1 结构

XFA1 模型是等效于 FACV1 和 FA1 的第三个模型，但是它具有提高计算效率的不同参数化。

代码示例 8.1(续)　松树混合授粉数据分析(*Code 8-1_MET.as*)

```
!PART 11
!CONTINUE 3
$B ~ mu site   !r   xfa1(site).id(female)   diag(site).block
residual sat(site).id(units)
```

XFA1 模型运行的部分输出如下：

```
 11 LogL=-2829.63      S2=  1.0000       15379 df

          - - - Results from analysis of height - - -
Akaike Information Criterion      45747.27 (assuming 44 parameters).
Bayesian Information Criterion   46083.46

Model_Term                            Sigma          Sigma   Sigma/SE    % C
...
xfa1(site).id(female)              910 effects
site                    XFA_V  0  1  0.769549     0.769549       3.40    0 P
site                    XFA_V  0  2  0.856234E-01 0.856234E-01   1.73    0 P
site                    XFA_V  0  3  0.669198E-01 0.669198E-01   0.84    0 P
site                    XFA_V  0  4   0.00000      0.00000       0.00    0 B
...
site                    XFA_V  0 12  0.126190E-01 0.126190E-01   0.24    0 P
site                    XFA_L  1  1  0.824240     0.824240       5.22    0 P
site                    XFA_L  1  2  0.678793     0.678793       7.97    0 P
site                    XFA_L  1  3  0.720392     0.720392       7.15    0 P
site                    XFA_L  1  4  0.743465     0.743465       7.71    0 P
...
site                    XFA_L  1 12  0.675727     0.675727       7.61    0 P
```

$\mathrm{diag}(\psi)=\begin{bmatrix}\psi_1\\ \psi_2\\ \psi_3\\ \psi_4\\ \vdots\\ \psi_{12}\end{bmatrix}$

$\mathrm{diag}(\psi)=\begin{bmatrix}\psi_1\\ \psi_2\\ \psi_3\\ \psi_4\\ \vdots\\ \psi_{12}\end{bmatrix}$

```
 Covariance/Variance/Correlation Matrix XFA xfa1(site).id(female
1.45 0.63 0.64 0.68 0.38 0.55 0.68 0.68 0.63 0.68 0.64 0.68  0.68
0.56 0.55 0.86 0.92 0.51 0.74 0.92 0.92 0.84 0.92 0.86 0.91  0.92
0.59 0.49 0.59 0.94 0.52 0.76 0.94 0.94 0.86 0.94 0.89 0.93  0.94
0.61 0.50 0.54 0.55 0.55 0.80 1.00 1.00 0.91 1.00 0.94 0.99  1.00
0.36 0.30 0.32 0.33 0.63 0.44 0.55 0.55 0.51 0.55 0.52 0.55  0.55
0.58 0.48 0.51 0.52 0.31 0.77 0.80 0.80 0.73 0.80 0.76 0.79  0.80
0.77 0.63 0.67 0.70 0.41 0.66 0.87 1.00 0.91 1.00 0.94 0.99  1.00
0.62 0.51 0.54 0.56 0.33 0.53 0.71 0.57 0.91 1.00 0.94 0.99  1.00
0.67 0.55 0.58 0.60 0.36 0.57 0.76 0.61 0.78 0.91 0.86 0.90  0.91
0.62 0.51 0.54 0.55 0.33 0.53 0.70 0.56 0.60 0.56 0.94 0.99  1.00
0.81 0.67 0.71 0.74 0.43 0.70 0.92 0.75 0.80 0.74 1.10 0.93  0.94
0.56 0.46 0.49 0.50 0.30 0.48 0.63 0.51 0.55 0.50 0.67 0.47  0.99

0.82 0.68 0.72 0.74 0.44 0.71 0.93 0.76 0.81 0.75 0.99 0.68  1.00
```

$F=\begin{bmatrix}f_{11}\\ f_{12}\\ f_{13}\\ f_{14}\\ \vdots\\ f_{112}\end{bmatrix}$

- 模型 11 的 Log*L* 与模型 9 和模型 10 相同，但 AIC / BIC 值是不同的，因为对 XFA 模型，ASReml 不计算参数 Ψ 中任何固定在零的地点特殊方差，而这些参数在 FACV 模型和 FA 模型中设置为接近零的非常小的数值。看似 XFA1 模型更好，但这些模型是等效的。
- XFA 模型输出中的参数估计值与 FACV 模型相同，除了它们的排序不同。
- 标记为"XFA_V"的参数估计值是地点特殊方差(Ψ 对角线元素)，其中 4 个在本例中固定为 0。

- 标记为 XFA_L 的数值是协方差尺度的地点载荷(Λ)。
- 输出的底部给出了地点的协方差/方差/相关矩阵。该矩阵与模型 9 和模型 10 估计的矩阵相同，除了在矩阵中添加了额外的一行和一列。
- 添加到矩阵右侧的额外列是相关尺度的因子载荷(等于 FA 模型的 F 向量)。
- 矩阵底部的附加行是协方差尺度(Λ)的因子载荷。

为帮助模型诊断和选择，*.res* 文件("*Code 8-1_MET11_height.res*")展示了由模型因子部分估计的地点内方差比例图。标记为"%expl"的列对应于式(8.12)和式(8.13)中描述的地点内遗传方差：

```
DISPLAY of variance partitioning for XFA structure in xfa1(site).id(female)
 Lvl  |----+----+----+----+----+----+----+----+----|  TotalVar %expl    PsiVar  Loadings
   1  |                  1                          |   1.4489  46.9    0.7695    0.8242
   2  |                                     1       |   0.5464  84.3    0.0856    0.6788
   3  |                                       1     |   0.5859  88.6    0.0669    0.7204
   4  |                                             1   0.5527 100.0    0.0000    0.7435
   5  |              1                              |   0.6266  30.7    0.4341    0.4387
   6  |                           1                 |   0.7724  64.4    0.2751    0.7051
   7  |                                             1   0.8738 100.0    0.0000    0.9348
   8  |                                             1   0.5706 100.0    0.0000    0.7554
   9  |                                     1       |   0.7832  83.6    0.1286    0.8091
  10  |                                             1   0.5568 100.0    0.0000    0.7462
  11  |                                       1     |   1.1033  88.6    0.1259    0.9886
  12  |                                            1|   0.4692  97.3    0.0126    0.6757
   0  |----+----+----+----+----+----+----+----+-- Average   0.7408  82.0    0.1582    0.7517
```

在上述输出中，由模型因子部分解释的地点 1 和地点 5 的 female 方差(输出中高亮)少于一半，因此需要相当大的地点特殊方差("PsiVar")来解释在这些地点下的观测变异。

8.4.11 模型 12——XFA2 结构

PART 12 拟合了 2 个因子的 XFA 模型。**XFA2 模型**假定两个因子解释成对地点间的相关结构：

代码示例 8.1(续) 松树混合授粉数据分析(*Code 8-1_MET.as*)

```
!PART 12
! xFA2 extended factor analytical G
$B ~ mu site  !r   xfa2(site).id(female)    diag(site).id(block)
residual sat(site).id(units)
```

XFA2 模型的输出结果如下(由于初始值不同，结果可能会略有差异)：

```
 12 LogL=-2820.25      S2=  1.0000       15379 df

          - - - Results from analysis of height - - -
 Akaike Information Criterion    45744.51 (assuming 52 parameters).
 Bayesian Information Criterion  46141.83

 Model_Term                            Sigma         Sigma   Sigma/SE   % C
 ...
 xfa2(site).id(female)          980 effects
 site                    XFA_V  0  1  0.712351      0.712351       3.18    0 P
 site                    XFA_V  0  2  0.640031E-01  0.640031E-01   1.32    0 P
```

```
site                XFA_V  0  3  0.617794E-01  0.617794E-01   0.78   0 P
site                XFA_V  0  4   0.00000       0.00000       0.00   0 F
site                XFA_V  0  5   0.00000       0.00000       0.00   0 B
site                XFA_V  0  6  0.199744      0.199744       1.24   0 P
site                XFA_V  0  7   0.00000       0.00000       0.00   0 F
site                XFA_V  0  8   0.00000       0.00000       0.00   0 F
site                XFA_V  0  9  0.989320E-01  0.989320E-01   1.11   0 P
site                XFA_V  0 10   0.00000       0.00000       0.00   0 F
site                XFA_V  0 11  0.621888E-01  0.621888E-01   0.48   0 P
site                XFA_V  0 12   0.00000       0.00000       0.00   0 B
site                XFA_L  1  1  0.835317      0.835317       0.00   0 F
site                XFA_L  1  2  0.676500      0.676500       4.92  -1 P
site                XFA_L  1  3  0.716167      0.716167       5.53   0 P
...
site                XFA_L  1 12  0.680700      0.680700       7.18   0 P
site                XFA_L  2  1 -0.195197     -0.195197      -0.37   1 P
site                XFA_L  2  2  0.160065      0.160065       0.39   1 P
site                XFA_L  2  3  0.113264      0.113264       0.26   1 P
site                XFA_L  2  4  0.204019      0.204019       0.45   1 P
...
site                XFA_L  2 12 -0.941557E-01 -0.941557E-01  -0.23   1 P
```

```
Covariance/Variance/Correlation Matrix XFA xfa2(site).id(female
 1.45  0.61  0.63  0.68  0.25  0.60  0.70  0.70  0.66  0.69  0.69  0.71  0.69 -0.15
 0.54  0.55  0.88  1.02  0.65  0.69  0.92  0.94  0.81  0.93  0.84  0.87  0.92  0.19
 0.58  0.50  0.59  1.03  0.63  0.72  0.94  0.96  0.84  0.95  0.87  0.90  0.94  0.14
 0.58  0.54  0.56  0.51  0.84  0.76  1.05  1.08  0.91  1.06  0.94  0.98  1.05  0.33
 0.25  0.40  0.40  0.50  0.69  0.21  0.52  0.59  0.37  0.58  0.37  0.40  0.54  0.84
 0.64  0.45  0.48  0.47  0.15  0.77  0.83  0.81  0.79  0.80  0.82  0.84  0.81 -0.28
 0.78  0.63  0.67  0.69  0.40  0.67  0.86  1.03  0.93  1.01  0.97  1.00  1.01 -0.03
 0.63  0.52  0.55  0.58  0.37  0.53  0.71  0.56  0.93  1.03  0.96  1.00  1.02  0.05
 0.70  0.53  0.57  0.57  0.27  0.61  0.76  0.62  0.78  0.92  0.90  0.93  0.92 -0.15
 0.61  0.51  0.54  0.56  0.36  0.52  0.69  0.57  0.60  0.55  0.95  0.98  1.00  0.05
 0.87  0.65  0.70  0.70  0.32  0.75  0.93  0.75  0.84  0.73  1.10  0.97  0.95 -0.18
 0.59  0.44  0.48  0.48  0.23  0.51  0.64  0.51  0.57  0.50  0.70  0.47  0.99 -0.16
 0.84  0.68  0.72  0.74  0.45  0.71  0.93  0.76  0.81  0.74  1.00  0.68  1.00  0.00
-0.18  0.14  0.11  0.23  0.70 -0.24 -0.03  0.04 -0.14  0.03 -0.19 -0.11  0.00  1.00
```

- XFA2 模型比 XFA1 模型有更好的 $\log L$(−2820.25 对比−2829.63)，但是它使用 12 个附加参数来捕获额外的变异。根据向模型添加参数所使用的惩罚，可以获悉 XFA2 模型比 XFA1 模型更好或更差。XFA2 模型比 XFA1 模型有更好的 AIC 值(XFA2 模型为 45744.51 对比 XFA1 模型为 45747.27)，但 BIC 值变差(XFA2 模型为 46141.83 对比 XFA1 模型为 46083.46)。因此，本例中，XFA1 与 XFA2 模型的选择并不明确，将取决于研究人员的判断。
- 标有"XFA_V"的参数估计值是地点特殊方差，"XFA_L"是载荷。对于 XFA2 模型，载荷用因子编号(1 或 2)和地点编号(1～12)索引：

-- XFA_L 1 1 指第一个地点在第一个因子的载荷；

-- XFA_L 1 2 指第二个地点在第一个因子的载荷；

-- XFA_L 2 1 指第一个地点在第二个因子的载荷，依此类推。

- 对于 XFA2 模型，$\boldsymbol{\Lambda}_{\mathbf{g}}$ 含有 s 行地点和两列双因子。两个因子的前 4 个地点的载荷为

$$\boldsymbol{\Lambda}=\begin{bmatrix}0.84 & -0.18\\ 0.68 & -0.14\\ 0.72 & 0.11\\ 0.74 & 0.23\end{bmatrix}$$

- 请注意，第一个因子的载荷与 XFA1 模型的载荷不同。对于第二个因子，一些地点载荷为负值。由于因子载荷不是唯一解，也可能生成其他解。
- XFA 模型输出中的最后两列(橙色向量)是相关尺度的地点载荷。请注意，XFA2 模型的相关值可能超出理论临界值(>1)。
- 还要注意，一些地点特殊方差(如地点 4)是负值。基于两个因子预测的地点 4 遗传方差是地点 4 的载荷平方的总和：$\sum_{r=1}^{2}\lambda_{i4}^{2}=(0.74)^{2}+(0.23)^{2}$=0.60。然而，这是地点 4 遗传方差的**过估计(overestimate)**。因此，需要将负的地点特殊方差加到载荷的平方和，以获得对地点内方差的更好估计：$\text{Var}(\text{G}(\text{E})_4)=\sum_{r=1}^{2}\lambda_{i4}^{2}+\varPsi_4=$ 0.60−0.10= 0.50。这在上述输出的协方差/方差/相关矩阵的元素[4,4]的舍入误差内。

8.4.12 模型 13——XFA3 结构

PART 13 代码示例是拟合 3 个因子的 XFA 模型。

本书不展示此模型的输出，因为它的 AIC 值和 BIC 值比 XFA2 模型更差。表 8.1 给出了松树混合授粉数据的拟合模型的汇总。

表 8.1 松树混合授粉数据的模型拟合统计量(Log*L* 值、AIC 值、BIC 值、家系均值预测差异的标准误差 SED 及 site.female 项参数量)

模型 G 结构	Log*L* 值	AIC 值	BIC 值	SED	G(E)参数量
CORUV(模型 5)	−2865.30	45782.59	**45981.25**	0.2418	2
CORUH(模型 6)	−2850.48	45774.97	46057.67	0.2425	13
CORGH(模型 8)	−2804.06	45812.12	46591.48	0.2395	78
XFA1(模型 9、10、11)	−2829.04	45747.27	46083.46	0.2438	24
XFA2(模型 12)	−2818.66	**45744.51**	46141.83	0.2413	56
XFA3(模型 13)	−2814.42	45754.63	46236.20	0.2412	63

注：这些模型仅在 site.female 项不同。

模型 Log*L* 值随着模型复杂性(参数量)的增加而变大，AIC 值的趋势刚好相反，直到 XFA2 模型，此后模型附加参数的惩罚超过了 log*L* 值的改进①。BIC 值对附加参数的惩罚更严格，使得简单的 CORUV 模型(等效于经典模型)有最佳 BIC 值。本例中，模型选择并不明确，但是可注意到 XFA1 模型在模型拟合和参数量之间提供了很好的折中，因此它有第二好的 AIC 值和第三好的 BIC 值。

① 译者注：此处原书作者的解释有误，我们根据结果的实际情况做了纠正。

8.5　FA 模型的遗传预测

从 MET 数据，我们可以预测地点内的家系值或者跨地点的平均值。通常，跨地点的家系均值在选择中最有用，但是存在一个地点或一组地点可能明显不同(与其他地点相关性低或负相关)的情况，因此我们可能想要针对地点不同组预测地点特定表现。下文将演示如何使用 ASReml 预测地点内和跨地点的家系值，以及预测值如何与模型效应估计相关。从最简单的模型(交叉分类和复合对称)开始，并继续到 XFA1 模型。

8.5.1　模型 3——交叉分类模型预测

对于交叉分类模型，可以使用下述方式获取跨地点和地点内的预测：

```
predit female !PLOT female
predit site.female
```

• 第一个预测语句是用于预测所有地点的 female 效应。第二个预测语句是针对特定地点的 female 预测。

• 限定符!PLOT 生成带有标准误差的 female 预测的 postscript 图。

在*.pvs* 文件中，跨地点预测出现在地点特异预测的上方：

```
---- ---- ---- ---- ---- ----    1   ---- ---- ---- ---- ---- ----
 Predicted values of height
 The SIMPLE averaging set:   site
 The ignored set: block

       female     Predicted_Value Standard_Error Ecode
           16             27.9609         0.1803     E
           18             26.4248         0.1860     E
          580             26.0100         0.2595     E
          ...
 ---- ---- ---- ---- ---- ----   2   ---- ---- ---- ---- ---- ----
 Predicted values of height
 The ignored set: block

         site          female     Predicted_Value Standard_Error Ecode
          101              16             25.7900         0.4339     E
          101              18             23.9636         0.4317     E
          101             580             23.1160         0.4708     E
          ...
          102              16             31.1890         0.4308     E
          102              18             29.5329         0.4318     E
          102             580             29.3640         0.4666     E
          ...
          103              16             29.0128         0.4308     E
          103              18             27.4434         0.4350     E
          103             580             27.6303         0.4799     E
          ...
```

• *.pvs* 文件中有两个独立的预测。顶部的第一个输出是预测跨地点的 female 育种值。

• 在预测的第二部分，列出了地点 101、102 和 113 的三个家系(16,18,580)的预测。

580 号 female 在地点 113 没有数据，但预测了其值。请注意，针对 580 号 female 的这个地点特异预测值的标准误差为 0.5513，高于其在地点 101 和 102 的预测值的标准误差。这是因为在没有特定地点-家系组合数据的情况下，预测是基于地点和家系的主效应，预测的互作效应恰好为零。用户可能希望从*.pvs* 文件中排除这些预测。这可以通过使用限定符!present site female 来请求特定地点的预测。

```
predit site.female !present site female
```

8.5.2 模型 4——CORUV 模型预测

尽管在 CORUV 模型中没有家系主效应，但仍可以使用与交叉分类模型相同的预测语句来预测跨地点和地点内的家系值：

```
predit female
predit site.female !present site female
```

这生成与交叉分类模型相同的预测：

```
---- ---- ---- ---- ---- ----   1   ---- ---- ---- ---- ---- ----
       female    Predicted_Value Standard_Error Ecode
           16          27.9609          0.1803      E
           18          26.4248          0.1860      E
          580          26.0100          0.2595      E
          ...
---- ---- ---- ---- ---- ----   2   ---- ---- ---- ---- ---- ----
 Predicted values of height
 The ignored set: block

        site        female    Predicted_Value Standard_Error Ecode
        101             16           25.7900          0.4339     E
        101             18           23.9636          0.4317     E
        101            580           23.1160          0.4708     E
        ...
        102             16           31.1890          0.4308     E
        102             18           29.5329          0.4318     E
        102            580           29.3640          0.4666     E
        ...
        103             16           29.0128          0.4308     E
        103             18           27.4434          0.4350     E
        103            580           27.6303          0.4799     E
        ...
```

• 由于使用"!present site female"，因此没有预测位于地点 113 的 580 号 female 值。

8.5.3 模型 11——XFA1 模型预测

FA 模型和 XFA1 模型将环境内的家系效应分解为归因于因子载荷和家系得分的**可乘互作**(**multiplicative interaction**)的第一部分，以及归因于家系的地点特异遗传偏差的第二部分。这允许跨地点和地点内家系预测的一些灵活性，因为预测可以考虑或忽略地点特异遗传偏差。回顾一下，考虑到 FA*k* 模型的因子载荷和地点特异效应，环境 *i* 下基因

型 j 的预测效应为

$$\hat{u}_{gij}=\hat{\lambda}_{1i}\hat{f}_{1j}+\hat{\lambda}_{2i}\hat{f}_{2j}+\cdots+\hat{\lambda}_{ki}\hat{f}_{kj}+\hat{\delta}_{ij} \tag{8.20}$$

这是狭义推论的预测：试验里特定环境 i 下的家系效应。家系预测值也包含截距和地点效应：

$$\hat{Y}_{ij}=\mu+\hat{S}_i+\hat{u}_{gij} \tag{8.21}$$

也可以仅基于因子对地点特异的家系值作预测，忽略地点特异偏差：

$$\hat{u}^*_{gij}=\hat{\lambda}_{1i}\hat{f}_{1j}+\hat{\lambda}_{2i}\hat{f}_{2j}+\cdots+\hat{\lambda}_{ki}\hat{f}_{kj} \tag{8.22}$$

$$\hat{Y}^*_{ij}=\mu+\hat{S}_i+\hat{u}^*_{gij} \tag{8.23}$$

这种类型的预测有更广的推断，它是指在与环境 i 完全相关的未来环境中的家系预测效应。

类似地，跨地点的预测可以指跨研究实际包含的这组环境的平均表现：

$$\hat{Y}_{.j}=\mu+\overline{\hat{S}}_{.}+\hat{u}_{g.j} \tag{8.24}$$

这等于包含地点特异遗传偏差的平均地点特异预测值。更广推断的预测将忽略地点特异偏差，是指假定“平均”环境下通过因子均值进行预测的表现：

$$\hat{Y}^*_{.j}=\mu+\overline{\hat{S}}_{.}+\hat{u}^*_{g.j}=\mu+\overline{\hat{S}}_{.}+\frac{1}{r}\sum_{r=1}^{k}\overline{\hat{\lambda}}_k\hat{f}_{kj} \tag{8.25}$$

下文演示如何从 ASReml 中使用 XFA1 模型获得这些不同预测。本例中，只需考虑一个因子的载荷和得分；对于 $k>1$ 的模型，需要对因子的载荷和得分的乘积求和。

跨地点家系值的通常边际预测（$\hat{Y}_{.j}$，包含地点特异遗传偏差的狭义推断）获得如下：

```
$B ~ mu site    !r    xfa1(site).id(female) ,
                          diag(site).block
      residual sat(site).id(units)
predict female !PLOT female !AVE block site
```

这里使用!AVE block site 来获得带有恰当标准误差的条件预测，用于计算可靠性（将在下一节中展示）。跨地点的 female 预测生成与其他模型类似的值（区别在于允许地点内方差和地点间相关有差异）：

母本（female）	预测值	标准误差	Ecode
16	27.963	0.1752	E
18	26.4088	0.1815	E
…			E
580	25.9551	0.2453	E
…			

SED: Overall Standard Error of Difference 88.68

由于模型拟合得更好，预测的标准误差比之前的模型小得多。对于地点 1 的 580 号 female，XFA1 模型的预测 SE 为 0.2453，相比于 CORUV 模型的 0.2595。

假定“平均”环境下的家系效应预测可通过下述方式实现：

```
predict female !AVE site 12*0 0.752 !ONLY xfa1(site).id(female)
```

此处的限定符!ONLY xfa1(site).id(female)告诉 ASReml 仅使用模型的 XFA1 部分的参数估计进行预测。限定符!AVE site 12 * 0 0.752 是指 XFA1 模型参数的系数：将前 12 个参数(地点特异遗传方差)的系数设置为零以排除它们，然后指定 0.752 作为第一个(也是唯一)因子($\overline{\hat{\lambda}_{1.}}$)的地点载荷的均值。

在*.pvs* 文件中，此预测语句的输出是效应预测，可以将其加上总体均值以获得预测值：

母本(female)	预测值	标准误差	Ecode
580	–0.4136	0.2583	E

这种效应预测的标准误差比平均地点特异预测值的标准误差略大，因为它预测了一个未经测定的新环境。

通过下述方法很容易地获得各地点的 female 预测值，包含地点特异遗传偏差效应：

```
predit site.female !present site female !AVE block
```

例如，第 1 个地点 580 号家系的预测值为：

地点(site)	母本(female)	预测值	标准误差	Ecode
101	580	22.7646	0.6318	E

也可以通过截距、第 1 个地点效应和第 1 个地点 580 号家系的预测值的总和获得这个预测值：

$$\hat{Y}_{1.580} = \mu + \hat{S}_1 + \hat{\lambda}_{1.1}\hat{f}_{1.580} + \hat{\delta}_{1.580}$$

计算此预测值所需的值可在*.sln* 文件中找到：

模型项(Model_Term)	水平(Level)	效应值(Effect)	标准误差(seEffect)
site	101	0.000	0.000
…			
site	113	–1.942	0.2195
mu	1	23.780	0.1989
diag(site).block	101.018	–0.1346	0.3062
…			
xfa1(site).id(female	101.580	–1.016	0.6309
…			

标记为"xfa1(site).id(female"的项是 580 号家系在地点 101 的遗传效应预测值，包含地点特异遗传偏差：

$$\hat{u}_{g1.580}=\hat{\lambda}_{1.1}\hat{f}_{1.580}+\hat{\delta}_{1.580}=-1.016$$

所以预测值为：$Y_{1.580}=23.78+0-1.016=22.764$，与.*pvs* 文件直接给出的预测值匹配。还可以仅基于模型的 FA1 部分获得地点 101 中 580 号家系的预测效应：

$$\hat{u}^{*}_{g1.580}=\hat{\lambda}_{1.1}\hat{f}_{1.580}$$

上文已经显示在.*asr* 文件中获得第一个因子的地点载荷：

```
Model_Term                          Sigma        Sigma    Sigma/SE   % C
...
site               XFA_L  1  1   0.824247     0.824247       5.75    0 P
...
```

580 号家系的因子得分位于.*sln* 文件的最后一组效应估计中。请注意，FACV 模型或 FA 模型不会输出基因型因子得分，仅适用于 XFA 模型：

xfa1(site).id(female	1.580	−0.5501	0.3436

仅基于此因子的家系与地点组合的这种预测效应为

$$\hat{u}^{*}_{g1.580}=0.824\,247\times(-0.5501)=-0.4533$$

因此，预测值为

$$\hat{Y}^{*}_{1.580}=\mu+\hat{S}_{1}+\hat{u}^{*}_{g1.580}=23.78+0+(-0.4533)=23.327$$

还可以通过排除地点特异遗传偏差的预测语句来获得基于因子的地点内家系遗传效应：

```
predict female !AVE site 12*0 0.824 !ONLY xfa1(site).id(female)
```

这与之前用于获得假设“平均”环境下家系效应预测的预测语句非常相似，但本例中，使用第一个地点的载荷(0.824)而不是平均载荷，在.*pvs* 文件中生成的预测如下：

母本(female)	预测值	标准误差	Ecode
580	−0.4533	0.2831	E

8.6　FA 模型的遗传力和可靠性的估算

对于 FA 模型或 US 模型，当模型中存在复合项和复合协方差结构时，通过观测方差分量函数估算遗传力可能会比较棘手。一个困难是定义合适的**方差分量函数(function of variance component)**。例如，如果有一个模型，其中每个地点的基因型方差是不同的，那么要了解 ASReml 函数定义中参数估计的标记就增加一些额外的复杂性。另一个困难是在同一份数据中会有不同的**交配设计(mating design)**，如**半同胞家系**和**全同胞家系**。在这种情况下，理论遗传方差(如加性遗传方差)的计算可能不太容易。

在考虑如何将遗传力估算扩展到复杂的 MET 模型之前，了解在林木和作物育种试验中常见的重复家系评估试验背景，有助于理解**遗传力(heritability)**、**遗传方差(genetic**

variance)和**环境方差**(**environmental variance**)的概念。理论上，最简单的假设是有一个基因型的**参考群体**(**reference population**)，家系的亲本从该群体中抽样，同样地，**测定环境**(**testing environment**)从目标群体环境中随机抽样，通常**生产环境**(**production environment**)是在人为定义的一定地理区域内(Cooper and DeLacy, 1994)。**基因型主效应**(**genotype main effect**)、**环境主效应**(**environment main effect**)和**基因型-环境互作效应**(**genotype-by-environment interaction effect**)的方差分量估计是指这些理论参考群体中的变异性(Dudley and Moll, 1969)。

在这种情况下，当在**独立环境**(**independent environment**)中评估子代个体时，基于个体表型选择的预期响应取决于**狭义遗传力**(**narrow-sense heritability**)，$h_i^2=\sigma_A^2/\sigma_P^2$。可以从半同胞家系评估中估计**遗传力估计量**(**heritability estimator**)的组分(加性遗传方差σ_A^2和表型方差σ_P^2)。例如，松树混合授粉示例，使用传统的交叉分类分析模型，具体为$\sigma_A^2=4\sigma_F^2$和$\sigma_P^2=\sigma_F^2+\sigma_{FE}^2+\sigma_\epsilon^2$。因此，适合于预测单株选择响应的狭义遗传力为

$$h^2=\frac{4\sigma_F^2}{\sigma_F^2+\sigma_{FE}^2+\sigma_\epsilon^2} \tag{8.26}$$

其中，σ_F^2是家系主效应的方差分量；σ_{FE}^2是家系-环境互作的方差分量；σ_ϵ^2是试验误差方差。下文将介绍如何将这种遗传力估计量推广到更复杂的模型，如包含异质误差方差的US模型和FA模型。这里将考虑合适的遗传力估计量来预测**家系均值选择响应**(**response to selection among family mean**)。如果根据跨环境的家系均值选择**优良家系**(**superior family**)，并在相同参考群体环境中抽样的独立环境下观测半同胞子代的连续生长来测量响应，则**选择响应**(**response to selection**)是家系均值的**选择差**(**selection differential**)和遗传力的函数，用交叉分类模型结构定义为

$$h_f^2=\frac{\sigma_F^2}{\sigma_F^2+\dfrac{\sigma_{FE}^2}{s}+\dfrac{\sigma_\epsilon^2}{sr}} \tag{8.27}$$

其中，s是环境数；r是计算平均值的每个环境的区组数(Holland et al., 2003)。

现在考虑数据不平衡的情况，由于家系数量在小区测量和环境重复上不同，先推导基于家系均值的遗传力估计量。**不平衡数据**(**unbalanced data**)的第一种校正是使用每个家系测量的环境数(s_h)和小区总数(n_h)的**调和均值**(**harmonic mean**)(Holland et al., 2003)：

$$h_f^2=\frac{\sigma_F^2}{\sigma_F^2+\dfrac{\sigma_{FE}^2}{s_h}+\dfrac{\sigma_\epsilon^2}{n_h}} \tag{8.28}$$

第二种校正是第7章介绍的**Cullis遗传力估计量**(**Cullis heritability estimator**)(Cullis et al., 2006)：

$$h_{fC}^2=1-\frac{\bar{V}_{\text{BLUP\_difference}}}{2\hat{\sigma}_f^2} \tag{8.29}$$

当请求跨地点家系预测值时，可通过.*pvs* 文件提供的差异的平均标准误差的平方，从 ASReml 获得 BLUP 差异的方差。与该估计量相关的是如第 7 章介绍的预测可靠性的平均值。

第三种校正是 **bootstrapping 重抽样法（bootstrapping method）**（Piepho and Möhring, 2007）。请注意，当数据不平衡时，由于选择单位是个体而不是家系均值，因此不需要校正基于个体的狭义遗传力估计量。

进一步推广，当有异质误差方差时，如 s 个不同的误差方差，狭义遗传力的分母包含环境内误差方差的均值：

$$h^2=\frac{4\sigma_{\mathrm{F}}^2}{\sigma_{\mathrm{F}}^2+\sigma_{\mathrm{FE}}^2+\overline{\sigma_{\epsilon}^2}} \tag{8.30}$$

其中，$\overline{\sigma_{\epsilon}^2}$ 是环境内误差方差的平均值。对于异质误差方差，基于家系均值的遗传力估计包含环境内误差方差的加权平均值：

$$h_f^2=\frac{\sigma_{\mathrm{F}}^2}{\sigma_{\mathrm{F}}^2+\dfrac{\sigma_{\mathrm{FE}}^2}{s_{\mathrm{h}}}+\dfrac{1}{s}\sum_{i=1}^{s}\dfrac{\sigma_{\epsilon i}^2}{r_{\mathrm{h}i}}} \tag{8.31}$$

其中，$\sigma_{\epsilon i}^2$ 是第 i 个环境的误差方差；$r_{\mathrm{h}i}$ 是第 i 个环境每个家系的区组数的调和均值。Cullis 估计量也可以这样使用。

最后，推广到模型中没有基因型主效应而是基因型效应嵌套在环境内的情况。在独立环境中生长的半同胞家系测量的个体表型的选择响应是遗传力估计量的函数，等于选择个体和响应个体的协方差除以选择个体的方差（Holland et al., 2003; Nyquist, 1991）：

$$h^2=\frac{E[\mathrm{Cov}(f_{ij},f_{i'j})]}{V(f_{ij})} \tag{8.32}$$

使用 CORUV 模型估计的环境间相同遗传协方差（$\hat{\sigma}_{gii'}$）和环境内相同遗传方差分量（$\hat{\sigma}_{gi}^2$）很容易构建遗传力估计量：

$$h^2=\frac{\hat{\sigma}_{gii'}}{\hat{\sigma}_{gi}^2+\overline{\sigma_{\epsilon}^2}} \tag{8.33}$$

对基于家系的选择，跨地点的家系预测值是其地点内预测值的平均。为预测基于这个均值的选择响应，均值测量来自用于评估试验的相同参考群体环境的独立环境，我们需要用家系均值与其在独立环境中的值之间的预期协方差除以家系均值的表型方差：

$$h_f^2=\frac{E[\mathrm{Cov}(\bar{f}_{.j},f_{i'j})]}{V(\bar{f}_{.j})} \tag{8.34}$$

请注意，对于家系主效应和共同基因型-环境互作方差的简单模型，家系均值与独立环境中家系值的预期协方差用家系方差分量估计，对这个模型有通用遗传力估计量。

考虑 CORUV 或复合对称模型，可使用 $\hat{\sigma}_{gii'}$ 和 $\hat{\sigma}_{gi}^2$ 估计遗传力：

$$E\left[\hat{\sigma}_{gii'}\right]=E\left[\mathrm{Cov}(\bar{f}_{.j},f_{i'j})\right]=\sigma_{\mathrm{f}}^2$$

$$E\left[\hat{\sigma}_{gi}^2\right]=E\left[V\left(ge_{ij}\right)\right]=\sigma_{\mathrm{f}}^2+\sigma_{\mathrm{fe}}^2$$

$$V\left(\bar{f}_{.j}\right)=\sigma_{\mathrm{f}}^2+\frac{\sigma_{\mathrm{fe}}^2}{s_{\mathrm{h}}}+\frac{1}{s}\sum_{i=1}^{s}\frac{\sigma_{\epsilon i}^2}{r_{\mathrm{h}i}}=\frac{(s_{\mathrm{h}}-1)\hat{\sigma}_{gii'}}{s_{\mathrm{h}}}+\frac{1}{s}\sum_{i=1}^{s}\frac{\sigma_{\epsilon i}^2}{r_{\mathrm{h}i}}$$

$$\hat{h}_f^2=\frac{\mathrm{Cov}(\bar{f}_{.j},\bar{f}_{i'j})}{V(\bar{f}_{.j})}=\frac{\hat{\sigma}_{gii'}}{\dfrac{(s_{\mathrm{h}}-1)\hat{\sigma}_{gii'}}{s_{\mathrm{h}}}+\dfrac{1}{s}\sum_{i=1}^{s}\dfrac{\sigma_{\epsilon i}^2}{r_{\mathrm{h}i}}} \tag{8.35}$$

如果环境中存在更复杂的不相等的成对方差，则对家系均值与其在独立环境中的值间的协方差的预期值的最佳估计是观测的环境间成对基因型协方差的平均值：

$$\widehat{\mathrm{Cov}}(\bar{f}_{.j},f_{i'j})=\overline{\mathrm{Cov}}(\bar{f}_{.j},f_{i'j})=\frac{1}{s(s-1)/2}\sum_{i=1}^{s-1}\sum_{i'=i+1}^{s}\hat{\sigma}_{gii'}=\overline{\hat{\sigma}_{gii'}} \tag{8.36}$$

如果数据不平衡，家系均值预测间的方差就会复杂；它是平均家系-环境互作效应方差在家系间的平均值：

$$\hat{V}\left(\bar{f}_{.j}\right)=\bar{V}\left(\bar{f}_{.j}\right)=\frac{1}{n_f}\sum_{j=1}^{f}V\left(\frac{\sum_{i=1}^{s}ge_{ij}}{s_j}\right)^2+\frac{1}{s^2}\sum_{i=1}^{s_j}\frac{\sigma_{\epsilon i}^2}{r_{\mathrm{h}i}} \tag{8.37}$$

其中，s_j 值是测试家系 j 的环境数。同一家系效应在不同环境下并非独立，所以在这种情况下，需要加入这些元素的协方差以及它们的方差：

$$\begin{aligned}\bar{V}\left(\bar{f}_{.j}\right)&=\frac{1}{f}\left[\sum_{j=1}^{f}\frac{1}{s_j^2}\sum_{i=1}^{s_j}V\left(ge_{ij}\right)+\sum_{j=1}^{f}\frac{1}{s_j^2}\sum_{i=1}^{s_j}\sum_{i'\neq i}^{s_j}C\left(ge_{ij},ge_{i'j}\right)\right]+\frac{1}{s^2}\sum_{i=1}^{s}\frac{\sigma_{\epsilon i}^2}{r_{\mathrm{h}i}}\\&=\frac{1}{f}\left[\sum_{j=1}^{f}\frac{1}{s_j^2}\sum_{i=1}^{s_j}\hat{\sigma}_{gi}^2+\sum_{j=1}^{f}\frac{1}{s_j^2}\sum_{i=1}^{s_j}\sum_{i'\neq i}^{s_j}\hat{\sigma}_{gii'}^2\right]+\frac{1}{s^2}\sum_{i=1}^{s}\frac{\sigma_{\epsilon i}^2}{r_{\mathrm{h}i}}\end{aligned} \tag{8.38}$$

如果数据平衡，则上式可简化为

$$\bar{V}\left(\bar{f}_{.j}\right)=\frac{\overline{\hat{\sigma}_{gi}^2}}{s}+\frac{(s-1)\widehat{\overline{\sigma_{gii'}}}}{s}+\frac{1}{s^2}\sum_{i=1}^{s}\frac{\sigma_{\epsilon i}^2}{r}=\frac{\widehat{\overline{\sigma_{gi}^2}}}{s}+\frac{(s-1)\overline{\hat{\sigma}_{gii'}^2}}{s}+\frac{\overline{\sigma_{\epsilon i}^2}}{sr} \tag{8.39}$$

将式(8.39)代入家系主效应的模型，家系均值的方差为

$$\bar{V}\left(\bar{f}_{.j}\right)=\frac{\sigma_{\mathrm{F}}^2+\sigma_{\mathrm{FE}}^2}{s}+\frac{(s-1)\sigma_{\mathrm{F}}^2}{s}+\frac{\overline{\sigma_{\epsilon i}^2}}{sr}=\sigma_{\mathrm{F}}^2+\frac{\sigma_{\mathrm{FE}}^2}{s}+\frac{\overline{\sigma_{\epsilon i}^2}}{sr} \tag{8.40}$$

对于平衡数据的多环境试验的同质误差方差的遗传力标准估计量，式(8.40)可进一步简化为

$$\bar{V}\left(\bar{f}_{.j}\right)=\sigma_{\mathrm{F}}^2+\frac{\sigma_{\mathrm{FE}}^2}{s}+\frac{\sigma_{\epsilon}^2}{sr} \tag{8.41}$$

将跨环境的家系间平均协方差作为分子、跨环境的家系均值的平均方差作为分母，就可得到不平衡数据和异质的遗传方差与地点间的协方差情况下的遗传力估计：

$$h_f^2=\frac{\overline{\widehat{\sigma}_{gii'}}}{\frac{1}{f}\left[\sum_{j=1}^{f}\frac{1}{s_j^2}\sum_{i=1}^{s_j}\hat{\sigma}_{gi}^2+\sum_{j=1}^{f}\frac{1}{s_j^2}\sum_{i=1}^{s_j}\sum_{i'\neq i}^{s_j}\hat{\sigma}_{gii'}^2\right]+\frac{1}{s^2}\sum_{i=1}^{s}\frac{\sigma_{\epsilon i}^2}{r_{\mathrm{h}i}}} \tag{8.42}$$

在平衡数据和异质误差方差的情况下，式(8.42)可简化为

$$h_f^2=\frac{\overline{\widehat{\sigma}_{gii'}}}{\frac{\overline{\widehat{\sigma_{gi}^2}}}{s}+\frac{(s-1)\overline{\hat{\sigma}_{gii'}^2}}{s}+\frac{\overline{\sigma_{\epsilon i}^2}}{sr}} \tag{8.43}$$

现在使用来自松树混合授粉数据的不同模型的参数估计值来估算跨环境**家系均值遗传力(heritability of family mean)**。这个数据集缺失 3%的小区，所以应使用式(8.42)，其涉及用每个地点每个家系的重复调和均值加权的平均地点内方差，为简单起见，加之由于不平衡水平低，将使用平衡数据公式[式(8.43)]，并用每个地点每个家系的重复调和均值(17.8)代替 r。

用 R 很容易从保存数据的数据框(本例中称为"ds")中计算每个地点每个家系中树木的重复调和均值：

```
trees_per_site<-aggregate(height~ female + site, data=ds,length)
(nh=1/mean(1/trees_per_site$height))
```

首先，估计同质误差方差的交叉分类 MET 模型的狭义遗传力和家系均值遗传力：

$$h^2=\frac{4\sigma_{\mathrm{F}}^2}{\sigma_{\mathrm{F}}^2+\sigma_{\mathrm{FE}}^2+\sigma_{\epsilon}^2}=\frac{4\times0.563}{0.563+0.174+7.12}=0.29$$

$$h_f^2=\frac{\sigma_{\mathrm{F}}^2}{\sigma_{\mathrm{F}}^2+\frac{\sigma_{\mathrm{FE}}^2}{s}+\frac{\sigma_{\epsilon}^2}{rs}}=\frac{0.563}{0.563+\frac{0.174}{12}+\frac{7.12}{17.8\times12}}=0.92$$

使用复合对称(CORUV)模型的参数估计值(保留三位小数)，可得到相同的结果：

$$h^2=\frac{4r_g\hat{\sigma}_{gii'}}{\hat{\sigma}_{gi}^2+\sigma_{\epsilon}^2}=\frac{4\times0.763\times0.738}{0.738+7.12}=0.29$$

$$h_f^2=\frac{\overline{\widehat{\sigma_{gii'}}}}{\frac{\overline{\widehat{\sigma_{gi}^2}}}{s}+\frac{(s-1)\widehat{\sigma_{gii'}}}{s}+\frac{\sigma_{\varepsilon}^2}{rs}}=\frac{r_g\hat{\sigma}_{gi}^2}{\frac{\overline{\widehat{\sigma_{gi}^2}}}{s}+\frac{(s-1)r_g\hat{\sigma}_{gi}^2}{s}+\frac{\sigma_{\varepsilon}^2}{rs}}=\frac{0.763\times0.738}{\frac{0.738}{12}+\frac{11\times0.763\times0.738}{12}+\frac{7.12}{17.8\times12}}=0.92$$

对异质误差方差的 CORUV 模型的估计为

$$h^2=\frac{4r_g\overline{\widehat{\sigma_{gii'}}}}{\overline{\widehat{\sigma_{gi}^2}}+\overline{\sigma_{\varepsilon i}^2}}=\frac{4\times 0.8428\times 0.6607}{0.6607+7.21}=0.28$$

$$h_f^2=\frac{r_g\overline{\widehat{\sigma_{gii'}}}}{\frac{\overline{\widehat{\sigma_{gi}^2}}}{s}+\frac{(s-1)r_g\hat{\sigma}_{gi}^2}{s}+\frac{1}{s^2}\sum_{i=1}^{s}\frac{\sigma_{\varepsilon i}^2}{r}}=\frac{0.843\times 0.661}{\frac{0.661}{12}+\frac{11\times 0.843\times 0.661}{12}+\frac{10.23+3.18+\cdots+9.40}{12^2\times 17.8}}$$

$$=\frac{0.557}{0.598}=0.93$$

最后，对于异质误差方差的 XFA1 模型，回顾一下，地点内家系效应的方差-协方差矩阵的下三角(前 4 个地点)：

1.449	0.6288	0.6445	0.6848	…
0.6260	**0.6848**	0.6445	0.6755	…
0.5595	0.5464	**0.8643**	0.9183	…
0.8395	0.9183	0.8643	**0.9059**	…
…				

遗传力估计是基于环境内家系效应估计的方差-协方差矩阵。对于该模型，对角元素的平均值(0.7408)是地点内家系方差均值，非对角线元素的平均值(0.563)是地点间的协方差均值。这 12 个地点特异误差方差的平均值为 7.15：

$$h^2=\frac{4\overline{\widehat{\sigma_{gii'}}}}{\overline{\widehat{\sigma_{gi}^2}}+\overline{\sigma_{\varepsilon i}^2}}=\frac{4\times 0.563}{0.741+7.15}=0.28$$

在个体测量的遗传力中，分子中的地点内家系方差均值要乘以 4，因为对于半同胞家系数据结构，地点内 female 方差均值是加性遗传方差的 1/4。相比之下，对于基于家系均值的遗传力估计，在分子中直接使用家系方差分量，因为我们的推断是家系平均预测值间的选择：

$$h_f^2=\frac{\overline{\widehat{\sigma_{gii'}}}}{\frac{\overline{\widehat{\sigma_{gi}^2}}}{s}+\frac{(s\text{-}1)\overline{\widehat{\sigma_{gii'}}}}{s}+\frac{1}{s^2}\sum_{i=1}^{s}\frac{\sigma_{\varepsilon i}^2}{r_{\mathrm{h}i}}}=\frac{0.563}{\frac{0.741}{12}+\frac{11\times 0.563}{12}+\frac{07.15}{12^2\times 17.8}}=0.92$$

同样，对于 XFA1 模型，可获得类似的狭义遗传力和家系均值遗传力。

通过从*.pvs* 文件中获取跨地点家系差异的平均标准误差(SED)，还可以使用 Cullis 估计量来估计家系均值遗传力：

SED: Overall Standard Error of Difference 0.2438

$$h_{fC}^2=1-\frac{\bar{V}_{\mathrm{BLUP\_difference}}}{2\hat{\sigma}_{\mathrm{f}}^2}=1-\frac{(0.2438)^2}{2\times\overline{\widehat{\sigma_{gii'}}}}=1-\frac{(0.2438)^2}{2\times 0.563}=0.947$$

这与基于方差分量的家系均值遗传力接近。

估计家系均值遗传力的另一种方法是预测可靠性的平均值，使用下述公式：

$$\mathrm{REL}=1-\frac{\mathrm{PEV}}{\sqrt{\sigma_{\mathrm{f}}^{2}}}=1-\frac{\mathrm{PEV}}{\sqrt{\sigma_{ii'}}} \tag{8.44}$$

对于 XFA 模型，将使用 0.563 作为可靠性公式的分母。从模型 11 "predict female !AVE block site"语句的*.pvs* 输出中，可计算可靠性（表 8.2）。

表 8.2　模型 11（XFA1）跨地点的家系预测值及其可靠性

母本	预测值	标准误	可靠性
16	27.963	0.1638	0.952
18	26.4088	0.1705	0.948
414	27.5957	0.1711	0.948
…			
580	25.9551	0.2372	0.900
…			
平均值			0.947

可靠性（reliability）的平均值（0.947）与 Cullis 估计量的家系均值遗传力相同。

可使用 ASReml 的 VPREDICT !DEFINE 选项，通过方差分量的函数获得估计值。如第 6 章所示，从复杂 ASReml 模型获取估计参数的正确标签的最简单方法是在模型末尾使用 VPREDICT !DEFINE，并在其下方留一个空行，以生成一个带标记参数的名称和编号的*.pvc* 文件。本例中，将从模型 11 中的 XFA1 结构估计遗传力。

```
!PART 11
! XFA extended factor analytical G
$B ~ mu site !r xfa1(site).id(female) ,
              diag(site).block
residual sat(site).id(units)
predict female !present female site

VPREDICT !DEFINE
V female xfa1(site) # Letter, label, coefficient
```

- 使用 V female xfa1（site）来创建标记为"female"的组分。
- V 是将组分从 XFA 结构转换为非结构化（US）的模型参数的函数（提供环境内方差和每个成对环境协方差），"female"是指定标签，"xfa1（site）"是方差分量的标识符。

输出可在 *Code 8-1_MET11_height.pvc* 中找到，如下所示：

```
ASReml 4.1 [28 Dec 2014] Title: Pine polymix progeny tests
         Code08-1_MET.pvc created 30 Nov 2018 17:19:10.430

         - - - Results from analysis of height - - -
 sat(site,01).id(units)          1359 effects
   1 sat(site,01).id(units);Residual_1                     9.81099        0.389325
 ...
  12 sat(site,12).id(units);Residual_12                    5.46531        0.218263
 ...
 xfa1(site).id(female)           910 effects
  25 xfa1(site).id(female);xfa1(site)          V  0  1     0.769549       0.226338
 ...
```

```
 36 xfa1(site).id(female);xfa1(site)         V  0 12      0.126190E-01     0.525792E-01
 37 xfa1(site).id(female);xfa1(site)         L  1  1      0.824240         0.157900
...
 48 xfa1(site).id(female);xfa1(site)         L  1 12      0.675727         0.887946E-01
 49 female                     1.4489      0.33384     (variance site 1)
 50 female                     0.55949     0.14536     (cov 1,2)
 51 female                     0.54638     0.12227     (variance site 2)
 52 female                     0.59378     0.15996     (cov 1,3)
...
124 female                     0.50422     0.11138     (cov 9,12)
125 female                     0.66804     0.14837     (cov 10,12)
126 female                     0.46923     0.12431     (cov 11,12)
Notice: The parameter estimates are followed by
         their approximate standard errors.
```

- 系数用第一个字段数字和标签标识。例如，地点的误差方差标序为 1～12，并标记为

  1 sat(site,01).id(units);Residual_1

  2 sat(site,02).id(units);Residual_2

- 名为 female(49～126)的字段是地点内 female 方差分量(粗体)和成对地点间的协方差。如果以矩阵格式重新排列，那么它们如何与 US 参数化(前 4 个站点)相关联将更明显：

	site1	site2	site3	site4
site1	**1.4490**			
site2	0.5595	**0.5464**		
site3	0.5938	0.4890	**0.5859**	
site4	0.6128	0.5047	0.5356	**0.5527**

下述例子将计算在个体间或家系均值间的选择情况下的表型方差、加性遗传方差及遗传力。

```
!PART 11
...
VPREDICT !DEFINE
V female xfa1(site) # 定义 14:23
F err 1+2+3+4+5+6+7+8+9+10+11+12   #127# 误差方差总和
F err.m err*.0833   # 1/12= 0.0833   # 误差方差均值
F fem.site 49+51+54+58+63+69+76+84+93+103+114+126   # 地点内家系方差总和
F fem.site.m   fem.site*.0833   # 1/12=0.0833 # 地点内家系方差均值
F cov 50+52+53+55+56+57+...+125   # 131   # 成对地点(66 对)协方差总和
F covm cov*.01515   # 1/66=0.01515   # 平均协方差
F Additive covm*4   # 加性遗传方差(h2i 分子项)
F phen   fem.site.m +err.m # 表型方差
F phen_f   fem.site.m*.0833 + covm*.9167 + err.m*.00468 # 家系均值的表型方差
H h2i Additive phen # 狭义遗传力
H h2f covm phen_f   # 家系均值遗传力
```

部分输出(*Code 8-1_MET11_height.pvc*)如下：

```
ASReml 4.1 [28 Dec 2014] Title: Pine polymix progeny tests
          - - - Results from analysis of height - - -
...
127 err   1                  85.820        1.0644
128 err.m127                 7.1514      0.88693E-01
```

```
129 fem.site 49              8.8899      1.3244
130 fem.sitem129             0.74079     0.11036
131 cov 50                  37.190       6.8221
132 covm131                  0.56348     0.10336
133 Additive132              2.2539      0.41346
134 phen128                  7.8922      0.13905
135 phen_f130                0.61172     0.10357
    h2i         = Additive 133/phen128  134=          0.2856     0.0487
    h2f         = covm131  132/phen_f13 135=          0.9211     0.0137
Notice: The parameter estimates are followed by
        their approximate standard errors.
```

这些估计值与上文的计算一致。随着环境数的增加，成对环境的协方差量增加(本例中为 66)，这使得在 ASReml 中计算遗传力变得麻烦，因为要确保正确选择方差和协方差。

(林元震 译，项伟波　林元震 校)

第 9 章　标记数据的探索性分析

9.1　摘要

育种工作者可以获得的遗传数据集正在变得越来越庞大，不论是标记数量，还是有基因分型的育种个体数或品系数。如此大规模的数据集，要求育种工作者需要使用软件来完成数据的质控检测、可视化及数据操作。育种工作者往往希望把遗传标记数据和物理图谱或连锁图谱的信息、表型数据及谱系信息整合在一起。本章中，我们将阐述如何使用 R 软件及其程序包 *Synbreed* 来处理一份来自法国南部海岸松育种群体的数据集。*Synbreed* 包可处理包括表型、基因型、谱系和遗传图谱信息在内的 gpData 对象的类。该程序包特别适用于整合基因型和表型数据，从而简化数据的操作和分析。读者也应该了解到针对遗传数据分析的算法和软件开发是时下热门的研究领域，更高效、更强大的分析方法正在不断涌现。

9.2　标记数据和一些概念

下一代 DNA 测序技术和其他基因组学技术的进步，使得个体数量庞大的动植物育种群体也可以有效地生成大量数据。与从田间或温室采集的传统表型数据相比，遗传标记数据集通常是非常庞大的。例如，用 10 000 个 SNP 标记对 2000 个体进行基因分型对许多的育种计划都是可实现的，而这就会产生一份包含 2000 万个数据点的数据集。

原始的标记数据往往不能直接用于分析。因此，当获得基因型数据后，首要的任务通常是通过可用的软件程序包对这些数据进行整合、汇结并重新格式化，以便于后续的分析。而通常这些基因型数据由于来自不同的实验室或公司，因而存在不同的格式，这就要求在合并或对这些数据进行分析前，必须对其进行重新格式化。另外，还有些软件要求在分析前去除**单态性位点**（**monomorphic loci**，即在所有个体中基因型都一样的位点）。除此之外，不同的分析软件对**缺失数据**（**missing data**）和**杂合子**（**heterozygote**）的处理方法也不同。

对于一些大型的数据集，手动进行数据的处理和**格式化**（**formatting**）通常是一种不明智的做法。因为这样很难均一化地对数据进行格式化处理，而且极有可能引入新的错误。在本节中，我们使用 R 程序包 *Synbreed* 介绍重新格式化、汇总和可视化标记数据的一些方法（Wimmer et al., 2012）。我们专注于这个包，是因为它除了提供一些有用的数据操作函数外，还可以很好地与其他 R 程序包进行对接，如 *BGLR* 包的上一个版本——*BLR* 包（Pérez at al., 2010）。*Synbreed* 包还提供诸如连锁不平衡这样的重要**群体遗传参数**（**population genetic parameter**）的估计，以及对基于基因组估算育种值的统计模型进行拟合与验证。为了便于用户使用，它可以输出已经格式化并可用于 ASReml 分析的亲缘关系矩阵。

在介绍格式化代码前，我们先回顾一种典型的原始数据格式和另一种往往更能满足下一步分析需要的格式。常见的情况是以**碱基对分型(base pair call)**作为 SNP 基因分型的结果，如 GG 或 CC 代表**纯合基因型(homozygous genotype)**，GC 代表**杂合基因型(heterozygous genotype)**(如来自 Illumina GenomeStudio 的数据)。在某些情况下，标记的基因型是**观测核苷酸对(pair of observed nucleotides)**，即 G/G、C/C 和 G/C。然而，对大多数标记数据的定量分析而言，将基因型从碱基对分型**重编码(recode)**为个体在该位点上携带的**次等位基因(minor allele)**数的做法更可取。

一般而言，大部分的分析员会采用不同的软件程序包来完成不同的数据分析任务，这是因为还没有任何一个单独的程序包可以完成所有不同类型的数据操作、汇总及数据可视化。同样地，为处理大量标记数据而设计的算法和软件也相当多，并且在不断地被改进以应对由于不断发展的测序和基因分型方法而产生的数量庞大且复杂的数据。本章及随后章节中所用到的工具，可能不出几年就会过时，但会有更多更高效版本的程序包可供使用。

作为一个例子，表 9.1 展示了一个字符格式的标记数据子集，反映了一个**二倍体(diploid)**个体的 SNP 碱基对分型结果。

表 9.1　个体的 SNP 碱基对分型(行)的矩阵

MarkerID 标记编号	Ind1 个体 1	Ind2 个体 2	Ind3 个体 3	Ind4 个体 4	Ind5 个体 5	Ind6 个体 6	…
01-256	GG	GG	GG	GG	GG	GG	GG
01-71	AC	AA	AA	CC	AA	AA	AA
01-559	CC	CC	CC	CC	CC	CC	CC
01-431	GG	AG	GG	0	GG	AG	AG
…	AA	GG	GG	0	GA	GG	GG

• 行名为标记名称，通常为数值和文本的字符串。

• 列名为个体或样本名(Ind1，Ind2，...)。

• Ind1 在 01-256 位点是纯合的(GG)，但在 01-71 位点是杂合的(AC)。

• 本例中，"0"值是由 SNP 实验失败或低质量造成的缺失基因型。缺失基因型可以用不同的编码表示，包括"NA"或只是一个空格。

• 有时会在分型的群体中存在没有分离的标记。例如，所有个体的 01-559 号标记均为纯合的 CC 基因型，该标记在这批个体的样本中是固定的(单态的)。然而这个位点在另一个不同的样本群体中可能是有分离的。

我们首先想将这个数据集的行列进行转置，因此个体会被换到行上，而不是在列上。然后每个位点的主次等位基因就容易通过它们在每一列上的频率来确定。根据定义，次等位基因频率小于 0.5；不同的位点会有不同碱基类型的次等位基因。在表 9.2 中，我们转置了之前的数据矩阵，并将每个标记的次等位基因标记在列名上方("MA=...")。

表 9.2 SNP 碱基对分型的转置矩阵

MarkerID	MA=A	MA=C	MA=.	MA=G	MA=A
	01-256	01-71	01-559	01-431	…
Ind1	GG	AC	CC	GG	AA
Ind2	GG	AA	CC	AG	GG
Ind3	GG	AA	CC	GG	GG
Ind4	GG	CC	CC	NA	NA
Ind5	GG	AA	CC	GG	GA
Ind6	GG	AA	CC	AG	GG
…	GG	AA	CC	AG	GG

注：每一行为一个个体的标记数据，碱基对分型(标记)结果以列显示。次等位基因在每列上方

请注意，位点 01-559 并没有次要等位基因。虽然 01-256 位点在这个只含有 6 个样本的群体中没有出现等位基因 *A*，但这个位点的次要等位基因 *A* 出现在该群体没有列于表 9.2 的其他个体中。

现在我们想以数字形式将碱基对分型重新编码为次等位基因含量，这样将携带 2 个次等位基因的纯合个体编码为"2"，将携带 1 个次等位基因的杂合个体编码为"1"，将不携带次等位基因的纯合个体编码为"0"。也可以根据含有**主等位基因(major allele)**的数量来给个体重新编码，所有后续分析照样能进行，但应说明数据是如何编码的。具体举例来说，表 9.2 中位点 01-71 是核苷酸 A 和 C 的分离，*C* 在这里是次等位基因，因此这个位点的基因型可以根据次等位基因含量进行如下赋值，AA=0，AC 或 CA=1，CC=2。Ind1 在位点 01-71 有一个次等位基因(*C*)，但 Ind2 在此位点没有次等位基因。

在表 9.3 中，以次等位基因数表示位点和个体的每个组合，而不是以字母形式表示碱基对分型，并且将原始数据中代表缺失值的数字"0"现在用"NA"(或其他非数字的代码)代替，以便与主等位基因的纯合个体区分。样本数据集在重新编码后结果如下：

表 9.3 每个位点和个体的次等位基因数

MarkerID	01-256	01-71	01-559	01-431	…
Ind1	0	1	0	2	2
Ind2	0	0	0	1	0
Ind3	0	0	0	2	0
Ind4	0	2	0	NA	NA
Ind5	0	0	0	2	1
Ind6	0	0	0	1	0
…	0	0	0	1	0

先了解一下数据分析过程中可能会遇到的几个遗传学术语。

9.2.1 等位基因频率

根据定义，次等位基因是指一个位点上**等位基因频率(allele frequency)**在该群体中小于 0.5 的等位基因。对于双等位基因的 SNP 标记，一个标记位点只能有两个等位基因。群体水平的测序数据可能揭示在一个位点中有两个以上的碱基分离，这使得研究人员不

得不就如何处理这样的数据作出选择。一种可能的做法是分析时简单地舍弃这些位点。另一种做法是在一个具有**复等位基因(multiallelic)**的位点创建两个或多个不同的**双等位基因(biallelic)**标记。一个标记用于描述一个**稀有等位基因(rare allele)**在每个个体的数量，另一个标记用于描述不同稀有等位基因的个数。本书假定 SNP 数据是严格的双等位基因或已编码成遵循双等位基因的格式。在此假设下，在包含 N 个个体的样本里，一个位点的基因型只有 3 种(如 AA、AT 和 TT)。

标记 j 的等位基因频率 (p_j) 可用 0、1、2 格式的基因型进行计算：

$$p_j = \frac{\sum_{i=1}^{n} w_{ij}}{2n} \qquad j = 1, \cdots, p \tag{9.1}$$

其中，w_{ij} 是第 i 个个体的第 j 个标记的基因型；n 是个体数(Wimmer et al., 2012)。

为演示等位基因频率在简单样本中的计算，下表是一个包含 2 个位点(M1 和 M2)在 5 个样本中的基因分型的小样本数据集：

Sample	M1	M2
1	AA	GA
2	AT	GG
3	TA	AA
4	TT	AA
5	TT	AA

位点 M1 中，等位基因 A 的频率 p_A=所有个体中等位基因 A 的拷贝数之和/个体数的 2 倍=4/(2×5)=0.4。等位基因 T 的频率 q_T=(1−p_A)=1−0.4=0.6。如果这个数据以 0、1 和 2 的格式重新编码，则位点 M1 次等位基因频率的计算方式为(2+1+1+0+0)/(2×5)=4/10=0.4，主等位基因的频率依然是(1−p_A)=1−0.4=0.6。尽管 A 在位点 M1 上是次等位基因，但它在位点 M2 上是主等位基因。

9.2.2 哈迪-温伯格平衡定律

哈迪-温伯格平衡定律(Hardy-Weinberg equilibrium, HWE)的简单定义是"在一个随机交配的群体中，当没有外界因素(突变、迁移、遗传漂泊和选择)影响时，群体的**基因型频率(genotype frequency)**和等位基因频率在一代代的传递中保持恒定不变"。在这样一个理想的群体中，一个个体获得的两个等位基因分别独立地来自两个亲本，因此，基因型频率可以通过等位基因的频率进行估算。

例如，对于一个双等位基因的位点(AT)，p 代表等位基因 A 的频率，q 代表等位基因 T 的频率。想要预测从一个世代进入下个世代后的基因型频率，我们只需要知道基因型频率 p 和 q：

AA 基因型的频率=p^2；

AT 基因型的频率=$pq+qp=2pq$；

TT 基因型的频率=q^2；

基因型频率的总和为 $(p+q)^2 = p^2 + 2pq + q^2$ 。

在没有选择、突变、迁移或遗传漂变的情况下，等位基因频率和基因型频率从一个世代到下个世代保持不变。对某个群体中预测的基因型频率与观测基因型频率进行比较，可以了解**近交(inbreeding)**或**选择(selection)**在该群体中的重要性。

9.2.3 多态信息量

多态信息量(polymorphism information content, PIC)是指在已知父本、母本和子代基因型的情况下，判断等位基因从给定亲本传递到子代的概率(Botstein et al., 1980)。

$$\mathrm{PIC}=1-\sum_{i=1}^{n}p_i^2-\sum_{i=1}^{n}\sum_{j=i+1}^{n-1}2p_i^2p_j^2 \tag{9.2}$$

其中，p_i或p_j是等位基因的频率；n是等位基因数(SNP 中 n=2)。

多态信息量值接近 1 的位点更有价值，但这种情况只有在该位点存在许多等位基因的情况下才会发生。当一个双等位基因位点的两个等位基因的频率相等时，PIC=0.375，是极值。

9.2.4 杂合度

一个二倍体位点有两个等位基因，分别遗传自两个不同亲本。如果个体在给定位点带有两个相同的等位基因，如 *AA*，则此个体为**纯合体(homozygous)**；如果个体在给定位点有两个不同的等位基因，如 *AT* 或 *TA*，则此个体为**杂合体(heterozygous)**。**杂合度(heterozygosity)**即群体中杂合个体所占的比例，此参数用于描述群体的遗传变异。**等位基因多样性(allelic diversity)**，又被称为**期望杂合度(expected heterozygosity)**，是当满足 HWE 定律时，数据集中预期的杂合个体比例。当存在近交时，杂合子的频率并不能反映该位点实际的分离情况，这时，等位基因多态性能更好地衡量多样性。

9.2.5 连锁不平衡

配子水平的不平衡一般被称为**连锁不平衡(linkage disequilibrium, LD)**，是不同位点的等位基因间的非随机关联。与之相反，**连锁平衡(linkage equilibrium, LE)**是不同位点的等位基因间的随机关联，因此可根据个体等位基因频率的乘积来准确估算等位基因组合的频率(基因型频率)。在**同源染色体(homologous chromosome)**上，位点靠得很近的等位基因总是倾向于在**减数分裂(meiosis)**后保持原有的**连锁关系(linkage relationship)**，这是由于**重组事件(recombination event)**发生并不频繁(每条染色体通常只发生 1～2 次)，而且很少发生在物理距离很近的两个位点间。重组更易于发生在同一条染色体上两个相距较远的位点间。经过多代之后，由于同源染色体间重组效应的不断积累，使得很多位点上的大部分等位基因都达到连锁平衡状态。但也有一些例外的情况存在，即位置极其接近的位点、新的突变(它们还没有经过足够多代的减数分裂以达到与邻近的位点的连锁平衡)或继承特定等位基因组合的个体由于位点间相互作用而在选择上具有优势或劣势——这类位点会在多代中一直保持连锁不平衡。

LD 影响基因组数据预测的准确性(Habier et al., 2007)和关联分析的分辨率(Flint-Garcia et al., 2003)。育种工作者很难在物种水平上改变它，尽管 LD 可以通过创建一个具有有限有效**群体大小(population size)**的**亚群体(sub-population)**进行改善。

常用于衡量群体 LD 的统计量是**不平衡系数(coefficient of disequilibrium)** D、标准化的不平衡系数 D'和决定系数 r^2。例如，有两个位点 A 和 B，分别带有两个等位基因 Aa 和 Bb(图 9.1)。

		位点A		
		A	**a**	总共
位点**B**	**B**	h_{AB}	p_{aB}	p_B
	b	h_{Ab}	p_{ab}	p_b
	总共	p_A	p_a	

图 9.1　位点 A 和 B 各有两个等位基因

h_{AB}、h_{Ab}、h_{aB}、h_{ab} 是该配子频率被观测到的概率(等位基因的组合)，p_A、p_a、p_B、p_b 是等位基因频率

如果配子频率与等位基因频率乘积的值相等，则意味着不同位点的等位基因是独立的，位点处于连锁平衡状态：

$$h_{AB} = p_A p_B$$
$$h_{Ab} = p_A p_b$$
$$h_{aB} = p_a p_B$$
$$h_{ab} = p_a p_b$$

例如，假设等位基因 A 的频率 p_A=0.6，等位基因 B 的频率 p_B=0.4。如果这两个位点处于连锁平衡状态，则期望的配子频率为 $h_{AB}=p_Ap_B$=0.6×0.4=0.24。

连锁不平衡可以用 D 来测量，则观测配子频率与连锁平衡下期望配子频率的差值为

$$D_{AB} = h_{AB} - p_A p_B$$
$$D_{Ab} = h_{Ab} - p_A p_b$$

……

如果两个位点是相互独立的，那么 D 将会是 0，并且我们称这两个位点在群体中处于 LE 状态。如果 D 值大于或小于 0，则意味着 LD 状态的存在。LD 也可以计算如下：

$$D = h_{AB}h_{ab} - h_{Ab}h_{aB}$$

D 值由等位基因频率决定，这使得比较成对位点之间的 LD 很困难。D 的最大值为

$$D_{\max} = \min\{p_A p_B, (1-p_A)(1-p_B)\} \quad \text{当 } D<0 \text{ 时}$$
$$D_{\max} = \min\{p_A(1-p_B), (1-p_A)p_B\} \quad \text{当 } D>0 \text{ 时}$$

当 D 值为负数时，$D_{\max}$ 的值取 p_Ap_B 和 $(1-p_A)(1-p_B)$ 中值较小的那个。

当 D 值为正数时，$D_{\max}$ 的值取 $p_A(1-p_B)$ 和 $(1-p_A)p_B$ 中值较小的那个。

D 可采用下面的公式进行标准化(Lewontin，1964)。

$$D' = \frac{D}{D_{\max}} \tag{9.3}$$

D'的值域在–1～1，取极值–1 和 1 时表明标记之间没有发生重组的证据。D'不适用

于小样本或含有稀有等位基因的位点，因为在这些情况下，D'倾向于被夸大，其也不适用于比较具有不同等位基因频率的位点。衡量 LD 的常用统计量是**决定系数（coefficient of determination,** r^2 **或**Δ^2**）**。

$$r^2 = \frac{D^2}{p_A(1-p_A)\,p_B(1-p_B)} \tag{9.4}$$

统计量 r^2 的取值范围在 0～1，取 0 时表示连锁平衡，取 1 时表示完全不平衡。通过被测试位点间的 LD 值与位点间的物理距离的联合作图，可以了解群体中 LD 和物理距离的关系（Reich et al., 2001）。稍后会给出例子。

9.3　处理标记数据的软件和工具

我们将演示使用 R 软件及来自 Bioconductor 网（http://www.bioconductor.org）和 CRAN 网的程序包来处理和分析全基因组标记数据。Bioconductor 网主要为参与高通量基因组研究的 R 用户创建分析工具，以及为微阵列分析、高通量测序和 SNP 基因分型的实验数据分析提供大量的程序包。

9.3.1　*Synbreed* 包的介绍

像 *GenABEL*（Aulachenko et al., 2007）和 *genetics*（Warnes et al., 2013）等都是目前可用于处理和可视化标记数据的 R 程序包，并且新的分析工具也在不断地开发中。*Synbreed* 是一个综合程序包，由处理和分析标记数据、表型数据、遗传图谱和谱系数据的函数组成（Wimmer et al., 2012）。这个程序包可以在 CRAN 网站（http://cran.r-project.org/web/packages/synbreed）上获得。本章中，将通过一些例子来展示使用 *Synbreed* 包探究标记数据的分析、可视化和处理。在随后的章节中，也将通过实例来展示使用 *Synbreed* 包进行缺失基因型的填补、计算基于标记的基因组遗传相关以及拟合基于基因组的育种值估算模型。

Synbreed 包为数据分析创建了一个被称为 gpData 的数据类对象。该数据类对象包含表型、遗传图谱、基因型、协变量和一组个体的谱系信息。gpData 数据类对象以稀疏二进制格式存储，可高效存储大量数据。*Synbreed* 包的下载和安装可参看代码示例 9.1。

代码示例 9.1　使用 *Synbreed* 包探究标记数据分析（*Code09-1_Data steps.R*）

```
###############################################################
library(synbreed)
list.files()
```

9.3.2　海岸松数据实例

本章将利用改编自 Isik 等（2016）的数据来演示标记数据的处理和可视化，随后在第 11 章和第 12 章中将再次利用这部分数据演示基因组 BLUP 和**基因组选择（genomic selection）**的方法。一张包含 2600 个 SNP 标记的**基因芯片（chip）**被用于对 654 个海岸松个体进行基因分型。该群体由两个育种世代组成：G_0 代（奠基者）包含 184 个个体，G_1 代（G_0 代的后代）包含 470 个个体。个别样本由于标识错误或缺乏表型数据而被弃用。2600

个标记中的大部分都被标定在 12 个连锁群上(Chancerel et al., 2011, 2013)。我们为每个个体创建了 4 个模拟表型性状，以演示如何将表型数据和谱系、标记及图谱信息整合到一个普通的 gpData 对象中。首先来看看用于创建 gpData 对象的元素。

9.3.2.1 基因型数据

谱系和基因型数据被合并在一个文件(*maritime pine genoped.csv*)中，行上是个体，列上是标记。前面的 4 个字段分别是唯一的个体 ID、亲本 1、亲本 2 及世代的编号。基因型用碱基对表示(如"AA"、"AT"和"TT")。缺失值以"NA"表示。在下面的编码中，使用 R 函数 read.csv()读取数据，并在生成的数据框中将唯一的个体 ID 编号指定为行名。

```
##########################################################
### 载入基因型和谱系文件
genoped <- read.csv( "maritime pine marker data.csv" , header= T,
          stringsAsFactors=F, colClasses=c(Par1="character", Par2="character", row.names=1, check.names=F)
# 显示基因型数据的前 6 行和前 6 列
head( genoped[, 1: 6])
```

数据输入的时候有点麻烦，要强制将包含亲本代码的 Par1 和 Par2 列读取为字符类型，这在后面的创建基于谱系的关系矩阵的分析中是必需的，这样子代就能与其亲本正确匹配，且它们被编码为数据框行名上的字符型。head(genoped[,1:6])的输出结果如下：

```
> head(genoped[, 1:6])
       Par1 Par2 gener 384_PP2C-246 AJ300737-208 BX666025-170
0001      0    0     0           GG           GG           GG
0003      0    0     0           AG           GG           GG
0003-3 0003    0     1           AG           GG           GG
0004      0    0     0           GG           GG           GG
0005      0    0     0           GG           GG           GG
0006      0    0     0           GG           GG           GG
```

9.3.2.2 表型数据

数据输入时可使用数据框或数组的形式。从文件"*maritime pine simul phenol.csv*"中读取模拟的表型性状数据：

```
##########################################################
### 载入表型数据
pheno <- read.csv( "maritime pine phenotype.csv" , header=TRUE, strip.white = TRUE,
        na.strings = c( "NA" , "" ), stringsAsFactors = F, row.names = 1, check.names=F)
head( pheno)
```

head(pheno)输出结果是以个体 ID 作为行名及 4 种模拟表型的性状值。

```
> head(pheno)
       Sim.Pheno Sim.Pheno.2 Sim.Pheno.3 Sim.Pheno.4
0001        8.75       52.76       87.39       75.37
0003       10.36       51.18       84.54       74.86
0003-3      9.60       53.23       86.09       73.66
0004        9.43       48.83       86.11       75.70
0005        9.80       51.90       84.43       73.14
0006        9.17       52.98       85.19       75.01
```

重要的是在 gpData 数据类对象进行合并时行名能互相匹配，从而使标记数据和表型数据可以被正确地合并在一起。R 函数 identical()被用于对匹配结果进行测试。当运行该函数时，R 控制台会显示"TRUE"。

```
#检查 geno 和 phenol 的行名是否一致
#(尽管顺序可能不同)
identical(sort(rownames(genoped)), sort(rownames(pheno)))
```

9.3.2.3 谱系

谱系文件可以是一个独立文件。本例中的谱系信息已经与基因型值合并。现在从 genoped 数据框中提取谱系信息，然后使用 *Synbreed* 包中的函数 create.pedigree()创建一个谱系对象，这个函数对谱系进行排序以确保个体在录入亲本 1 或亲本 2 之前先被录入 ID 列：

```
# 创建谱系对象，变量必须是因子。
ped<-create.pedigree(rownames(genoped), genoped$Par1, genoped$Par2, genoped$gener)
summary( ped)
head( ped)
```

ped 对象(新建的谱系对象)的前三列是字符串，而最后一个字段("gener")是整数型。亲本编码中的"0"表示亲本未知。ped 对象中的变量"ID"被用于把谱系信息与将创建的 gpData 数据对象的组成部分 geno 和 pheno 中的行名进行匹配。

```
> summary(ped)
Number of
      individuals  654
      Par 1        189
      Par 2        90
      generations  2
> head(ped)
    ID Par1 Par2 gener
1 0001    0    0     0
2 0003    0    0     0
4 0004    0    0     0
5 0005    0    0     0
6 0006    0    0     0
8 0008    0    0     0
```

9.3.2.4 标记数据转换为矩阵并与系谱相匹配

Synbreed 包要求标记数据以矩阵的形式保存，而且行名取自谱系文件。使用下面的代码从 genoped 数据框中提取标记值列，并使用 R 函数 as.matrix()创建标记值矩阵。然后检查新建矩阵的行名与 ped 中变量 ID 的值是否相同。

```
### 创建标记矩阵并与 ped$ID 匹配
gmat <- as.matrix(subset( genoped, select = -c( Par1, Par2, gener)))
identical(sort(rownames( gmat), sort(ped$ID))
head( gmat[, 1: 5])
```

下面的输出结果只是基因型矩阵的一小部分，并删除了谱系字段。由于 *gmat* 是一个字符串矩阵，因此里面的元素加上了双引号。

```
> head(gmat[,1:5])
       384_PP2C-246 AJ300737-208 BX666025-170 F51TW9001ARTXE-215 F51TW9001B00JP-1031
0001   "GG"         "GG"         "GG"         "AA"               "AA"
0003   "AG"         "GG"         "GG"         "AA"               "AA"
0003-3 "AG"         "GG"         "GG"         "AA"               "AA"
0004   "GG"         "GG"         "GG"         "AA"               "AA"
0005   "GG"         "GG"         "GG"         "AA"               "AA"
0006   "GG"         "GG"         "GG"         "AA"               "AA"
```

9.3.2.5　标记图谱

下面的代码将读取文件 *maritime pine genetic map.csv*。该文件包含以**厘摩(centiMorgan, cM)**为单位显示的海岸松 12 条染色体上的标记的遗传位置。厘摩(cM)是染色体上**遗传距离(genetic distance)**或**交换率(crossover frequency)**的单位。标记间每隔一个 cM 则在单代中有约为 1%的重组概率。数据框由读取含有作为行名的标记位点 ID、chr 列(1～12 号染色体)和 pos 列(以 cM 表示的染色体位置)的文件生成。变量 chr 和 pos 必须是数值型的。文件一共包含 2600 个位点，但只有其中的 2258 个位点被定位在图谱上(有 342 个位点缺失 chr 和 pos 的信息)。

```
### 读取遗传图谱
map <- read.csv( "maritime pine genetic map.csv" , header = T, stringsAsFactors = F, sep = "," ,
          dec = "." , na.string = "NA" , row.names = 1, check.names = F )
rownames( map) <- colnames( gmat)
head( map)
```

输出结果显示标记在染色体上的遗传位置。注意，前两个标记没有定位在任何的**连锁群(linkage group)**上，且在 chr 和 pos 列中是缺失值。

```
> head(map)
                    chr    pos
384_PP2C-246         NA     NA
AJ300737-208         NA     NA
BX666025-170          7  92.60
F51TW9001ARTXE-215    4   7.66
F51TW9001B00JP-1031  10 125.19
F51TW9001BF8Q1-922    1  83.05
```

当标记的物理位置已知时，变量 pos 既可以 cM 为单位(像本示例)，也可以碱基对表示。并非所有的物种和群体都有遗传图谱，因此这个图谱对象并非是必需的。

9.3.2.6　组合全部数据

函数 create.gpData()把单个的数据集(基因型、表型、遗传图谱、谱系)合并成一个数据对象。基因型和表型输入文件的行名应与谱系对象的 ID 列相匹配。返回值是一个 gpData 对象，它是一个包含 pheno、geno、map、pedigree、covar 和 info 等数据的调整后的列表。函数 str()返回的是 gp 数据对象内部结构的框架，尤其适用于显示 gp 数据对象列表的(缩略)内容。

```
# *gpData*类对象含有分析所需的全部数据
gp <- create.gpData( geno=gmat, pheno=pheno, ped=ped, map=map)
str( gp)
summary( gp)
```

函数 str()输出展示了在 gp 对象内部的元素。Covar 元素是由 654 个个体和 4 个变量组成的数据框。id 是字符型字段，基因型、表型和家系是逻辑型字段。由 covar 数据框可知哪些个体包含在基因型和表型的数据中。被命名为"pheno"、"geno"、"map"和"pedigree"的元素分别包含表型、基因型、遗传图谱和谱系的信息。这里只使用原始表型数据对象的一个子集，该子集只包含第一个表型(子集信息没有给出)。

```
> str(gp)
List of 7
 $ covar        :'data.frame':      654 obs. of    4 variables:
  ..$ id            : chr [1:654] "0001" "0003" "0004" "0005" ...
  ..$ phenotyped: logi [1:654] TRUE TRUE TRUE TRUE TRUE TRUE ...
  ..$ genotyped : logi [1:654] TRUE TRUE TRUE TRUE TRUE TRUE ...
  ..$ family       : logi [1:654] NA NA NA NA NA NA ...
 $ pheno          : num [1:654, 1:4, 1] 8.75 10.36 9.6 9.43 9.8 ...
  ..- attr(*, "dimnames")=List of 3
  .. ..$ : chr [1:654] "0001" "0003" "0003-3" "0004" ...
  .. ..$ : chr [1:4] "Sim.Pheno" "Sim.Pheno.2" "Sim.Pheno.3" "Sim.Pheno.4"
  .. ..$ : chr "1"
...
 - attr(*, "class")= chr "gpData"
```

函数 summary()的输出还有助于理解 gpData 对象的内容，包括表型分型和基因分型的个体数量、响应变量的描述性统计、标记数量、缺失标记的比例及每条染色体标记的数量。

```
> summary(gp)
object of class 'gpData'
covar
      No. of individuals 654
              phenotyped 654
               genotyped 654
pheno
      No. of traits:            4

   Sim.Pheno         Sim.Pheno.2       Sim.Pheno.3       Sim.Pheno.4
 Min.    : 7.950   Min.    :45.52   Min.    :80.93   Min.    :72.07
 1st Qu.: 9.470   1st Qu.:49.37   1st Qu.:84.34   1st Qu.:74.75
 Median : 9.995   Median :50.81   Median :85.36   Median :75.41
 Mean    : 9.988   Mean    :50.93   Mean    :85.38   Mean    :75.41
 3rd Qu.:10.490   3rd Qu.:52.37   3rd Qu.:86.49   3rd Qu.:76.07
 Max.    :12.110   Max.    :60.29   Max.    :89.91   Max.    :78.13

geno
      No. of markers 2600
      genotypes AA AC AG AT CC CG GA GC GG TA TC TG TT
      frequencies 0.1427341 0.03877382 0.1259845 0.01232004 0.1483598
       0.01716655 0.004114326 0.01691778 0.1732586 0.01316455 0.1194337
       0.04364679 0.1422689
      NA's 0.186 %
map
      No. of mapped markers  2258
      No. of chromosomes       12
```

```
    markers per chromosome

  1   2   3   4   5   6   7   8   9  10  11  12
172 182 201 188 172 205 194 154 206 175 208 201

pedigree
Number of
    individuals  654
    Par 1        189
    Par 2        90
    generations  2
```

9.3.2.7　位点重编码和缺失基因型填补

Synbreed 包中的函数 codeGeno()用于在对 gpData 对象执行以下数据处理步骤(Wimmer et al., 2012)：

(1) 删除缺失值太多的标记；

(2) 将标记基因型从碱基对(或等位基因对)重新编码为次等位基因数；

(3) 填补缺失基因型值；

(4) 如果填补缺失基因型后造成原始数据中“不常见”等位基因变成“更常见”等位基因，则重新编码主次等位基因；

(5) 删除次等位基因频率(MAF)较低的标记；

(6) 剔除冗余的标记。

在下面的例子中，使用函数 codeGeno()把碱基对分型的基因型重新编码为数值型的次等位基因频数。与此同时，在给定等位基因频率和假定哈迪-温伯格平衡的情况下，将缺失基因型(impute.type="random")填补为来自预期基因型频率分布的随机样本。通常不推荐使用**随机填补法(random imputation method)**，本例中使用它是因为它的计算速度很快。第 10 章介绍了填补缺失基因型的其他方法的详细信息。MAF 值≤0.01 或缺失基因型≥10%的标记数据都会被删除。

如果在原始的碱基对分型基因型中存在杂合子，则需要使用参数"label.heter="。该参数的值应该是能区分原始数据中所有可能的杂合子编码的字符型向量，或者是对于任何编码杂合子基因型的字符串都能返回 TRUE 的函数。如果原始数据对杂合子的编码是采用碱基对分型的方式，即像本例中的"A/T"、"AT"、"A:T"或"A|T"，则可以将参数设置为：label.heter="alleleCoding"。

本例中，gp 是 gpData 类的对象，选项 verbose=TRUE 会在 R 控制台输出正在执行的操作的详细信息。最后，R 函数 save()将 gp.num 对象保存在当前工作目录以备后续使用。对于后续数据分析，这个对象可以通过 load (file = "maritime pine codeGeno data.rda")命令载入到 R 环境中，而不用运行所有的步骤来重建这个 gp.num 对象。

```
### 将基因型分型重编码为基因含量
gp.num <- codeGeno( gp, label.heter ="alleleCoding",maf=0.01,
                    nmiss=0.1, impute=TRUE, impute.type="random", verbose=TRUE)
summary( gp.num)
save(gp.num, file = "maritime pine codeGeno.rda")
```

如下输出将会被打印在终端，因为我们加上了 verbose=TRUE 选项：

```
step 1   : 2 marker(s) removed with > 10 % missing values
step 2   : Recoding alleles
step 4   : 31 marker(s) removed with maf < 0.01
step 7   : Imputing of missing values
step 7d : Random imputing of missing values
step 8   : Recode alleles due to imputation
step 9   : 0 marker(s) removed with maf < 0.01
step 10 : No duplicated markers removed
End        : 2567 marker(s) remain after the check

  Summary of imputation
 total number of missing values                 : 3016
 number of random imputations                    : 3016
```

删除缺失数据多或 MAF 值低的标记后，剩下 2567 个标记。在给定的每个标记的观测等位基因频率情况下，从预期的基因型分布中随机抽取填补了 3016 个缺失值。结果基因型编码为 0、1 和 2。下面给出了 gp.num 对象汇总的一个子集。与 gp 对象相比，唯一的区别是基因型是以等位基因含量表示，并且没有缺失值。

```
> summary(gp.num)
object of class 'gpData'
covar
      No. of individuals 654
               phenotyped 654
                 genotyped 654
...
geno
      No. of markers 2567
      genotypes 0 1 2
      frequencies 0.4924905 0.3969549 0.1105546
      NA's 0.000 %
```

9.3.3 用于估算群体参数的 *genetics* 包

下面的例子讲解如何用 *genetics* 包进行群体遗传参数的估计，如 HWE、多态性信息量和杂合度。

代码示例 9.2 使用 *genetics* 包计算一些群体参数（*Code 9-2_Population parmeters.R*）

```
### 使用 genetics 包，用于群体遗传参数
library( genetics)
```

脚本的第一部分采用碱基对分型方式（AA、AT、TT）读取原始标记和谱系数据文件，仅提取标记数据并创建标记基因型的矩阵。

```
### 载入基因型和谱系文件
genoped <- read.csv( "maritime pine genoped.csv" , header= T, stringsAsFactors=F,
            colClasses=c(Par1="character",Par2="character"), row.names =1, check.names=F)
marker <- as.matrix(subset( genoped, select = -c( Par1, Par2, gener)))
head( marker[, 1: 5])
```

为执行分析，*genetics* 包要求基因型分型是用斜线分隔的观测成对核苷酸（如"A /

T")。本例中，由于基因型数据格式不带斜杠("AT")，因此需要在每个个体基因型的两个等位基因之间添加斜线。缺失值(NA)不进行基因型转换。然后使用 *genetics* 包的函数 makeGenotypes()将其转换为特定格式的数据框，以用于 *genetics* 包的其他分析函数。

```
# 把碱基对转换为斜线分隔的等位基因型对的函数
reformat <- function( str) {
  sel = (!is.na( str))
  str[ sel] = paste(substr( str[ sel], 1, 1), substr( str[ sel], 2, 2), sep= "/" )
  return( str)
}
genosDF = reformat( marker)
identical(is.na( genosDF), is.na( marker))
length(which(is.na( genosDF))) #3157
length(which(is.na( marker))) #3157
gpine <- makeGenotypes( genosDF) # 此步非常慢!
head( gpine[, 1: 4])
```

有些计算像 HWE 需要花费较长的时间。为了演示，创建一个只含有一个位点的数据框，命名为 gpine1locus，然后使用函数 summary()、HWE.exact()和 HWE.chis()检查该位点的分离情况，并检验其是否偏离 Hardy-Weinberg 平衡的期望值。

```
# 创建一个位点的基因型对象
gpine1locus <- gpine[, 1]
summary( gpine1locus)
HWE.exact( gpine1locus) # HW 平衡的精确验证
HWE.chisq( gpine1locus) # 执行 HW 平衡的卡方验证
```

输出结果如下所示。函数 summary()输出了第一个位点的等位基因和基因型频率、杂合度和多态信息量。接着，对该位点 HWE 进行精确检验和卡方检验；两个检验都表明我们没有证据拒绝群体基因型频率符合 HWE 的零假设。

```
> head(gpine[, 1:4])
       384_PP2C-246 AJ300737-208 BX666025-170 F51TW9001ARTXE-215
0001            G/G          G/G          G/G                A/A
0003            G/A          G/G          G/G                A/A
0003-3          G/A          G/G          G/G                A/A
0004            G/G          G/G          G/G                A/A
0005            G/G          G/G          G/G                A/A
0006            G/G          G/G          G/G                A/A
> summary(gpine1locus)
Number of samples typed: 653 (99.8%)

Allele Frequency: (2 alleles)
   Count Proportion
G   1286       0.98
A     20       0.02
NA     2         NA

Genotype Frequency:
    Count Proportion
G/G   633       0.97
G/A    20       0.03
NA      1         NA

Heterozygosity (Hu)  = 0.03018195
Poly. Inf. Content   = 0.02970406
```

```
> HWE.exact(gpine1locus)
       Exact Test for Hardy-Weinberg Equilibrium
data:    gpine1locus
N11 = 633, N12 = 20, N22 = 0, N1 = 1286, N2 = 20, p-value = 1

> HWE.chisq(gpine1locus)
       Pearson's Chi-squared test with simulated p-value (based on 10000 replicates)
data:    tab
X-squared = 0.15794, df = NA, p-value = 1
```

一次一个位点地进行检验是很不方便的。因此，可以使用 R 函数 apply()一次性对所有位点使用函数 HWE.chisq()。此函数运行速度有点慢，但它会返回所有标记的结果列表。然后，可以使用函数 sapply()从所有检验结果中提取 p 值，并使返回对象简化为一个已命名的向量。找到偏离 HWE 最极端位点的最小 p 值，再返回检查这些位点，这是一件简单的事情。

```
# 对所有位点执行 HWE 的卡方检验
all.HWE = apply(gpine[,], 2, FUN = function(x) HWE.chisq(genotype(x)))
all.HWE.p = sapply(all.HWE, "[[", "p.value")
all.HWE.p = sort(all.HWE.p)
head(all.HWE.p)
summary(gpine[[names(all.HWE.p[1])]])
HWE.exact(gpine[[names(all.HWE.p[1])]])
```

结果表明，由于缺乏杂合子，有些标记(如"BX253931-1759")与 HWE 的期望存在较大的偏离。用户应该考虑进一步的分析前是否需要删除这些标记，或者这个结果是否具有重大生物学意义。

```
> head(all.HWE.p)
       BX253931-1759         BX253126-1425   F51TW9001AQDJL-451 F51TW9002F0Z9T-2026
          0.00009999            0.00019998           0.00049995          0.00079992
       FN695545-1347          BX680071-376
          0.00099990            0.00109989
> summary(gpine[[names(all.HWE.p[1])]])

Number of samples typed: 649 (99.2%)

Allele Frequency: (2 alleles)
   Count  Proportion
C    737        0.57
G    561        0.43
NA    10          NA

Genotype Frequency:
     Count  Proportion
C/C    240        0.37
C/G    257        0.40
G/G    152        0.23
NA       5          NA

Heterozygosity (Hu)   = 0.4911857
Poly. Inf. Content    = 0.3703614

> HWE.exact(gpine[[names(all.HWE.p[1])]])
       Exact Test for Hardy-Weinberg Equilibrium
data:    gpine[[names(all.HWE.p[1])]]
N11 = 240, N12 = 257, N22 = 152, N1 = 737, N2 = 561, p-value = 9.81e-07
```

9.4　数据汇总和可视化

育种群体的数据可能很复杂，涉及标记、表型、遗传图谱和谱系的信息。图形化汇总（“数据可视化”）对于理解庞大且复杂的多维数据集正在变得越来越有用。虽然常规的 R 作图函数(如 hist 和 plot)可用于数据可视化，但要生成更高质量的图像就需要更高级的函数或更多代码。R 包 *ggplot2* 为生成大量可定制的可视化数据提供了极好的框架(Wickham, 2010)。某些专用程序包(如 *Synbreed*)也会利用其特定格式的内部对象实现可视化。

下面的例子中，使用不同程序包的函数汇总和可视化海岸松数据(Isik et al., 2016)。在运行 *Code 9-3_Visualize.R* 之前，用户必须首先将 *Code 9-1_Data steps.R* 创建的 R 数据集"maritime pine gpData.rda"加载到当前的工作环境中。可视化的运行结果如下，其他的细节放在补充代码中。

9.4.1　遗传图谱

低密度的标记图谱可以通过使用 *Synbreed* 包的函数 plotGenMap()来绘制。

代码示例 9.3　使用函数 plotGenMap 实现遗传图谱的可视化(*Code 9-3_ Visualize.R*)

```
################################################################
Load("maritime pine gpdate.rda")
...
plotGenMap(gp.num, dense=F, nMarker=T, ylab="pos [cM] ")
```

将参数 dense=*F* 更改为 dense=*T* 就会生成高密度的图谱。如果标记数量多，则需要一些时间才能生成高密度的图谱。nMarker 选项可控制是否在连锁群上显示标记的数量。选项为"TRUE"，则在遗传图谱中每个连锁群的下方打印出标记的数量(图 9.2)。

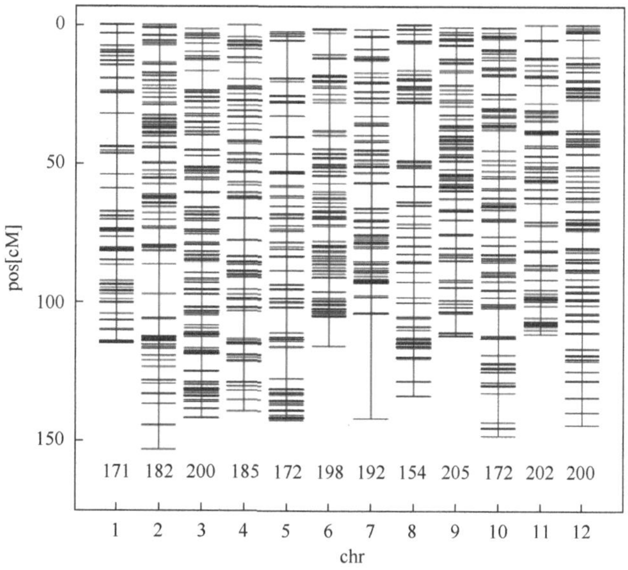

图 9.2　海岸松遗传图谱

水平线显示染色体上标记的位置(单位:cM)。每条染色体上的标记数量打印在图形底部

9.4.2 成对标记的连锁不平衡

Synbreed 包中的函数 pairwiseLD() 可用于估算 gpData 中标记间的成对连锁不平衡，并用 r^2 表示。选项"Type="决定输出结果是矩阵还是数据框。有些函数或程序包要求矩阵的格式。通过选项"chr="来计算所有染色体上成对标记的 LD，但它可限定于指定染色体号的单个染色体，如"chr=1"代表 1 号染色体。

```
#使用 chr=1 代表 1 号染色体，或者将它保留为 chr=代表所有染色体
LD.df <- pairwiseLD( gp.num, chr=1, type="data.frame" )
chr1 <- LD.df$chr_1
str(chr1)
```

提取 LD.df 中只包含 1 号染色体的数据框作为子集。如下面的输出所示，在 chr1 的数据框中有 5 个变量。前 2 个变量是 marker1 和 marker2，随后是 r、r^2 和 dist。"dist"是标记之间的距离，根据输入的对象，其单位可以是 cM 或 bp。

```
> str(chr1)
'data.frame':     14535 obs. of    5 variables:
 $      marker1:      chr          "F51TW9001A34NZ-1129"     "F51TW9001A34NZ-1129"     "F51TW9001A34NZ-1129"
"F51TW9001A34NZ-1129" ...
 $ marker2: chr   "F51TW9001A34NZ-1367" "F51TW9001A34NZ-175" "BX679184-252" "CR394043-2000" ...
 $ r          : num    1 0.3577 -0.1219 0.0295 -0.0317 ...
 $ r2         : num    1 0.127972 0.014866 0.000868 0.001007 ...
 $ dist     : num    0 0 3.24 3.24 3.24 3.24 7.65 7.65 9.22 9.22 ...
```

在下面的程序代码中，使用 *ggplot2* 包生成 1 号染色体的平均 LD。首先用名为"meanLD"的函数计算给定向量的均值（在 chr1 中的 r^2 值），并在 ggplot 代码中调用它。

```
  # 图 9.3
  meanLD <- function(x, digits = 2) {
  meanLD <- round(mean(x), digits = digits)
  paste("r ==", meanLD) }
par(mar=c(4,4,1,1)+0.1)
labels = data.frame(x = 30, y = 1, label = meanLD(chr1$r2))
LDplot <- ggplot(LD.df$chr_1, aes(x=dist, y=r2) ) +
                  labs(x='Distance', y='LD') +   theme_bw() +
                    geom_point(shape=1, colour="gray") + geom_smooth() +
                    geom_text(data=labels, aes(x=x, y=y, label=label), parse = TRUE)
LDplot
```

1 号染色体上的平均 LD 非常低（$r^2 = 0.011$），并且随着标记之间的距离增加而迅速衰减（图 9.3）。有些标记之间的 LD 值非常高（>0.5）。根据定义，LD 是标记之间的非随机关联。如果一个群体存在有遗传相关的个体，如在育种群体中或在群体中存在某种遗传结构（两个不同的奠基者群体），则 LD 估算值可能存在偏差（Mangin et al., 2012）。LD 值非常高也可能是存在物理连锁标记属于同一个**重叠群（contig）**的结果，或者是由于**复合连锁遗传图谱（composite linkage genetic map）**的偏差（Plomion et al., 2014）。通过使用个体间的基因组关系可以减少 LD 估计中的一些偏差（Isik et al., 2016）。

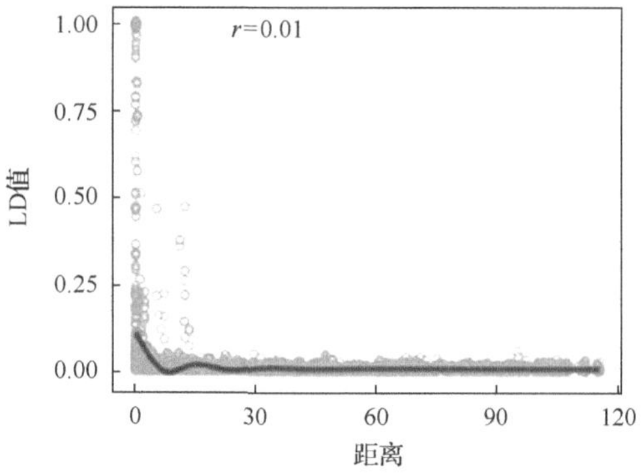

图 9.3　1 号染色体上成对标记之间的 LD 值作为距离（cM）的一个函数

随着距离的增加，LD 值迅速衰减

如下所示，成对标记间的 LD 也可以通过使用函数 LDMap()来实现可视化。该函数要求 LD 值是矩阵形式。使用带有选项"chr=1"的函数 pairwiseLD()为 1 号染色体创建一个 LD 值矩阵，并将其保存为 LD.mat.chr1。然后使用函数 LDMap()生成染色体的 LD 图谱（图 9.4）。

```
# 图 9.4
LD.matrix <- pairwiseLD( gp.num, chr=1, type="matrix" )
LD.mat.chr1 <- pairwiseLD( gp.num, chr=1, type="matrix" ) # 仅有 1 号染色体的子集
LDMap( LD. mat.chr1, gp.num, onefile=T, flip=F)
```

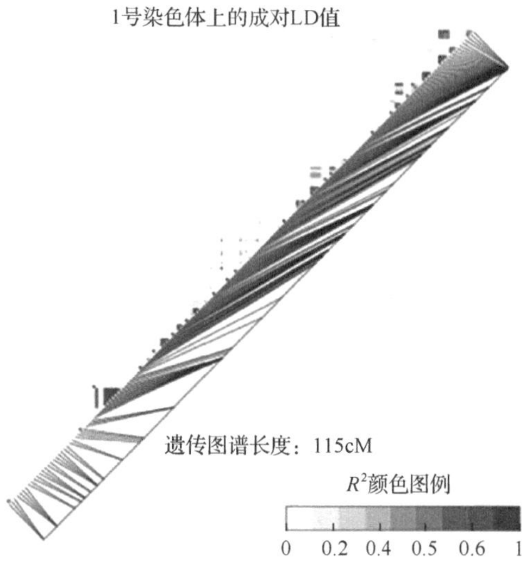

图 9.4　用上三角矩阵展示 1 号染色体上 171 个标记的成对 LD 值

对角线上的线条显示标记的位置（遗传距离）

每个有色矩形表示一对 SNP 之间 LD 的平方相关系数（r^2）。由于大多数位点间的 LD 接近于 0，因此这些区域大部分是空的。暗红色块为高 LD 值区域，它们仅出现在图谱位置相对较近的 SNP 间。图谱位置显示在对角线上（Shin et al., 2006）。

每条染色体相邻标记之间的 LD（r^2）也可以使用 *LDheatmap* 包（Shin et al., 2006）的函

数 plotNeighbourLD() 可视化为热图（图 9.5）。该函数使用由 *Synbreed* 包创建的 gp.num 对象中的遗传图谱和之前计算的成对 LD 的矩阵 LD.matrix。

```
##################################################
par(mar=c(1,1,1,1))
plotNeighbourLD(LD.matrix, gp.num, nMarker=T, dense=T,)
```

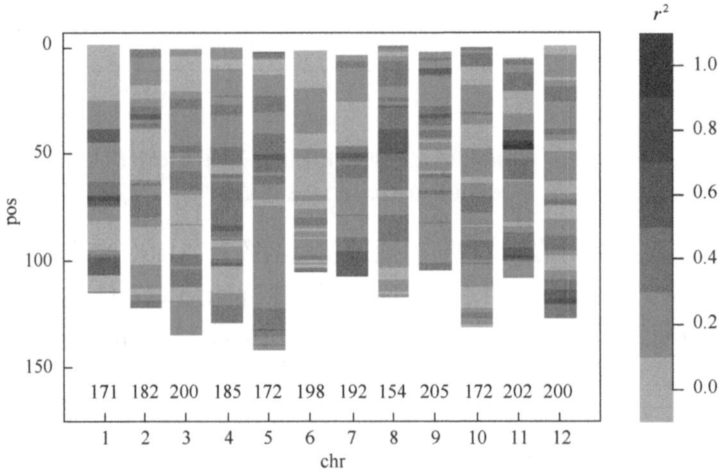

图 9.5 用热图展示每条染色体上相邻标记之间的 LD 值

深色条带显示染色体上相邻标记之间的 LD 值非常高

（刘天颐 译，苏 惠 林元震 校）

第 10 章　缺失基因型的填补

10.1　摘要

“**填补**”(**imputation**)是指用估计的值取代数据集中缺失的观测值。我们将关注缺失基因型值的填补。本章并非讲述在育种值估算中如何进行填补及其影响，而只是对一些常用填补策略作简要概述。此外，我们对填补细节有兴趣的读者提供了参考文献。

10.2　简介

填补过程可以仅使用目标数据集中包含的信息或者结合其他来源的附加数据[如来自**单倍型**(**haplotype**)发现项目的单倍型参考模板]来进行。在这两种情况下，需要该物种至少有一个可用的参考序列将标记定位在染色体上，并将它们按照其物理序列进行正确排序。为了使用参考单倍型数据，来自该物种的大量个体的测序数据是必要的，但许多农作物和林木物种并没有这些数据。对于许多物种而言，缺乏可用参考基因组的情况在未来几年内将得到改善。在本章，将讨论填补的两种基本方法：①利用高密度的基因分型**参考模板**(**reference panel**)对低标记密度的**基因分型**(**genotyped**)试验群体进行填补；②只使用试验群体本身填补或多或少随机缺失的基因型值。这两种情况都假设标记是基于通用参考序列正确排序的。最近提出了几种不需要参考基因组就可对无序标记集填补的方法(Money et al., 2015; Rutkoski et al., 2013)。由于这些方法相对较新且未在大群体中进行测试，因此本书不会介绍这些方法。

随着基因组时代的来临，空前大量的基因型信息每天都在产生着。这种情况下进行填补数据的主要原因有两个。首先，没有试验是完美的，几乎每个基因型数据集都会有部分基因型数据是缺失的。其次，高密度的基因分型(或测序)是昂贵的，而基因型数据的填补则比基因分型便宜得多。舍弃有缺失值的个体或位点记录对于**单标记方法**(如关联遗传学)是一种选择，但前提是缺失数据的总水平对于每个位点相对较低。一次考虑一个以上位点的分析方法往往对缺失数据更加敏感，因为分析任一位点时，删除含有缺失数据个体的方法在成本上并不划算。在一次性分析基因组中所有标记位点的极端情况下，丢失具有缺失基因型数据的个体的方法可能意味着，为了删除一小部分缺失值而丢弃数百或数千(甚至数十万)正确的数据值。此外，使用线性模型和基因组关系矩阵预测个体的遗传价值时，通常要求个体的标记没有缺失值。有些软件确实接受缺失值，但这些程序必须在分析数据前在内部进行一些填补，这些填补通常是临时性的，不一定准确或最优。

填补缺失基因型数据的成本更低，而且几乎可以媲美通过试验测定的基因型的精确度。利用 SNP 位点之间连锁不平衡的方法填补缺失基因型，准确率可达 90%或更高(Huang et al., 2012)。育种工作者经常采用由交配设计得到的群体，其中的许多个体常常具有共同的一个或两个亲本，因此，根据已知的亲本基因型，可由基于交配设计得到的

LD 来填补子代基因型。群体中有些亲本已完成了高密度 SNP 的基因分型，这有助于对那些只完成较低密度基因分型亲本的子代的缺失基因型进行精确填补。这种方法使得很多低密度基因分型能从高密度 SNP 基因分型处获益，对于采用特殊设计利用家系内 LD 进行填补的群体特别有效(Habier et al., 2009; Yu et al., 2008)。如上所述，连锁不平衡在高精度填补缺失值方面的作用非常突出。然而，为了利用 LD，了解哪些 SNP 与具有缺失值的特定 SNP 存在 LD 关系是必要的。由无亲缘关系个体所组成的群体的 LD 通常是群体历史和位点之间遗传或物理距离的函数，因此，找到物理或遗传层面上高度连锁的 SNP 位点是有价值的。有参考序列的物种通常可从基因组序列中获得 SNP 位点在染色体上的位置，但对于缺乏参考基因组序列的物种，需要采用其他方法来识别与目标 SNP 存在 LD 关联的位点。

10.3　填补的理念

图 10.1 展示了二倍体个体的三代谱系，每个个体符号的下方都有一段同源染色体代

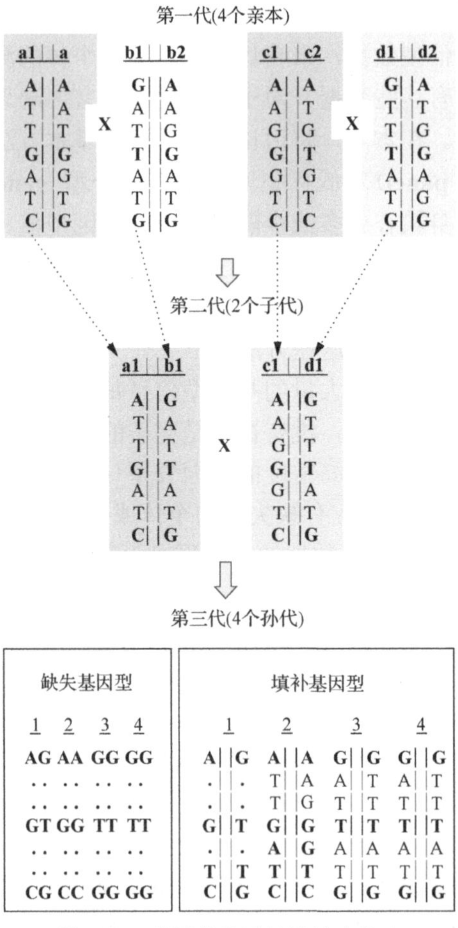

图 10.1　利用单倍型填补缺失位点

粗体：所有个体都已基因分型的 SNP 位点；灰体：仅在祖辈中基因分型的位点

表单倍型。这张图对常见的填补方法进行了概括：基因型值不是随机丢失的，相反，群体内部分个体比其他成员进行了更高密度的基因分型，我们希望将高密度基因分型平台所鉴定的全部 SNP 位点填补到整个样本。

粗体表示的 SNP 位点是在所有个体中都进行基因分型的，灰体的位点仅在祖辈中有基因分型。通过与有亲缘关系个体的粗体 SNP 位点的单倍型进行比较来推断出该位点子代的基因型。在第一代中有 8 种不同的单倍型(每个杂交 4 个)，它们可通过杂交传递给后代，分别是 **a1**、**a2**、**b1**、**b2**、**c1**、**c2** 和 **d1**、**d2**。在第二代中可以分析哪些单倍型传递给两个子代：**a1** 和 **b1** 传递到第一个个体，**c1** 和 **d1** 传递到第二个个体。在第三代中就只有粗体标记进行了基因分型。在本例中，1 号个体的单倍型是不明确的：其遗传的是单倍型 **a1** 和 **d1**，还是单倍型 **b1** 和 **c1**。2 号个体继承了单倍型 **a1** 和 **c1**。3 号和 4 号个体继承了一个亲本的单倍型 **b1** 和另一个亲本的单倍型 **d1**。注意，填补本质上依赖于知道或推断个体的单倍型相位，然后借助附近标记的连锁不平衡信息来替换缺失的基因型。

多数情况下，用于填补的方法依赖于已知的基因组组装信息(这样在分析之前就已知道标记的排列顺序)，并结合最大似然法和贝叶斯方法进行缺失基因型的预测。这里只简单讲述其中的一种方法，图 10.1 和图 10.2 概括介绍了这些软件是如何工作的，但并不涉及算法的细节。个体的双倍型(基因型)由一对单倍体配子(单倍型)组成，编码为某一位点未被判型的等位基因对。

育种中的基因组信息常存在与单倍型相反的**双倍型(diplotype)**。出现这种情况的原因是多方面的。双倍型可通过高通量平台轻松获得，而单倍型则没有相应的平台。此外，尽管有提议使用单倍型值，但利用 SNP 基因分型数据估计基因组关系和预测遗传值的方法大部分倾向于使用双倍型，而非单倍型。因此，一种常见的用数值编码基因型的方式是使用次等位基因的含量，或者次等位基因的拷贝数，如第 9 章所述。

例如，假定在位点 1 和位点 2，A 和 C 分别是主等位基因，T 和 G 分别是次等位基因，则这三种可能的基因型的次等位基因含量如下表所示。

图 10.2　基于 LD 和参考单倍型的填补理念

位点 1	含量	位点 2	含量
AA	0	CC	0
AT/TA	1	CG/GC	1
TT	2	GG	2

这种编码 SNP 基因型的方法易于在随后的分析中将遗传与表型信息进行关联，以对某一表型估算等位基因的加性和显性的替代效应；估算基于个体全部标记的遗传价值，或基于加性、显性和总遗传标记效应的遗传价值。

10.4　免谱系的填补

几种免谱系基因型填补的方法已被用于家畜和植物科学研究中。这些方法大部分是开发用于人类群体，因为谱系信息大多无法获得或相对不完整。还有几种能更有效地深入利用谱系信息的方法已被提出，专门用于家畜(Sargolzaei et al., 2014; VanRaden et al., 2013; Hickey et al., 2012)。尽管这些基于谱系的方法非常有效，但免谱系的方法由于其总体的通用性仍然备受青睐。

上一节提到的判型概念与缺失基因型的填补密切相关。**基因型判型(genotype phasing)**试图根据已知的基因型确定未观测到的单倍型。基因型填补是一个与判型非常相似的过程。它试图用观测到的基因型减少的比例来确定未观测到的单倍型。所有免谱系填补方法都依赖于相同的“直觉”。在基因组区段有一些共同的单倍型，其余的单倍型可能都是由现有单倍型重组或突变衍生来的。因此，大多数方法能有效地将“单倍型簇”识别为一个共同的单倍型和一组相关(衍生)单倍型。实际上，可能的单倍型起源于有限数量的簇。所以这些方法试图计算给定簇(单倍型/簇)的特定单倍型的概率 p。不同的方法识别和组织这些单倍型簇的方式不同，但总体仍然相同。在根据观测基因型推断出簇成员后，算法则根据它们的簇成员填补缺失的基因型。

免谱系的填补算法，绝大多数是基于**隐马尔可夫模型(hidden Markov mode, HMM)**的方法，该方法试图逼近样本的群体统计历史并捕获连锁不平衡信息，隐马尔可夫模型有一个基本结构，是使其适用于这两项任务。HMM 具有无法观察到的潜在隐藏状态，当试图解决这些隐藏状态时，能使用未被观测到的隐藏状态控制其他可观测的数据。当使用 HMM 进行基因型判型和(或)填补时，观测到的(非缺失的)基因型形成可观测状态，而未观测到的单倍型表现为隐藏状态。与重组率和单倍型频率有关的转移概率被用来确定隐藏状态从一个状态变为另一个状态的方式。目前用于基因型判型/填充的最常见的 HMM 被应用到了 4 个软件包中：fastPHASE(Scheet and Stephens, 2006)、Beagle (Browning and Browning, 2007)、IMPUTE2 (Howie et al., 2009)和 MaCH (Li et al., 2010)。本章将提供一个使用 Beagle 进行填补的例子，因为该软件已确立成为大多数作物/家畜研究的标准。尽管如此，所有提到的软件都有自身的优缺点。Marchini 和 Howie(2010)以及 Browning 和 Browning(2011)已从理论和应用到人类数据集的角度对这些算法进行了比较。读者可以查阅这些文献以深入了解该主题。

Beagle 是一个成熟的软件，目前的版本为 4.1。每个新版本都对算法及可供用户使用格式和选项做了改进，除非很重要，否则本书不会把重点放在软件细节的介绍上。读者可以参考软件主页(https://faculty.washington.edu/browning/beagle/beagle.html)获取软件的完整介绍。此外，本书也不会深入讨论 Beagle 算法的细节，具体可参考相关文献资料(Browning and Browning, 2011, 2013; Browning and Yu, 2009; Browning, 2006)。

在此之前已经介绍填补软件是依赖于把单倍型聚类成块的理念工作的。寻找单倍型块的一种简单方法是使用基于标记的滑动窗口来覆盖全基因组。虽然这种方法很简单，但固定大小的窗口无法有效获得所有的 LD 模式类型。另一种方法，可以使用所有可能尺寸的窗口来搜索连锁结构，但这会导致极高的计算成本。Browning(2006)提出一种启发性的方法，即通过考虑连锁不平衡来建立局部的单倍型簇。该算法使用可变长度的马尔可夫链法。这样一来，单倍型在每个标记处聚类，并且聚类的数量不会被先验固定。该算法是由 Ron 及其同事提出的手写体识别算法的一种拓展(Ron et al., 1995)。该算法用有向非循环图表示单倍型，并建立代表每个不同单倍型的树形图。对于每条边，它计算"穿过"特定边的单倍型的数量，实质上是对每条边进行加权。然后，它迭代合并那些与下游节点的转移概率足够相似的节点。Beagle 在建立该算法的时候，通过添加一个迭代过程(类似于期望最大化算法)来完成判型和填补。简言之，该算法通过为每个可用基因型设置一个预定拷贝数来初始化。然后采用等位基因频率对缺失位点进行随机填补，同样的，单倍型也是以随机判型的方式创建的。

迭代过程如下：按上述方案构建局部单倍型簇，然后用 HMM 法为每个基因型抽取成对单倍型。该步骤重复多次，最后用 Viterbi 算法估算每个基因型最有可能的单倍型。该算法是一种特别的 HMM 算法，它在重建如单倍型这样的序列时，比分别填补单个位置的算法更好。

10.5　利用高密度基因分型的参考模板对低密度基因分型的个体进行填补

下面是一个简化的例子，展示了如何使用 Beagle 根据参考模板对与其来自同一群体，但用较低密度标记分型的个体进行缺失基因型填补。这种方法假定参考模板能准确地反映待填补的个体集的单倍型频率，因此，试验集个体与参考集个体必须来自于同一个群体。下面使用模拟数据，为 500 个个体在两个常染色体上的 SNP 基因分型。在第一条染色体上有 3000 个 SNP 标记，第二条染色体上则有 2000 个。请注意，在这个模拟的例子中标记间的连锁不平衡程度较低(标记间的平均 r^2 <0.05)。这是一种典型的具有较大有效大小群体的情况。数据包含在两份文件中。第一份文件包含双倍型(*ImputeGenotype*)：

```
844 0 2 0 0 0 0 0 0 0 2 0 0 2 0 0 0 0 2 0 0 0 2 4 0 0 0 4 4 3 2 0 4 4 0 0 3 0 0 2 3 0 0 0 3 0 0 0 4 2 2 0 3 2 2 0 0 4 4 3 0 0 0 4 3 0
0
4 4 0 0 4 0 2 2 0 0 0 0 0 3 0 0 0 3 0 3 0 0 4 0 0 0 0 0 0 0 2 0 2 0 0 0 2 2 0 0 0 0 0 3 2 3 0 0 0 0 0 0 0 0 0 0 0 4 4 3 4 0 2 0 0 0 0 2 0
2 0 0 0 0 0 0 0 2 0 0 0 0 0 0 2 2 3 0 0 4 3 2 0 0 3 0 3 4 0 0 3 4 4 0 0 0 4 4 2 0 2 3 3 4 0 0 0 3 0 0 2 0 3 0 4 2 2 4 2 0 0 0 0 0 2 3 4
4 2 0 2 2 4 3 3 2 3 4 2 4 2 0 0 0 2 0 0 0 0 2 0 0 3 0 4 3 0 0 2 0 0 4 0 0 3 0 0 0 4 0 0 0 0 0 2 0 0 0 3 3 0 4 0 0 2 0 0 0 0 0 0 0 2 2 0
4 3 3 3 0 2 0 0 2 4 0 3 0 0 0 2 0 4 4 0 2 0 0 0 0 2 5 ...
854 0 0 4 3 0 3 2 0 2 0 0 0 4 3 0 0 3 0 0 3 0 4 4 0 0 0 0 0 0 4 0 0 0 0 4 4 0 0 0 0 0 0 0 2 0 3 0 0 2 3 0 0 2 2 0 0 0 0 2 0 2 4 3 2 3
3 0 0 0 3 3 3 2 3 4 0 0 0 0 0 0 0 3 3 3 0 0 0 3 0 0 0 0 0 0 0 0 0 0 0 0 0 0 0 2 0 0 3 0 0 0 4 3 0 0 3 3 0 0 4 0 4 2 0 0 0 0 0 0 0 0 0 3 3
0 3 0 4 3 0 3 0 0 4 3 0 0 0 3 0 2 2 4 0 0 0 2 2 0 0 2 0 4 0 0 0 3 4 0 0 0 0 0 0 2 0 0 0 2 0 2 0 0 0 0 0 2 0 0 3 4 2 2 2 2 0 0 0 0 0 0 0
3 0 4 4 0 2 0 2 0 0 0 0 3 3 0 3 0 0 4 0 3 0 0 2 0 3 2 0 0 2 0 0 2 4 0 0 0 0 3 0 3 0 2 0 0 0 0 4 4 0 0 0 2 4 3 4 0 2 0 0 4 0 0 0 0 4 0 2 2
4 4 0 4 0 0 2 0 3 2 3 0 0 0 0 4 0 0 4 4 4 0 0 2 4 0 2 4 ...
```

粗体的数字是个体的 ID。随后的数字是二倍体中每个 SNP 标记的等位基因含量编码，标记的基因型按照其物理位置顺序进行排列。基因型编码为 3 和 4 代表两个已判型的杂合子(分别是 0/1 和 1/0)。最后，5 代表未知基因型(./.)。

请注意，在这种情况下的双倍型已经判型(我们已知道个体的染色单体继承于哪个亲本)。本例采用这种方法来减少计算量，这不是软件的硬性规定，已判型的杂合子代码"3"和"4"也可以用未判型的双倍型代码"1"代替。

第二份文件(*ImputeMarkerMap*)是包含每个标记的染色体和位置的图谱文件。

染色体编号	标记名称	遗传图谱	物理位置
1	1_78635	0	78 635
1	1_153228	0	153 228
1	1_243172	0	243 172
1	1_334883	0	334 883
1	1_417617	0	417 617
1	1_489702	0	4 897 021

在本例中，第一个字段对应于染色体编号；第二列包含标记名称；第三列被保留用于遗传连锁图谱，该图谱默认以厘摩(cM)为单位。遗传图谱用于解释在填补中出现的重组事件异质性。如果未能提供遗传图谱，Beagle 将设定一个恒定重组率(1cM / Mb)。在本例中遗传图谱被省略了(该列中的每个值都为 0)。第四列包含标记在染色体上的物理位置(以 Mb 为单位)。

在 R 软件中读入这两个文件，并调整其为适用于 Beagle 的格式。

代码示例 10.1　创建适用于 Beagle 4.0 的可利用参考模板进行填补的 VCF 基因型格式(*Code 10-1_GenotypeSetUpBeagle4.R*)

```
###############################################################################
map <- read.table(file="ImputeMarkerMap",sep=" ",header=FALSE) ## 读入标记文件
geno <- read.table(file="ImputeGenotype",sep=" ",header=FALSE)
ID <- geno[,c(1)]
geno <- geno[ ,-c(1)]
```

Beagle 4.0 及以上版本要求采用 VCF 4.2 作为输入格式。VCF 文件是常用于存储基因型数据的文本文件。VCF 文件有三个部分：元信息部分(以##开头的行)、标题部分(以#LG 或#CHROM 开头的行)和数据部分。看下面的一个例子。

```
##fileformat=VCFv4.2
##FORMAT=<ID=GT,Number=1,Type=Integer,Description='Genotype'>
#CHROM  POS     ID        REF ALT QUAL FILTER  INFO FORMAT  844 854 855
1       78635   1_78635   C   T   .    PASS    .    GT      0/0 0/0 1/0
1       489702  1_489702  C   T   .    PASS    .    GT      0/0 0/1 0/0
1       817960  1_817960  C   T   .    PASS    .    GT      0/0 0/0 0/0
...
```

有关文件格式的详细介绍可以在如下网址找到 http://faculty.washington.edu/browning/beagle/intro-to-vcf.html。下面的 R 代码可以完成几个任务。首先，它能将次位基因含量转换为所需的基因型格式(0/0、0/1、1/0 和 1/1)。此外，它还能分割数据以创建若干个子集。第一份删减数据集包含有想要执行填补的 100 个个体。对于这些个体，脚

本删除了每 5 个标记只抽样一次的标记信息。剩余的 400 个个体被放置在所有标记都进行了基因分型的参考数据集中。脚本将所需的元数据和标题行加到这两个数据集中，并将它们写入 4 份文件。2 份是参考集文件，每个染色体各一份：*ref_data1.inp* 和 *ref_data2.inp*；2 份是删减的文件(待填补的文件)：*Geno_data1.inp* 和 *Geno_data2.inp*。由于 Beagle 使用压缩文件来工作，编码会继续把所有文件转为 gzip 格式。

代码示例 10.1(续)　创建适用于 Beagle 4.0 的 VCF 基因型格式(*Code 10-1_GenotypeSetUpBeagle4.R*)

```
for( c in 1: 2) {
  cat( "Starting Chromosome" , c, " \n" )
  X <- which( map$V1 == c)
  snpfile <- geno[ , X]
  f<-seq( from= 1, to=dim( snpfile)[ 2], by=5)
  beagle <- matrix( NA, nrow =(ncol( snpfile)), ncol =(nrow( snpfile)))
  dim( beagle)

  for( i in 1:ncol( snpfile)) {
    for( j in 1:nrow( snpfile)) {
      genot <- snpfile[, i]
      beagle[ i, j ] <- ifelse( genot[ j ] == 0, "0/0" , beagle[ i, j ]) ## 基因型是 0 ##
      beagle[ i, j ] <- ifelse( genot[ j ] == 2, "1/1" , beagle[ i, j ]) ## 基因型是 2 ##
      beagle[ i, j ] <- ifelse( genot[ j ] == 3, "0/1" , beagle[ i, j ]) ## 基因型是 3 ##
      beagle[ i, j ] <- ifelse( genot[ j ] == 4, "1/0" , beagle[ i, j ]) ## 基因型是 4 ##
      beagle[ i, j ] <- ifelse( genot[ j ] == 5, "./." , beagle[ i, j ]) ## 基因型是缺失的 ##

    }
    if(( i - 1000) %% 1000 == 0) { cat( "Chromosome" , c, " snp " , i, " \n" ) }
    if( i == ncol( snpfile)) { cat( "Total SNP " , i, " \n" ) }
    rm( genot)
  }
  first9 <- cbind( map[ X, 1],
                   map[ X, 4],
                   paste( map[ X, 1], map[ X, 4], sep="_" ),
                   rep( "C" ,length( X)),
                   rep( "T" ,length( X)),
                   rep( "." ,length( X)),
                   rep( "PASS" ,length( X)),
                   rep( "." ,length( X)),
                   rep( "GT" ,length( X)) )
  beagle <- cbind( first9, beagle)
  row <-c( "#CHROM" , "POS" , "ID" , "REF" , "ALT" , "QUAL" , "FILTER" , "INFO" , "FORMAT" , ID)
  beagle <- rbind( row, beagle)
  b1<-beagle[ f,c( 1: 9, 10: 110)]
  b2<-beagle[,c( 1: 9, 111: 509)]
  b2[c( 2:nrow( b2)),c( 10:ncol( b2))] <-gsub( "/" , "|" , b2[c( 2:nrow( b2)),c( 10:ncol( b2))])

  cat( "##fileformat=VCFv4.2" , file=paste( "Geno_data" , c, ".inp" , sep="" ), sep=" \n" )
  cat("##FORMAT=<ID=GT,Number=1,Type=Integer,Description='Genotype'>",
      file=paste( "Geno_data" , c, ".inp" , sep="" ), append=TRUE, sep=" \n" )
  write.table( b1, file=paste( "Geno_data" , c, ".inp" , sep="" ), sep=" \t" , append=TRUE,
               row.names=FALSE, col.names=FALSE, quote=FALSE)
  ## 带有准确标题文件的输出
  cat( "##fileformat=VCFv4.2" , file=paste( "ref_data" , c, ".inp" , sep="" ), sep=" \n" )
  cat("##FORMAT=<ID=GT,Number=1,Type=Integer,Description='Genotype'>",
      file=paste( "ref_data" , c, ".inp" , sep="" ), append=TRUE, sep=" \n" )
  write.table( b2, file=paste( "ref_data" , c, ".inp" , sep="" ), sep=" \t" , append=TRUE,
               row.names=FALSE, col.names=FALSE, quote=FALSE)
  rm( beagle, snpfile, b1, b2)

  ## 注意：本循环的下述部分在 windows 系统将会出错。
```

```
  string = paste( "rm Geno_data" , c, ".inp.gz" , sep="" )
  system( string)
  string = paste( "gzip Geno_data" , c, ".inp" , sep="" )
  system( string)
  string = paste( "rm ref_data" , c, ".inp.gz" , sep="" )
  system( string)
  string = paste( "gzip ref_data" , c, ".inp" , sep="" )
  system( string)
  cat( "Ending Chromosome" , c, " \n" )
}
```

下面是一个待填补文件的部分行：

```
##fileformat=VCFv4.2
##FORMAT=<ID=GT,Number=1,Type=Integer,Description='Genotype'>
#CHROM  POS     ID        REF ALT QUAL  FILTER  INFO FORMAT  844 854 855 856 858 859
1       78635   1_78635   C   T   .     PASS    .    GT      0/0 0/0 1/0 1/0 0/0 0/0
1       489702  1_489702  C   T   .     PASS    .    GT      0/0 0/1 0/0 1/1 0/1 1/0
...
```

以及其中一个参考文件(*ref_data1.inp.gz*)：

```
##fileformat=VCFv4.2
##FORMAT=<ID=GT,Number=1,Type=Integer,Description='Genotype'>
#CHROM  POS     ID        REF ALT QUAL  FILTER  INFO FORMAT  1008 1009 1010 1011
1       78635   1_78635   C   T   .     PASS    .    GT      0|0  0|0  0|1  0|0
1       153228  1_153228  C   T   .     PASS    .    GT      0|0  0|0  0|0  0|0
1       243172  1_243172  C   T   .     PASS    .    GT      1|0  1|0  0|0  1|1
1       334883  1_334883  C   T   .     PASS    .    GT      0|1  0|1  1|0  1|0
1       417617  1_417617  C   T   .     PASS    .    GT      0|0  0|0  0|0  0|0
1       489702  1_489702  C   T   .     PASS    .    GT      0|1  0|1  1|1  1|0
...
```

请注意，这两份文件中的个体(列)是不同的。参考模板具有“完整”的数据，而且这些数据未包含在待填补的数据集中。还要注意，参考模板具有比填补集更多的标记(行)；只有红色字体的标记是两份文件所共有的。含在参考数据集中但并未含在目标集中的标记将被填补并被包含在输出文件中。

此外，请注意，这两种文件格式只有一个不同之处。在参考文件中(红色字体突出显示的行)用"|"符号来代替/编码二倍体。由于在参考模板中的编码不同，双倍型将被软件认为已正确判型而不会再进行判型。相反，在删减的文件中，提供的判型会被丢弃，同时标记将被判型。

为 Beagle 创建了正确的输入文件后需要安装并运行该软件了。首先，用户要从网上下载安装 beagle 程序文件(后缀名为".jar")：https://faculty.washington.edu/browning/beagle/beagle.html。该文件的名称格式为"beagle"加上当前发行版的日期，并以".jar"结尾。将下载的文件放入存放输入数据集的文件夹中(某些浏览器可能会给文件附加".txt"后缀名，如果出现这种情况，请编辑文件名去掉".txt"，使得文件名以".jar"结尾)。".jar"文件是一个可执行的 Java 程序，当下载的程序名为"*beagle.27Jul16.86a.jar*"时，这个 Beagle 程序可以通过命令"*java -jar beagle.27Jul16.86a.jar*"在 Linux 中运行。然而只有这个命令是不够的，还必须提供输入文件的名称并在命令行上设置参数。本例中，要使用参考模板对 1 号染色体上的标记进行填补，还需要使用以下的命令：

```
java  -jar  beagle.27Jul16.86a.jar  gt=Geno_data1.inp.gz
ref=ref_data1.inp.gz  impute=TRUE  out=Phased_data1.gt
```

如果将调用过程分开，则可以分为以下几个部分：

```
java  -jar  beagle.27Jul16.86a.jar
```

这是对程序本身的调用。

```
gt=Geno_data1.inp.gz  ref=ref_data1.inp.gz
```

这部分需要两份主要文件(示以粗体)：gt，待填补个体的删减基因型数据；ref，用于指引填补的参考模板上已判型的基因分型数据。

```
impute=TRUE  out=Phased_data1.gt
```

最后一部分，"impute= TRUE"语句告诉 Beagle 执行填补操作，"out"语句指定输出文件的前缀名。

为简化操作，可在文件 *BeagleLoop.sh* 中写一个 shell 脚本，在两个染色体上循环执行这个命令。该脚本适用于 Apple OSX 和 Linux 操作系统，Windows 用户可在专栏 10.1 程序框中看到有关如何在 Windows 操作系统中运行该 shell 脚本和使用 Beagle 进行分析的详细信息。此外，用户必须编辑这个脚本(使用简单的文本编辑器)，从而使脚本中 *Beagle.jar* 文件名与用户已下载的文件名相匹配。

代码示例 10.2　Linux shell 脚本在染色体上循环执行 Beagle 填补(*Beagle Loop.sh*)

```
echo "==========================="
echo "BEAGLE LOOP FOR CH.10 EXAMPLE"
echo "==========================="
for i in {1..2}
Do
echo "java -Xmx6144m -jar beagle.09Nov15.d2a.jar gt=Geno_data$i.inp.gz
ref=ref_data$i.inp.gz impute=TRUE out=Phased_data$i.gt" > Beagle$i.sh
chmod 755 Beagle$i.sh
nohup sh Beagle$i.sh &
done
```

该脚本(作为 *BeagleLoop.sh* 被调用)创建两个对 Beagle 软件的调用，每个染色体对应一个，并将它们存储在依次被调用的两份文件中。下面是输出文件("*Phased_data_1.gt.vcf.gz*")中的几行：

读者应再次注意到，文件格式(VCF)是相同的。该文件包含所有非参考样品的信息，并报告已判型的双倍型。虽然一些额外的元数据行添加到文件里，也给出了一些额外的信息，但是该文件与先前文件最显著的区别在于，紧接着已判型的基因型，在符号":"后给出了等位基因的数量。例如，基因型值 0|0：0 表示纯合的主等位基因(0|0)，并且次等位基因的估计数量为 0(：0)。1|0：1 和 0|1：1 的数值表示次等位基因数量为 1 的杂合子。例如，0|0：0.15 的数值返回的是填补分值，表示该 SNP-个体组合最有可能的基因型是纯合的主等位基因，但其等位基因期望数量不正好为 0，而是 0.15。如果一个位点的主等位基因记为 A，次等位基因记为 a，则次等位基因的期望数量是 $p(Aa)+2p(aa)$。

```
##fileformat=VCFv4.2
##filedate=20160805
##source="beagle.27Jul16.86a.jar (version 4.1)"
##INFO=<ID=AF,Number=A,Type=Float,Description="Estimated ALT Allele
Frequencies">
##INFO=<ID=AR2,Number=1,Type=Float,Description="Allelic R-Squared:
estimated squared correlation between most probable REF dose and true
REF dose">
##INFO=<ID=DR2,Number=1,Type=Float,Description="Dosage R-Squared:
estimated squared correlation between estimated REF dose [P(RA) +
2*P(RR)] and true REF dose">
##INFO=<ID=IMP,Number=0,Type=Flag,Description="Imputed marker">
##FORMAT=<ID=GT,Number=1,Type=String,Description="Genotype">
##FORMAT=<ID=DS,Number=A,Type=Float,Description="estimated ALT dose
[P(RA) + P(AA)]">
##FORMAT=<ID=GP,Number=G,Type=Float,Description="Estimated Genotype
Probability">
#CHROM      POS    ID     REF    ALT    QUAL   FILTER        INFO   FORMAT        844
      854   855    856    858    859    861    862    863    864    865    866    867
      868   869    872
...
1     78635 1_78635      C      T      .      PASS  AR2=1.00;DR2=1.00;AF=0.22
      GT:DS 0|0:0 0|0:0 1|0:1 1|0:1 0|0:0 0|0:0 0|0:0 0|0:0 1|0:1 0|0:0 1|1:2
      0|0:0 0|1:1
...
1     153228        1_153228      C      T      .      PASS
      AR2=0.00;DR2=0.01;AF=0.062;IMP      GT:DS 0|0:0.16      0|0:0.15
      0|0:0.09      0|0:0.07      0|0:0.15      0|0:0.15      0|0:0.15      0|0:0.15
      0|0:0.09      0|0:0.16      0|0:0.03
...
1     243172        1_243172      C      T      .      PASS
      AR2=0.00;DR2=0.03;AF=0.24;IMP GT:DS 0|0:0.61      0|0:0.52      0|0:0.43
      0|0:0.25      0|0:0.52      0|0:0.52      0|0:0.52      0|0:0.52      0|0:0.43
      0|0:0.61      0|0:0.25      0|0:0.52
...
```

请注意，在此子集中的第一个标记(位于 78 635)的基因型与输入数据集中相应的内容完全匹配且没有任何变化，这是因为该标记在填补集中有完整的基因型数据。前 4 个个体(编码为 844、854、855 和 856)的标记值为 0/0、0/0、1/0 和 1/0(用红色高亮)，与其在原始数据集中一样。对于第二个 SNP(位于 153 228)，前 4 个个体的填补基因型为 0/0(也用红色高亮)。

为检查填补的效果，可将已判型的数据读回到 R 软件中，并将它们转回为原始文件格式。

代码示例 10.1(续)　创建适用于 Beagle 4.0 的 VCF 基因型格式(*Code 10-1_GenotypeSetUpBeagle4.R*)

```
##########################################################################
for( c in 1: 2){
  cat( "Starting Chromosome" , c, " \n" )
  string = paste( "Phased_data" , c, ".gt.vcf.gz" , sep="" )
  dataframe <- read.table( file=string, sep=" \t" , header=FALSE, comment.char="*" , skip=9)
  dataframe <- dataframe[ ,c( 10:ncol( dataframe))]
  AnimalID <- t( dataframe[ 1, ])
  dataframe <- dataframe[ -c( 1), ]
  genotype <-matrix(data=NA, ncol=nrow(dataframe), nrow=ncol(dataframe), byrow=TRUE)
  for( i in 1:ncol( dataframe)){
    temp <- as.character(paste( dataframe[ ,c( i)]))
    temp <- matrix(unlist(strsplit( temp, ":" )), ncol=2, byrow=TRUE)
    temp <- temp[ ,c( 1)]
    temp <- matrix(unlist(strsplit( temp, "|" )), ncol=3, byrow=TRUE)
    temp[, 2] <- ifelse( temp[, 1] == "0" & temp[, 3] == "0" , "0" , temp[, 2])
    temp[, 2] <- ifelse( temp[, 1] == "1" & temp[, 3] == "1" , "2" , temp[, 2])
    temp[, 2] <- ifelse( temp[, 1] == "0" & temp[, 3] == "1" , "3" , temp[, 2])
    temp[, 2] <- ifelse( temp[, 1] == "1" & temp[, 3] == "0" , "4" , temp[, 2])
    genotype[ i, ] <- temp[, 2]
  }
```

```
    cat( "Genotype for Chromosome " , c, " Created\n" )
    if( c == 1){PhasedGenotypes <- cbind( AnimalID, genotype)}
    if( c > 1){PhasedGenotypes <- cbind( PhasedGenotypes, genotype)}
    rm( genotype)
    cat( "Ending Chromosome" , c, " \n" )
}
write.table( PhasedGenotypes, file=" ImputePhasedGenotypes" , sep= " " ,
            row.names=FALSE, col.names=FALSE, quote=FALSE)
```

为便于进行比较，可把判型结果写入文件 *ImputePhasedGenotypes*。

代码示例 10.1(续)　创建适用于 Beagle 4.0 的 VCF 基因型格式(*Code 10-1_GenotypeSetUpBeagle4.R*)

```
###########################################################################
UnphasedGenotypes <- read.table( file=" ImputeGenotype" , sep=" " ,header=FALSE)
UnphasedGenotypes <- UnphasedGenotypes[c( 1: 101), -c( 1)]
dim( UnphasedGenotypes)

PhasedGenotypes <- read.table( file=" ImputePhasedGenotypes" , sep=" " ,header=FALSE)
PhasedGenotypes <- PhasedGenotypes[ , -c( 1)]; dim( PhasedGenotypes)
f<-seq(from=1, to=dim(PhasedGenotypes) [2], by=5)
f<-f[order(f)]
Errors <- ( PhasedGenotypes[,-f] - UnphasedGenotypes[,-f])
Errors[ Errors != 0] <- 1
1-mean(rowSums( Errors)/ 4000)
```

要对实际的基因型和填补的基因型进行比较，只需从填补基因型值中减去原始基因型值，并将任何不为 0 的值(填补值正确时的结果)赋值为 1。然后，仅对填补后的 4000 个 SNP 进行计算，得到的错误率作为每行错误的平均比例。

在这个例子中(在删减数据集中对 100 个个体的 1000 个分型标记进行了填补)，得到的准确性约为 0.67。错误率包含杂合子调用正确但判型错误(如 0 | 1 代替 1 | 0)。代码示例 10.2 包含一些额外的编码，用于计算忽略判型时的准确性，在这种情况下，准确性提高到约 0.70。填补准确性取决于参考群体中的个体数量、待填补的标记数量、标记在全基因组中的分布，以及该样本的等位基因频率、LD 总体结构和连通性。如上一节中提到的，在这个例子中由于数据的 LD 水平较低，因此填补准确性相对较低。

上述的例子是有意简化过的，并且还存在几个影响填补准确性的因素。此外，这个例子只有少数的标记需要填补。当利用低密度模板对序列信息进行填补时，将存在显著差异。

10.6　无参考模板的填补

在一些物种中，没有高密度的参考基因型或序列可用于估算单倍型的群体频率，或者，可用的高密度基因分型样本可能无法对特定目标育种群体的单倍型频率进行合理估算。在这种情况下，可以仅使用目标群体内样本的信息来进行填补。在某些情况下，基因型数据从较低覆盖测序结果中获得，导致生成从整个样本中进行多个 SNP 分型的数据集，也会有很多样本是因为下一代测序平台本身的特性而随机缺失的基因分型。因此，研究人员可能会面临样本中有很多缺失基因分型但没有可靠的参考模板可用于指导填补的案例。在这种情况下，缺失数据的结构不同于前面描述的用高密度参考模板填补低密度目标群体的情况。与一套连续标记数据未被包含在低密度的基因分型平台中的情况不同，缺失数据在 SNP 和个体中的分布更接近于随机状态。于是，填补仅可通过可用数据推断单倍型频率来执行。这种方法的准确性强烈依赖于缺失数据的比例和样本连锁不平衡的程度。较大范围的连锁不平衡导致单倍型的数量减少而频率增加，这有助于提高填补的准确性。

为进行模拟上述状况，代码示例 10.3("*Code 10-3_GenotypeSetUpBeagle4NoRef.R*")的 R 程序使用相同的初始数据用于参考模板的填补，不是将数据分成参考模板和低密度的目标集，而是将全部 500 个个体放在一个共同的数据集中，并随机引入 80%的缺失数据。

代码示例 10.3　生成随机缺失的基因型(*Code 10-3_GenotypeSetUpBeagle4NoRef.R*)

```
###########################################################################
## 读入标记文件
input_path = "C:/Users/jholland/Google Drive/Book/Book1_Examples/data/"
map <- read.table(file=paste0(input_path, "ImputeMarkerMap"),sep=" ",header=FALSE)
geno <- read.table(file=paste0(input_path, "ImputeGenotype"),sep=" ",header=FALSE)
ID <- geno[,c(1)]
geno <- geno[ ,-c(1)]

#将80%的数据随机地替换为缺失型
Ngeno = nrow(geno)
Nsnps = ncol(geno)
Nmiss = round(Ngeno*Nsnps*0.8)
inds <- as.matrix(expand.grid(1:Ngeno, 1:Nsnps))
missing <- inds[sample(nrow(inds), Nmiss), ]
geno[missing] <- 5    # 5 是缺失数据
......
```

模拟的细节在 R 编码中，这里不做探讨。1 号染色体上前三个标记(在文件"*Geno_data_miss_rand1.inp*"中)的结果数据集如下所示：

```
1     78635    1_78635    C    T    .    PASS    .    GT    0/0    0/0    1/0    ./.    ./.    0/0
0/0   0/0      1/0        0/0  1/1  ./.  0/1     0/0  1/0   0/0    1/1    0/0    ./.    0/0
0/1   ./.      0/1        0/0  0/1  0/0  0/0
...
1     153228   1_153228   C    T    .    PASS    .    GT    1/1    0/0    0/0    0/0    0/0    0/1
0/0   0/0      0/0        0/0  0/0  ./.  ./.     0/0  0/0   0/0    0/0    ./.    0/0    0/0
0/0   0/0      ./.        0/0  0/0  0/0
...

1     243172   1_243172   C    T    .    PASS    .    GT    ./.    1/0    0/1    ./.    1/0    0/0
0/1   0/0      0/0        0/1  0/0  1/0  1/0     0/0  0/0   0/0    0/0    0/0    1/0    0/0
0/0   0/0      0/0        0/0  0/0  ./.
...
```

请注意，在第一个标记中缺失基因分型的个体和其他标记缺失基因分型的个体不同。每个 SNP 和每个个体都有独特的缺失数据模式。一旦创建了包含随机缺失数据的文件并将其压缩为.gz 格式，就可以使用代码示例 10.4 里名为"*BeagleLoop2.sh*"的 shell 脚本运行 Beagle 进行分析。该脚本的操作与 *BeagleLoop.sh* 非常相似，但在这种情况下，Beagle 仅执行"gt"输入文件，"ref"输入文件的选项未被用到。举个例子，对 1 号染色体执行填补的调用是：

代码示例 10.4　使用 Beagle 填补 1 号染色体(*Code 10-4_BeagleLoop2.sh*)

```
java   -jar   beagle.27Jul16.86a.jar   gt=Geno_data_miss_rand1.inp.gz
impute=TRUE   out=Phased_data_miss_rand1.gt
```

由于在没有输入参考模板的情况下执行 Beagle，Beagle 仅使用输入基因型文件中提供的数据估算单倍型的频率，与正在填补的样本是一样的。一旦这两个 Beagle 程序分析完成，将生成两个关键的结果文件：

```
Phased_data_miss_rand1.gt.vcf.gz
Phased_data_miss_rand2.gt.vcf.gz
```

使用代码示例 10.3 的第二部分可以把这些结果读回 R，并与原始的完整数据集进行比较。本例中，准确性非常差，只有大约 43%（还包括 20%的初始正确调用！）。由于如此大量的缺失数据和较低水平的 LD，估算单倍型的频率是非常困难的。从低覆盖率的测序数据中鉴定的 SNP，常会展示出缺失数据比例在个体之间中存在本质的差异，这对首先过滤掉高缺失率的 SNP 位点并尝试只对存在合理数量的位点进行填补是有利的。

10.7　用 *Synbreed* 包进行填补

在第 9 章中讨论的 R 包 *Synbreed* 含有多个函数，能在不使用参考模板的情况下填补缺失基因型（Wimmer et al., 2012）。代码示例 10.5 提供了一个可用于读取本章前面使用的 500 个个体的 5000 个标记的脚本，随机引入 20%的缺失数据，并使用 *Synbreed* 包对其进行填补。*Synbreed* 包有多个用于填补缺失数据的选项；这个例子演示了使用“随机”填补方法，该方法对每个 SNP 均从可用数据中估算基因型频率，然后采用随机抽取的方式利用观测到的基因型频率替换缺失数据。很显然，这些信息并不使用 LD 或单倍型信息，因此它不会很准确，但它运行速度很快，并且在只有少量缺失数据和缺乏标记顺序信息的情况下或许有用。

代码示例 10.5　使用 Synbreed 包填补缺失的基因型数据（*Code 10-5_ImputeWithSynbreed.R*）

```
##########################################################################
set.seed(8062016)
library(synbreed)
input_path = "C:/Users/jholland/Google Drive/Book/Book1_Examples/data/"
## 读入标记文件
# map <- read.table(file="ImputeMarkerMap", sep=" ", header=FALSE)
map <- read.table(file=paste0(input_path,"ImputeMarkerMap"), sep=" ", header=FALSE)
rownames(map) <- map[,2]
map <- map[,c(1,4)]
colnames(map) <- c("chr", "pos") #synbreed包需要这些名称

geno <- read.table(file=paste0(input_path,"ImputeGenotype"),sep=" ",header=FALSE)
ID <- geno[,c(1)]
geno <- geno[ ,-c(1)]
rownames(geno) <- ID
colnames(geno) <- rownames(map)   # geno的列名是标记名

geno[geno == 3 | geno == 4] <- 1

#将20%的数据随机地替换为缺失型
Ngeno = nrow(geno)
Nsnps = ncol(geno)
Nmiss = round(Ngeno*Nsnps*0.2)
inds <- as.matrix(expand.grid(1:Ngeno, 1:Nsnps))
missing <- inds[sample(nrow(inds), Nmiss), ]
genoOrig <- geno # 在引入缺失数据前，复制一份原始数据
geno[missing] <- NA
```

```
genoGP <- create.gpData(pheno = NULL, geno = geno, map = map, map.unit = 'bp')
genoGP2 <- codeGeno(genoGP, impute = TRUE, impute.type = "random", label.heter = "1")

# 比较原始数据，缺失数据和填补数据
Inds = rownames(genoOrig[1:10,])
genoOrig[Inds,1:10]
genoOrig[1:10,1:10]            # 原始数据
genoGP$geno[Inds, 1:10]        # 缺失数据
genoGP2$geno[Inds, 1:10]       # 填补数据
```

该脚本的输出结果分别列出原始完整数据集、缺失数据集和生成的填补数据集的前10个个体的前10个SNP：

```
> genoOrig[Inds,1:5]# 原始数据
    1_78635 1_153228 1_243172 1_334883 1_417617
844       0        2        0        0        0
854       0        0        1        1        0
855       1        0        1        0        0
856       1        0        0        2        0
858       0        0        1        1        0
859       0        1        0        1        0
861       0        0        1        1        0
862       0        0        0        1        0
863       1        0        0        0        0
864       0        0        1        0        0
> genoGP$geno[Inds, 1:5]# 缺失数据
    1_78635 1_153228 1_243172 1_334883 1_417617
844       0        2       NA        0        0
854       0        0        1        1        0
855       1       NA       NA        0        0
856       1        0       NA        2        0
858       0       NA        1       NA        0
859       0        1        0        1        0
861       0        0        1        1        0
862       0        0       NA        1        0
863       1        0        0        0        0
864       0        0        1        0        0
> genoGP2$geno[Inds, 1:5]# 填补数据
    1_78635 1_153228 1_243172 1_334883 1_417617
844       0        2        0        0        0
854       0        0        1        1        0
855       1        0        1        0        0
856       1        0        0        2        0
858       0        0        1        0        0
859       0        1        0        1        0
861       0        0        1        1        0
862       0        0        1        1        0
863       1        0        0        0        0
864       0        0        1        0        0
```

通常不推荐随机填补的方法，但 *Synbreed* 包还有其他几种填补方法。其他一些选项也不使用单倍型信息，但在特定情况下可能是有用的(如 impute.type="family"方法可用于来自双亲杂交的加倍单倍体或重组近交系)。此外，*Synbreed* 包有 impute.type ="beagle"选项，它将输出 Beagle 可读的基因型数据格式，并发送 shell 命令执行 Beagle 分析，然而，设置正确的路径信息来完成这项工作可能会非常棘手，而且它并不总是使用最新版本的 Beagle。

（刘天颐 译，苏　惠　林元震 校）

第 11 章　基因组关系与 GBLUP

11.1　摘要

一个群体中个体之间的相似性传统上是根据谱系来估计的。高通量基因分型技术让我们能够使用大量 DNA 标记来估计个体共享的基因组数量。基于遗传标记的遗传相似性估计比基于谱系信息的遗传相似性估计更精确。近年来，使用基于标记的基因组关系矩阵来预测个体遗传值已经在动植物育种中颇受关注。本章将介绍相关概念，并给出一些例子。

11.2　现实基因组关系

传统的遗传评估结合了表型数据和亲属间**相似性(resemblance)**来预测个体遗传值。源自谱系的相似系数是基于**血缘同源(identical by descent，IBD)**等位基因的概率。最近，分布于全基因组的遗传标记已被用于测定遗传相似性，比谱系信息的结果更精确(van Raden，2008)。遗传标记基于**状态同源(identical by state，IBS)**匹配标记等位基因来估计个体共享的染色体区段的比例。而成对谱系关系的矩阵被称为 ***A*** 矩阵(因为其元素是基于谱系的加性遗传关系的估计)，从标记信息估计的成对现实基因组关系矩阵被称为 ***G*** 矩阵。本章将描述从标记计算 ***G*** 矩阵的方法和将此 ***G*** 矩阵应用于预测基因组育种值的方法。用来计算 ***G*** 矩阵的方法需要完整数据(无缺失值)和数字化的标记基因型，因此首先需使用前两章中描述的数据重编码和插补方法处理原始 SNP 数据。

下文提供了一个非常小的数据示例，以便读者可更轻松地跟踪计算。从第 9 章中描述的数字化基因型数据集开始，它反映每个位点和个体的次等位基因的含量。例如，3 个个体在 4 个位点上的基因含量值可能显示为：

	位点 1	位点 2	位点 3	位点 4
个体 1	0	1	0	2
个体 2	2	1	1	1
个体 3	2	0	0	0
…				

将这个原始标记分值矩阵称为 ***M***。在 ***M*** 矩阵中，行是个体，列是位点。矩阵的维数是 n(个体数)乘以 m(位点数)。在该例中，个体 2 和个体 3 在位点 1 是次等位基因纯合型。指定哪个等位基因是次要的，是基于在全部样品上估计得到的等位基因频率，而不仅仅是这 3 个个体。

可以使用简单的矩阵乘法来计算每个个体和每对中纯合子位点的数量，即匹配纯合基因型的位点数减去不同等位基因纯合的位点数。这是状态匹配系数中的一种纯合同一性。要做到这一点，首先通过从所有元素中减去 1 来重新校正 ***M*** 矩阵中的基因含量分值，得到一个分值为–1、0 和 1 的新矩阵：

	位点 1	位点 2	位点 3	位点 4
个体 1	–1	0	–1	1
个体 2	1	0	0	0
个体 3	1	–1	–1	–1

在这里将这个矩阵称为 ***M-1***，尽管 van Raden(2008)将其称为 ***M*** 矩阵。如果计算个体 1 和个体 2 的 ***M-1*** 矩阵中标记分值(m_{ij} 为个体 i 中的标记 j)的行叉积，得到它们对于相同位点是纯合的位点数(匹配)减去它们对于不同位点是纯合子的位点数(不匹配)：***M-1*** 矩阵的行 1 和行 2 的叉积为 $\sum_{j}^{m} m_{1j}m_{2j} = (-1\times1)+(0\times0)+(-1\times0)+(1\times0)=1$。类似地，第 1 行与其自身的平方和计算个体 1 中的纯合位点数：***M-1*** 矩阵的第 1 行的平方和为 $\sum_{j}^{m} {m_{1j}}^2 = (-1)^2+0^2+(-1)^2+1^2=3$。

可以通过简单地将 ***M-1*** 矩阵乘以其转置矩阵来将其扩展为同时计算所有行的叉积和平方和。为了清楚起见，考虑(***M-1***)×(***M-1***)^{T}的结果第 1 列等于矩阵(***M-1***)乘以(***M-1***)^{T}的第 1 列向量(图 11.1)。

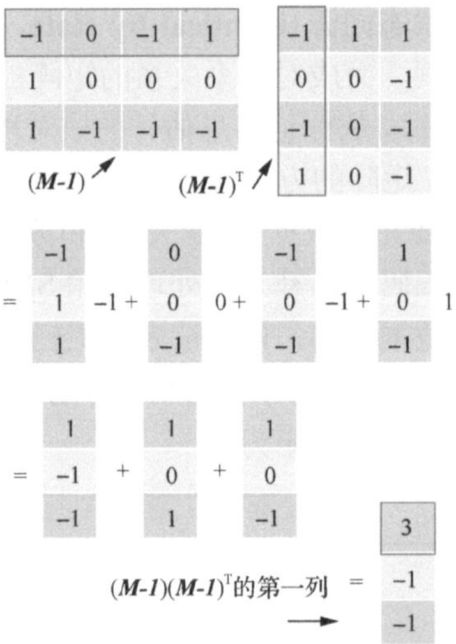

图 11.1　计算(***M-1***)(***M-1***)^{T}的第一列。底部的对角线元素(3)计算个体 1 中纯合子位点数
非对角线元素(–1，–1)(行= 2，col = 1)和(行= 3，col = 1)，
计算个体 1 对于个体 2、个体 3 相同的等位基因是纯合子的位点数减去不同等位基因是纯合子的位点数

以相同的方式计算结果的其他列，可得到

$$(\boldsymbol{M-1})(\boldsymbol{M-1})^{\mathrm{T}}=\begin{bmatrix}-1&0&-1&1\\1&0&0&0\\1&-1&-1&-1\end{bmatrix}\begin{bmatrix}-1&1&1\\0&0&-1\\-1&0&-1\\1&0&-1\end{bmatrix}=\begin{bmatrix}3&-1&-1\\-1&1&1\\-1&1&4\end{bmatrix}$$

查看该结果的最后一列，它对应于个体 3 与其他个体及其自身的叉积：$(-1\ 1\ 4)^{T}$。个体 1 和个体 3 在位点 3 处有匹配的纯合基因型，但在位点 1 和个体 4 处有不匹配的纯合基因型，因此结果矩阵中的元素(1,3)是 1−2 =−1。个体 2 和个体 3 在位点 1 处有匹配的纯合基因型，但没有位点有不匹配的纯合基因型，因此结果中的元素(2,3)是 1−0 = 1。在该示例中，个体 3 在所有 4 个位点处是纯合的，所以元素(3,3)等于 4。

可以使用代码示例 11.1 中的 R 代码演示此示例。

代码示例 11.1　计算 $(\boldsymbol{M}-1)(\boldsymbol{M}-1)^{T}$ 的 R 代码

```
> M <- matrix(c(0,1,0,2,2,1,1,1,2,0,0,0), nrow=3,ncol=4, byrow=T)
> M
     [,1] [,2] [,3] [,4]
[1,]    0    1    0    2
[2,]    2    1    1    1
[3,]    2    0    0    0
> M-1
     [,1] [,2] [,3] [,4]
[1,]   -1    0   -1    1
[2,]    1    0    0    0
[3,]    1   -1   -1   -1
> (M-1)%*%t(M-1)
     [,1] [,2] [,3]
[1,]    3   -1   -1
[2,]   -1    1    1
[3,]   -1    1    4
```

这个叉积矩阵可以被解释为基于**状态同源**(IBS)的相似性矩阵。然而，我们真正的目的是估计个体间的**血缘同源**(IBD)关系，因此需要缩放标记分值，以便可用 IBD 关系反映个体间的协方差。

作为 IBS 方法为什么并不直接适合于估计 IBD 关系的一个例子，试想一个具有低的次等位基因频率($p = 0.01$)的位点对 $(\boldsymbol{M}-1)\times(\boldsymbol{M}-1)^{T}$ 的贡献。如果群体处于哈迪–温伯格平衡状态，预计约 98%的群体具有编码 0 的基因型，并且只有 0.01%的群体具有编码 2 的基因型。取样在该位点处具有匹配编码 0 基因型的两个无关个体的概率非常高：96%。即使没有共同祖先，由于很大比例的配对会匹配纯合的主等位基因，很明显，在这个位点上的 IBS 匹配能提供关于 IBD 关系的信息很少。与常见等位基因匹配提供的有限信息相反，该位点上的罕见等位基因匹配将对共同祖先提供非常丰富的信息。不相关的对在该位点上都是纯合次等位基因的概率非常小：$p^{4} = 10^{-8}$！应该清楚的是，我们需要一种方法，对基因型匹配进行适当地加权，以对不太可能碰巧发生而没有共同祖先的匹配给予更多权重。

Wright(1922)将个体间的谱系亲缘关系系数定义为一个相关，认为现实关系系数估计应该基于每对个体的标记分数间的协方差或相关。对于一对个体，i 和 j(祖先无关的有限谱系的成员)，其单位点共祖系数的 2 倍用其中心基因含量值的叉积除以等位基因频率的 2 倍(Speed and Balding, 2015)来估算：

$$2r_{ij} = \frac{(x_i - 2p)(x_j - 2p)}{2pq} \tag{11.1}$$

其中，x_i、x_j 是个体 i 和 j 的次等位基因含量；p、q 是位点的次等位基因频率和主等位基因频率。该位点的平均基因含量值为 $2p$，式(11.1)中的观测基因含量减去该平均值，得到以零为中心的值。为了获得可被解释为与传统谱系关系系数相似的全基因组现实关系系数，可以求这些值对基于所有测定标记的平均值。这些估计存在抽样方差，使用的标记越多，全基因组估计的抽样方差就越低。

通过减去平均分值 $P_i = 2\hat{p}_i$ 来使每个位点 i 处的标记分值居中，其中 $\hat{p}_i$ 是基于可用标记数据估计的次等位基因频率。作为这种缩放的一个例子，假设该群体中所有个体估计的 4 个位点的次等位基因频率在上面的示例 **M** 矩阵是 0.01、0.1、0.25 和 0.48。将构建一个包含每个位点的次等位基因频率的 2 倍作为每列中的元素的矩阵 **P**：

$$\boldsymbol{P} = \begin{bmatrix} 0.02 & 0.2 & 0.5 & 0.96 \\ 0.02 & 0.2 & 0.5 & 0.96 \\ 0.02 & 0.2 & 0.5 & 0.96 \end{bmatrix}$$

然后通过从原始 **M** 矩阵中减去 **P** 来缩放它，以计算新矩阵 **Z**：

$$\boldsymbol{Z} = \boldsymbol{M} - \boldsymbol{P} = \begin{bmatrix} 0 & 1 & 0 & 2 \\ 2 & 1 & 1 & 1 \\ 2 & 0 & 0 & 0 \end{bmatrix} - \begin{bmatrix} 0.02 & 0.2 & 0.5 & 0.96 \\ 0.02 & 0.2 & 0.5 & 0.96 \\ 0.02 & 0.2 & 0.5 & 0.96 \end{bmatrix}$$

$$\boldsymbol{Z} = \begin{bmatrix} -0.02 & 0.8 & -0.5 & 1.04 \\ 1.98 & 0.8 & 0.5 & 0.04 \\ 1.98 & -0.2 & -0.5 & -0.96 \end{bmatrix}$$

矩阵 **M** 和 **Z** 间的差异是等位基因频率的函数，因此它在 **Z** 矩阵的不同列之间变化。对于第一个位点(每个矩阵的第一列)，次等位基因频率非常低，因此 **Z** 矩阵非常类似于原始矩阵 **M**。由于纯合的常见基因型在 **M** 矩阵中被记为零，它们对于 **Z** 矩阵中次等位基因频率较低的位点的叉积计算的贡献非常小。相比之下，该位点处的纯合稀有基因型接近 2，因此它们将对从 **Z** 矩阵计算的叉积的贡献比例更多。相比之下，位点 4 具有几乎平衡的等位基因频率，因此杂合子匹配无足轻重，纯合子匹配贡献大约等量，但仍低于位点 1 的纯合匹配。与 $(\boldsymbol{M}-\boldsymbol{1}) \times (\boldsymbol{M}-\boldsymbol{1})^{\mathrm{T}}$ 相比，$\boldsymbol{ZZ}^{\mathrm{T}}$ 中稀有等位基因匹配增加的影响(图 11.2)正是我们所要能反映 IBD 关系的加权。注意，稀有等位基因的纯合性也使对角元素膨胀，如元素(2,2)。

下述展示了在 R 软件中形成 $\boldsymbol{ZZ}^{\mathrm{T}}$ 矩阵的计算，从代码示例 11.1 中每个位点处的估计次等位基因频率向量开始。

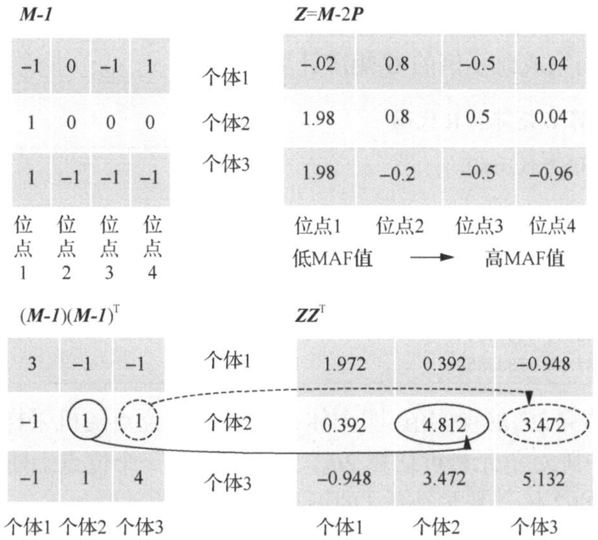

图 11.2　将标记数据矩阵 ***M*−*1*** 的列中心化以形成 ***Z*** 矩阵，用于协方差矩阵 $\boldsymbol{ZZ}^{\mathrm{T}}$ 反映 **IBD** 关系
在 $\boldsymbol{ZZ}^{\mathrm{T}}$ 中，位点 1 处的稀有等位基因的个体 2 纯合子被赋予高权重。
类似地，个体 2 和个体 3 匹配位点 1 处的稀有等位基因的纯合性在 $\boldsymbol{ZZ}^{\mathrm{T}}$ 中被赋予高权重

代码示例 11.1（续）　计算 ZZ^{T} 的 R 代码

```
>maf<- c(0.01, 0.1, 0.25, 0.48)
> P <- 2*c(1,1,1)%*%t(maf)
> P
     [,1] [,2] [,3] [,4]
[1,] 0.02  0.2  0.5 0.96
[2,] 0.02  0.2  0.5 0.96
[3,] 0.02  0.2  0.5 0.96
> Z <- M-P
> Z
      [,1] [,2] [,3]  [,4]
[1,] -0.02  0.8 -0.5  1.04
[2,]  1.98  0.8  0.5  0.04
[3,]  1.98 -0.2 -0.5 -0.96
> Z%*%t(Z)
       [,1]  [,2]   [,3]
[1,]  1.972 0.392 -0.948
[2,]  0.392 4.812  3.472
[3,] -0.948 3.472  5.132
```

由于 $\boldsymbol{ZZ}^{\mathrm{T}}$ 是协方差矩阵，因此在计算中包含更多标记时，其元素会变大。为了消除估计的标记数的影响，可以通过将该矩阵除以每个位点的频率之和来计算每个标记的平均协方差，它就是那个将用作估计的基因组关系矩阵 ***G***：

$$\boldsymbol{G}=\frac{\boldsymbol{ZZ}'}{2\sum p_i\left(1-p_i\right)} \tag{11.2}$$

除以 $2\Sigma p_i(1-p_i)$（在 m 个位点上求和）将 ***G*** 矩阵标准化为类似于**加性遗传相关矩阵** ***A***（Forni et al., 2011；van Raden, 2008），如使半同胞的预期非对角线系数为 0.25。Habier 等（2007）以及 Endelman 和 Jannink（2012）给出了这种基因组关系矩阵估计量的理论推导。该公式是 R 包 *Synbreed* 中关系矩阵估计函数的基础（Wimmer et al., 2012）。关系矩阵的替

代估计量也被提出了。专栏 11.1 对这些进行了总结。

使用 R 软件代码完成此示例的 **G** 矩阵计算：

代码示例 11.1(续)　计算 G 矩阵的 R 代码

```
>denom = as.numeric(2*t(maf)%*%(1 - maf))
>denom
[1] 1.074
> G = (Z%*%t(Z))/denom
> G
            [,1]      [,2]       [,3]
[1,]  1.8361266 0.3649907 -0.8826816
[2,]  0.3649907 4.4804469  3.2327747
[3,] -0.8826816 3.2327747  4.7783985
```

G 矩阵元素可估算 $2\theta_{ij}$ 的现实值，即个体 i 和 j 从共同位点随机采样的等位基因为 IBD 的概率的 2 倍。**G** 矩阵对角元素可估算 $2\theta_{ii}$，即个体 i 内一个位点上随机取样的两个等位基因是 IBD 的概率的 2 倍，其与个体 i 的近交系数(F_i)的关联如下：

$$E(2\theta_{ii}) = 1 + F_i \tag{11.3}$$

因此，对于非近交个体，**G** 矩阵对角元素预期为 1，并且对角元素的平均值是群体的平均近交系数。即使在对角元素的平均值约为 1 的非近交种群中，该数值也可能存在一些变化，因为一些个体可能具有一些由于共享近期祖先而近交的基因组区域。在上面的例子中，个体 2 和个体 3 的 **G** 矩阵对角元素实质上大于 1，这表明它们比哈迪–温伯格期望的预期更为纯合。当然，不必认真对待 4 个位点的样本，但在现实中，读者可能会看到基于全基因组标记信息的某些个体近交的可靠证据，即使它不是通过谱系预测的。

类似地，在非近交群体中，对于半同胞，**G** 矩阵非对角线元素预期为 0.25；对于全同胞，预期为 0.5；但对于特定的同胞对，将会在这些值附近变化。偶然情况下，一些全同胞对将是等位基因超过 50%的 IBD，而其他全同胞对将是等位基因不到 50%的 IBD。最后，不相关的个体基因组关系系数的平均值大约为零，但实际值将会在这个值附近变化。不相关家系中的一些个体对由于随机机会可能比预期的共享更多的等位基因，并且这些个体可以有大于零的系数。**G** 矩阵的这些特性，使它比谱系关系矩阵能更有效地预测育种值，后者仅包含基于谱系信息的预期 IBD 关系。**G** 矩阵能更有效地对来自兄弟姐妹的信息进行加权，基于它们与待预测育种值个体的特定相关水平，而不是给予所有全同胞相同权重。此外，如果家系之间的关系没有被谱系识别，但标记数据让它们的关系变得清晰，则信息可以在谱系上无关的家系之间共享。

读者可能会注意到，当基因组关系矩阵作为共祖系数的估计值时，其可能具有一些令人惊讶的值。例如，个体 1 和个体 3 的 **G** 元素是负数！不可能将负数调解为概率参数(限定在 0 到 1)的估计值。将 **G** 矩阵视为群体中个体等位基因组成的相关矩阵的 2 倍的估计值或许更好(Powell et al., 2010)。以这种方式，**G** 矩阵中的非对角线零值表示一对个体共享等位基因的频率等于在测试位点处随机取样等位基因所预期的频率。**G** 矩阵中的非对角线负值代表一对个体共享等位基因的频率低于在测试位点处随机取样等位基因所预期的频率，即一对个体比预期的随机机会更不相关。**G** 矩阵中的非对角线正值表示一对个体共享等位基因的频率高于在测试位点处随机取样等位基因所预期的频率。

在基因组关系矩阵中可能出现的另一个令人惊讶的值是大于 2 的对角元素。在认为 ***G*** 矩阵可作为群体中个体之间等位基因相关矩阵的 2 倍的估计值时，可以预期对角元素的最大值为 2，因为相关系数的最大值为 1。然而，实际上，对于具有预期近交系数 1 并因此预期对角线 ***G*** 系数为 2 的高度自交品系，我们可以看到大于 2 的值。这是因为在计算 ***G*** 矩阵时对稀有等位基因匹配赋予更大权重，正如前面提到的那样。在一个近交个体的位点中，当计算基因组关系系数时，稀有等位基因的纯合性比常见等位基因的纯合性有更大的权重。因此，对于比随机预期拥有更多罕见等位基因纯合的完全近交个体将具有大于 2 的对角元素。相反，对于比预期更多常见等位基因纯合的完全近交个体将具有小于 2 的对角元素。在这两种情况下，品系可以是完全纯合的，且它们的对角线元素值也可以变化。对角元素的平均值应该是群体中平均近交系数的可靠估计量，但是单个值可能不能直接解释为仅与个体的近交系数相关。

如果在基因组关系矩阵中观察到的值远远超出预期界限，则它可能是个体样本群体结构的指示。例如，如果大多数个体都是从一个普通群体中抽取的，然后从另外一个具有不同等位基因频率的群体中抽取少数个体，则后者个体在第一个群体中将更可能是稀有等位基因的纯合子，而在第二个群体是常见等位基因的纯合子。相对于基于样本组合的等位基因频率的期望，这些个体似乎是近交的，即使与从中抽样的亚群相比，它们似乎是非近交的。Endelman 和 Jannink(2012)考虑用“收缩”估计量(将“对角元素的极值”推向群体平均值)替换传统的 ***G*** 矩阵估计量，表明在某些情况下，这可以改善育种值预测，特别是标记数量较少、表型遗传力较低以及个体没有表型记录的情况。类似地，van Raden(2008)和 Yang 等(2010)提出通过将成对基因组关系估计值回归到其谱系期望来校正原始 ***G*** 矩阵，生成具有一些有用属性的另一种形式的收缩估计量。最后一种方法需要知道个体间的谱系关系，并且可能产生平均近交系数的有偏估计(Endelman and Jannink, 2012)。

由于描述近交的经典理论与基于等位基因血缘同源(IBD)概率的遗传协方差之间的这些不一致性，以及基于标记状态同源(IBS)估计遗传协方差的最新进展，一些作者提出了一些新方法去构思和衡量遗传相关。Powell 等(2010)表明 IBD 关系对于诸如估计遗传方差、预测表型(或育种值)或关联分析这样的现代应用，结果并不是令人满意的。相反，这些应用依赖于利用在观测标记上的 IBS 信息的因果变量的状态同源关系预测。因此，基因组关系矩阵的解释应该是现实基因组相关，这些相关反映了与手头研究群体相关的 IBS 关系，而不是一些概念性的祖先参考群体。相关的替代措施消除了非近交祖先参考群体的概念，并根据品系溯祖理论，将追踪等位基因追溯到共同祖先等位基因所需的世代数定义为相关。然而，为了育种目的，我们可以继续在 IBD 框架内工作，因为我们经常能够识别参考群体，并且当前育种群体和参考群体之间的世代间隔通常相对较小。对于涉及更远距离关系的应用，更新颖的亲缘关系概念可能有用。

专栏 11.1　基因组关系矩阵的替代估计量

式(11.2)是一个对于基因组关系矩阵普遍推荐的估计量，因为个体是来自无关祖先的已知谱系的成员的假设下，其元素的期望等于谱系估计量。然而，各种各样其他的关系矩阵估计方法已被提出。这些方法之间的区别在于它们如何校正群体等位基因频率、收缩不同位点的贡献，或者它们是否回归到已知谱系关系(Speed and Balding, 2015; Powell et al., 2010; Forni et al., 2008; van Raden, 2008; Habier et al., 2007)。

基础群体的次等位基因频率是未知的。在式(11.2)中，我们根据观测数据使用估计次等位基因频率。在某些情况下，样本量可能不足以获得等位基因频率的可靠估计，或者观测数据可能来自参考群体不具代表性的个体样本。估计等位基因频率在公式中的使用引入了一些偏差。在某些情况下，关系矩阵的替代形式可能是有用的。Forni 等(2011)比较了基因组关系矩阵的几种变体，参考式(11.2)作为 ***GOF***(***G*** 矩阵基于观测频率)估计量。他们还考虑了由 van Raden(2008)所提出的基于取代 $p = 0.5$ 的所有标记的替代矩阵(***G05***)，或在式(11.2)中，p 等于所有位点的次等位基因频率的平均值(**GMF**)。在某些情况下，这些校正后的关系矩阵可以比基于估计等位基因频率有更好的预测值(Forni et al., 2011; van Raden, 2008)。

估算亲缘关系的另外一种方法是通过用期望方差的倒数加权标记，即 $\boldsymbol{GD} = \boldsymbol{ZDZ'}$，其中 $\boldsymbol{D}$ 是对角矩阵，即 $D_{ii} = \{m[2p_i(1-p_i)]\}^{-1}$ (Forni et al., 2011; van Raden, 2008) [这等同于对所有位点进行式(11.1)的平均]。矩阵 ***GOF*** 和 ***GD*** 都可以用 R 包 *Synbreed* 计算，在函数 kin() 中使用参数 ret ="realize" 或 ret ="realizeAB"。"realizeAB" 是指 Astle 和 Balding(2009)提出的公式，相当于 Forni 等(2011)的 ***GD*** 矩阵。这种标准化通常用于人类遗传学研究，并且具有给予每个标记位点对估计关系矩阵相同贡献的效果，因为它相对于式(11.3)的未标准化版本减少了较大次等位基因频率的位点的贡献(Speed and Balding, 2015; Campos et al., 2013; Powell et al., 2010)。理解这种标准化效果的另外一种方法是，在计算关系矩阵时，稀有等位基因匹配被给予比之前更大的权重，如果稀有等位基因倾向于具有更大的加性效应，则这是合适的(Speed and Balding, 2015)。

G 矩阵也可以标准化(***GN***)，使其平均对角系数等于 1，适用于非近交种群(Forni et al., 2011)：

$$\boldsymbol{GN} = \frac{\boldsymbol{ZZ'}}{\{\text{trace}[\boldsymbol{ZZ'}]\}/n} \tag{11.4}$$

方阵的迹是对角元素的总和：$\sum_{i=1}^{n} a_{ii}$。用 $1+F$ 代替 n 可以处理更高水平的近交。

关系矩阵的另外一类调整涉及回归观测基因组关系到基于谱系的期望加性关系上。这种想法是，基因组加性关系估计值应该接近其平均的谱系期望，因此通过回归观测关系到期望关系上，可以消除偏离期望的偏差和大离差。van Raden(2008)建议首先回归 $(\boldsymbol{M}-\boldsymbol{1})(\boldsymbol{M}-\boldsymbol{1})^{\mathrm{T}}$ 矩阵到 $\boldsymbol{A}$ 上，以估算截距(g_0)和回归系数(g_1)：

$$(\boldsymbol{M}-\boldsymbol{1})(\boldsymbol{M}-\boldsymbol{1})' = g_0\boldsymbol{11'} + g_1\boldsymbol{A} + \boldsymbol{E} \tag{11.5}$$

通过求解以下方程获得 g_0 和 g_1 的估计值(van Raden, 2008)：

$$\begin{bmatrix} n^2 & \sum_j\sum_k \boldsymbol{A}_{jk} \\ \sum_j\sum_k \boldsymbol{A}_{jk} & \sum_j\sum_k \boldsymbol{A}_{jk}^2 \end{bmatrix}\begin{bmatrix} g_0 \\ g_1 \end{bmatrix} = \begin{bmatrix} \sum_j\sum_k (\boldsymbol{MM'})_{jk} \\ \sum_j\sum_k (\boldsymbol{MM'})_{jk}\boldsymbol{A}_{jk} \end{bmatrix} \tag{11.6}$$

矩阵 $\boldsymbol{E}$ 包括常见 DNA 的真实部分和期望部分（孟德尔抽样方差）间的实际差异，加上测量误差。估算回归系数后，$\boldsymbol{G}$ 矩阵的回归版本可以计算为

$$\mathbf{Greg} = \frac{\boldsymbol{MM}' - g_0\boldsymbol{11}'}{g_1} \tag{11.7}$$

类似的概念在 Yang 等(2010)提出的关系矩阵的替代回归或“收缩”估计量里，用 GCTA 软件(Yang et al., 2011)计算，以及 Endelman 和 Jannink(2012)提出的，作为 R 包 *rrBLUP*(Endelman, 2011)中的一个选项来计算。

最后，如果一些个体对在所有标记处具有相同的基因型，或者如果标记的数量少于基因分型的个体数，则这些基因组关系矩阵中的任何一个可能是奇异性的（不可逆的），由于标记数量少。对于同一组个体，如果基于谱系的矩阵是可用的，则可以使用原始 $\boldsymbol{G}$ 矩阵和 $\boldsymbol{A}$ 矩阵的加权平均值去消除 $\boldsymbol{G}$ 矩阵中的奇异性：

$$\boldsymbol{G}_w = w\boldsymbol{G} + (1-w)\boldsymbol{A} \tag{11.8}$$

加权值 w 通常在 0.95 和 0.98 之间选择，其精确值对结果几乎没有影响（Aguilar et al., 2010, 2011; VanRaden, 2008）。

11.2.1　计算 G 矩阵

为了演示，将使用有已知谱系的模拟标记数据集来估算基因组关系矩阵。将演示使用式(11.2)来估算最常用形式的 $\boldsymbol{G}$ 矩阵，但也将展示如何将其与专栏 11.1 中概述的关系矩阵的其他 4 个估计值进行比较。谱系信息包含在文件 *sim_pedigree.txt* 中，用于指示超过 16 代的 1246 个个体的父母本。标记数据包含在文件 *sim_markers.txt* 中，该文件含有关于 100 个个体（在行中）在 1000 个位点上的基因分型（在列中）信息。位点被编码为次等位基因的基因含量。两个文件位点的前 6 个观测值打印如下：

谱系：

```
> head(ped)
       V1      V2      V3
1 2208166 2208112 2208052
2 2208977 2208055 2208096
3 2208220 2208166 2208977
4 2208384 2208036 2208149
5 2208282 2208220 2208384
6 2208078 2208011 2208111
```

标记：

```
>head(Markers[,1:15])
      V1 V2 V3 V4 V5 V6 V7 V8 V9 V10 V11 V12 V13 V14 V15
1  48793  2  0  1  0  1  0  0  0   0   1   1   0   0   1
2  97315  0  1  1  0  1  0  0  0   1   1   0   0   0   1
3 110167  2  1  0  1  1  0  0  1   0   1   0   0   0   2
4 113252  0  0  0  0  2  0  1  1   1   0   1   0   0   0
5 121279  1  0  0  2  1  0  0  0   0   1   1   0   0   0
6 123530  1  0  0  0  1  1  1  0   0   0   0   0   1   0
```

用于估算***G***矩阵的R软件脚本(代码示例11.2)在下面和随附的文件*Code 11-2_Gmatrix.R*中给出。为了使脚本工作，需要安装 *GeneticsPed* 包。*GeneticsPed* 包可从 Bioconductor 项目获得，并使用 Bioconductor 网站提供的函数 biocLite()进行安装；这与 CRAN 网站上传统的 R 软件包安装不同。

```
source("http://bioconductor.org/biocLite.R")
biocLite("GeneticsPed")
```

此外，此脚本使用在代码补充中提供的名为 GenomicRe()的自定义函数。函数 GenomicRel()使用 5 种不同的方法计算基于标记的系数[***GOF***=式(11.3)；专栏 11.2 中概述的 ***GD***、***G05***、***GMF*** 和 ***Greg***)。此函数位于文件 *GenomicRel.R* 中，通过使用"source"命令并指向此文件的位置，使此函数在 R 软件中的当前工作环境中可用。注意，用户须修改此示例中的"source"和"path"命令，以匹配用户计算机中保存相关文件的目录。

代码示例 11.2　估算 DNA 标记模拟数据集的基因组关系矩阵(*Code 11-2_Gmatrix.R*)

```
##############################################
library( GeneticsPed)
library( ggplot2)
library( plyr)
source( "/~Book/Book1_Examples/ch11_gblup/GenomicRel.R" )
Markers=read.table( "sim_markers.txt" )
ped=read.table( "sim_pedigree.txt" )
GOF=GenomicRel( 1, Markers, ped)
GD=GenomicRel( 2, Markers, ped)
G05=GenomicRel( 3, Markers, ped)
GMF=GenomicRel( 4, Markers, ped)
Greg=GenomicRel( 5, Markers, ped)
```

运行脚本后，有 5 个 ***G*** 矩阵估计量，每个估计量都保存为 5050 行和 4 列的数据框。每个数据框中的前两个变量索引被比较的个体对，其对应于***G***矩阵的列("col")和行索引。最后两个变量是基于标记的基因组关系估计量("***G***")和基于谱系的亲缘关系估计量("***A***")。5050行包括100个对角元素和来自100×100对称***G***矩阵一半的4950(=100×99/2)个非对角线元素。三个 ***G*** 矩阵的一些元素如下所示：

```
>head(GOF)
  col row      G     A
1   1   1  1.010 1.017
2   2   1  0.107 0.062
3   2   2  1.067 1.038
4   3   1  0.005 0.033
5   3   2 -0.014 0.017
6   3   3  1.004 1.000
>head(GD)
  col row      G     A
1   1   1  1.016 1.017
2   2   1  0.105 0.062
3   2   2  1.096 1.038
4   3   1  0.021 0.033
5   3   2 -0.020 0.017
6   3   3  1.042 1.000
```

```
>head(Greg)
  col row     G     A
1   1   1 1.044 1.017
2   2   1 0.158 0.062
3   2   2 1.073 1.038
4   3   1 0.049 0.033
5   3   2 0.018 0.017
6   3   3 0.992 1.000
```

行和列索引相等的情况表示个体与其自身的关系，其中矩阵 ***G*** 和 ***A*** 中的值是个体的近交系数 $(1+F)$ 的估计值。从标记计算的基因组关系矩阵与源自谱系的 ***A*** 矩阵比较的汇总如下：

代码示例 11.2（续）　估算 DNA 标记模拟数据集的基因组关系矩阵（*Code 11-2_Gmatrix.R*）

```
#创建名为 CorrOpt 的数据框
CorrOpt=data.frame( row=GOF[, 1], col=GOF[, 2], A=GOF[, 4], GOF=GOF[, 3],
                    GD=GD[, 3], G05=G05[, 3], GMF=GMF[, 3], Greg=Greg[, 3])
cortable= cor( CorrOpt[,c( -1, -2)])
round( cortable, 3)
head(CorrOpt)
plot( GOF~ A, data=CorrOpt, col='blue' )
hist( CorrOpt$GOF, col='red' )
```

• 先取出每个 ***G*** 矩阵中的第三列，并命名为 ***GOF***、***GD***、***G05***、***GMF*** 和 ***Greg***，再将 5 个 ***G*** 矩阵合并。然后选择持有谱系估计值 ***GOF*** 的第 4 列，将其命名为 ***A***。结果形成一个名为 CorrOpt 的数据框，其中包含行、列、***GOF***、***GD***、***G05***、***GMF***、***Greg*** 和 ***A*** 变量。

• 绘制 ***GOF*** 矩阵和 ***A*** 矩阵的散点图以及 ***GOF*** 矩阵现实基因组相关的直方图（未展示）。

CorrOpt 数据框的前 6 行如下：

```
>head(CorrOpt)
  row col     A    GOF     GD   G05   GMF  Greg
1   1   1 1.017  1.010  1.016 0.860 1.849 1.044
2   2   1 0.062  0.107  0.105 0.186 0.915 0.158
3   2   2 1.038  1.067  1.096 0.876 1.939 1.073
4   3   1 0.033  0.005  0.021 0.140 0.818 0.049
5   3   2 0.017 -0.014 -0.020 0.114 0.813 0.018
6   3   3 1.000  1.004  1.042 0.886 1.894 0.992
```

表 11.1 给出了不同关系矩阵元素之间的相关性。除 ***GMF*** 外，所有 ***G*** 矩阵与 ***A*** 矩阵具有同样的高相关性 $(r=0.95)$。

表 11.1　来自谱系和 SNP 标记的 5 种不同方法的遗传关系之间的相关

	A	*GOF*	*GD*	*G05*	*GMF*	*Greg*
A	1	0.95	0.95	0.95	0.88	0.95
GOF	0.95	1	1.00	0.99	0.96	0.96
GD	0.95	1.00	1	0.98	0.96	0.96
G05	0.95	0.99	0.98	1	0.94	0.96
GMF	0.88	0.96	0.96	0.94	1	0.85
Greg	0.95	0.96	0.96	0.96	0.85	1

下述 R 脚本计算在表 11.2 中被比较的不同遗传关系估计量的汇总统计量：

```
# ~~~~~~~~~~~~~~~~~~~~~~~~~~~~~~~~~~~~~~~~~~~~~~~~~~~~~~~~~~~~~~~~~~~~~~~~~~~~~~
Inbreed=subset( CorrOpt, row-col==0)  #   取出对角元素
Rel=subset( CorrOpt, row-col!=0)      #   取出非对角元素
maxI=apply( Inbreed, 2, max)          #   近交系数最大值
maxR=apply( Rel, 2, max)              #   系数最大值 (非对角元素)
minI=apply( Inbreed, 2, min)          #   近交系数最小值
minR=apply( Rel, 2, min)              #   系数最小值
meanI=apply( Inbreed, 2, mean)        #   近交系数平均值
meanR=apply( Rel, 2, mean)            #   系数平均值
summary=t(rbind( meanI, minI, maxI, meanR, minR, maxR))[c( -1, -2),]
round( summary, 2)
```

注意，源自谱系的 ***A*** 矩阵相关系数范围从 0 到 0.58。相反，一些源自标记的基因组关系有负值。此外，所有矩阵都显示某些个体存在近交。

表 11.2　遗传关系的汇总统计

矩阵名称	对角元素			非对角元素		
	平均值	最小值	最大值	平均值	最小值	最大值
A 矩阵	1.02	1.00	1.10	0.06	0.00	0.58
GOF 矩阵	0.99	0.85	1.19	0.01	0.16	0.57
GD 矩阵	0.99	0.82	1.19	0.01	0.15	0.60
G05 矩阵	0.88	0.78	1.04	0.15	0.02	0.58
GMF 矩阵	1.83	1.60	2.13	0.78	0.57	1.44
Greg 矩阵	1.02	0.89	1.18	0.06	0.14	0.62

注：获得基因组关系的方法略有不同，除了 ***G05*** 方法，它假设基础群体的次等位基因频率为 0.5。

11.3　基因组 BLUP

在前面的章节中，已经看到如何借助分子数据获得更好的个体间关系度量。我们可以将这些基于标记的关系估计量结合到线性混合模型中，以预测具有表型记录的个体以及包含在 ***G*** 矩阵中的任何其他个体的育种值，即使它们没有表型信息。这简单地扩展了第 4、5 章中介绍的基于谱系关系的育种值预测的理念。我们可以使用与基于谱系预测相同的混合模型方程，但用 ***G*** 矩阵代替 ***A*** 矩阵来计算**基因组估计育种值（genomic estimated breeding values，GBLUP）**。下文在总结理论后，将采用第 9 章示例中介绍的海洋松树数据，来演示使用 **GBLUP** 预测基因组育种值的示例。GBLUP 分析的混合模型通用的公式如下：

$$\boldsymbol{y}=\boldsymbol{X}\boldsymbol{b}+\boldsymbol{Z}\boldsymbol{u}+\boldsymbol{e} \tag{11.9}$$

其中，$\boldsymbol{y}$ 是观测值的 $n\times1$ 向量，在最简单的情况下，$\boldsymbol{y}$ 代表 n 个无重复个体的原始数据，这是动物育种试验的典型数据；$\boldsymbol{b}$ 是固定效应的 $p\times1$ 向量；$\boldsymbol{X}$ 是 $n\times p$ 设计矩阵，它将观测值与固定效应相关联；$\boldsymbol{Z}$ 是 $n\times n$ 单位矩阵，它将 n 个观测值与 n 个独立个体效应相关联；$\boldsymbol{u}$ 是每个个体育种值的 $n\times1$ 向量；$\boldsymbol{e}$ 是残差的 $n\times1$ 向量，其方差为 $\boldsymbol{I}\sigma_e^2$ 。

也可以使用更复杂的模型。例如，通常在植物育种试验中，向量 $\boldsymbol{y}$ 代表多株小区的表型，并且在 s 个环境中重复 g 个家系。在这种情况下，$\boldsymbol{Z}$ 矩阵的维度至少有 $n\times(g+s)$，

它将 n 个观察值与 g 个家系育种值和 s 个环境效应相关联。使用第 8 章中描述的 **G** 结构，也可以拟合涉及家系与环境互作的更复杂结构。此外，**R** 结构可能比 IDV 结构更复杂，以允许环境特异误差方差(第 8 章)和空间相关性(第 7 章)。连同模型中的设计因子和协变量一起，使用来自个体试验单位的原始数据，具有有效利用数据中的所有信息的优点。然而，如果记录的数量非常大并且模型非常复杂，则模型收敛可能是缓慢且难以实现的。在这种情况下，可以使用两步分析法，但通常会伴随着一些信息的丢失(Möhring and Piepho, 2009)。对这些内容的介绍请见专栏 11.2。

用于求解式(11.9)的混合模型方程组可扩展到包含下述的基因组关系(假设 IDV 的 **R** 结构)：

$$\begin{bmatrix} \boldsymbol{X}^{\mathrm{T}}\boldsymbol{X} & \boldsymbol{X}^{\mathrm{T}}\boldsymbol{Z} \\ \boldsymbol{Z}^{\mathrm{T}}\boldsymbol{X} & \boldsymbol{Z}^{\mathrm{T}}\boldsymbol{Z}+\boldsymbol{G}^{-1}\lambda \end{bmatrix}\begin{bmatrix} \boldsymbol{b} \\ \boldsymbol{u} \end{bmatrix}=\begin{bmatrix} \boldsymbol{X}^{\mathrm{T}}\boldsymbol{y} \\ \boldsymbol{Z}^{\mathrm{T}}\boldsymbol{y} \end{bmatrix} \tag{11.10}$$

式(11.10)完全等同于动物模型[式(4.26)]，但基因组关系矩阵 $\boldsymbol{G}$ 代替了从谱系得到的加性遗传相关矩阵 $\boldsymbol{A}$。用式(11.10)中的混合模型方程组，可以得到 $\boldsymbol{u}$ 的预测，它代表 $\boldsymbol{G}$ 矩阵中包含的所有个体的基因组 BLUP(GBLUP)或基因组估计育种值(GEBV)，不论它们在 $\boldsymbol{y}$ 中有无直接的表型记录。不过，有直接表型记录的个体预测值的可靠性将高于无表型的个体预测值的可靠性。

专栏 11.2　两步法的基因组 BLUP 和基因组选择

GBLUP 可以使用个体(或个体试验单位)的数据进行，包括外来因子或复杂的基因型-环境互作。然而，这些模型在实际使用中可能计算要求太高或者速度慢，或者它们可能出现收敛困难。第 12 章中描述的更复杂的基因组选择模型通常具有更高的计算需求，并且如果想要与环境或复杂 **R** 结构的复杂交互作用，则更不容易用基于个体数据的单一分析模型来分析。在这些情况下，两步法是很有效的。第一步是使用适当的混合模型分析表型数据，以获得个体或家系的校正汇总表型值(如校正表型值或校正均值)。在第二步中，GBLUP 或基因组选择模型可用于拟合汇总表型值。

植物育种试验的一种常见情况是，已开展了一系列育种试验，以评估多种环境下的重复家系或品系。当在不同的环境中评估不同的家系时，育种试验可能是高度不平衡的。在这种情况下，GBLUP 两步分析法的第一步是拟合一个包含协变量、环境效应及基因型-环境互作效应的混合模型，并且使用前面章节中概述的各种表型数据的建模策略，期望的 **R** 结构可以被拟合到试验单位的原始数据。可以将家系视为固定效应，以获得跨环境的家系值的边际预测。在第二步中，边际预测值可以用作对应于式(11.9)的混合模型分析中的因变量，其中 n 个观测值对应于 $n=g$ 个家系。当数据不平衡时，第一步中家系效应的预测准确性可能因家系而异，在这种情况下，考虑到这种变化的加权 **R** 结构可以提高准确性(Möhring and Piepho, 2009)。用于第二步分析的典型加权 **R** 结构是 $\boldsymbol{wI}\sigma_e^2$，其中 $\boldsymbol{w}$ 是来自第一步分析的 n 个家系预测值方差的 $n\times1$ 向量。

在动物育种中，可获得的表型信息可以是各种直接测量或校正值中的任何一种：原始个体表型，经模型效应校正的个体表型，通过相应可靠性加权的从常规谱系分析获得的**脱回归(de-regressed)**育种值，或者通过其可靠性或有效后代贡献来加权的个体后代的产量偏差。

虽然使用原始表型很直接，而且基于估计育种值的衍生度量的使用会存在一些问题，但是，当基因组选择方案主要应用于群体的雄性部分时，后者的优势在于**“假表型”**增加了所分析性状的有效遗传力，因此减少了训练集中所需个体的数量，即可达到给定的准确性。例如，如果使用性状 BV 作为表型进行训练，对于可靠性大于 0.9 的个体群体，则在分析中该性状的狭义遗传力将约为 0.9。

Garrick 等(2009)概述了在训练集中用于基因组选择的表型信息类型之间的一些差异，以及如何加权这些信息。理想情况下，训练将会在从未选择的群体中选择无关个体的真实育种值上进行，然而，在实践中很少如此。基于一些原因，使用估计育种值(EBV)作为训练集的表型可能不是最佳的。首先，通过 BLUP 获得的 EBV 是预测值，因此它们是由真实值加上预测误差组成的。BLUP 过程具有预测误差减少 EBV 方差的特点，这导致低估了优良个体值并高估了低劣个体值。

第二个问题，正如在第 2 章中看到的，BLUP 是一个收缩估计量，意味着预测值向平均值收缩。每个观测值的收缩量将取决于该特定个体可用的信息量。相对于使用表型数据获得的 EBV，特定标记处的不同基因型的 EBV 将根据 EBV 的可靠性以不同的量收缩。我们的目的是为表型获得一个不同基因型之间的对比，但是这个对比将被训练集中个体之间 EBV 可靠性的变化所混淆。

在大多数情况下，解决收缩问题的最佳解决方案是通过脱回归过程“重新估计”估计育种值，通过对每个观测值的可靠性进行加权，使得 $\widehat{u_i^*}=\widehat{u_i}/r_i^2$ 。然后根据下述公式，在分析的第二步中加权脱回归信息：

$$w_i=\frac{1-h^2}{\left[c+\left(1-r_i^2\right)/r_i^2\right]h^2} \tag{11.11}$$

其中，r^2 是 EBV 可靠性；h^2 是性状遗传力；c 是基因组标记信息未解释的方差比例。在进行分析之前我们并不知道 c，因此通常使用探索性分析来为特定数据集建立合理的 c 值。当对半同胞和全同胞家系采用个体重复表型测量的平均值时，可以应用不同的权重集，详情参见文献(Garrick et al., 2009)。

以下是一个简单的 R 函数，使用从 BLUP EBV 及其相应可靠性开始的训练集，以获取**脱回归育种值**和权重。

```
dereg<-function(gs,ps,gm,pm,gi,pi,lambda,c){
  rpa<-(ps+pm)/4
  gpa<-(gs+gm)/2
  alpha<-1/(0.5-rpa)
  delta<-(0.5-rpa)/(1-pi)
  ZZpa<-lambda*(0.5*alpha-4)+0.5*lambda*sqrt(alpha^2+16/delta)
  ZZi<-delta*ZZpa+2*lambda*(2*delta-1)
  LHS<-rbind(cbind(ZZpa+4*lambda,-2*lambda),cbind(-
  2*lambda,ZZi+2*lambda))
```

```
  RHS<-rbind(gpa,gi)
  so<-LHS%*%RHS
  de<-so[2]/ZZi
  rw<-1-lambda/(ZZi+lambda)
  w<-(1/(c+(1-rw)/rw))*lambda
  return(c(de,rw,w))
}
```

除了脱回归和加权，由于两个原因，Garrick 等(2009)建议从估计育种值(EBV)中删除亲本均值。首先，BLUP 方法将为所有个体产生 EBV，不论是个体本身还是仅有后代或其他亲属存在表型信息。个体本身缺乏表型观测值的个体不贡献任何基因组信息，且这些信息不是由其亲本的基因型和 EBV 所贡献。其次，如果任何亲本在一个标记附近的 QTL 上产生分离，则大约一半的后代将遗传标记的有利等位基因，另一半遗传不利等位基因。尽管如此，这两组后代的 EBV 将以相同的数量向亲本平均值收缩，从而在模型中引入更多误差。总之，可以采用不同的程序从 EBV 中去除亲本均值，详细信息可在 Garrick 等(2009)的文献中找到。

11.3.1 *Synbreed* 包实施 GBLUP

为了演示，将使用之前在第 9 章中介绍的海岸松数据集。在第 9 章中，将 656 棵树在 2600 个 SNP 上的原始碱基对读入 R，并使用 *Synbreed* 包创建了一个 gpData 对象。删除缺失率高或等位基因频率极低的标记。SNP 基因型被转换为次等位基因含量的数值代码。结果保存为 R 数据集(*maritime pine codeGeno data.rda*)，并复制到第 11 章示例数据和脚本的子文件夹中。

Synbreed 包有一个名为 kin 的函数，用于估算包含在 gpData 对象中的个体之间的遗传关系(Wimmer et al., 2012)。函数 kin()中的"*ret* ="参数确定计算哪种类型的关系。例如，"*ret* = *add*"将返回基于谱系的加性遗传相关矩阵。基于谱系的显性相关系数和基于谱系的其他形式的加性相关系数也可作为选项。还可以计算两种不同的基于标记的基因组关系矩阵。如果使用"*ret* = *realize*"参数，则使用式(11.2)估算 $\boldsymbol{G}$ 矩阵，其中 p 是每个位点的估计等位基因频率(van Raden, 2008)。如果使用"*ret* = *realizeAB*"参数，则基于 Astle 和 Balding(2009)的公式，将 $\boldsymbol{G}$ 矩阵计算为专栏 11.2 中介绍的"GD"。

函数 kin()的输出是相关矩阵类的对象，其持有包含在 gpData 对象中个体的 $\boldsymbol{G}$ 矩阵的所有元素(Wimmer et al., 2012)。*Synbreed* 的函数 write.relationshipMatrix()将矩阵从表格格式转换为 ASReml 的长格式。代码示例 11.3 演示了使用 *Synbreed* 包估算海洋松数据集的基因组关系矩阵。

代码示例 11.3　使用 *Synbreed* 包计算基因组关系和 GBLUP(*Code 11-3_GBLUP.R*)

```
####################################################
library( synbreed)
library( asreml)
library( Matrix)
load( "maritime_pine_codeGeno_data.rda" )
ls()
```

当加载这个 R 数据时，"gp.num"对象在 R 会话环境中变得可用。函数 names()显示"gp.num"对象的组分名称。函数 head()在脚本中用于显示"geno"和"pedigree"组分的前 6 行。"geno"组分是数值矩阵，其行名对应于每棵树 ID，列名对应于位点名。矩阵的元素是个体和位点的每种组合的基因含量值(0,1,2)。谱系组分是数据框，其中的列指示每棵树的 ID、亲本 1、亲本 2 和世代数。

```
>ls()
[1] "gp.num"
> names(gp.num)
[1] "covar"     "pheno"     "geno"     "map"     "pedigree"   "phenoCovars"    "info"
> head(gp.num$geno[,1:3])
        F51TW9001A34NZ-1129 F51TW9001A34NZ-1367 F51TW9001A34NZ-175
0001                      1                   1                  1
0003                      1                   1                  0
0003-3                    0                   0                  0
0004                      1                   1                  0
0005                      1                   1                  0
0006                      2                   2                  0
> head(gp.num$pedigree)
    ID Par1 Par2 gener
1 0001    0    0     0
2 0003    0    0     0
4 0004    0    0     0
5 0005    0    0     0
6 0006    0    0     0
8 0008    0    0     0
```

接下来，使用函数 kin()估算"gp.Num"对象的加性遗传相关矩阵(***A***)和基因组关系矩阵(***G***)：

代码示例 11.3(续)　使用 *Synbreed* 包计算基因组关系和 GBLUP(*Code 11-3_GBLUP.R*)

```
#####################################################
Additive <- kin( gp.num, ret="add" )
summary( Additive)
Realized <- kin( gp.num, ret="realized" )
summary( Realized)
plot( Realized, main='G matrix' )
```

A 矩阵和 ***G*** 矩阵的汇总比较如下：

```
>summary(Additive)
 dimension                     654 x 654
 rank                          654
 range of off-diagonal values  0 -- 0.5
 mean off-diagonal values      0.005432466
 range of diagonal values      1 -- 1
 mean diagonal values          1
>summary(Realized)
 dimension                     654 x 654
 rank                          653
 range of off-diagonal values  -0.146678 -- 0.630489
 mean off-diagonal values      -0.001521726
 range of diagonal values      0.868 -- 1.159
 mean diagonal values          0.9936868
```

• 基于谱系的个体间遗传关系系数(非对角线成分)的范围为 0(无谱系关系)至 0.5(全同胞)，平均值为 0.0054，表明大多数的个体成对关系在谱系上无关。所有对角线元素均为 1，因为谱系表明群体中没有近交。

• 与预期遗传关系相比，来自标记的基因组关系系数的值域是-0.1469~1.089。近交系数的值域是 0.86~1.159，平均值为 0.99。***G*** 矩阵的非对角线元素范围从-0.146 到 0.631，平均值非常接近零。与本章前面的例子一样，我们有可能看到负的基因组关系系数，这表明个体间关系比随机交配预期的关系更小。***G*** 对角元素的平均值非常接近 1，与谱系估计一致，但是一些个体显示出比随机交配的预期更高的杂合性(对角元素低至 0.87)，而一些个体有比预期更高的纯合性(对角线元素高达 1.16)。

• 请注意，加性遗传相关矩阵的秩等于个体数量 654，表示它是可逆的满秩矩阵。在该示例中，基因组关系矩阵 ***G*** 的秩是 653，小于行数，表明 ***G*** 矩阵是奇异的，并且不可逆。

• 另有一种复杂性是加性遗传相关矩阵和基因组关系矩阵未按相同顺序排序，如果我们试图比较它们，可能会出现问题，将它们拟合到表型数据时，也可能会出现问题。

为了解决这些问题，下面的代码检查两个矩阵中行和列的顺序是否相同，然后对它们排序以匹配表型数据的顺序。接着，通过使用 *Matrix* 包中的函数 nearPD() 来处理奇异性，它返回一个非常类似于原始矩阵的正定矩阵(它是可逆的)。*Matrix* 包中的函数返回对象是一个特殊的类，因此我们必须做一些工作来提取组分并再次创建常规矩阵类对象。然后，为了确保有一个可以通过各种函数可逆的矩阵，给对角元素加上一个非常小的常数值。最后，将生成的矩阵强制转换为 *Synbreed* 使用的子类"relationshipMatrix"，并检查其最小特征值是正的，而且不是太小。

代码示例 11.3(续)　使用 *Synbreed* 包计算基因组关系和 GBLUP(*Code 11-3_GBLUP.R*)

```
### 请注意，基因组关系矩阵和谱系关系矩阵的行列顺序不同
    identical(rownames(Realized), rownames(Additive))
    identical(sort(rownames(Realized)), sort(rownames(Additive)))

    Additive = Additive[rownames(gp.num$pheno), rownames(gp.num$pheno)]
    Realized = Realized[rownames(gp.num$pheno), rownames(gp.num$pheno)]

    RealizedPD = nearPD(Realized, keepDiag = T)
    G = matrix(RealizedPD[[1]]@x, nrow = RealizedPD[[1]]@Dim[1])
    G = G + diag(0.01, nrow(G))
    attr(G, "dimnames") = RealizedPD[[1]]@Dimnames
    class(G) = "relationshipMatrix"
    str(G)
    summary(G)
    summary(eigen(G)$values)
```

最后 3 行命令的输出如下：

```
> str(G)
 relationshipMatrix [1:654, 1:654] 1.01767 -0.06197 -0.00492 0.08097 0.02541 ...
 - attr(*, "dimnames")=List of 2
  ..$ : chr [1:654] "0001" "0003" "0003-3" "0004" ...
  ..$ : chr [1:654] "0001" "0003" "0003-3" "0004" ...
> summary(G)
 dimension                    654 x 654
 rank                         654
```

```
range of off-diagonal values  -0.146678 -- 0.630489
mean off-diagonal values      -0.001521725
range of diagonal values      0.878 -- 1.169
mean diagonal values          1.003687
> summary(eigen(G)$values)
   Min. 1st Qu.  Median    Mean 3rd Qu.    Max.
 0.0100  0.2053  0.4967  1.0040  1.2110 10.7700
```

请注意，在 ***G*** 矩阵的汇总中，更新矩阵的秩等于行和列维度，并且最小特征值是 0.01，因此它应该不会在可逆上有问题。汇总结果还表明矩阵中的值只是略有变化，这正是我们想要的。

可以使用函数 plot()很容易地生成两个关系矩阵的热图展示。

代码示例 11.3(续)　使用 *Synbreed* 包计算基因组关系和 GBLUP(*Code 11-3_GBLUP.R*)

```
plot(Additive, main='A matrix')
plot(G, main='G matrix')
```

基于系谱的加性遗传相关矩阵是稀疏的，有许多零元素(图 11.3A)，而基于标记的基因组关系矩阵则是密集的(图 11.3B)。

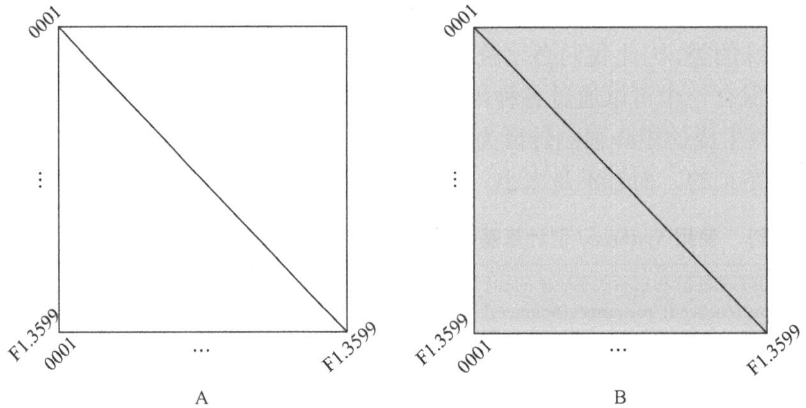

图 11.3　654 棵海岸松的基于谱系的加性相关矩阵(A)与基于标记的基因组关系矩阵(B)的热图

可以根据相应的 ***A*** 矩阵系数来可视化 ***G*** 矩阵系数的分布(图 11.4)。

```
# G 矩阵系数与 A 矩阵系数的比较
boxplot(as.vector(G) ~as.vector(Additive), col="gray", xlab = "A ", ylab = "G ")
```

图 11.4 表明 ***G*** 和 ***A*** 矩阵系数之间的一致性总体良好，但是矩阵 ***G*** 系数的变化，在矩阵 ***A*** 中的预期值附近也是显而易见的。尤其是，对于无谱系关系的个体($A = 0$)，存在许多其基因组关系系数远高于零的异常值。这些可能是谱系错误或不完整的情况(如父本在谱系中是未知的，但实际上它是有基因分型的个体之一)。反之亦然，有些情况下，谱系指示出半同胞($A = 0.25$)或全同胞或亲子关系($A = 0.5$)，但基因组关系系数接近于零，这表明谱系是错的。用户应仔细检查这些异常值，并核实 DNA 采样和基因分型分析是否正确或纠正谱系信息，以更好地匹配观测系数。

为了比较这两个矩阵的特定元素并确定图 11.4 中的哪些对是异常值，可以使用

Synbreed 包的函数 write.relationshipMatrix()创建以表格形式保存元素的数据框。此函数返回一个数据框，其中包含对矩阵的所有对角线元素和所有下三角非零元素的观测值，一个变量指示行索引号、一个变量用于列索引号，以及一个变量用于系数值。***A*** 矩阵的大多数值都是零，但 ***G*** 矩阵元素中没有一个正好为零，因此数据框的大小差异很大。可以将它们合并在一起，将 ***A*** 矩阵中所有缺失的行/列组合设置为零，并找出 ***A*** 和 ***G*** 系数之间的最极端差异：

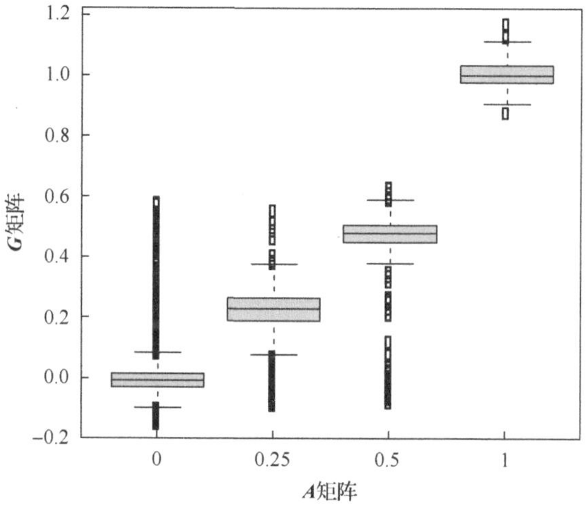

图 11.4 加性遗传相关系数(*A*)的基因组关系矩阵系数(*G*)分布的箱线图

代码示例 11.3(续) 使用 *Synbreed* 包计算基因组关系和 GBLUP(*Code 11-3_GBLUP.R*)

```
by(as.vector(G), as.factor(as.vector(Additive)), FUN = summary)

  # 将"密集"的矩阵表示转为"表格"形式
  Atab = write.relationshipMatrix(Additive, sorting = "ASReml", type = "none")
  colnames(Atab)[3] = "A"
  head(Atab)

  Gtab = write.relationshipMatrix(G, sorting = "ASReml", type = "none")
  colnames(Gtab)[3] = "G"
  head(Gtab)

  AG = merge(Atab, Gtab, all = T)
  AG[is.na(AG)] = 0

  # 显示 A 和 G 间的最极端差异
  AG$diff = AG$A - AG$G
  AG = AG[order(AG$diff),]
  round(head(AG),3)
  # 显示有极端差异的一些对的谱系
  gp.num$pedigree[gp.num$pedigree$ID %in% rownames(Additive)[c(564, 597)],]
```

代码运行部分结果如下：

```
> round(head(AG),3)
       Row Column A     G   diff
178470 597    564 0 0.578 -0.578
211540 650    615 0 0.574 -0.574
211404 650    479 0 0.572 -0.572
92754  431     89 0 0.549 -0.549
79004  398      1 0 0.545 -0.545
111310 472    154 0 0.542 -0.542
>gp.num$pedigree[gp.num$pedigree$ID %in% rownames(Additive)[c(564, 597)],]
          ID Par1 Par2 gener
564 F1.2486 0152 1311     1
597 F1.2778 3110 3603     1
```

输出的最后部分显示了矩阵 ***A*** 和 ***G*** 之间最极端负差异涉及的两个个体的谱系信息。谱系表明它们没有关系，但 ***G*** 矩阵表明它们是全同胞，因为它们都在子代中。因此，应检查它们的谱系记录是否有误。矩阵 ***A*** 系数远大于其配对的矩阵 ***G*** 系数被排到数据框的另一端。

代码示例 11.3（续）　使用 *Synbreed* 包计算基因组关系和 GBLUP（*Code 11-3_GBLUP.R*）

```
round(tail(AG),3)
gp.num$pedigree[gp.num$pedigree$ID %in% rownames(Additive)[c(505, 431)],]
```

代码运行结果如下：

```
> round(tail(AG),3)
       Row Column   A      G  diff
92941  431    276 0.5 -0.056 0.556
35496  266    251 0.5 -0.056 0.556
127691 505    431 0.5 -0.057 0.557
191359 619     88 0.5 -0.062 0.562
194533 624    157 0.5 -0.067 0.567
74849  387    158 0.5 -0.076 0.576
>gp.num$pedigree[gp.num$pedigree$ID %in% rownames(Additive)[c(505, 431)],]
          ID Par1 Par2 gener
431 F1.0739 4301 3110     1
505 F1.1580 4301 3110     1
```

根据谱系，该组中最大差异的个体是全同胞，但是它们基因组关系值小于零，因此要么谱系是错误的，要么将标记数据连接到个体时出现混淆。因此，应检查这两种可能性并纠正错误。

现在，准备同时采用谱系信息（ABLUP）和基因组关系矩阵（GBLUP），通过上面创建的基因组关系来预测育种值。在初步分析中，我们把所有个体都囊括进来；在本例中，我们有所有个体的表型和基因型数据。这展示了基因组关系矩阵的使用可潜在地改进预测，即使我们有所有个体的直接表型观测值。这类似于使用谱系信息来估计育种值，它是给定直接表型记录及亲属共享信息的最佳预测。稍后，将展示使用 ABLUP 和 GBLUP 来预测某些有基因型但没有表型记录的个体育种值，这种情况下，基因组育种值预测在实践中可能具有最大功效。

代码示例 11.3（续）　使用 *Synbreed* 包计算基因组关系和 GBLUP（*Code 11-3_GBLUP.R*）

```
#####################################################
Ablup<- gpMod( gp.num, model="BLUP" , kin=Additive, trait=1 )
summary( Ablup)
```

```
Gblup<- gpMod( gp.num, model="BLUP" , kin=G, trait=1)
summary( Gblup)
### 表型与预测值的相关性
cor(Ablup$y, Ablup$g)
cor( Gblup$y, Gblup$g)
cor( Gblup$y, Gblup$g, method="spearman")
###表型与 DGV 的散点图
plot(Gblupn$g~Gblup $y, col='black' , ylab='GEBV' , xlab='Phenotype')
```

• 函数 gpMod()基于 gp.num 对象中的表型和基因型数据拟合基因组预测模型。ABLUP 和 GBLUP 模型都使用选项 model ="BLUP"；它们的不同之处在于为 BLUP 模型提供了哪种关系矩阵("Additive"加性遗传相关矩阵或"Realized"基因组关系矩阵)。

• 这是一个简单的混合模型，只有一个固定效应，即截距。使用"fixed ="选项可以在模型中包含其他固定效应。还可以使用 ASReml 来拟合更复杂的 GBLUP 模型。

这两种预测模型的结果汇总如下：

```
> summary(Ablup)
Object of class 'gpMod'
Model used: BLUP
Nr. observations 654
Genetic performances:
      Min.   1st Qu.   Median      Mean  3rd Qu.      Max
-0.85770 -0.23060 -0.02515 -0.01621 0.17790 0.84720
--
Model fit
Likelihood kernel: K = (Intercept)

Maximized log likelihood with kernel K is   -125.489

Linear Coefficients:
               Estimate Std. Error
 (Intercept)    10.004       0.04

Variance Coefficients:
               Estimate Std. Error
        kinTS     0.223      0.054
         In       0.348      0.045
> summary(Gblup)
Object of class 'gpMod'
Model used: BLUP
Nr. observations 654
Genetic performances:
       Min.    1st Qu.    Median      Mean   3rd Qu.      Max
-1.079000 -0.253000 -0.009923 0.000000 0.257400 0.970900
--
Model fit
Likelihood kernel: K = (Intercept)

Maximized log likelihood with kernel K is   -112.531

Linear Coefficients:
               Estimate Std. Error
 (Intercept)     9.988      0.022

Variance Coefficients:
               Estimate Std. Error
        kinTS     0.262      0.046
         In       0.319      0.032
```

- kinTS 根据“测试集”中的所有个体识别每个模型估计的加性方差分量。在本例中，测试集含有数据的所有个体。稍后将展示如何在估计和测试集中使用不同的样本进行交叉验证。
- In 是每个模型的独立同分布的误差。
- ABLUP 模型解释了 0.223/（0.223 + 0.348）= 39%的总方差。
- GBLUP 模型解释了 0.262/（0.262 + 0.319）= 45%的总方差。

从函数 gpMod()返回的 gpMod 对象是列表，可以从中将原始表型值提取为组分"y"，将基于模型的预测值提取为"g"。可以估算每个模型的预测值和观测值之间的相关性，并使用下述代码可视化回归(GBLUP 值用实心点，ABLUP 值用空心点)。

代码示例 11.3(续)　使用 *Synbreed* 包计算基因组关系和 GBLUP(*Code 11-3_GBLUP.R*)

```
par( mar=c( 4, 4, 1, 1) +0.1) #  设置图形区域的边界
plot(Gblup$y, Gblup$g, pch = 20, cex=1.6, col="gray",
        xlab="Observed" , ylab="Predicted" )
points(Ablup$y, Ablup$g, col='blue' , cex=.9, pch=1)
legend( "topleft" , paste( "r_G = " , round(cor(Gblup$y, Gblup$g), 2), sep="" ),
                col="red3" , bty="n" )
legend( "bottomright" , paste( "r_A = " , round(cor(Ablup$y, Ablup$g), 2), sep="" ),
                col="red" , bty="n" )
```

在两种情况下，观测值与育种值预测之间的相关性都很高(图 11.5)。ABLUP 模型的相关性略高于 GBLUP 模型的相关性，考虑到混合模型分析中 GBLUP 模型解释的方差比例较高，这可能会令人惊讶。原因是相关分析和回归分析假设观测值之间没有协方差，这与混合模型不同。因此，在这种情况下，ABLUP 模型中观测值和预测值之间的相关性较高，实际上恰好表明，与 GBLUP 估计值相比，基于谱系的 EBV 与原始观测值更相似。这就是为何这种相关分析不适于评估模型的预测能力的原因。

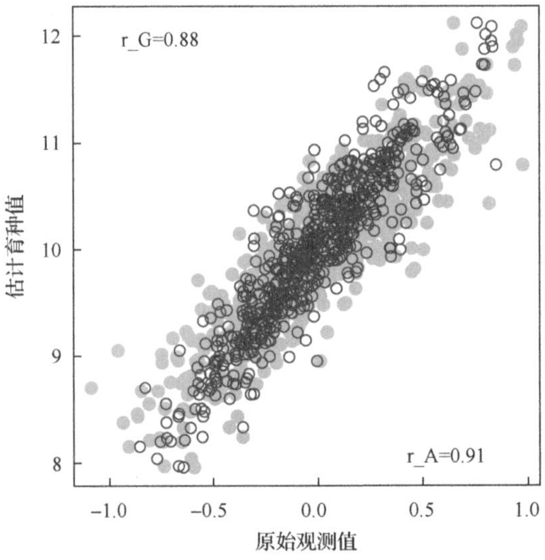

图 11.5　所有个体的估计育种值(空心点)和基因组估计育种值(实心点)与原始观测值的散点图

11.4　交叉验证

在上一节中，我们看到不能通过将 EBV 或 GEBV 与建立模型的表型测量进行比较来评估它们的预测准确性，因为这类相关仅告诉我们哪个模型产生的预测值与原始表型值最相似。例如，通过简单地使用原始观测值作为预测(根本不拟合任何模型)，可以在这种情况下获得原始观测值与预测育种值之间的完全相关。评估不同模型的预测准确性的更合适方法是使用**交叉验证(cross-validation)**。交叉验证通过仅从部分数据集[称为**“训练集”(training set)**或**“估计集”(estimation set)**]中抽取表型值来进行操作，使用该表型子集拟合预测模型，然后预测**验证集[validation set**，或**“测试集”(test set)**]的值。验证集(表型未包括在训练集中的个体)的观测值和预测值之间的估计相关值是模型预测准确性的无偏估计(图 11.6)。交叉验证是一种广泛使用的技术，用于评估很多不同类型模型的预测准确性(Hastie et al., 2009)。例如，在第 12 章中，将使用交叉验证来比较几种不同基因组选择模型的准确性。**K 折交叉验证**意味着数据被分成大小相等的 k 组，并且每组使用一次且仅有一次作为 K 折分析的验证集。

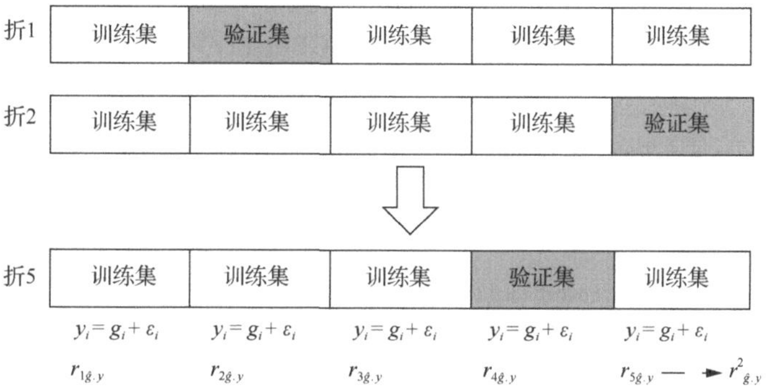

图 11.6　五折交叉验证的示例

在每折中，20%的表型观测值被分配给验证集，且不用于预测模型的参数估计。预测是基于其他 80%观测值(训练集)拟合的模型。验证集的预测值和观测值之间的相关性在每折中分别估算，并求平均以获得验证集中的预测值和观测值之间的相关性

训练集和验证集的相对大小取决于可获得数据的个体总数。用于估算模型组分的训练群体越大，则模型的预测准确性可能越高。验证群体规模越大，则预测遗传值与已知遗传值的相关就越有意义。

重要的是要认识到 GBLUP 和其他基因组选择模型(将在第 12 章中描述)吸收来自谱系以及更远关系、家系连锁和 QTL 遗传的信息(Habier et al., 2013)。因此，在某些情况下，在训练集和验证集之间随机分割个体可能表现出训练集和验证集比实际训练个体和选择个体在某些育种计划中更密切相关的情况。例如，育种工作者可能想要使用在可用谱系的子集上训练的模型来选择未在训练集中充分展示的个体。在这种情况下，GBLUP 模型准确性可能较差，因为它是在“错误”材料上训练的。但是，由于训练集内更密切的亲缘关系，训练集内的交叉验证研究可能会对预测准确性提供过于乐观的估计。在这种情况下，将个体随机分配到训练集和验证集是不理想的。为了更好地反映训练集和选

择集之间的关系比数据集内更远的情况，应限制个体到交叉验证的训练集和验证集的分配，以最小化训练集和验证集之间的关系(Tiezzi et al., 2015; Saatchi et al., 2011)。对于第12章中介绍的贝叶斯模型，这个问题可能特别重要，它试图优先考虑基因组的重要区域。

Synbreed 包有一个函数 crossVal()，它将对单一类型的预测模型执行交叉验证分析。该函数非常灵活，允许用户定义训练集和验证集的分配，或者它将随机分配观测值到组。BLUP 模型可以拟合为预测模型选项之一，可以通过指定使用哪个相关矩阵来控制模型是使用 ABLUP 还是 GBLUP。该函数可以从完整数据集的初始分析中获取估计方差分量组分，并将其用于所有训练集；或者它可以调用 ASReml 将模型重新拟合到每次的训练数据中，并重新估算每次拆分数据的方差分量。前一种方法不正确，因为方差分量估计值会受到验证集的影响，因此对预测准确性的估计可能会向上偏差。重新估算每个训练集的方差分量是正确的方法，尽管用户必须设置操作系统，以让它将"ASReml"理解为批处理命令。我们在这里展示如何基于从完整数据集估算的方差分量来使用 crossVal()，尽管这不是推荐的方法。稍后，将演示如何执行更合适的方法，通过创建交叉验证数据集并使用 ASReml 来为每个训练集分别重新拟合预测模型，并独立评估验证集的预测值和观测值。对每个 ABLUP 和 GBLUP 模型执行 5 次重复的五折交叉验证的代码如下：

代码示例 11.3(续)　使用 *Synbreed* 包计算基因组关系和 GBLUP(*Code 11-3_GBLUP.R*)

```
########################################################
### Ablup 交叉验证
cv. Ablup <- crossVal( gp.num, trait=1 , cov.matrix=list( Additive),
                       k=5, Rep=5, Seed=1, sampling="random" ,
                       varComp=Ablup$fit$sigma, VC.est="commit" , verbose=T)
summary( cv. Ablup)
### Gblup 交叉验证
cv. Gblup <- crossVal( gp.num, trait=1 , cov.matrix=list( G),
                       k=5, Rep=5, Seed=1, sampling="random" ,
                       varComp=Gblup$fit$sigma, VC.est="commit" , verbose=T)
summary( cv. Gblup)
```

该分析需要花费一些时间，因为在 5 次重复中的每一次中，数据都被分成 5 组，从而对每种方法都要进行 25 次分析。这个汇总报告了每个验证集的预测值和观测值间的平均相关，以及每个模型的 25 次分析间的这种相关的变化。

```
> summary(cv.Ablup)
Object of class 'cvData'

 5 -fold cross validation with 5 replication(s)
     Sampling:                      random
     Variance components:           committed
     Number of random effects: 654
     Number of individuals:         654 -- 654
     Size of the TS:                130 -- 131

Results:
                        Min        Mean +- pooled SE       Max
 Predictive ability:  0.0918     0.2522 +- 0.006634      0.3382
 Rank correlation:    0.0949     0.2341 +- 0.003993      0.3605
 Mean squared error:  0.425      0.526 +- 0.001418       0.644
 Bias (reg. slope)    0.3875     1.0357 +- 0.02587       1.5112
 10% best predicted:  10.44      10.47 +- 0.01505        10.52
```

```
Seed start:   1
Seed replications:
[1] 26552 37213 57286 90821 20169
> summary(cv.Gblup)
Object of class 'cvData'

 5 -fold cross validation with 5 replication(s)
     Sampling:                    random
     Variance components:         committed
     Number of random effects: 654
     Number of individuals:       654 -- 654
     Size of the TS:              130 -- 131

Results:
                        Min       Mean +- pooled SE      Max
 Predictive ability:  0.1918      0.3343 +- 0.007066    0.4623
 Rank correlation:    0.2023      0.3296 +- 0.005861    0.4768
 Mean squared error:  0.378       0.499 +- 0.002696     0.5830
 Bias (reg. slope)    0.5302      0.9475 +- 0.02748     1.4452
 10% best predicted:  10.34       10.43 +- 0.03186      10.530

Seed start:   1
Seed replications:
[1] 26552 37213 57286 90821 20169
```

在本例中，有 654 个数据点。用 $k=5$ 折，为每组分配 130 个或 131 个个体。为比较模型而报告的统计量是预测能力、秩相关、均方误差(MSE)、偏差和分析中最好的 10%的个体表型观测值的平均值(Wimmer et al., 2012)。每折中每次重复的预测能力是验证集中表型和基因组估计育种值(GEBV)间的相关 $r(y_{VS}$，GEBV)。偏差是验证集观测表型对其 GEBV 的回归系数($\hat{\beta}$)。回归系数($\hat{\beta}$)=1 表示无偏差；$\hat{\beta}<1$ 表示**“膨胀”(inflation)**，意味着预测值(x 轴)间的方差比观测值(y 轴)间的更大；$\hat{\beta}>1$ 表示**“紧缩”(deflation)**，意味着预测值间的方差比观测值间的更小。每折的**均方误差(mean squared error, MSE)**计算为所有个体的观测表型与其 GEBV 的平均离差平方$\left[\mathrm{MSE}=n^{-1}\sum_{i=1}^{n}(y_i-\mathrm{GEBV}_i)^2\right]$(Legarra et al., 2008)。最好的 10%是每次重复的 GEBV 排名前 10%的个体观测值的平均值。

25 个折-重复组合的平均预测能力(验证集中的预测值和观测值间的相关)，对于 ABLUP 模型为 0.25，对于 GBLUP 模型为 0.33。请注意，这些值远低于之前完整数据集的单次分析估计的相关(大约为 90%)，因为这里的预测是在没有对个体进行直接表型观测的情况下进行的。还要注意，在这些独立验证中，GBLUP 模型具有比 ABLUP 模型更高的预测准确性。

也可以通过将个体随机分配到组(或者，如果需要，基于子群体来源或用来分割数据的一些其他标准将它们分配到训练集和验证集)，并使用 ASReml 来执行交叉验证分析。然后，可以通过将原始表型数据复制到 5 个新变量(对于 5 折交叉验证)来创建训练集，并将每折的验证集中的个体新性状值设置为缺失。之后，数据集可以与相关矩阵一起写入硬盘，并在 ASReml 单机版中进行分析。我们将在下一节中展示这种方法的示例。在这里，展示如何将训练集提交给 ASReml-R、从每折获得验证集个体的预测值，以及使用 R 软件基础命令来评估验证集的预测能力。为了在 ASReml 单机版或 ASReml-R 中使用基因组关系矩阵来拟合个体遗传效应的方差-协方差结构，需要以表格形式编写矩阵。

代码示例 11.3(续)　使用 *Synbreed* 包计算基因组关系和 GBLUP(*Code 11-3_GBLUP.R*)

```
###~~~~ 创建一个 5 折的交叉验证数据集
set.seed(110716)
new.ph = as.data.frame(gp.num$pheno)
new.ph$fold = sample(1:5,size = 654, replace = T)
new.y = as.matrix(new.ph[,1, drop = F])%*%t(rep(1, 5))
colnames(new.y) = paste0("Y", 1:5)
new.ph = cbind(new.ph, new.y)

# 将某一折中的每个家系观测值设为 NA，并与折数相对应
missingInFold = function(r){
  fold = r["fold"]
  index = fold + 2
  r[index] = NA
  return(r)
}
new.ph2 = t(apply(new.ph, 1, missingInFold))
new.ph.df = data.frame(new.ph2)
new.ph.df$ID = factor(rownames(new.ph.df))

G.giv<- write.relationshipMatrix(G,
                    file =NULL,
                    sorting=c("ASReml"),
                    type=c("ginv"), digits=10)

head(attr(G.giv, "rowNames"))
names(G.giv) <- c("row", "column", "coefficient")
round(head(G.giv),3)
```

函数 write.relationshipMatrix()生成一个具有三个变量的数据框，对应于行和列索引以及 ***G*** 矩阵的每个对角线和下三角形元素的系数。在本例中，请求 type = c("ginv")，它将返回数据框中 ***G*** 矩阵的逆矩阵元素。这是 ASReml-R 所必需的；ASReml 单机版能接受 ***G*** 本身的元素或其逆矩阵的元素。

```
> round(head(G.giv),3)
     row column coefficient
1      1      1       4.348
2      2      1       0.057
656    2      2      19.656
3      3      1       0.324
657    3      2      -0.713
1311   3      3       2.700
```

接下来，代码在循环中为 5 个新因变量中的每一个执行 ASReml-R，分别为每折估算遗传方差分量和误差方差分量，并且每次为所有个体拟合整个相关矩阵。通过这种方式，将为每次分析中的所有个体获得效应的解，甚至是验证集中在当前折中表型被设置为缺失的那些个体。由此产生的 ASReml 对象和随机基因型效应的预测被保存为两个列表(result.list 和 pred.list)的组分。然后，从 result.list 对象中提取每折的方差分量，并在 pred.list 对象的每折中仅从验证集中提取预测。从验证集计算预测的可靠性，并检查数据框结果的顶部。

代码示例 11.3(续)　使用 *Synbreed* 包计算基因组关系和 GBLUP(*Code 11-3_GBLUP.R*)

```
# 对每折数据集执行 ASReml，并把结果存为列表
result.list = list()
pred.list = list()
for (trait in names(new.ph.df)[3:7]) {
  asr <- asreml(fixed = get(trait) ~ 1, random = ~giv(ID, var=T), ginverse=list(ID=G.giv),
                data=new.ph.df, na.method.X='include', workspace=80e6 )
  result.list[[trait]] = asr
  pred.list[[trait]] = summary(asr, all = T)$coef.rand
  rm(list = "asr")
}

########### 交叉验证汇总 ############################
get.varcomps = function(c){
  #c is a component of result.list
  vcs = summary(c)$varcomp$component
  names(vcs) = c("Va", "Vresid")
  return(vcs)
}
varcomps = sapply(result.list, FUN = get.varcomps)
varcomps = as.data.frame(t(varcomps))
varcomps$fold = as.numeric(gsub("Y", "", rownames(varcomps)))

# 获取每折估计组(训练组)的平均值，以用作预测的平均值
mu = colMeans(new.ph.df[,c("Y1", "Y2", "Y3", "Y4", "Y5")],na.rm = T)
mu = as.data.frame(mu)
mu$fold = as.numeric(gsub("Y", "", rownames(mu)))

vc.mu = merge(varcomps, mu)

# 对于每折，只获取持有观测值的预测值
get.pred = function(r){
  ID = r["ID"]
  ID2 = paste0("giv(ID, var = T)_", ID)
  trait = paste0("Y", r["fold"])
  return(pred.list[[trait]][ID2,])
}

preds = t(apply(new.ph.df, 1, get.pred))

# 将验证集的预测值只与观测值合并
preds.obs = merge(new.ph.df[,c("Sim.Pheno.1", "fold")], as.data.frame(preds), by = 0)

# 将 pred.obs 与方差分量按折合并，以获取每折的方差分量
preds.obs = merge(preds.obs, vc.mu, by = "fold")
preds.obs$pred = preds.obs$mu + preds.obs$solution

# 使用 Mrode 公式计算可靠性
names(preds.obs)[names(preds.obs) == "std error"] = "se"
names(preds.obs)[names(preds.obs) == "Row.names"] = "ID"
preds.obs$reliability <- with(preds.obs, 1 - se^2/Va )   # 可靠性
preds.obs = preds.obs[order(preds.obs$ID),]

# 使用 round 函数来舍入列数值
round_df <- function(df, digits) {
  nums <- vapply(df, is.numeric, FUN.VALUE = logical(1))
  df[,nums] <- round(df[,nums], digits = digits)
  df
}

preds.obs <- round_df(preds.obs, digits=3)
head(preds.obs)
```

合并的验证集预测值和原始观测值如下：

```
>head(preds.obs)
     fold      ID  Sim.Pheno.1   solution        se    z.ratio
269     3       1     8.747177  −0.435880  0.423194  −1.02999
270     3       3    10.356370  −0.118970  0.251540  −0.47298
513     4  0003-3     9.597672  −0.204640  0.426294  −0.48005
241     2       4     9.433572   0.129165  0.400958   0.32214
119     1       5     9.799212  −0.376820  0.446191  −0.84453
274     3       6     9.173060  −0.007440  0.465557  −0.01598
           Va    Vresid         mu       pred  reliability
269  0.295393  0.305233   9.986628   9.550744  0.393713
270  0.295393  0.305233   9.986628   9.867656  0.785803
513  0.255109  0.319834   9.987614   9.782971  0.287653
241  0.227102  0.334072  10.007020  10.136180  0.292094
119  0.305686  0.296605   9.970005   9.593184  0.348723
274  0.295393  0.305233   9.986628   9.979187  0.266254
```

可靠性非常高的 ID 0003 的个体脱颖而出。这个个体是在亲本代中，因此它有可能可靠性高，因为它在数据集中有许多后代。为了验证这个值是否合理，我们计算个体 0001、0003 和 0006 的后代数，以查看个体 0003 是否具有异常大量的后代。

代码示例 11.3（续） 使用 *Synbreed* 包计算基因组关系和 GBLUP（*Code 11-3_GBLUP.R*）

```
# 为何 0003 有这么高的可靠性？
#检查数据集中它的后代数，并与 0001 和 0006 的比较
print("number of progenies of 0001")
nrow(gp.num$pedigree[gp.num$pedigree$Par1 == "0001" | gp.num$pedigree$Par2 == "0001", ])
print("number of progenies of 0003")
nrow(gp.num$pedigree[gp.num$pedigree$Par1 == "0003" | gp.num$pedigree$Par2 == "0003", ])
print("number of progenies of 0006")
nrow(gp.num$pedigree[gp.num$pedigree$Par1 == "0006" | gp.num$pedigree$Par2 == "0006", ])
```

确实，个体 0003 在数据集中有 19 个后代，这解释了其非常高的预测可靠性，即使在没有直接表型观测值的情况下预测其值。个体 0001 和 0006 各自只有一个数据点，因此它们的预测可靠性低。

将验证集预测值与原始表型观测值合并，我们可以计算预测能力的汇总统计量。

代码示例 11.3（续） 使用 *Synbreed* 包计算基因组关系和 GBLUP（*Code 11-3_GBLUP.R*）

```
### 汇总统计量
PredAbi = with(preds.obs, cor(Sim.Pheno.1, pred))
RankCor = with(preds.obs, cor(Sim.Pheno.1, pred, method = "spearman"))
Best10 <- mean(tail(preds.obs[order(preds.obs$pred), "Sim.Pheno.1"],n=ceiling(nrow(preds.obs)*0.1)))
Bias     <- coef(lm(preds.obs$Sim.Pheno.1 ~preds.obs$pred))[2]     # Bias
MSE    <- mean( (preds.obs$Sim.Pheno.1-preds.obs$pred)**2 )     # MSE
pred.sum<- rbind(PredAbi, RankCor,Best10, Bias, MSE)
round(pred.sum,2)
```

以下给出了汇总统计量。

```
          preds.obs$pred
PredAbi             0.32
RankCor             0.32
Best10             10.44
Bias                0.94
MSE                  0.5
```

这些结果与之前函数 crossVal()报告的结果相一致。

11.4.1　ASReml 实施 GBLUP

这里将展示一个使用 ASReml 单机版对来自于植物育种试验的原始小区数据拟合 **GBLUP 模型**的例子，其中家系在区组和地点间重复。此外，演示如何预测具有基因型数据的所有个体的表型值，即使它们缺少直接的表型观测值。当标记数据可以比表型用更少的资源或更快的速度收集时，这是预测未测试家系的遗传值的有效方法，且具有较高经济效益。将 GBLUP 模型拟合到原始小区数据的一个优点是能够为误差和基因型–环境互作拟合更复杂的模型结构，同时直接考虑数据的不平衡和源于缺失数据量不同的基因型效应间的不同精度水平。

使用的示例数据集由一个来自玉米群体的 508 个 S1 家系(或“品系”)组成。S1 家系来自随机交配群体的非近交个体，其自交一代以产生 S1 代子代。在该实施例中，508 个家系中的 263 个在多达 6 个环境中重复试验，测量了 height(株高)和 yield(种子产量)。试验设计是不平衡的，由于 3 个环境只包含 69 个家系。这部分数据来自文献(Horne et al., 2016)。所有有表型分型的家系和另外一组 245 个未测定的家系都用 5677 个 SNP 进行基因分型。基因型数据在文件 *Maize_S1_genos.csv* 中，用碱基对标记位置的遗传图谱在文件 *Maize_S1_map.csv* 中(尽管对于本分析不需要此信息)，小区性状数据在文件 *Maize_S1_traits.csv* 中。

首先使用 *Synbreed* 包重新编码标记数据，从碱基对转到次等位基因的计数，并计算基因组关系矩阵。适合 ASReml 使用的表格形式的关系矩阵被写入文件 *Maize_S1_G.grm*。

代码示例 11.4　R 代码读取玉米 S1 家系的原始基因型，转换为次等位基因计数，并计算基因组关系矩阵(*Code 11-4_Gmatrix_maizeS1.R*)

```
library(synbreed)

genos = read.csv("Maize_S1_genos.csv", stringsAsFactors = F)
rownames(genos) = genos$line
genos$line = NULL
map = read.csv("Maize_S1_map.csv", stringsAsFactors = F)
rownames(map) = map$marker
map$mark = NULL
ped = read.csv("Maize_S1_pedigree.csv", stringsAsFactors = F)
ped = create.pedigree(ID = ped$line, Par1 = ped$mother, Par2 = ped$father)
genos.gp = create.gpData(geno = genos, map = map, pedigree = ped, map.unit = "bp")
genos.num = codeGeno(genos.gp, impute = T, impute.type = "random", maf = 0.01,
                     label.heter = "alleleCoding", verbose= T)

# 创建基因组关系矩阵
G = kin(genos.num, ret = "realized")
summary(G)
write.relationshipMatrix(G, file = "Maize_S1_G.grm", sorting = "ASReml", type = "none")
```

现在可以使用基因组关系矩阵在 ASReml 中建立家系间协方差结构的模型。这要求将家系 ID 定义为谱系因子，并且为 ASReml 提供谱系文件以及包含基因组关系矩阵的文件和表型数据文件。在本例中，这些家系来自群体中随机抽样的植株，因此没有关于这些家系的谱系信息。在交配过程中有效群体大小约为 20，因此这些家系间预计会有一些密切相关(可能还有一些自交)，但由于花粉是混合授粉，种子是混合收种，因此谱系关系是未知的。所以，所有个体的亲本在谱系文件中被设置为零。

文件 *Maize_S1_pedigree.csv* 部分如下：

line	mother	father
12FL0001-1	0	0
12FL0001-2	0	0
12FL0001-3	0	0
12FL0001-4	0	0
…		

尽管谱系文件无信息性，但它在 ASReml 的分析中起着关键作用：基因组关系矩阵的行和列的顺序必须与谱系文件中的个体(或家系，本例中)的顺序相匹配。这是必要的，因为基因组关系矩阵中的元素由行号和列号索引，而不是品系标识符。

文件 *Maize_S1_G.grm* 部分如下：

1	1	1.005 544
2	1	–0.060 85
2	2	1.331 014
3	1	–0.028 73
3	2	–0.049 59
3	3	0.964 428
…		

该文件的第一行为家系 1 自身的 ***G*** 系数("12FL0001-1")，第 2 行为家系 1 和家系 2 的 ***G*** 系数("12FL0001-2")，依此类推。也可以将 ***G*** 的逆矩阵提供给 ASReml，但在这种情况下，文件后缀名应该是*.giv* 而不是*.grm*。谱系文件需要将行/列索引连接到"line"因子水平，同时在性状数据文件中将它声明为字段，并把它作为 ASReml 文件中分析的一个因子。

代码示例 11.5　ASReml 单机版拟合基因组关系矩阵到 S1 家系数据并执行 GBLUP (*Code11-5_Maize_ S1_multivar_GBLUP.as*)

```
!NOGRAPHICS !WORKSPACE 4 !ARGS 1 2 3 !RENAME
Title: MAIZE S1 lines multivariate GBLUP model from raw data
  env !A   rep !I    plot !I   line !P   height   yield
Maize_S1_pedigree.csv !ALPHA !SKIP 1      # 谱系
Maize_S1_G.grm                            #  G 矩阵
Maize_S1_traits.csv !SKIP 1 !CONTINUE !MAXITER 25 ! SECTION env !DOPART $A
```

在 ASReml 单机版程序文件开头，设置了一些程序选项，然后对名为 *Maize_S1_traits.csv* 文件中读入的数据进行字段声明。变量 line 被声明为限定符'!P'的谱系关联因子，指定到谱系文件，其中包含所有家系名称，按照它们在 ***G*** 矩阵文件中表示的顺序。在该实施例中，***G*** 矩阵包括有基因分型但未含在表型分型试验中的所有其他家系，因此这些家系应包含在谱系文件中，即使它们从未出现在性状数据文件中。

按照数据文件的规范，编写了 3 个不同的分析代码部分，从简单的单变量模型开始，逐步扩展到包含了基因组关系矩阵的多变量模型。分析的第一部分将单独的单变量模型拟合到数据中，忽略家系间的亲缘关系，但允许误差在环境间变化。

代码示例 11.5（续）　ASReml 单机版拟合基因组关系矩阵到 S1 家系数据并执行 GBLUP (*Code11-5_ Maize_ S1_multivar_GBLUP.as*)

```
!PART 1 # 单变量的 IDV 模型
!CYCLE height yield
$I ~mu !r env rep.env line line.env
    residual at(env).units
predict line !AVERAGE env rep
```

这些模型的结果在文件 *Code 11-5_Maize_S1_multivar_GBLUP1.asr* 中。

```
          - - - Results from analysis of height - - -
 LogL:     LogL  Residual         NEDF  NIT Cycle Text
 LogL:-4407.04    1.00000         1416   15 height "LogL Converged"
 Akaike Information Criterion      8834.07 (assuming 10 parameters).
 Bayesian Information Criterion    8886.63

 Model_Term                           Sigma         Sigma   Sigma/SE   % C
 env                    IDV_V    6   369.953       369.953      1.56   0 P
 rep.env                IDV_V   12   9.74798       9.74798      1.51   0 P
 line                   NRM_V  507   233.036       233.036     10.29   0 P
 line.env               IDV_V 3042   15.0444       15.0444      2.34   0 P
 at(env,1).units               342 effects
 Residual_1             SCA_V  342   126.730       126.730      9.38   0 P
 at(env,2).units               338 effects
 Residual_2             SCA_V  338   97.7682       97.7682      8.27   0 P
 at(env,3).units               323 effects
 Residual_3             SCA_V  323   70.2833       70.2833      7.50   0 P
 at(env,4).units               138 effects
 Residual_4             SCA_V  138   133.929       133.929      6.86   0 P
 at(env,5).units               138 effects
 Residual_5             SCA_V  138   108.312       108.312      6.60   0 P
 at(env,6).units               138 effects
 Residual_6             SCA_V  138   101.647       101.647      6.94   0 P
 env                    NRM    507

          - - - Results from analysis of yield - - -
 LogL:-4788.31    1.00000         1414    8 yield "LogL Converged"
 Akaike Information Criterion      9596.62 (assuming 10 parameters).
 Bayesian Information Criterion    9649.16

 Model_Term                           Sigma         Sigma   Sigma/SE   % C
 env                    IDV_V    6   102.563       102.563      1.50   0 P
 rep.env                IDV_V   12   7.18482       7.18482      1.26   0 P
 line                   NRM_V  507   160.438       160.438      8.51   0 P
 line.env               IDV_V 3042   34.8291       34.8291      2.59   0 P
 at(env,1).units               342 effects
 Residual_1             SCA_V  342   203.656       203.656      8.48   0 P
 at(env,2).units               338 effects
 Residual_2             SCA_V  338   152.418       152.418      8.19   0 P
 at(env,3).units               321 effects
 Residual_3             SCA_V  321   248.249       248.249      9.19   0 P
 at(env,4).units               138 effects
 Residual_4             SCA_V  138   216.477       216.477      6.44   0 P
```

```
at(env,5).units                    138 effects
Residual_5               SCA_V   138    221.584        221.584        6.78    0 P
at(env,6).units                    138 effects
Residual_6               SCA_V   138    261.549        261.549        6.85    0 P
env                      NRM     507
```

在 PART 2 中，将家系间的协方差建模为与每个性状的基因组关系矩阵成比例。

代码示例 11.5(续)　ASReml 单机版拟合基因组关系矩阵到 S1 家系数据并执行 GBLUP (*Code11-5_ Maize_ S1_multivar_GBLUP.as*)

```
!PART 2 # 单变量的 GBLUP 模型
!CYCLE height yield
$I ~mu !r env rep.envgrm(line) grm(line).env
     residual at(env).units
predict line !AVERAGE env rep
```

模型函数 grm(line)将基因组关系矩阵(之前在代码中定义过，其在谱系文件之后和表型数据文件之前)与在性状数据中找到的因子"line"相关联。请注意，同时建模了 line 主效应及其与环境的互作，并与基因组关系矩阵成比例。这产生如下输出(*Code 11-5_Maize_S1_multivar_GBLUP2.asr*)。

```
          - - - Results from analysis of height - - -
LogL:     LogL  Residual         NEDF  NIT Cycle Text
LogL:-4348.49    1.00000         1416   10 height "LogL Converged"
Akaike Information Criterion       8716.98 (assuming 10 parameters).
Bayesian Information Criterion     8769.54

Model_Term                              Sigma         Sigma   Sigma/SE   % C
env                      IDV_V     6    372.390       372.390       1.56   0 P
rep.env                  IDV_V    12    9.52282       9.52282       1.51   0 P
grm(line)                GRM_V   508    305.239       305.239       9.18   0 P
at(env,1).units                  342 effects
Residual_1               SCA_V   342    127.927       127.927      10.51   0 P
at(env,2).units                  338 effects
Residual_2               SCA_V   338    89.2404       89.2404       9.55   0 P
at(env,3).units                  323 effects
Residual_3               SCA_V   323    80.8969       80.8969       9.12   0 P
at(env,4).units                  138 effects
Residual_4               SCA_V   138    135.150       135.150       7.09   0 P
at(env,5).units                  138 effects
Residual_5               SCA_V   138    105.787       105.787       6.84   0 P
at(env,6).units                  138 effects
Residual_6               SCA_V   138    100.598       100.598       7.07   0 P
grm(line)               G:\U     508
grm(line).env                   3048 effects
env                       ID_V     1    15.5688       15.5688       3.36   0 P

          - - - Results from analysis of yield - - -
LogL:-4777.90    1.00000         1414   10 yield "LogL Converged"
Akaike Information Criterion       9575.81 (assuming 10 parameters).
Bayesian Information Criterion     9628.35

Model_Term                              Sigma         Sigma   Sigma/SE   % C
env                      IDV_V     6    103.648       103.648       1.51   0 P
rep.env                  IDV_V    12    6.40029       6.40029       1.19   0 P
grm(line)                GRM_V   508    258.501       258.501       7.44   0 P
```

```
at(env,1).units                  342 effects
Residual_1              SCA_V   342     210.997       210.997       10.31    0 P
at(env,2).units                  338 effects
Residual_2              SCA_V   338     174.545       174.545        9.99    0 P
at(env,3).units                  321 effects
Residual_3              SCA_V   321     275.754       275.754       10.71    0 P
at(env,4).units                  138 effects
Residual_4              SCA_V   138     231.409       231.409        6.96    0 P
at(env,5).units                  138 effects
Residual_5              SCA_V   138     242.882       242.882        7.18    0 P
at(env,6).units                  138 effects
Residual_6              SCA_V   138     279.587       279.587        7.28    0 P
grm(line)               G:\U    508
grm(line).env                   3048 effects
env                      ID_V      1     19.3238       19.3238        2.30    0 P
```

与 PART 1 中拟合的模型相比，PART 2 中的模型在参数数量上没有差别，它们的区别仅在于将PART 1 中 line 的IDV 协方差结构变为其与PART 2 中基因组关系矩阵成比例。因此，可以直接比较每个性状的两个模型的似然值。对于性状 height，对数似然值从-4407.04(IDV 模型)提高到-4348.49(GBLUP 模型)；对于性状 yield，差异为-4788.31(IDV 模型)相比-4777.90(GBLUP 模型)。估算的遗传方差分量，性状 height 从 233.036(IDV)变到 305.239(GBLUP)，性状 yield 从 160.438(IDV)变到 258.501(GBLUP)。家系-环境互作项，性状 height 变化很小，但性状 yield 从约 35(IDV)降低到约 19(GBLUP)。

最后，将 GBLUP 模型扩展到性状 height 和 yield 的多变量模型(模型 3)。该模型中的关键项是"grm(line).us(Trait)"，它为家系效应拟合性状 height 和 yield 的方差协方差，具体如下：

$$\operatorname{Var}\left(\begin{bmatrix} G_{1h} \\ G_{1y} \\ G_{2h} \\ G_{2y} \\ \vdots \end{bmatrix}\right) = \begin{bmatrix} G_{11}\sigma_{gh}^2 & G_{11}\sigma_{ghy} & G_{12}\sigma_{gh}^2 & G_{12}\sigma_{ghy} & \cdots \\ G_{11}\sigma_{ghy} & G_{11}\sigma_{gy}^2 & G_{12}\sigma_{ghy} & G_{12}\sigma_{gy}^2 & \\ G_{12}\sigma_{gh}^2 & G_{12}\sigma_{ghy} & G_{22}\sigma_{gh}^2 & G_{22}\sigma_{ghy} & \\ G_{12}\sigma_{ghy} & G_{12}\sigma_{gy}^2 & G_{22}\sigma_{ghy} & G_{22}\sigma_{gy}^2 & \\ \vdots & & & & \ddots \end{bmatrix} \tag{11.12}$$

$$= \boldsymbol{G} \otimes \begin{bmatrix} \sigma_{gh}^2 & \sigma_{ghy} \\ \sigma_{ghy} & \sigma_{gy}^2 \end{bmatrix}$$

同样，家系-环境互作项拟合为 6×6 单位矩阵(6 个环境)与 $\boldsymbol{G}$ 矩阵及性状的非结构化方差-协方差矩阵的直积，使用项"env.grm(line).us(Trait)"。

代码示例 11.5(续)　ASReml 单机版拟合基因组关系矩阵到 S1 家系数据并执行 GBLUP (*Code11-5_ Maize_ S1_multivar_GBLUP.as*)

```
!PART 3 #  有 grm(line)*id(env)的多变量模型
!ASUV
height yield ~ Trait !f mv,
        !r us(Trait).env us(Trait).rep.env grm(line).us(Trait) env.grm(line).us(Trait)
        residual sat(env).id(units).us(Trait)
predict Trait.line !AVERAGE env rep
```

该分析的结果包括 6 个环境中每个环境的残差效应、家系效应和家系-环境互作效应的 2×2 性状协方差分量(*Code 11-5_Maize_S1_multivar_GBLUP3.asr*)。

```
Covariance/Variance/Correlation Matrix US Residual
   128.8        0.1284
   21.30        213.7
Covariance/Variance/Correlation Matrix US Residual
   88.82        0.7021E-01
   8.747        174.8
Covariance/Variance/Correlation Matrix US Residual
   81.56        0.3448
   51.70        275.7
Covariance/Variance/Correlation Matrix US Residual
   135.8        0.1709
   30.28        231.3
Covariance/Variance/Correlation Matrix US Residual
   106.1        0.3903E-01
   6.316        246.9
Covariance/Variance/Correlation Matrix US Residual
   100.7        0.1369
   23.10        282.6
Covariance/Variance/Correlation Matrix US us(Trait).env
   371.2        0.8231
   162.5        105.0
Covariance/Variance/Correlation Matrix US us(Trait).rep.env
   9.418        0.9684
   7.495        6.360
Covariance/Variance/Correlation Matrix US grm(line).us(Trait)
   309.2        0.1046
   29.69        260.5
Covariance/Variance/Correlation Matrix US env.grm(line).us(Tra
   14.75        0.5196
   8.327        17.42
```

$\begin{bmatrix} \sigma^2_{\varepsilon h1} & \sigma_{\varepsilon hy1} \\ \sigma_{\varepsilon hy1} & \sigma^2_{\varepsilon y1} \end{bmatrix}$ 环境 1 的 R 结构

$\begin{bmatrix} \sigma^2_{\varepsilon h2} & \sigma_{\varepsilon hy2} \\ \sigma_{\varepsilon hy2} & \sigma^2_{\varepsilon y2} \end{bmatrix}$ 环境 2 的 R 结构

$\begin{bmatrix} \sigma^2_{gh} & \sigma_{ghy} \\ \sigma_{ghy} & \sigma^2_{gy} \end{bmatrix}$ 遗传协方差

$\begin{bmatrix} \sigma^2_{g\varepsilon h} & \sigma_{g\varepsilon hy} \\ \sigma_{g\varepsilon hy} & \sigma^2_{g\varepsilon y} \end{bmatrix}$ 遗传-环境互作协方差

在表 11.3 中，比较这 3 个模型中 3 个有表型数据的家系(它们的家系标识符以"12FL"开头)与和 3 个未测试家系(它们的家系标识符以"15CL"开头)的产量预测值及其标准误差。模型中最显著的差异是模型 1 中未测试家系的预测值，它们在群体均值和零可靠性上都有一个恒定的预测值。模型 2 和模型 3 使用基因组关系矩阵来预测这些家系的值，基于它们与测试家系的协方差。未测试家系的模型 2 和模型 3 预测的标准误差比测试家系高很多，但它们是相当好的预测，因为可靠性约为 0.7。模型 3 的预测与模型 2 的预测略有不同，因为可靠性的增加非常小。如第 6 章所述，当缺失数据模式不同并且所分析性状的遗传相关较高时，多变量模型将具有最大效果，但本例中这两点都并非如此。

表 11.3　来自 3 个模型的玉米 S1 家系的预测产量

	模型 1(IDV)		模型 2(GBLUP)		模型 3(多变量 GBLUP)	
	预测值(标准误)	可靠性	预测值(标准误)	可靠性	预测值(标准误)	可靠性
测试系						
12FL0001-1	91.05 (4.40)	0.88	93.97 (4.44)	0.92	93.91 (4.45)	0.92
12FL0001-2	84.68 (4.40)	0.88	86.04 (4.40)	0.93	86.03 (4.40)	0.93
12FL0001-3	70.11 (4.37)	0.88	70.71 (4.30)	0.93	70.37 (4.30)	0.93
未测试系						
15CL1006-11	83.73 (12.9)	0.00	80.47 (8.69)	0.71	80.20 (8.72)	0.71
15CL1006-16	83.73 (12.9)	0.00	88.84 (9.72)	0.63	89.05 (9.73)	0.64
15CL1006-17	83.73 (12.9)	0.00	86.16 (8.84)	0.70	85.71 (8.85)	0.70

11.5　混合遗传关系

由于受成本高和物流限制，对整个育种群体进行基因分型可能并不现实。为了整合来自未经基因分型但有谱系信息的个体的信息，**混合遗传关系矩阵**（$\boldsymbol{H}$ 矩阵）被提出了（Christensen and Lund, 2010; Misztal et al., 2009; Legarra et al., 2009）。这是通过将群体子集的基因组关系矩阵 $\boldsymbol{G}$ 添加到源自所有群体谱系的加性遗传相关矩阵 $\boldsymbol{A}$ 来完成的（Misztal et al., 2009；Legarra et al., 2009）。

设 $\boldsymbol{u}$ 为遗传效应向量。从基于谱系的预期加性遗传相关模型开始，$\boldsymbol{u}$ 的方差是 $\boldsymbol{A}$ 矩阵和由多基因效应解释的方差（σ_u^2）的乘积：$\text{Var}(\boldsymbol{u})=\boldsymbol{A}\sigma_u^2$ (Legarra et al., 2009)。然而，考虑到 $\boldsymbol{u}$ 有两种类型的个体：非基因分型的个体（$\boldsymbol{u}_1$）和基因分型的个体（$\boldsymbol{u}_2$）。于是，$\boldsymbol{A}$ 矩阵可以分解为

$$\boldsymbol{A}=\begin{vmatrix}\boldsymbol{A}_{11} & \boldsymbol{A}_{12}\\ \boldsymbol{A}_{21} & \boldsymbol{A}_{22}\end{vmatrix} \tag{11.13}$$

其中，$\boldsymbol{A}_{11}$ 是非基因分型个体的基于谱系的关系矩阵；$\boldsymbol{A}_{22}$ 是基因分型个体的基于谱系的关系矩阵；$\boldsymbol{A}_{12}$ 及其转置矩阵 $\boldsymbol{A}_{21}$ 是基因分型和非基因分型个体间的关系矩阵。

由于 $\boldsymbol{u}_2$ 中的个体有基因型信息，可以将 $\boldsymbol{A}_{22}$ 中的谱系预期相关替换为这些个体间的现实基因组关系，这将是本章前面所述的 $\boldsymbol{G}$ 矩阵。然后需要校正 $\boldsymbol{A}_{12}$ 中基因分型个体和非基因分型个体间的关系，以考虑 $\boldsymbol{G}$ 矩阵中基因组关系以及它们已知的谱系关系。将基因分型个体间基因组关系和所有其他个体的谱系关系考虑在内的统一关系矩阵称为 $\boldsymbol{H}$ 矩阵（Legarra et al., 2009）。

$$\boldsymbol{H}=\begin{vmatrix}\boldsymbol{A}_{11}+\boldsymbol{A}_{12}\boldsymbol{A}_{22}^{-1}(\boldsymbol{G}-\boldsymbol{A}_{22})\boldsymbol{A}_{22}^{-1}\boldsymbol{A}_{21} & \boldsymbol{A}_{12}\boldsymbol{A}_{22}^{-1}\boldsymbol{G}\\ \boldsymbol{G}\boldsymbol{A}_{22}^{-1}\boldsymbol{A}_{21} & \boldsymbol{G}\end{vmatrix} \tag{11.14}$$

$\boldsymbol{H}$ 矩阵的左上角是非基因分型个体的方差，注意它不再仅仅是其谱系关系的函数，因为现在它整合了来自 $\boldsymbol{G}$ 矩阵的额外信息，这些信息是通过与基因分型个体的谱系关系共享的。构建的 $\boldsymbol{H}$ 矩阵是半正或正定矩阵（Legarra et al., 2009）。$\boldsymbol{H}$ 矩阵的逆矩阵有一个更容易理解的简单形式：

$$\boldsymbol{H}^{-1}=\boldsymbol{A}^{-1}+\begin{vmatrix}\boldsymbol{0} & \boldsymbol{0}\\ \boldsymbol{0} & \boldsymbol{G}^{-1}-\boldsymbol{A}_{22}^{-1}\end{vmatrix} \tag{11.15}$$

其中，$\boldsymbol{A}^{-1}$ 是所有个体的加性相关矩阵的逆；$\boldsymbol{G}^{-1}$ 是基因组关系矩阵的逆；$\boldsymbol{A}_{22}^{-1}$ 是基因分型个体的 $\boldsymbol{A}$ 矩阵的逆（Legarra and Ducrocq, 2012; Aguilar et al., 2010; Legarra et al., 2009）。

$$\text{Var}(\boldsymbol{u}_1)=\left[\boldsymbol{A}_{11}+\boldsymbol{A}_{12}\boldsymbol{A}_{22}^{-1}(\boldsymbol{G}-\boldsymbol{A}_{22})\boldsymbol{A}_{22}^{-1}\boldsymbol{A}_{21}\right]\sigma_{\text{A}}^2 \tag{11.16}$$

$\boldsymbol{G}\sigma_{\text{A}}^2$ 是基因分型个体的方差，$\boldsymbol{A}_{11}\boldsymbol{A}_{22}^{-1}\boldsymbol{G}\sigma_{\text{A}}^2$ 是 $\boldsymbol{u}_1$ 和 $\boldsymbol{u}_2$ 间的协方差（Legarra et al., 2009）。

11.5.1 计算 *H* 矩阵

为了演示混合关系矩阵 ***H*** 的计算，使用来自林木育种研究的数据，其中使用 13 个个体作为父本和母本产生 9 次杂交(Zapata-Valenzuela et al., 2013; Ogut et al., 2012)。使用单交交配设计，共评估了 354 个后代树。在 354 棵树中，使用 3461 个 SNP 标记对 166 棵树进行基因分型。有两份谱系文件：第一份谱系文件名为 *H_complete_ped.txt*，维度为 367×3(354 个个体+13 个亲本= 367)；第二份谱系文件名为 *H_geno_ped.txt*，维度为 178×3。第二份文件包括文件顶部的亲本(前 13 个个体)，随后是基因分型的 166 棵树。基因分型个体的编号从 202 到 367。下面给出了 *H_geno_ped.txt* 的子集。

```
>H_geno_ped
            tree    par1    par2
     1         1       0       0
     2         2       0       0
     3         3       0       0
   ...
    11        11       0       0
    12        12       0       0
    13        13       4      12
    14       202       1       2
    15       203       1       2
    16       204       1       2
   ...
   177       365       9       8
   178       366       9       8
   179       367       9       8
```

下面是获得混合基因组关系矩阵 ***H*** 的 R 脚本。这部分脚本将加载 *GeneticPed* 包，读取谱系文件并创建 ***A*** 矩阵。

代码示例 11.6　用于计算混合遗传关系矩阵的 R 代码(*Code 11-6_Hmatrix.R*)

```
##############################################
# 由 Funda Ogut 编写
library( ggplot2)
library( GeneticsPed)
ped <- read.table( 'H_complete_ped.txt' , header=F)
s <- ped[, 2]     # 父本向量
d <- ped[, 3]     # 母本向量
# ~~~~~~~ 创建名为'createA' 的函数~~~~~~~~~~~~~~#
`createA` <-function( s, d){
   if (nargs()==1){
   stop( "sire vector and dam vector are required" )
   }
   if (length( s) != length( d)){
   stop( "size of the sire vector and dam vector are different!" )
   }
   n<- length( s); N <- n + 1
   A <- matrix( 0, ncol=N, nrow=N) # 368 x 368 矩阵
   s <- ( s == 0)*( N) + s; d <- ( d == 0)*N + d
```

```
    for( i in 1: n){
            A[ i, i] <- 1 + A[ s[ i], d[ i]]/2
            for( j in ( i+1): n){
               if ( j > n) break
               A[ i, j ] <- ( A[ i, s[ j ]] + A[ i, d[ j ]] )/2
               A[ j , i] <- A[ i, j ]
            }
    }
   return( A[ 1: n, 1: n])
}
```

下述 R 脚本将 $\boldsymbol{A}$ 矩阵分解为 4 个子矩阵：A_un($\boldsymbol{A}_{11}$)是非基因分型信息树木的矩阵，A_gen($\boldsymbol{A}_{22}$)是基因分型树木的矩阵，上三角矩阵 A_covup($\boldsymbol{A}_{12}$)和下三角矩阵 A_covlow($\boldsymbol{A}_{21}$)是非基因分型和基因分型个体间的协方差。

代码示例 11.6(续)　用于计算混合遗传关系矩阵的 R 代码(*Code 11-6_Hmatrix.R*)

```
# ~~~~~~~~~~ 创建 A 矩阵及其子矩阵 ~~~~~~~~~#
# A 矩阵，非基因分型和基因分型个体的所有谱系
A_full<- createA( s, d) #维度 = 367 x 367
# A11，非基因分型个体的 A 子矩阵，维度=201 x 201
A_un<- A_full[ 1: 201, 1: 201]
# A22，基因分型个体的 A 子矩阵，维度=166 x 166
A_gen<- A_full[ 202: 367, 202: 367]
# A12，非基因分型与基因分型个体的协方差矩阵
A_covup<- A_full[ 1: 201, 202: 367] #维度= 201 x 166
# A21,基因分型与非基因分型个体的协方差矩阵
A_covlow<- A_full[ 202: 367, 1: 201] #维度 = 166 x 201
```

下述脚本整合了来自整个群体谱系的 $\boldsymbol{A}$ 矩阵($N = 367$)和 n=166 个个体的基因组关系矩阵 $\boldsymbol{G}$。

代码示例 11.6(续)　用于计算混合遗传关系矩阵的 R 代码(*Code 11-6_Hmatrix.R*)

```
#~~~~~~~~~~~~~~ G 矩阵计算 ~~~~~~~~~~~~~~~~~#
geno_ped <-read.table( "H_geno_ped.txt" , header=T, sep=" \t" )
Hmarkers <- read.table( "H_PineMarkers.txt" , header=F)
load( "~/Google Drive/Book/Book1_Examples/ch11_gblup/GenomicRel1.rda")
G=GenomicRel( 1, Markers, pedigree) #  基于观测等位基因频率的 G 矩阵
#~~~~~~ H  矩阵计算 ~~~~~~~~~~~~~~~~~~#
Z=solve( A_gen)       #  维度  166 x 166, A^22
T=( G-A_gen)*1       #维度 166 x 166, G – A22
A= A_covup %*% Z %*% T %*% Z %*% A_covlow       #维度 367 x 367
B= A_covup %*% Z %*% T           #维度 201 x 166
C= T %*% Z %*% A_covlow          #维度 166 x 201
D= T                              # G-A22 维度 166 x 166
E= G %*% Z %*% A_covlow        #维度 166 x 201

p <- cbind( A, B)        # 201 x 367
o <- cbind( C, D)       # 166 x 367
J <- rbind( p, o)        # 367 x 367
H= A_full + J           # 367 x 367
round(H[1:10,1: 8],2)
```

$$\begin{vmatrix} A_{un} + A & B \\ C & T \end{vmatrix}$$

此示例涉及一个小数据集。对于大型数据集，计算 $\boldsymbol{A}$ 矩阵和 $\boldsymbol{G}$ 矩阵的逆是很困难的。读者应该考虑可以处理大型数据集的优化软件。例如，佐治亚大学的 Ignacio Aguilar 和 Ignacy Misztal 开发了 PreGSF90 模块，用于计算 BLUPF90 软件的遗传关系(http://nce.ads.

uga.edu/wiki/doku.php?id=application_programs)。

下面给出表格格式(367×367)的 ***H*** 矩阵的部分输出。

```
> round(H[1:10,1:8],2)
 1.05  0.01  0.01 -0.06  0.02  0.02  0.02 -0.06
 0.01  0.80 -0.06  0.11 -0.02 -0.03 -0.03 -0.04
 0.01 -0.06  0.95 -0.16  0.02 -0.01 -0.01 -0.10
-0.06  0.11 -0.16  0.77 -0.01 -0.06 -0.06 -0.08
 0.02 -0.02  0.02 -0.01  0.98  0.08  0.08 -0.01
 0.02 -0.03 -0.01 -0.06  0.08  0.99 -0.01  0.02
 0.02 -0.03 -0.01 -0.06  0.08 -0.01  0.99  0.02
-0.06 -0.04 -0.10 -0.08 -0.01  0.02  0.02  0.73
 0.04 -0.10  0.01 -0.16  0.08  0.14  0.14 -0.19
-0.02  0.01 -0.06 -0.05  0.03  0.09  0.09  0.15
```

代码 *Code 11-6_Hmatrix.R* 的下述部分将 ***H*** 逆矩阵转换为 ASReml 的稀疏格式，用于基因组估计育种值的预测。

代码示例 11.6(续)　用于计算混合遗传关系矩阵的 R 代码(*Code 11-6_Hmatrix.R*)

```
###~~~~~~~~ H 求逆~~~~~~~~~~~~~~~~~~~~~~#
Hinv<-solve( H) # H 逆矩阵，维度为 367 x 367
round( Hinv[ 1: 10, 1: 8], 2)

# 转为稀释格式，适用于 ASReml
col1=NA
col2=NA
col3=NA
print( "Still working, this takes a while" )
for ( i in 1:nrow( Hinv)){
   for ( j in 1:ncol( Hinv)){
      if ( i>= j ){
      col1=cbind( col1, i)
      col2=cbind( col2, j )
      col3=cbind( col3, Hinv[ i, j ])
      }
   }
}
Hinv.sparse=cbind(t( col1),t( col2),t( col3))
row.names( Hinv.sparse)=c( 0:(nrow( Hinv.sparse) -1))
#~~~ 可视化 H 矩阵 ~~~#
Hinv.sp.df<- data.frame( Hinv.sparse)
# 删除第一行，0 NA NANA
Hinv.sp.df<- Hinv.sp.df[ -c( 1),]
head( Hinv.sp.df)
# 列重命名
names( Hinv.sp.df)[names( Hinv.sp.df)=="X1" ] <-"row"
names( Hinv.sp.df)[names( Hinv.sp.df)=="X2" ] <-"col"
names( Hinv.sp.df)[names( Hinv.sp.df)=="X3" ] <-"coefficient"
### 保存 H 逆矩阵，供 ASReml 使用
write.table( Hinv.sp.df, "HinvPine.giv" , row.names=F, col.names=F, sep="" )
```

输出文件 *HinvPine.giv* 有三列，名为"row"、"col"和"coefficient"。下述给出了该文件的子集。

```
>round(head(Hinv.sp.df), 2)
  row  col  coefficient
1   1    1         35.5
2   2    1            8
3   2    2           31
4   3    1            0
5   3    2            0
6   3    3         36.5
```

系数反映了个体间的遗传协方差和个体的近交系数。

（林元震 译，苏　惠　林元震 校）

第 12 章 基因组选择

12.1 摘要

全基因组回归的基因组选择方法是基于使用大量 DNA 标记来预测动植物育种计划中的个体育种值。基因组选择与第 11 章中介绍的 GBLUP 相关，但其与 GBLUP 的区别在于同时拟合许多 DNA 标记效应，并使用标记等位基因效应估计的总和来预测个体育种值。自 2001 年引入该概念(Meuwissen et al., 2001)以来，它已变革了作物和家禽的育种工作。基因组选择是一个非常活跃的研究领域，因此新的算法、软件和方法正不断地被开发。本章将简要介绍一些关键概念，并提供几个示例。

12.2 基因组预测的回归模型

Meuwissen 等(2001)建议在回归模型中使用所有可用的分子标记来预测个体的全基因组值。从那时起，这一概念，即所谓的**基因组选择(genomic selection, GS)**，已广泛应用于家禽(Duchemin et al., 2012; Wolc et al., 2011; Hayes and Goddard, 2010;VanRaden et al., 2009)和作物(Zhao et al., 2012; Rutkowski et al., 2011)。在许多家禽和植物的育种计划中，纳入基因组信息已经常规化，它允许快速产生准确的个体育种值预测。育种工作者关注的遗传增益方程(Δ_g)，可以提供 GS 如何影响育种计划的一些见解。遗传增益方程可以写成如下形式：

$$\Delta_g = \frac{ri\sigma_a}{L} \tag{12.1}$$

其中，r 是**预测准确性(prediction accuracy)**；i 是**选择强度(selection intensity)**；σ_a 是遗传方差的标准差；L 是**世代间隔(generation interval)**。GS 对遗传增益的主要影响是减少世代间隔(L)，因为它能够比以前更早的年龄鉴定出候选者。此外，通过增加基因分型和可供选择的候选者数量，GS 能显著提高选择强度 i。然而，基因组选择实质上没有改变遗传增益的育种基础，因为基因组信息用于根据个体加性遗传育种值对个体进行排序，这与育种工作者在 20 世纪大多数时候使用的选择标准相同，并且在本书前面的章节中使用过。第 11 章介绍了使用 $\boldsymbol{G}$ 矩阵从分子标记数据来预测育种值，其中 $\boldsymbol{G}$ 矩阵描述分型个体之间的基因组关系。该方法灵活、易于实现，并且效果很好，因为用 $\boldsymbol{G}$ 矩阵替换加性遗传相关矩阵 $\boldsymbol{A}$ 可更好地表述个体之间的亲缘关系，并且通过更好地考虑孟德尔抽样来提高家系内选择。GBLUP 方法依赖于经典数量遗传学的“无穷小”模型，其假定复杂性状的遗传控制在许多(无限)位点上均匀分布。

第二类模型同样受欢迎，并且对于个体 DNA 变异体占表型方差的显著部分的性状而言，功效更强大。我们将使用笼统(和有点误导)的贝叶斯字母模型来指示这一大类模型。在前面的章节中，已经看到 BLUP 是如何收缩估计的。通过贝叶斯字母模型进行全基因组回归的想法与此类似。在**全基因组回归**中，**收缩估计量**(在标记水平)的优点是收缩可以通过减少估计的均方误差来改善基于标记的预测，特别是对于大量标记，其权衡引入相对小的偏差，因为该偏差强制一些估计回归系数趋于零。

本书将对这类模型做一个简要介绍，并概述少数最流行方法间的一些差异。读者想了解更多细节，建议阅读原始文献(Meuwissen et al., 2001)和该主题的综述论文(Gianola et al., 2009; Habier et al., 2011)。

12.2.1 贝叶斯概念的简介

值得注意的是，虽然历史上基因组预测使用的绝大多数模型是在**贝叶斯概念(Bayesian context)**下开发的，但这不是必需的。尽管如此，它是一种用相对快捷和计算相对简约的方法来同时获得所有标记的收缩估计量。同样重要的是，应意识到贝叶斯实施不仅限于全基因组回归模型，甚至前面章节中介绍的多数 BLUP 机制都可以在贝叶斯框架中有效地实现。所有贝叶斯方法的一个关键概念是模型中所有的参数都视为随机变量。贝叶斯概念，笼统地讲，在观测数据前，我们可以通过给某个特定参数分配一个先验概率来量化我们对该参数的了解(可能非常模糊)。然后，通过贝叶斯定理，与数据(似然值)产生的证据相结合。贝叶斯定理在给定一些观测数据(也称为“先验概率”)的一组参数值的条件概率为

$$f(\theta \mid y)=\frac{f(y \mid \theta) f(\theta)}{f(y)} \propto f(y \mid \theta) f(\theta) \tag{12.2}$$

其中，$f(\theta \mid y)$是数据似然值；$f(\theta)$是先验值；θ是参数向量；y是数据向量。

利用我们可能对该参数已有的先前了解(来自先前实验)，通过这个方程可有效地“权衡”我们感兴趣估计的来自数据(我们当前实验的参数)。正如读者直观所见，我们对**先验概率(prior probability)**的假设越强，它对**后验概率(posterior probability)**的影响就越大。例如，设想一个您想要确定特定作物产量的试验。您可以测量许多植株(如 100 株)的产量，然后使用平均值(自然估计量，也是最大似然估计量)作为该作物产量的估计值。假设试验测得的平均产量为 17.8kg，标准误差为 5kg。现在假设一位科学家在您之前，已进行 3 次与您相似的独立试验，发现平均产量为 17.4kg，标准误差为 5kg。如果我们应用贝叶斯定理，其中y是数据，而θ是我们想要估计的平均作物产量(并且假设一个正态的先验分布)，我们发现使用贝叶斯定理的$\propto f(y|\theta)f(\theta)$将产生 17.6kg 的后验均值，这样就有效地整合了先前试验的信息。**后验均值(posterior mean)**比仅基于当前测量值的平均值更接近于**先验均值(prior mean)**。现在假定，在经过 1000 次试验后，这位科学家测量的作物产量仍为 17.4kg，但标准误差仅为 1kg。在这种情况下，后验均值将为 17.5kg，因此关于**先验(prior)**的更强假设将反映在**后验(posterior)**中。如果之前没有进行任何试验，我们可能仍希望使用先验，但我们可能要选择相对模糊的先验。因此我们仍然可以

假设平均产量为 17.4kg，但标准误差可能非常大，如 20kg。在这种情况下，我们可以说，我们对该作物产量的先验了解甚少，我们将强烈依赖于试验中收集的数据(似然值)，这样作物产量的**后验估计**将是 17.8kg。

这个简单原理的总体应用很快变得复杂，因为 $f(\theta|y)$ 通常没有闭合形式，或者其计算可能涉及多重积分。出于这个原因，贝叶斯分析通常使用**马尔可夫链蒙特卡洛(Markov chain Monte Carlo, MCMC)**方法，其中参数的推断从来自根据经验 $f(\theta|y)$ 获得的样本统计中获取。在最受欢迎的方法中，以及大多数用于 GS 的贝叶斯模型中使用的抽样方法是 **Gibbs 抽样**。该方法从特定参数的分布为每次迭代依次获得所有参数的样本，所述参数以所有其他参数为条件。更多细节可以查阅文献(Gelman and Rubin, 1992)，关于育种应用可以查阅 Sorensen 和 Gianola(2007)的文献。

大多数全基因组回归分析中使用的通用模型(Gianola et al., 2009)如下：

$$\boldsymbol{y} = \boldsymbol{X}\boldsymbol{b} + \boldsymbol{W}\boldsymbol{a}_{\mathrm{m}} + \boldsymbol{e} \tag{12.3}$$

其中，$\boldsymbol{y}$ 是表型值向量，请注意，所用表型的选择对 GS 应用有影响，更深入探讨请查阅[Garrick 等(2009)的文献]；$\boldsymbol{X}$ 是固定效应的关联矩阵(最简单情况，总体均值减少到 1 个的向量)；$\boldsymbol{b}$ 是固定效应向量，包括总体均值 μ；$\boldsymbol{W}$ 是每个标记的数字基因型分值的已知矩阵。这可以是第 10、11 章中使用的次等位基因频数的矩阵(如每个标记处的次等位基因的 0、1 或 2 个拷贝)，或者它可以是次等位基因计数与杂合基因型(-1,0 和 1 代码)的偏差；$\boldsymbol{a}_{\mathrm{m}}$ 是分子标记效应向量；$\boldsymbol{e}$ 是误差向量，分布为 $\boldsymbol{e} \sim N(0, \boldsymbol{I}_e^2)$。系数的向量具有多元正态分布，并且在大多数实施中，实施了不同形式的标记特异先验方差(de los Campos et al., 2009, 2010; Pérez et al., 2010)。τ_j^2 是**指数先验**，$\tau_j^2 \sim \mathrm{Exp}(\lambda^2)$。$\lambda^2$ 是 **Gamma 先验分布**，$\lambda^2 \sim \mathrm{Gamma}(\gamma, \delta)$，其中 γ(形状)和 δ(速率)是**超参数**。误差方差通常是**尺度逆卡方先验分布**，$\sigma_e^2 \sim \chi^{-2}(\mathrm{d}f_e, S_e)$ (Park and Casella, 2008)。几位学者已讨论了这种实施的优缺点(de los Campos et al., 2009; Yi and Xu, 2008)。

下节将简要介绍具有贝叶斯解释的全基因组回归方法的通用框架。

12.2.1.1 岭回归

当预测因子(p)数量大于观测值数量(n)时，如用于育种的基因组数据分析，正则化法(收缩法)通常用于克服回归系数估计中的奇异性。Hoerl 和 Kennard(1970)提出的**岭回归(ridge regression)**通过向对角矩阵($\boldsymbol{W}^{\mathrm{T}}\boldsymbol{W}$)添加小常数(λ)来约束回归系数以估算系数。

$$\hat{\boldsymbol{a}}_{\mathrm{Ridge}} = (\boldsymbol{W}^{\mathrm{T}}\boldsymbol{W} + \lambda \boldsymbol{I}_p)^{-1}\boldsymbol{W}^{\mathrm{T}}\boldsymbol{y} \tag{12.4}$$

岭回归解可最小化为如下等式：

$$\hat{\boldsymbol{a}}_{\mathrm{Ridge}} = \sum_{i}^{n}(y_i - \boldsymbol{W}_i^{\mathrm{T}}a)^2 + \lambda\sum_{j=1}^{n}\boldsymbol{a}_j^2 \tag{12.5}$$

式(12.5)的第一部分 $\sum_{i}^{n}(y_i - \boldsymbol{W}_i^{\mathrm{T}} a)^2$ 最小化误差平方和，第二部分 $\lambda\sum_{j=1}^{n}\boldsymbol{a}_j^2$ 对系数 $\hat{\boldsymbol{a}}$ 进行约束。惩罚项是常数 λ 和系数向量平方 $\boldsymbol{a}_j^2$ 的乘积。当 λ 趋于 0 时，$\hat{\boldsymbol{a}}$ 系数接近普通最小二乘解；当 λ 趋于无穷大时，$\hat{\boldsymbol{a}}$ 系数接近于 0。岭回归惩罚通过将估计值收缩为零引入偏差，但与此同时，它降低了方差估计，因此通常会导致较小的均方误差 $\mathrm{MSE}=\mathrm{Bias}^2+\sigma_\beta^2$。

通过将标记效应分配给具有共同方差（σ_α^2）的多元正态先验分布，可以给出相同的贝叶斯解释。标记效应的共同方差通常可通过尺度逆卡方分布来分层拟合，$\sigma_\alpha^2 \sim \chi^{-2}(\mathrm{d}f_\alpha, S_e)$，其中自由度 $\mathrm{d}f_\alpha$ 和尺度 S_α 通常被视为**超先验(hyperprior)**(它们被分配为固定值)。类似地，误差方差通常被指定为具有自由度 $\mathrm{d}f_e$ 和尺度 S_e 的尺度逆卡方先验分布，$\sigma_e^2 \sim \chi^{-2}(\mathrm{d}f_e, S_e)$ (Gianola, 2013; Pérez et al., 2010; de los Campos et al., 2009)。

有必要指出，岭回归获得所有位点的系数预测，所以即使 λ 值很大，系数也不会恰好缩小到零。同样值得注意的是，岭回归与前面章节中描述的 GBLUP 方法非常相似。实际上，这两种方法是等效的[参见 van Raden(2008)的例子]，因为它可以使用 $\boldsymbol{W'W}$ 积($m\times m$ 的标记矩阵)或 $\boldsymbol{WW'}$ 积($n\times n$ 个体矩阵，与第 11 章中介绍的 $\boldsymbol{G}$ 矩阵估计量成正比)生成等效模型。在第一种情况下，求解模型将生成每个标记效应的预测，而在第二个预测中将获得每个个体的育种值。尽管如此，通过最少的代数操作，可以从一种解法转向另一种解法(Ruppert et al., 2003)。

12.2.1.2　Bayes A 和 Bayes B

Meuwissen 等(2001)提出了两种贝叶斯方法的 GS 模型。

对于 Bayes A，假设每个标记(a_x)的先验分布(仍是参数先验)是正态的，具有均值 0、方差 $\sigma_{\alpha_x}^2$。a_x 值取决于方差参数，因此在每个 $\sigma_{\alpha_x}^2$ 上放置另一个先验分布，即具有 2 个超先验的尺度逆卡方分布：ν(自由度)和 S^2(尺度)。因此有(下述还是 Gianola 公式)：

$$
\begin{aligned}
a_x \mid \sigma_{a_x}^2 &\sim N(0, \sigma_{a_x}^2) \\
\sigma_{a_x}^2 \mid \nu, S^2 &\sim \nu S^2 \chi_\nu^{-2}
\end{aligned}
\qquad (12.6)
$$

其中，每个 a_x(标记效应)的先验是 t 分布$[a_x|0,\nu,S^2]$。

结果是，这个 t 分布(尾部比正态分布更宽)将允许一些标记具有大效应，“脱离”向它们预期值 0 的收缩，从而有效地捕获 QTL(对性状变异具有大效应的位点)。

应当指出，在这种情况下，每个标记被有效地分配了其自身的方差。此外，在大多数实施中，误差被分配为如下先验分布：

$$
\begin{aligned}
e_n \mid \sigma_e^2 &\sim N(0, \sigma_e^2) \\
\sigma_e^2 \mid \nu, S_e^2 &\sim \nu_e S_e^2 \chi_{\nu_e}^{-2}
\end{aligned}
\qquad (12.7)
$$

其他先验分布也分配给其他效应(包括均值)。我们不会提及这些，只是指出抽样方案保持不变。

Bayes B 引入了另一种条件：

$$a_k \mid \sigma_{a_x}^2 \sim \begin{cases} 0 & \text{对于}\ \sigma_{a_x}^2 = 0 \\ N(0, \sigma_{a_x}^2) & \sigma_{a_x}^2 > 0 \end{cases} \tag{12.8}$$

和

$$\sigma_{a_x}^2 \mid \pi \sim \begin{cases} 0 & \text{prob} \quad \pi \\ \nu S^2 \chi_\nu^{-2} & \text{prob}\,(1-\pi) \end{cases} \tag{12.9}$$

因此有

$$p(a_x, \sigma_{a_x}^2 \mid \pi) \sim \begin{cases} a_x, \sigma_{a_x}^2 = 0 & \text{prob} \quad \pi \\ N(0, \sigma_{a_x}^2), p(\nu S^2 \chi_\nu^{-2}) & \text{prob}\,(1-\pi) \end{cases} \tag{12.10}$$

最后得出

$$p(a_x \mid \pi) \sim \begin{cases} a_x = 0 & \text{prob} \quad \pi \\ t[(0, \nu, s^2] & \text{prob}\,(1-\pi) \end{cases} \tag{12.11}$$

同样，在该模型中，每个标记都有其自身的方差。区别是引入了参数 π，它表示标记效应正好为 0 的概率。这里应指出两点：第一，通过设置不同水平 π 值(本实施中还是超参数)，可指定将多少标记(在每次迭代中)脱离这种强烈的收缩。这看似随意的吗？确实是，但可以通用化(见下文)；第二，通过设置 $\pi = 0$，可回到 Bayes A。

最后一个重要的注意事项：Bayes B 不是一个明确的模型选择方法，至少不是传统意义上的。在 Gibbs 抽样过程中，每次迭代中，每个标记都可以被分配为零效应(概率为 π)，因此没有标记在分析中被永久丢弃。

虽然这两个模型非常流行，但它们并非没有缺点。由于它们的结构，Bayes A 模型和 Bayes B 模型都对所选择的先验和超参数敏感，并取决于所用的先验信息。尽管当数据量增加超过期望值时，这种依赖性会降低。Gianola 等(2009)对这些模型的特点进行了详实综述。关于自由度和尺度参数(指定它们作为先验分布)的选择，可以查阅文献(Maltecca et al., 2012; Cleveland et al., 2010；Yi and Xu, 2008)。然而，应当指出，这些努力对真实数据的模型的实际预测能力的总体影响比较有限。

12.2.1.3　Bayes C 和 Bayes Cpi

Habier 等(2011)开发了贝叶斯回归分析的另一种实施方法。在该论文中，Bayes A 和 Bayes B 中出现的问题通过使用单一标记方差而不是位点特异方差来解决，从而减小了尺度参数的影响。此外，作者还介绍了将 π 参数视为额外未知值的方法，并根据数据进行估算。在这种情况下的模型类似于以前的模型，但与 Bayes C 的区别在于：

$$\sigma_{a_x}^2 = \sigma_a^2 \tag{12.12}$$

这意味着所有标记具有共同方差的先验分布，其最常见的实施是

$$a_x \mid \sigma_a^2 \sim N(0,\sigma_a^2)$$
$$\sigma_a^2 \mid \nu, S^2 \sim \nu S^2 \chi_\nu^{-2} \tag{12.13}$$

当取值 $\nu = 4.2$ 和 S^2 时，所得模型类似于 Bayes A 和 Bayes B。这种变化的结果是，属于 $(1\text{-}\pi)$ 箱子（那些有效应的位点）的 SNP 来自多元 t 分布，$t[0,\nu,\boldsymbol{I}S^2]$。该模型的其余结构类似于 Bayes A 和 Bayes B，虽然模型的抽样方案略有不同。

12.2.1.4　贝叶斯 Lasso

用于标记效应的另一种替代模型涉及标记效应的双指数先验（误差分布通常保持为逆卡方分布）。这就是所谓的贝叶斯 Lasso 实施，在标记上有不同的收缩（Park and Casella, 2008; Tibshirani, 1996）。分布由位置参数 μ 和尺度参数 β（Andrews and Mallows, 1974）定义，并且具有比正态分布更宽的尾部，因此它给一些标记提供了更大的权重，同时缩小了大量标记的效应，包括缩小到零效应的可能性。

在贝叶斯 Lasso 版本中，没有明确的变量选择，但一些标记的效应为零。其与岭回归的唯一区别是，系数绝对值用在惩罚项部分，而不是平方值。在 Lasso 中，标记效应估计为

$$\hat{\boldsymbol{a}}_{\text{Lasso}} = \underset{\boldsymbol{a}}{\operatorname{argmin}}\left\{\left|\boldsymbol{y}-\boldsymbol{W}\boldsymbol{a}\right|^2 + \lambda\sum_{i=1}^{p}\left|a_i\right|\right\} \tag{12.14}$$

其中，$\boldsymbol{y}$ 是表型向量；$\boldsymbol{W}$ 是基因型矩阵；$\boldsymbol{a}$ 是标记效应向量；λ 还是正则化参数。参数（argmin）是指回归系数（α）的估计，同时最小化大括号内的表达式。表达式 $\left|\boldsymbol{y}-\boldsymbol{W}\boldsymbol{a}\right|^2$ 是指惩罚平方和（最小化误差平方和），而表达式 $\lambda\sum_{i=1}^{p}\left|a_i\right|$ 则对小效应标记用上更强的收缩，将一些标记强制为零效应，使模型变稀疏（Gianola, 2013; Heslot et al., 2012）。标记的收缩取决于正则化参数 λ，而且收缩是不均匀的。与岭回归相比，这种变化是微妙的，但在某些情况下可显著改善模型性能。

12.2.2　统计模型选择

目标性状的真实遗传结构会决定贝叶斯模型是否比 GBLUP 模型提供更强的预测能力（de los Campos et al., 2013）。上一节描述的模型只是可能的标记回归模型的一小部分。许多看似非常不同的模型实际上是根本相关的。通常，一些模型假设的改变会导致从一个模型变到另一个模型。de los Campos 等（2013）对几个最流行模型之间的关系做了不错的综述。有必要指出，对于模拟数据，模型之间的差异变得更加明显，通常反映了模拟数据时所做的假设。然而，在现实中，模型性能将更多地取决于性状的遗传结构（我们并不真正知道）和群体结构，而不是先验的选择。

此外，这些模型大部分是采用 QTL 作图方式构建的，这意味着它们试图有效地捕获标记和 QTL 之间的 LD，并剔除无信息标记。然而，数量惊人的复杂性状似乎是（或至少表现为）真正的多基因，具有大量的微效 QTL（Buckler et al., 2009; Hill et al., 2008）。在这

些情况下，模型之间的差异通常很小。最后，GS 模型不仅可追踪标记和 QTL 之间的 LD，还可追踪家族连锁，因此群体结构变得与分析模型的选择同样重要(Saatchi et al., 2011; Habier et al., 2007)。没有一种模型对所有情况都是最好的，分析真实数据时，是需要仔细考虑模型、训练/预测分割及性状的特性(de los Campos et al., 2010)。

12.3　*BGLR* 包的贝叶斯回归实例

在下节中，将使用 R 包 *BGLR*(Pérez and de los Campos, 2014)来演示贝叶斯全基因组回归预测模型的使用。*BGLR* 包实现了各种贝叶斯和半参数的方法，如贝叶斯再生核希尔伯特空间(reproducing Kernel Hilbert space，RKHS)回归、贝叶斯岭回归、贝叶斯 Lasso、Bayes A、Bayes B 和 Bayes C 等。我们将从运行一个演示使用贝叶斯 Lasso 基因组预测的脚本开始，并介绍基本命令。为了演示，将使用在第 9 章中介绍过和在第 11 章中用于 GBLUP 的海岸松树数据集。简而言之，使用 2600 个 SNP 标记对 654 棵松树进行基因分型，以建立与模拟表型的关联。这里模拟了具有不同多基因程度的几个不同性状。先从一些数据操作开始。

代码示例 12.1　用 BGLR 软件包进行基因组预测的贝叶斯 Lasso 回归(*Code12-1 BayesianModels.R*)

```
##################################################
require( "BGLR" )
load( "maritime_pine_gpnum.rda" )
genotype <- as.matrix( gp.num$geno)
# genotype[1:15, 1:5]
geno_centered<- genotype – 1
phenotypes <- data.frame( gp.num$pheno)
names(phenotypes) <-c("Trait1","Trait2","Trait3","Trait4")
y <- as.array(phenotypes$Trait1 )
head(y)<- gp.num$geno
```

在代码的下一部分中，我们将数据随机分成 $k = 2$ 组，使用一组进行训练(TS 含有 554 棵树)，较小组用于验证(VS 含有 100 棵树)。在训练集中，个体既有表型又有基因型。在验证集中，性状设置为缺失。通过拟合贝叶斯 Lasso 回归模型获得训练集中的个体标记效应。在验证集中，个体的所有标记效应的总和是个体的基因组估计育种值(GEBV)。验证集中的 GEBV 与个体表型之间的相关性用于评估标记的预测能力。该过程通常重复多次，以获得精确度和其他模型拟合统计量的分布。

```
# *  用于交叉验证的群体抽样
samplesize <- 100
fold <- 2
whichNa <- sample( 1:length( y), size = samplesize, replace = FALSE)
yNa <- y                    # 复制一份 y，yNa 和 y 都是数值型
yNa[ whichNa] <- NA   # 将抽样树木值设为 NA
##################################################
fmR <- BGLR( y = yNa, response_type = "gaussian" ,
                ETA = list( MRK = list( X = geno_centered, model = "BL" )),
                nIter = 20000, burnIn = 1000, thin = 100,
                saveAt = outpath)
summary( fmR)
```

函数 BGLR()拟合贝叶斯标记回归模型(本例中为贝叶斯 Lasso)。贝叶斯 Lasso 模型的选择由代码选项"model= BL"确定。对于这个演示，运行了 20 000 次迭代，其中的 1000 次用作 **burin**，并且每 100 个后验样本中只有一个被保留为 **thin**。在 MCMC 运行中，**"burn-in"**是在链开始时丢弃的多次迭代，以确保采集的样本来自所需的后验分布。一些学者将此过程描述为不必要的步骤并提及一些不良影响(Toft et al., 2007)。在抽样中使用 **"thin"**，这样仅保留一定比例的迭代结果，以减少样本之间的自相关。本例中，在后验数据中仅保留每第 10 次抽取，其余的都被丢弃。

在本例中，只运行了 20 000 次迭代，但是对于大量标记(或更复杂的模型)，应该运行更长的链。R 包 *coda* 提供了一组函数来帮助用户监控马尔可夫链收敛的状态(Plummer et al., 2006)。

虽然 *BGLR* 包接受分类性状，但本例中我们正在分析连续型性状，因此采用参数 type = "gaussian"。"a="和"b="参数分别是截尾因变量的上限和下限的向量。由于此数据中没有截尾，因此将它们设置为 null。参数 ETA=是双层列表，它指定**线性预测量**(**linear predictor**)，如截距和其他固定效应或随机效应。这是模型的重要部分，并允许选择所选的回归类型。

对于第一个例子，我们使用了程序包提供的默认先验的贝叶斯 Lasso。"BL"选项允许用户将 λ 设置为固定参数。在另一个实施方案中，λ 有两种可能的先验分布：gamma 分布或 beta 分布。程序默认为 type = "gamma"，它将 gamma 密度的形状参数固定为 1.1，然后求解速率参数以匹配线性预测量的相应元素所解释的期望方差比例(详情见 http://genomics.cimmyt.org/BGLR-extdoc.pdf)。由线性元素解释的方差比例有通用解释，但是在标记效应的情况下，它可以(至少笼统地)被解释为由标记所解释的方差比例。此参数由参数 R2 控制。R2 的默认值设置为 0.5。

我们已将输出分配给名为 fmR 的 R 对象。该对象含有关于模型结构、拟合和输出的大量信息。通过在 R 控制台中键入 str(fmR)，可以看到对象的结构。它是一个列表对象，可以使用$符号访问列表的每个组分。例如，键入 fmR$ETAMRKR2，可以看到模型中使用的 R2。部分输出如下：

```
> str(fmR)
List of 21
 $ y            : num [1:654] NA 10.4 9.6 NA NA ...
 ...
 $ df0          : num 5
 $ S0           : num 1.62
 $ yHat         : num [1:654] 9.56 9.91 9.67 10.07 10.07 ...
...
 $ ETA          :List of 1
  ..$ MRK:List of 16
  .. ..$ model       : chr "BL"
 ...
  .. ..$ R2          : num 0.5
  .. ..$ lambda      : num 56.6
  .. ..$ type        : chr "gamma"
  .. ..$ shape       : num 1.1
  .. ..$ rate        : num 4.97e-05
 ...
  .. ..$ tau2        : num [1:2567] 0.000699 0.000682 0.000703 0.000679 0.000645 ...
 ...
```

R2 报告为 0.5，因为我们允许程序将此参数设置为默认值。λ 值(正则化参数)设置为 λ= 57。较大的 λ 值将更强烈地收缩标记效应。将 λ^2 的先验密度设置为具有形状参数 r 和速率参数 δ 的 Gamma 分布，期望为 λ^2～gamma(r, δ)。形状参数如前所述设定为 1.1，速率参数为 δ= 4.97e-05。该程序包将一个扁平先验(意味着传达模糊的几乎一致的先验知识)分配给固定效应向量(本例中为截距)，因此截距的期望是 $p(\boldsymbol{\mu}) \propto 1$。"tau2"是标记特异方差向量。前三个标记的 tau 值显示在上面的 str(fmR)输出中。全部向量值可以通过 fmRETAMRK$tau2 访问。在贝叶斯 Lasso 模型中，标记被指定为独立同分布的指数型先验，期望为 $\tau_j^2 \sim \text{Exp}(\lambda^2)$。在输出的开头，可看到两个参数(df0 和 S0)。这两个值表示误差方差先验分布的自由度参数和尺度参数。误差方差被指定为尺度逆卡方先验分布，其自由度 $df_e = 5$ 和尺度参数 $S_e = 1.62$。也就是说，误差方差期望是 $\sigma_e^2 \sim \chi^{-2}(df_e, S_e)$ (de los Campos and Perez Rodriguez, 2014; de los Campos et al., 2013)。

模型的汇总结果可用 R 函数 summary()获取。

```
> summary(fmR)
------------------> Summary of data & model <--------------------
Number of phenotypes= 554
Min (TRN)= 7.949793
Max (TRN)= 12.11167
Variance of phenotypes (TRN)= 0.5719
Residual variance= 0.3681
N-TRN= 554 N-TST= 100
Correlation TRN= 0.8696
-- Linear Predictor --
Intercept included by default
Coefficientes in ETA[ 1 ] ( MRK ) modeled as in BL
```

N-TRN=554 是训练集的数据量，*N*-TST=100 是验证集的数据量。训练集直接遗传值和表型的相关是 0.8696。对于训练集，标记解释的表型方差约为 61%[～0.5719/(0.5719+0.3681)]。

为了解标记的预测能力，可以估算模型的拟合统计量：标记的预测能力、秩相关、模型偏差和 GEBV 排名前 10%的个体表型均值(Wimmer et al., 2012)。模型拟合统计量解释见第 11 章。

```
#### * 计算模型统计量
df1 <- data.frame(fmR$yHat[whichNa], y[whichNa])
PredAbi = round(cor(df1[, 2], df1[, 1]), 2)
Rank = round(cor(df1[, 2], df1[, 1], method = "spearman"), 2)
MSE = round(mean((df1[, 2] - df1[, 1])^2), 2)
Bias = round(coef(lm(y[whichNa] ~fmR$yHat[whichNa]))[2], 2)
Best10 = round(mean(tail(sort(df1[, 2]), n = ceiling(nrow(df1) * 0.1))), 2)
# 组织成表格
table <- cbind(PredAbi, Rank, MSE, Bias, Best10)
rownames(table) <- c("Trait")
table
```

性状 Trait	预测能力 PredAbi	秩相关 Rank	均方误差 MSE	偏差 Bias	GEBV 排名前 10%Best10
Height	0.41	0.39	0.41	1.03	11.1

对于这种一次性交叉验证，标记的预测能力为 0.41，预测的偏差很小(1.03)。验证集中表型和 GEBV 的秩相关为 0.39。当个体根据它们的 GEBV 排名时，前 10 名的树高均值为 11.1。有关表型和 GEBV 之间关系的可视化，请参阅 R 代码"**代码示例 12.1**"。

12.3.1　贝叶斯模型的比较

在下面的代码中，以文献(de los Campos and Perez Rodriguez, 2014)为例，比较了 Bayes 岭回归、贝叶斯 Lasso、Bayes A、Bayes B 和 Bayes C 模型。将先验设置保留为默认设置，不尝试优化任何模型，因为目标是比较各种模型。在这种情况下，Bayes B 模型需要特别注意。在模型的传统实施中，如本章前一节所述，π 被视为超先验，在 *BGLR* 包中，它被视为具有其自身先验分布的另一个随机参数，并被指定为 Beta 分布 $\pi\sim$ Beta(p_0，π_0)。这实际上是贝叶斯层次模型的优秀特性之一。选择 $p_0=2$，$\pi_0=0.5$ 将为 π 生成平坦的均匀先验[0,1]。相反，增加 p_0 值将使分布量增加到 π_0 值。因此，如果我们想要一个强先验 π_0，用于寡聚结构(性状由几个主效基因控制)，则可以选择大 p_0 值和 $\pi_0=0.05$。π 控制任何迭代中具有非零效应的标记比例。*BGLR* 包的默认值为 $p_0=10$，$\pi_0=0.5$。读者可能已经注意到，在前面的章节中，已经将 π 作为标记效应为零的先验概率(在大多数实施中呈现的通用方式)，在 *BGLR* 包中，参数 π_0 的解释相反，表示标记的先验概率不等于零。因此，从现在开始，将 π_0 称为非空值标记的先验概率。

代码示例 12.1(续)　用 BGLR 软件包进行基因组预测的贝叶斯 Lasso 回归(*Code12-1 BayesianModels.R*)

```
###############################################
nIter = 20000; burnIn = 5000
## Bayesian LASSO
ETA<-list( MRK=list( X=geno_centered, model="BL" ))
fmBL <-BGLR( y=yNa, ETA=ETA, nIter=nIter, burnIn=burnIn, saveAt="BL_" )
## Bayesian Ridge Regression (正态先验), 等效于 G-BLUP
ETA<-list( MRK=list( X=geno_centered, model="BRR" ))
fmBRR<-BGLR( y=yNa, ETA=ETA, nIter=nIter, burnIn=burnIn, saveAt="BRR_" )
## Bayes A (尺度-t 先验)
ETA$MRK$model<-"BayesA"
fmBA<-BGLR( y=yNa, ETA=ETA, nIter=nIter, burnIn=burnIn, saveAt="BA_" )
## Bayes B (大部分点为零 + 尺度-t)
ETA$MRK$model<-"BayesB"
fmBB<-BGLR( y=yNa, ETA=ETA, nIter=nIter, burnIn=burnIn, saveAt="BB_" )
# Bayes C (大部分点为零+尺度-t)
ETA$MRK$model <- "BayesC"
fmBC <- BGLR(y = yNa, ETA = ETA, nIter = nIter, burnIn = burnIn, saveAt = "BC_")
#### * 计算相关
r_BL <- cor( y[ whichNa], fmBL$yHat[ whichNa] )
r_BRR <- cor( y[ whichNa], fmBRR$yHat[ whichNa] )
r_BA <- cor( y[ whichNa], fmBA$yHat[ whichNa] )
r_BB <- cor( y[ whichNa], fmBB$yHat[ whichNa] )
r_BC <- cor(y[whichNa], fmBC$yHat[whichNa])
# 结果组织成表格
table <- data.frame(rbind(r_BL, r_BRR, r_BA, r_BB, r_BC), rbind(fmBL$varE, fmBRR$varE, fmBA$varE,
      fmBB$varE, fmBC$varE), rbind(fmBL$fit$pD, fmBRR$fit$pD, fmBA$fit$pD, fmBB$fit$pD, fmBC$fit$pD) ,
       rbind(fmBL$fit$DIC, fmBRR$fit$DIC, fmBA$fit$DIC, fmBB$fit$DIC, fmBC$fit$DIC))

colnames(table) <- c("PredAbi", "varE", "pD", "DIC")
rownames(table) <- c("BLasso", "BRidge", "BayesA", "BayesB", "BayesC")
round( table, 3)
```

"pD"是预测量的有效数量，其显示了模型的复杂性(Spiegelhalter et al., 2002)。"DIC"是**偏差信息标准(deviance information criteria)**。首选 DIC 值小的模型。模型拟合统计量 pD、DIC、误差方差及统计模型标记的预测能力，汇总如下。

贝叶斯模型	预测能力(PredAbi)	误差方差(varE)	有效预测量数(pD)	偏差信息标准(DIC)
BLasso	0.410	0.361	166.310	1172.716
BRidge	0.421	0.348	179.770	1163.091
BayesA	0.416	0.353	174.289	1165.808
BayesB	0.399	0.352	176.262	1166.047
BayesC	0.415	0.348	179.192	1162.593

对于这个小例子，模型的标记预测能力没有差异，而且所有模型的估计误差方差相似。不过，贝叶斯 Lasso 的误差方差最高、有效预测量数(pD)最少和偏差信息标准(DIC)最高。

使用代码 *Code12-1_BayesianModels.R* 将 Bayes 岭回归和 Bayes B 的预测标记系数绘制成图 12.1 进行演示。从图 12.1 中可以看出，与岭回归(黑点)相比，Bayes B 对具有大效应的标记(红点)的收缩较少。

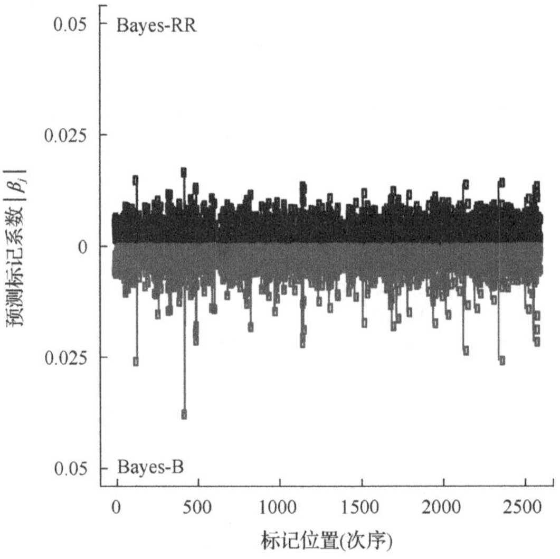

图 12.1 贝叶斯岭回归(黑点)和 Bayes B(红点)的标记效应值(β 绝对值)

Bayes B 模型里大效应的位点如图中红点所示(彩图请扫封底二维码)

12.3.2 模型拟合统计量与模型收敛

在基于**最大似然(maximum likelihood)**的方法中，在当前迭代和先前迭代之间的似然性的变化小于某个选定阈值时，模型就达到收敛。但 MCMC 方法不可能采用相同的方法，因为在这种情况下，参数估计被构建为相应后验分布的统计量。因此，有必要以其他方式来检查模型收敛。最简单的方法是检查误差方差和其他参数估计的迹图，以指示它们的值在迭代中如何变化。在 burn-in 阶段之后，迹图应该显示为来自目标后验的随机样本没有大的“跳跃”或不规则的轨迹。在下面的示例中，绘制了误差方差和正则化参数(λ)在迭代中的收敛性。

代码示例 12.1(续)　用 BGLR 软件包进行基因组预测的贝叶斯 Lasso 回归(*Code12-1 BayesianModels.R*)

```
############################## * 5 LASSO 的迹图
varE<- scan(paste(outpath, "/BL_varE.dat", sep = ""))
par(mfrow = c(1, 2))
par(mar = c(4, 4.5, 0, 0) + 0.2)  #设置绘图区边界
plot(varE, type = "o", col = "gray60", pch = 20, cex = 1, ylim = c(0, 0.6), ylab = expression(paste(sigma[epsilon]^2)))
abline(h = fmBL$varE, col = 1, lwd = 2, lty = 1)
abline(v = fmBL$burnIn/fmBL$thin, col = 1, lwd = 2, lty = 1)

### lambda (正则化参数)
lambda <- scan(paste(outpath, "/BL_ETA_MRK_lambda.dat", sep = ""))
plot(lambda, type = "o", col = "gray60", cex = 0.5, ylim = c(0, 100), ylab = expression(lambda))
abline(v = fmBL$burnIn/fmBL$thin, col = 1, lwd = 2, lty = 1)  #  垂直线
abline(h = fmBL$ETA$MRK$lambda, col = 1, lwd = 2, lty = 1)  #  水平线
```

在残差图(图 12.2)中，模型估计的误差方差(h = fmBL$varE)是水平线，标记为"Index"的 x 轴表示"thinning"后保持的连续迭代次数。"burnIn"与"thinning"的比率用作垂直线(v = fmBL$burnIn / fmBL$thin)。

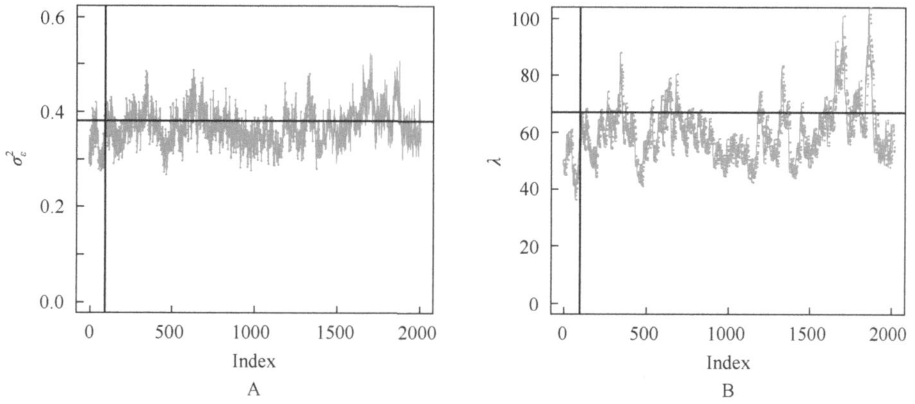

图 12.2　20 000 次迭代的贝叶斯 Lasso 回归模型的迹图

水平轴表示 thinning 后保留的连续迭代。垂直轴是模型参数误差方差(A)和正则化参数 λ(B)。垂直线代表 burnIn 阶段的结束。水平线是误差方差和收缩因子 λ 的后验均值

可以使用更正式的方法来检查收敛性，但本书不会在此详细讨论。R 包在这方面提供了丰富的可用方法。下面是一个使用本书数据和 R 包 *coda* 的简单示例，它是最常用和最直观的程序包之一。遗憾的是，没有**银弹(silver bullet)**来检查 MCMC 分析的收敛性。对于这个例子，我们将使用一个常用的度量——Gelman-Rubin 统计量(实践中，通常建议进行多次收敛测试)。Gelman-Rubin 统计量通过比较多个链之间的差异来检查 MCMC 的收敛性。该测试旨在比较特定参数的链间方差估计和链内方差估计。差异是通过潜在的尺度收缩因子来衡量的(Brooks and Roberts, 1998)。潜在尺度收缩因子的值大表明缺乏收敛性。潜在的尺度收缩因子为 1，意味着链间方差和链内方差相等，因此已达到收敛。根据经验，低于 1.1 的值被认为是可接受的。当测试失败时，则需要更长的链或不同的模型。Gelman 图显示了随时间变化的潜在缩放因子，并且可以用于确定链减少是否也是

稳定的，因为潜在收缩因子随时间推移的变化大可能指示收敛性差。

由于 Gelman-Rubin 统计需要多个链，所以我们首先将使用前面章节中概述的模型规范运行五个链。

代码示例 12.1（续） 用 BGLR 软件包进行基因组预测的贝叶斯 Lasso 回归（*Code12-1 BayesianModels.R*）

```
###################################### 8 模型诊断

nIter = 20000
burnIn = 0
n.chains = 5
r = 0.5
mode.sigE = r * var(y)
dfe = 3
Se = mode.sigE * (dfe + 2)

mode.sigL = (1 - r) * var(y)   #  遗传方差
lambda.hat = sqrt(2 * mode.sigE/mode.sigL * sum(colMeans(W)^2))
delta.lambda = 0.05   # rate 速率参数
r.lambda = lambda.hat * delta.lambda    # shape 形状参数

prior = list(varE = list(S0 = Se, df0 = dfe, value = runif(1, min = 0, max = 100)),
             lambda = list(type = "random",
                           value = runif(1, min = 0, max = 100),
                           shape = shape,rate = rate))

ETA <- list(MRK = list(X = geno_centered, model = "BL", prior))

for (k in 1:n.chains) {
    fmR<- BGLR(y = y, ETA = ETA, nIter = nIter, burnIn = burnIn, thin = 1,
                   saveAt = paste(outpath, "/Gelman-Rubin_Chain_L_", k, sep = ""))
}
```

接下来，将保存的 σ_e^2 的 MCMC 样本加载到 R 对象中。

代码示例 12.1（续） 用 BGLR 软件包进行基因组预测的贝叶斯 Lasso 回归（*Code12-1 BayesianModels.R*）

```
#把 varE 的 MCMC 抽样载入矩阵 varE_L 中
varE_L = matrix(NA, ncol = n.chains, nrow = nIter)
for (k in 1:n.chains) {
    varE_L[, k] = read.table(file = paste(outpath, "/Gelman-Rubin_Chain_L_", k, "varE.dat", sep = ""))$V1
}
```

然后将创建一个包含所有链的 MCMC 对象（请注意，*coda* 包需要"MCMC"类的对象）。

代码示例 12.1（续） 用 BGLR 软件包进行基因组预测的贝叶斯 Lasso 回归（*Code12-1 BayesianModels.R*）

```
# 所有链的 MCMC 对象
idx = 500:20000
THETA = mcmc.list(mcmc(draws[idx, 1]), mcmc(draws[idx, 2]), mcmc(draws[idx, 3]),
                  mcmc(draws[idx, 4]), mcmc(draws[idx, 5]))

### Gelman 图
par(mfrow = c(1, 1))
par(mar = c(4.3, 4.3, 1, 1), mgp = c(3, 1, 0))
gelman.plot(THETA, main = " ", xlab = "Iteration", cex.lab = 1.2, cex = 1.5, lwd = 2)
```

最后，计算 Gelman-Rubin 统计量。

代码示例 12.1（续）　用 BGLR 软件包进行基因组预测的贝叶斯 Lasso 回归（*Code12-1 BayesianModels.R*）

```
# Gelman-Rubin 统计量
gelman.rubin = gelman.diag(THETA)
gelman.rubin
```

这次调用的输出报告如下：

Potential scale reduction factors:

	Point est.	Upper C.I.
[1,]	1.03	1.06

正如读者所见，潜在收缩因子 σ_e^2 的点估计和上置信区间均小于 1.1，表示收敛。此外，还可以生成 Gelman 图（图 12.3），以检查潜在尺度收缩因子在样本上的稳定性，并验证潜在的尺度收缩因子的减少是稳定的。

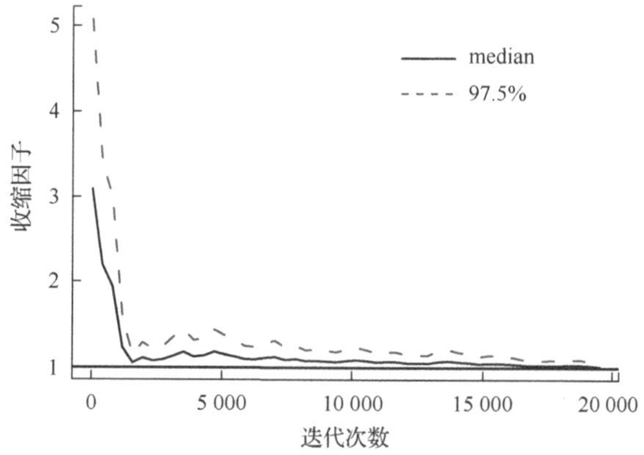

图 12.3　收缩因子 σ_e^2 的 Gelman 图

x 轴是迭代次数；*y* 轴是收敛性的度量，即潜在的尺度收缩因子

12.3.3　先验的选择

BGLR 包提供了一种通过 *R*2 参数选择先验分布形状的便捷方式。默认情况下，*R*2 设置为 0.5。也就是说，建模效应解释了总方差的 50%。如果有 1 个以上线性预测量，则每个线性预测量都有它自身的 *R*2 值。

在下面的示例中，将模仿"BL"选项（Bayesian-Lasso）的默认值设置误差方差的先验和 λ。如前所述，误差方差被分配为尺度逆卡方分布。默认情况下，自由度被设置为 5，并且通过求解 $S_e = \text{Var}(y)(1-R2)(\text{d}f_e+2)$，从 *R*2 获得相关的尺度参数。这保证了误差方差的先验模式是 $\text{Var}(y)(1-R2)$。同样的过程也可以应用于其他方差。下面的代码将重现误差方差的默认值：

代码示例 12.1（续） 用 BGLR 软件包进行基因组预测的贝叶斯 Lasso 回归（*Code12-1 BayesianModels.R*）

```
###################################### *   6 先验影响
R2 = 0.5

# 先验超参数值 sigmaE2
mode.sigE = R2 * var(y)
dfe = 5
Se = mode.sigE * (dfe + 2)
```

与使用 BL 指定类似，将 λ（如果不是先验固定的）默认地指定为选项 type ="gamma"。这将 gamma 密度的形状参数固定为 1.1，并求解速率参数以反映 *R*2。速率计算为 $(s-1)/\left(\dfrac{2\times(1-R2)}{R2\times \mathrm{MS}_x}\right)$，其中 MS_x 是基因型列的样本方差的总和，*s* 是形状参数。

代码示例 12.1（续） 用 BGLR 软件包进行基因组预测的贝叶斯 Lasso 回归（*Code12-1 BayesianModels.R*）

```
# lambda
mode.sigL = (1 – R2) * var(y) # 标记解释的方差
rate = 2 * Se/mode.sigL * sum(colMeans(geno_centered)^2)
shape = 1.1

# 设置先验
 prior = list(varE = list(S = Se, df = dfe),
 lambda = list(type = "random",
               shape = shape,
               rate = rate))
```

现在可以使用更新的先验列表拟合相同的示例。

代码示例 12.1（续） 用 BGLR 软件包进行基因组预测的贝叶斯 Lasso 回归（*Code12-1 BayesianModels.R*）

```
ETA <- list(MRK = list(X = geno_centered, model = "BL", prior))
fmR <- BGLR(y = y, ETA = ETA, nIter = nIter, burnIn = burnIn, saveAt = outpath)
```

在示例数据集中，改变 *R*2 参数不会显著影响后验分布（图 12.4 中的实线）。这种情

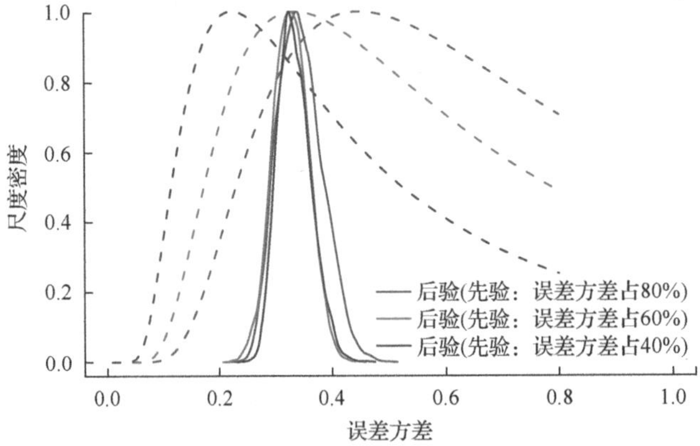

图 12.4 假设误差方差 3 个信息先验的贝叶斯 Lasso 的先验（虚线）和估计尺度后验密度（实线）（彩图请扫封底二维码）

先验密度反映了归因于模型误差的表型方差的比例：80%（红色）、60%（绿色）或 40%（蓝色）。实线是遗传效应的后验分布

况并不少见，在许多情况下，运行中的大多数信息都来自似然值，而不是来自先验信息。灵敏度分析总是明智选择，根据经验评估先验和超参数的设置对结果的影响程度。关于先验和超参数的设定规则的更多细节，请查阅文献(http://genomics.cimmyt.org/BGLR-extdoc.pdf)。

这里使用示例数据集演示一个小灵敏度分析。

代码示例 12.1(续)　用 BGLR 软件包进行基因组预测的贝叶斯 Lasso 回归(*Code12-1 BayesianModels.R*)

```
#################################### *   6 PRIOR INFLUENCE

nIter = 20000
burnIn = 5000
propE = c(0.8, 0.6, 0.4)
for (r in propE) {
    mode.sigE = r * var(y)
    dfe = 3
    Se = mode.sigE * (dfe + 2)

    # lambda
    mode.sigL = (1 - r) * var(y)
    lambda.hat = sqrt(2 * mode.sigE/mode.sigL * sum(colMeans(geno_centered)^2))
    delta.lambda = 0.05   # rate
    r.lambda = lambda.hat * delta.lambda   # shape

    prior = list(varE = list(S = Se, df = dfe),
                 lambda = list(type = "random", value = lambda.hat, shape = r.lambda, rate = delta.lambda))
```

首先使用 propE = c(0.8,0.6,0.4) 来设置 $R2(\sigma_e^2)$ 的不同值，然后指定上节中概述的不同先验值。最后，使用不同的先验依次运行 BGLR 的调用并保存输出。

```
    ETA <- list(MRK = list(X = geno_centered, model = "BL", prior))
    # 拟合 Bayesian LASSO 回归
    fmR<- BGLR(y = y, ETA = ETA, nIter = nIter, burnIn = burnIn, thin = 1,
               saveAt = paste(outpath, "/LASSO_r_", r, "_", sep = ""))
}
```

分析后，可以加载 MCMC 抽样的 σ_e^2，并将它们全部放入 R 对象中，以进行后续操作。

代码示例 12.1(续)　用 BGLR 软件包进行基因组预测的贝叶斯 Lasso 回归(*Code12-1 BayesianModels.R*)

```
# 把 MCMC 抽样的 varE 载入到 varE_L 矩阵中
k = 0
varE_L = matrix(NA, ncol = length(propE), nrow = nIter)
for (r in propE) {
    k = k + 1
    varE_L[, k] = read.table(file = paste(outpath, "/LASSO_r_", r, "_varE.dat", sep = ""), sep = " ")$V1
}
```

现在可以绘制先验密度和后验密度。请注意，将使用 R 函数 dinvgamma() 来绘制先验，这样就不使用 MCMC 样本，而是使用指定的密度函数和参数来匹配已用的先验来生成图形。

代码示例 12.1（续）　用 BGLR 软件包进行基因组预测的贝叶斯 Lasso 回归（*Code12-1 BayesianModels.R*）

```
# 误差方差的先验密度
k = 0
N = 2^9
priorE = matrix(NA, ncol = length(propE), nrow = N)
for (r in propE) {
    k = k + 1
    mode.sigE = r * var(y)
    dfe = 3
    Se = mode.sigE * (dfe + 2)
    xE = seq(from = 0.01, to = 0.8, length.out = N)
    priorE[, k] = dinvgamma(x = xE, shape = dfe/2, scale = Se/2)
}
```

然后利用生成的 MCMC 样本产生后验密度。

代码示例 12.1（续）　用 BGLR 软件包进行基因组预测的贝叶斯 Lasso 回归（*Code12-1 BayesianModels.R*）

```
#误差方差的后验密度
for (k in 1:length(propE)) {
    namx = paste("dLx_", k, sep = "")
    namy = paste("dLy_", k, sep = "")
    dL = density(varE_L[(burnIn + 1):nIter, k], n = N)
    assign(namx, dL$x)
    assign(namy, dL$y)
}
```

最后，对结果绘图。

代码示例 12.1（续）　用 BGLR 软件包进行基因组预测的贝叶斯 Lasso 回归（*Code12-1 BayesianModels.R*）

```
# 绘图
par(mfrow = c(1, 1))
par(mar = c(4.3, 4.3, 0.9, 0.9), mgp = c(3, 1, 0))

plot(xE, priorE[, 1]/max(priorE[, 1]), xlab = expression(sigma[e]^2), ylab = "Scaled density",
    main = " ", xlim = c(0, 1), type = "l", lty = 2, lwd = 2, cex.lab = 1.2, col = 2)

for (k in 2:length(propE)) {
    lines(xE, priorE[, k]/max(priorE[, k]), type = "l", lty = 2, lwd = 2, col = k +1)
}

for (k in 1:length(propE)) {
    xx = get(paste("dLx_", k, sep = ""))
    yy = get(paste("dLy_", k, sep = ""))
    lines(xx, yy/max(yy), type = "l", lwd = 2, col = k + 1)
}

legend("bottomright", lty = c(1, 1, 1), lwd = 2, col = c(2, 3, 4),
        legend = c("Posterior (Prior: 20% Genetics)",
                   "Posterior (Prior: 40% Genetics)",
                   "Posterior (Prior: 60% Genetics)"),
        bty = "n", cex = 0.9)
```

图 12.4 表明，先验对误差方差后验分布的影响是有限的。尽管选择了 3 种不同的先验（假设误差方差为 80%、60%和 40%），误差方差的后验均值彼此接近（0.34、0.33、0.33）。读者可以使用指定了先验分布的所有其他参数重复该练习。

12.3.4　遗传结构的影响

在前面的例子中，已经看到模型选择没有显著影响分析结果。在下节中，将探讨模型选择的影响，待分析的性状具有不同的**基因组结构(genomic architectures)**。示例数据集包含不同**遗传结构(genetic architecture)**的 4 个模拟性状，因此我们可以演示遗传结构对贝叶斯分析结果的影响。第一个模拟性状具有完全加性的多基因结构(无 QTL)，而对于性状 2 至性状 4，模拟了除加性多基因效应之外的性状下增加的致病位点(分别为 2 个、10 个和 100 个 QTL)。对于给定性状，所有 QTL 具有相同的真实效应。虽然这是不现实的，但它简化了对所用模型之间差异的解释。对于这 4 个性状中的每一个，将使用先验的默认值运行贝叶斯岭回归、Bayes A、Bayes B、Bayes C 和贝叶斯 LASSO 模型并比较模型的预测能力。下面的示例代码循环遍历这 4 个性状，将每个模型拟合到每个性状并评估它们的预测能力。

代码示例 12.1(续)　用 BGLR 软件包进行基因组预测的贝叶斯 Lasso 回归(*Code12-1 BayesianModels.R*)

```
####################################### 9 遗传结构的影响
# 读取模拟数据
Sim_tr <- read.table("maritime pine simul pheno.csv", sep = ",", header = T)

### 检查性状的分布
par(mfrow = c(2, 2))
for (i in 2:(ncol(Sim_tr))) {
    plot(density(Sim_tr[, i]), main = names(Sim_tr)[i])
}

nIter = 30000
burnIn = 10000

results <- list(TRAIT_1 = NULL, TRAIT_2 = NULL, TRAIT_3 = NULL, TRAIT_4 = NULL)   # 保存结果

for (trait in 2:5) {
    y <- Sim_tr[, trait]
    # * 1 到 y 个的抽样向量，用作抽样样本量
    whichNa <- sample(1:length(y), size = samplesize, replace = FALSE)
    yNa <- y   #复制一份 y，yNa 和 y 都是数值型
    yNa[ whichNa] <- NA   # 将抽样树木值设为 NA

    ## Bayesian 岭回归 (正态先验)
    ETA <- list(MRK = list(X = geno_centered, model = "BRR"))
    fmBRR <- BGLR(y = yNa, ETA = ETA, nIter = nIter, burnIn = burnIn, saveAt = "BRR_")
    ## Bayes A (尺度-t 先验)
    ETA$MRK$model <- "BayesA"
    fmBA <- BGLR(y = yNa, ETA = ETA, nIter = nIter, burnIn = burnIn, saveAt = "BA_")
    ## Bayes B (大部分点为零 + 尺度-t slab)
    ETA$MRK$model <- "BayesB"
    fmBB <- BGLR(y = yNa, ETA = ETA, nIter = nIter, burnIn = burnIn, saveAt = "BB_")
    # Bayes C (大部分点为零+ 尺度-t slab)
    ETA$MRK$model <- "BayesC"
    fmBC <- BGLR(y = yNa, ETA = ETA, nIter = nIter, burnIn = burnIn, saveAt = "BC_")
    # Bayesian LASSO
    ETA <- list(MRK = list(X = geno_centered, model = "BL"))
    fmBL <- BGLR(y = yNa, ETA = ETA, nIter = nIter, burnIn = burnIn, saveAt = "BL_")
```

```
#### * 计算相关
r_BRR <- cor(y[whichNa], fmBRR$yHat[whichNa])
r_BA <- cor(y[whichNa], fmBA$yHat[whichNa])
r_BB <- cor(y[whichNa], fmBB$yHat[whichNa])
r_BC <- cor(y[whichNa], fmBC$yHat[whichNa])
r_BL <- cor(y[whichNa], fmBL$yHat[whichNa])

# 组织成表格
table <- data.frame(rbind(r_BRR, r_BA, r_BB, r_BC, r_BL), rbind(fmBRR$varE, fmBA$varE,
    fmBB$varE, fmBC$varE, fmBL$varE), rbind(fmBRR$fit$pD, fmBA$fit$pD, fmBB$fit$pD,
    fmBC$fit$pD, fmBL$fit$pD), rbind(fmBRR$fit$DIC, fmBA$fit$DIC, fmBB$fit$DIC,
    fmBC$fit$DIC, fmBL$fit$DIC))
colnames(table) <- c("PredAbi", "varE", "pD", "DIC")
rownames(table) <- c("BRidge", "BayesA", "BayesB", "BayesC", "BLasso")
table <- round(table, 3)
    results[[trait - 1]] <- table
}
```

结果输出报告如下：

```
$TRAIT_1
          PredAbi    varE      pD       DIC
BRidge      0.455   0.341  185.324  1227.982
BayesA      0.456   0.344  183.208   1231.82
BayesB      0.452   0.353  175.644  1237.907
BayesC      0.453   0.343  185.707  1231.653
BLasso      0.448   0.353  173.912  1237.622
$TRAIT_2
          PredAbi    varE      pD       DIC
BRidge      0.502   2.144  250.393  2383.088
BayesA      0.735   1.750   90.324  2103.156
BayesB      0.734   1.730   96.520  2101.898
BayesC      0.727   1.959   31.998  2113.096
BLasso      0.694   1.313  275.636  2111.773
$TRAIT_3
          PredAbi    varE      pD       DIC
BRidge      0.408   1.331  200.816  2052.399
BayesA      0.563   1.203  208.085  1998.584
BayesB      0.700   1.301  107.687  1947.973
BayesC      0.694   1.296  111.528  1949.099
BLasso      0.491   1.295  197.169   2028.97
$TRAIT_4
          PredAbi    varE      pD       DIC
BRidge      0.356   0.508  204.830  1483.607
BayesA      0.368   0.498  204.444  1471.021
BayesB      0.407   0.477  216.179  1457.777
BayesC      0.391   0.490  211.429  1467.967
BLasso      0.371   0.518  195.375  1483.115
```

对于第一个性状(由纯多基因结构控制)，模型之间几乎没有差异；岭回归以及“QTL 导向”的贝叶斯模型表现相似。然而，对于性状 2(2 个 QTL 和多基因背景)，Bayes A、Bayes B、Bayes C 和贝叶斯 LASSO 都表现良好，并且明显优于贝叶斯岭回归。随着 QTL 的数量从 2 增加到 100(性状 2 到性状 4)，模型之间的差异减小。即使存在有限数量的 QTL，使用贝叶斯字母模型也不能自动保证良好的性能，对于中等大小的 QTL，则需要大量观测值才能真正利用这些模型。

接下来，将尝试调整模型先验以提高预测能力。在下面的例子中，展示了改变 π_0 参数(粗略地说，我们期望对性状具有显著贡献的标记的先验比例)对 Bayes C 分析的影响。创建了一个名为 PiInf 的函数，以便更容易地运行比较。

代码示例 12.1(续)　用 BGLR 软件包进行基因组预测的贝叶斯 Lasso 回归(*Code12-1 BayesianModels.R*)

```
#################################### 10   π 的影响

PiInf<- function(nIter = 30000, burnIn = 15000, mod = c("BayesC", "BayesC", "BayesC",
    "BayesC", "BayesC"), prob = c(0.01, 0.1, 0.2, 0.5, 0.9), count = c(20, 20, 20, 20, 20)) {
...
```

该函数将少量参数作为输入，并依次传递给不同的 BGLR 调用。具体来说，这些参数有迭代次数和 burn-in 次数、待运行的模型，以及在 BGLR 中定义 π 的两个参数——定义 π_0 概率的 probIn(未在上面的代码中显示)和计数，它们调控入选率(p_0)的置信度。较大的 p_0 值对应于更强的先验。对于每个模拟的性状，初始化了一系列具有不同 π_0 值(0.99、0.90、0.80、0.50 和 0.10)的 Bayes C 模型。记住 BGLR 把 π_0 建模为入选率，因此 probIn 0.01 意味着假设不为 0 的先验概率为 1%。对于所有模型，使用计数值为 200 的大先验可信度，以最大化先验对结果的影响。更多详情请参阅 *Code 12-1_BayesianModels.R* 和下文。

代码示例 12.1(续)　用 BGLR 软件包进行基因组预测的贝叶斯 Lasso 回归(*Code12-1 BayesianModels.R*)

```
# 保存结果
 results <- list(TRAIT_1 = NULL, TRAIT_2 = NULL, TRAIT_3 = NULL, TRAIT_4 = NULL)
   for (trait in 2:5) {
       y <- Sim_tr[, trait]
       # * 1 到 y 个的抽样向量，用作抽样样本量
       whichNa <- sample(1:length(y), size = samplesize, replace = FALSE)
       yNa <- y   #复制一份 y，yNa 和 y 都是数值型
       yNa[ whichNa] <- NA   # 将抽样树木值设为 NA
       ## Bayes C pi .99
       ETA <- list(MRK = list(X = geno_centered, model = mod[1], probIn = prob[1], counts = count[1]))
       fmBB1 <- BGLR(y = yNa, ETA = ETA, nIter = nIter, burnIn = burnIn)
       ## Bayes B pi .90
       ETA <- list(MRK = list(X = geno_centered, model = mod[2], probIn = prob[2], counts = count[2]))
       fmBB2 <- BGLR(y = yNa, ETA = ETA, nIter = nIter, burnIn = burnIn)
       ## Bayes B pi .80
       ETA <- list(MRK = list(X = geno_centered, model = mod[3], probIn = prob[3], counts = count[3]))
       fmBB3 <- BGLR(y = yNa, ETA = ETA, nIter = nIter, burnIn = burnIn)
       ## Bayes B pi .50
       ETA <- list(MRK = list(X = geno_centered, model = mod[4], probIn = prob[4], counts = count[4]))
       fmBB4 <- BGLR(y = yNa, ETA = ETA, nIter = nIter, burnIn = burnIn)
       ## Bayes B pi .10
       ETA <- list(MRK = list(X = geno_centered, model = mod[5], probIn = prob[5], counts = count[5]))
       fmBB5 <- BGLR(y = yNa, ETA = ETA, nIter = nIter, burnIn = burnIn)
```

```
        #### * 计算相关
        r_BB99 <- cor(y[whichNa], fmBB1$yHat[whichNa])
        r_BB90 <- cor(y[whichNa], fmBB2$yHat[whichNa])
        r_BB80 <- cor(y[whichNa], fmBB3$yHat[whichNa])
        r_BB50 <- cor(y[whichNa], fmBB4$yHat[whichNa])
        r_BB10 <- cor(y[whichNa], fmBB5$yHat[whichNa])
        # 结果组织成表格
        table <- data.frame(rbind(r_BB99, r_BB90, r_BB80, r_BB50, r_BB10), rbind(fmBB1$varE,
            fmBB2$varE, fmBB3$varE, fmBB5$varE, fmBB5$varE), rbind(fmBB1$fit$pD, fmBB2$fit$pD,
            fmBB3$fit$pD, fmBB5$fit$pD, fmBB5$fit$pD), rbind(fmBB1$fit$DIC, fmBB2$fit$DIC,
            fmBB3$fit$DIC, fmBB4$fit$DIC, fmBB5$fit$DIC))

        colnames(table) <- c("PredAbi", "varE", "pD", "DIC")
        rownames(table) <- c("BayesC_99", "BayesC_90", "BayesC_80", "BayesC_50", "BayesC_10")
        table <- round(table, 3)
        results[[trait - 1]] <- table
    }
    return(results)
}

rs <- PiInf()
rs <- PiInf(count = c(0.02, 0.02, 0.02, 0.02, 0.02))
```

使用默认值调用函数并把结果分配给名为 rs <-PiInf() 的对象，将生成以下结果。

```
$TRAIT_1
              PredAbi   varE       pD       DIC
BayesC_01       0.481  0.450  106.764  1317.615
BayesC_10       0.456  0.367  170.406  1259.039
BayesC_20       0.445  0.350  183.514  1242.488
BayesC_50       0.428  0.332  197.749  1225.903
BayesC_90       0.426  0.332  197.749  1224.992
$TRAIT_2
              PredAbi   varE       pD       DIC
BayesC_01       0.817  1.971   15.438  2101.023
BayesC_10       0.820  1.838   66.254  2109.304
BayesC_20       0.807  1.604  149.464  2110.596
BayesC_50       0.584  1.996  253.924  2239.406
BayesC_90       0.463  1.996  253.924  2344.012
$TRAIT_3
              PredAbi   varE       pD       DIC
BayesC_01       0.618  1.354   66.554  1929.406
BayesC_10       0.553  1.189  151.510  1936.810
BayesC_20       0.498  1.129   211.09  1963.667
BayesC_50       0.421  1.313  206.500  2023.452
BayesC_90       0.391  1.313  206.500  2049.896
$TRAIT_4
              PredAbi   varE       pD       DIC
BayesC_01       0.555  0.594  146.064  1519.501
BayesC_10       0.545  0.501  199.313  1471.533
BayesC_20       0.508  0.487  210.120  1464.278
BayesC_50       0.461  0.506  205.252  1474.328
BayesC_90       0.439  0.506  205.252  1482.828
```

再次针对第一个性状(完全多基因)，π_0 参数的不同选择结果之间很明显没有显著差异。相反，对于第二个性状(具有两个大效应 QTL)，有两点是明显的。首先，与之前的未调整示例(Bayes C 0.727)相比，调整版的 Bayes C 表现更好。其次，可以看出 π_0 的选择确实会影响结果。将 π_0 从 0.01 增加到 0.90 会使该性状的预测能力几乎降低一半。π_0 值较小时，模型将包含较少标记效应并且允许它们的效应更大，这能更好地匹配该性状的遗传结构。对于性状的 QTL，数量越多，结果差异越细微，但显示了相同模式。这些惊人的结果再次归因于这里使用的模拟数据过于简化。然而，结果表明，通过选择和调整正确的模型可以有效地解释不同的遗传结构。虽然在此示例中仅使用了 Bayes C，但调整其他模型的参数也可以提高它们的性能。

可通过使用更小的计数值运行类似的分析来查看计数参数(它在 π_0 中拟合"置信度")的影响。

代码示例 12.1(续)　用 BGLR 软件包进行基因组预测的贝叶斯 Lasso 回归(*Code12-1 BayesianModels.R*)

```
rs<- PiInf(count = c(0.02, 0.02, 0.02, 0.02, 0.02))
rs<- PiInf(count = c(0.02, 0.02, 0.02, 0.02, 0.02))
```

结果报告如下：

```
$TRAIT_1
           PredAbi  varE      pD      DIC
BayesC_01    0.317 0.420 127.547 1295.687
BayesC_10    0.424 0.353 185.147 1248.054
BayesC_20    0.444 0.346 190.197 1241.106
BayesC_50    0.446 0.350 183.732 1237.405
BayesC_90    0.443 0.350 183.732 1242.333
$TRAIT_2
           PredAbi  varE      pD      DIC
BayesC_01    0.763 2.018  11.427 2110.254
BayesC_10    0.763 2.017  12.071 2110.518
BayesC_20    0.762 2.017  13.353 2111.469
BayesC_50    0.762 2.014  12.914 2110.567
BayesC_90    0.763 2.014  12.914 2110.674
$TRAIT_3
           PredAbi  varE      pD      DIC
BayesC_01    0.641 1.460  53.416 1962.122
BayesC_10    0.642 1.423  72.817 1966.113
BayesC_20    0.645 1.427  71.235 1965.750
BayesC_50    0.641 1.428  69.472 1964.425
BayesC_90    0.644 1.428  69.472 1965.036
$TRAIT_4
           PredAbi  varE      pD      DIC
BayesC_01    0.282 0.561 168.985 1508.213
BayesC_10    0.334 0.509 197.754 1478.732
BayesC_20    0.346 0.512 196.119 1478.667
BayesC_50    0.353 0.511 203.157 1481.997
BayesC_90    0.366 0.511 203.157 1485.769
```

本例中，关注第二个性状，可看到通过对 π 设置较少的确定性，模型结果会更多地依赖于当前试验提供的证据(似然值)，而不是先验，所以虽然 π 值非常不同，但模型结果仍相似。

12.3.5　交叉验证

在前面的章节中，使用了一种简单策略，通过将数据分成单个训练集和预测集来评估预测的准确性。为通过隐藏数据结构帮助避免估计预测准确性的膨胀，应该将数据分成许多子集(k 组)并评估训练集和验证集的许多组合的预测准确性。因为预测能力的估计受到抽样变化的影响，当训练集不大时，更是如此。在下面的代码中，演示了如何随机抽样 60 个个体作为多个性状的 $k=5$ 组的验证集，在每个训练集上运行 Bayes C 模型，评估其在适当的验证集上的拟合，并在重复组上汇总模型拟合统计量。

代码示例 12.1（续） 用 BGLR 软件包进行基因组预测的贝叶斯 Lasso 回归（*Code12-1 BayesianModels.R*）

```
################################## 11 交叉验证
model <- "BayesC"
samplesize <- 60
nfolds <- 5

tabRes <- data.frame(row.names = c("PredAbi", "RankCor", "MSE", "Bias", "Best10"))
rawdf <- data.frame()
tabdf <- data.frame()
tt <- Sim_tr[, -1]
trait <- names(tt)
# 第一个循环 --> 性状循环
for (trait in trait) {
    y <- tt[, trait]
    ftab <- data.frame()

    # 第二个循环 -->折循环
    for (fold in 1:nfolds) {
        whichNa <- sample(1:length(y), size = samplesize, replace = T)
        yNa <- y
        yNa[whichNa] <- NA

        fmR <- BGLR(y = yNa, response_type = "gaussian", a = NULL, b = NULL,
                    ETA = list(MRK = list(X = geno_centered, model = model)),
                    nIter = 10000, burnIn = 1000, thin = 10, saveAt = "")

        df1 <- data.frame(rep(fold, samplesize), rep(trait, samplesize), fmR$yHat[whichNa], y[whichNa])
        colnames(df1) <- c("fold", "trait", "GEBV", "Phenotype")
        tab = list()
        tab$fold <- fold
        tab$trait <- trait
        tab$PredAbi <- round(cor(df1$Phenotype, df1$GEBV), 2)   # PredAbi 预测能力
        tab$RankCor <- round(cor(df1$Phenotype, df1$GEBV, method = "spearman"), 2)
        tab$MSE <- round(mean((df1$Phenotype - df1$GEBV)^2), 2)   # MSE 均方误差
        tab$Bias <- round(coef(lm(y[whichNa] ~ fmR$yHat[whichNa]))[2], 2) # 偏差
        tab$Best10 <- round(mean(tail(sort(df1$Phenotype), n = ceiling(nrow(df1) *0.1))), 2)   # Best 10%

        rawdf = rbind(rawdf, df1)
        ftab <- rbind(ftab, tab)
    }

    tabdf <- rbind(tabdf, ftab)

    #创建折验证汇总的函数
    lambda <- function(x) paste(round(mean(x), 2), " (", round(min(x), 2), "-", round(max(x), 2), ")", sep = "")
    # 对性状的每折汇总制表
    tabs <- data.frame()
    tabs["PredAbi", trait] <- lambda(ftab$PredAbi)
    tabs["RankCor", trait] <- lambda(ftab$RankCor)
    tabs["MSE", trait] <- lambda(ftab$MSE)
    tabs["Bias", trait] <- lambda(ftab$Bias)
    tabs["Best10", trait] <- lambda(ftab$Best10)
```

```
    tabRes[, trait] <- tabs[, trait]
}

#对 ebv 和 GEBV 抽样
colnames(rawdf) <- c("fold", "trait", "GEBV", "Phenotype")
head(rawdf)

tabRes
```

下面给出交叉验证分析的汇总统计。

	Sim.Pheno	Sim.Pheno.2	Sim.Pheno.3	Sim.Pheno.4
PredAbi	0.41 (0.27-0.54)	0.77 (0.72-0.83)	0.61 (0.58-0.67)	0.44 (0.35-0.52)
RankCor	0.39 (0.20-0.52)	0.72 (0.65-0.80)	0.58 (0.52-0.62)	0.41 (0.32-0.49)
MSE	0.5 (0.42-0.57)	2.12 (1.95-2.35)	1.57 (1.16-1.90)	0.81 (0.64-1.03)
Bias	1.15 (0.74-1.53)	1.07 (0.92-1.19)	1.04 (0.87-1.23)	1.15 (0.93-1.53)
Best10	11.39 (11.09-11.57)	55.03 (54.42-55.68)	87.99 (87.43-88.28)	77.01 (76.67-77.43)

在这个简单的交叉验证实例中，性状“Sim.Pheno”的预测能力范围为 0.27～0.54，平均值为 0.41。结果的变化大表明，在实践中，应该进行交叉验证的额外重复，以获得更好的平均预测能力的估计。

（林元震 译，丁昌俊　林元震 校）

参考文献

Aguilar, I., Misztal, I., Johnson, D. L., Legarra, A., Tsuruta, S., & Lawlor, T. J. (2010). Hot topic: A unified approach to utilize phenotypic, full pedigree, and genomic information for genetic evaluation of Holstein final score. Journal of Dairy Science, 93: 743-752. doi:10.3168/jds.2009-2730.

Aguilar, I., Misztal, I., Legarra, A., & Tsuruta, S. (2011). Efficient computation of the genomic relationship matrix and other matrices used in single-step evaluation. Journal of Animal Breeding and Genetics, 128: 422-428. doi:10.1111/j.1439-0388.2010.00912.x.

Andrews, D. F., & Mallows, C. L. (1974). Scale mixtures of normal distributions. Journal of the Royal Statistical Society: Series B: Methodological, 36: 99-102. doi:10.2307/2344741.

Astle, W., & Balding, D. J. (2009). Population structure and cryptic relatedness in genetic association studies. Statistical Science, 24: 451-471.doi:10.1214/09-STS307.

Baker, R. J. (1978). Issues in diallel analysis. Crop Science, 18: 533. doi:10.2135/cropsci1978.0011183X001800040001x.

Bates, D., Maechler, M., Bolker, B., Walker, S. (2013). Fitting linear mixed-effects models using lme4. Journal of Statistical Software, 67(1): 1-48. doi:10.18637/jss.v067.i01.

Botstein, D., White, R. L., Skolnick, M., & Davis, R. W. (1980). Construction of a genetic linkage map in man using restriction fragment length polymorphisms. American Journal of Human Genetics, 32: 314-331. doi:10.1016/0165-1161(81)90274-0.

Brooks, S. P., & Roberts, G. O. (1998). Convergence assessment techniques for Markov chain Monte Carlo. Statistics and Computing, 8: 319-335.doi:10.1023/A:1008820505350.

Brownie, C., & Gumpertz, M. L. (1997). Validity of spatial analyses for large field trials. Journal of Agricultural, Biological, and Environmental Statistics, 2: 1-23. doi:10.2307/1400638.

Brownie, C., Bowman, D. T., & Burton, J. W. (1993). Estimating spatial variation in analysis of data from yield trials: A comparison of methods. Agronomy Journal, 85: 1244-1253. doi:10.2134/agronj1993.00021962008500060028x.

Browning, S. R. (2006). Multilocus association mapping using variable-length markov chains. The American Journal of Human Genetics, 78: 903-913. doi:10.1086/503876.

Browning, S. R., & Browning, B. L. (2007). Rapid and accurate haplotype phasing and missing-data inference for whole-genome association studies by use of localized haplotype clustering. The American Journal of Human Genetics, 81: 1084-1097. doi:10.1086/521987.

Browning, S. R., & Browning, B. L. (2011). Haplotype phasing: Existing methods and new developments. Nature Reviews. Genetics, 12: 703-714. doi:10.1038/nrg3054.

Browning, B. L., & Browning, S. R. (2013). Improving the accuracy and efficiency of identity-by-descent detection in population data. Genetics, 194: 459-471. doi:10.1534/genetics.113.150029.

Browning, B. L., & Yu, Z. (2009). Simultaneous genotype calling and haplotype phasing improves genotype accuracy and reduces false-positive associations for genome-wide association studies. The American Journal of Human Genetics, 85: 847-861. doi:10.1016/j.ajhg.2009.11.004.

Buckler, E. S., Holland, J. B., Bradbury, P. J., Acharya, C. B., Brown, P. J., Browne, C., Ersoz, E., Flint-Garcia, S., Garcia, A., Glaubitz, J. C., Goodman, M. M., Harjes, C., Guill, K., Kroon, D. E., Larsson, S., Lepak, N. K., Li, H., Mitchell, S. E., Pressoir, G., Peiffer, J. A., Rosas, M. O., Rocheford, T. R., Romay, M. C., Romero, S., Salvo, S., Villeda, H. S., da Silva, H. S., Sun, Q., Tian, F., Upadyayula, N., Ware, D., Yates, H., Yu, J., Zhang, Z., Kresovich, S., & McMullen, M. D. (2009). The genetic architecture of maize flowering time. Science, 325: 714-718. doi:10.1126/science.1174276.

Burdon, R. D. (1977). Genetic correlation as a concept for studying genotype-environment interaction in forest tree breeding. Silvae Genetica, 26:5-6.

Butler, D. G., Cullis, B. R., Gilmour, A. R., & Gogel, B. J. (2009). Mixed models for S language environments ASReml-R reference manual. Brisbane: The State of Queensland, Department of Primary Industries and Fisheries.

Chancerel, E., Lepoittevin, C., Provost, G. L., Lin, Y.C., Jaramillo-Correa, J. P., Eckert, A. J., Wegrzyn, J. L., Zelenika, D., Boland, A., Frigerio, J.-M., Chaumeil, P., Garnier-Géré, P., Boury, C., Grivet, D., González-Martínez, S. C., Rouzé, P., de Peer, Y. V., Neale, D. B, Cervera, M. T., Kremer, A., & Plomion, C. (2011). Development and implementation of a highly-multiplexed SNP array for genetic mapping in maritime pine and comparative mapping with loblolly pine. BMC Genomics, 12: 368. doi:10.1186/1471-2164-12-368.

Chancerel, E., Lamy, J.B., Lesur, I., Noirot, C., Klopp, C., Ehrenmann, F., Boury, C., Le Provost, G., Label, P., & Lalanne, C. (2013). High density linkage mapping in a pine tree reveals a genomic region associated with inbreeding depression and provides clues to the extent and distribution of meiotic recombination. BMC Biology, 11: 50. doi:10.1186/1741-7007-11-50.

Christensen, O. F., & Lund, M. S. (2010). Genomic prediction when some animals are not genotyped. Genetics Selection Evolution, 42(1): 2. doi:10.1186/1297-9686-42-2.

Cleveland, M., Hickey, J., & Forni, S. (2012). A common dataset for genomic analysis of livestock populations. G3 (Bethesda), 2: 429-435. doi:10.1534/g3.111.001453.

Cochran, W. G., & Cox, G. M. (1957). Experimental designs (2nd ed.). New York: Wiley. doi:10.1097/00010694-195008000-00014

Cockerham, C. C. (1963). Estimation of genetic variances. In W. D. Hanson & H. F. Robinson (Eds.), Statistical genetics and plant breeding (pp. 53-94). Washington, DC: National Research Council. doi:10.1139/g64-015.

Cooper, M., & DeLacy, I. H. (1994). Relationships among analytical methods used to study genotypic variation and genotype-by-environment interaction in plant breeding multi-environment experiments. Theoretical and Applied Genetics, 88: 561-572. doi:10.1007/BF01240919.

Crossa, J., Burgueño, J., Cornelius, P. L., McLaren, G., Trethowan, R., & Krishnamachari, A. (2006). Modeling genotype environment interaction using additive genetic covariances of relatives for predicting breeding values of wheat genotypes. Crop Science, 46: 1722. doi:10.2135/cropsci2005.11-0427.

Cullis, B., Gogel, B., Verbyla, A., & Thompson, R. (1998). Spatial analysis of multi-environment early generation variety trials. Biometrics, 54:1-18. doi:10.2307/2533991.

Cullis, B. R., Smith, A. B., & Coombes, N. E. (2006). On the design of early generation variety trials with correlated data. JABES, 11: 381-393. doi:10.1198/108571106X154443.

Cullis, B. R., Smith, A. B., Beeck, C. P., & Cowling, W. A. (2010). Analysis of yield and oil from a series of canola breeding trials. Part II. Exploring variety by environment interaction using factor analysis. This article is one of a selection of papers from the conference "exploiting genome-wide association in oilseed Brassicas: a model for genetic improvement of major OECD crops for sustainable farming". Genome, 53: 1002-1016. doi:10.1139/G10-080.

Cullis, B. R., Jefferson, P., Thompson, R., & Smith, A. B. (2014). Factor analytic and reduced animal models for the investigation of additive genotype-by-environment interaction in outcrossing plant species with application to a Pinus radiata breeding programme. Theoretical and Applied Genetics, 127: 2193-2210. doi:10.1007/s00122-014-2373-0.

de los Campos, G., Naya, H., Gianola, D., Crossa, J., Legarra, A., Manfredi, E., Weigel, K., & Cotes, J. M. (2009). Predicting quantitative traits with regression models for dense molecular markers and pedigree. Genetics, 182: 375-385. doi:10.1534/genetics.109.101501.

de los Campos, G., Gianola, D., Rosa, G. J., Weigel, K. A., & Crossa, J. (2010). Semi-parametric genomic-enabled prediction of genetic values using reproducing kernel Hilbert spaces methods. Genetics Research, 92: 295-308. doi:10.1017/S0016672310000285.

de los Campos, G., Hickey, J. M., Pong-Wong, R., Daetwyler, H. D., & Calus, M. P. L. (2013). Whole-genome regression and prediction methods applied to plant and animal breeding. Genetics, 193: 327-345. doi:10.1534/genetics.112.143313.

Dickerson, G. E. (1969). Techniques for research in quantitative animal genetics. In Techniques and procedures in animal science research (pp. 36-79).

Duchemin, S. I., Colombani, C., Legarra, A., Baloche, G., Larroque, H., Astruc, J. M., ... & Manfredi, E. (2012). Genomic selection in the French Lacaune dairy sheep breed. Journal of dairy science, 95 (5) : 2723-2733. doi:10.3168/jds.2011-4980.

Dudley, J. W., & Moll, R. H. (1969). Interpretation and use of estimates of heritability and genetic variances in plant breeding1. Crop Science, 9: 257. doi:10.2135/cropsci1969.0011183X000900030001x.

Endelman, J. B. (2011). Ridge regression and other kernels for genomic selection with R package rrBLUP. The Plant Genome Journal, 4: 250. doi:10.3835/plantgenome2011.08.0024.

Endelman, J. B., & Jannink, J.L. (2012). Shrinkage estimation of the realized relationship matrix. G3, 2: 1405-1413. doi:10.1534/g3.112.004259.

Falconer, D. S, & Mackay, T. F. (1996). Introduction to Quantitative Genetics (4th ed.). 480 p. Longman Group Ltd. doi:10.2307/1525780.

Falconer, D. S., Mackay, T. F., & Frankham, R. (1996). Introduction to quantitative genetics. (4th ed.). Trends in Genetics, 12: 280. doi: 10.1016/0168-9525(96)81458-2.

Federer, W. T., & Raghavarao, D. (1975). On augmented designs. Biometrics, 31: 29-35. doi:10.2307/2529707.

Fisher, R. A. (1918). 009: The Correlation Between Relatives on the Supposition of Mendelian Inheritance. doi:10.1017/S0080456800012163.

Flint-Garcia, S. A., Thornsberry, J. M., & Buckler IV, E. S. (2003). Structure of linkage disequilibrium in plants. Annual Review of Plant Biology, 54: 357-374. doi:10.1146/annurev.arplant.54.031902.134907.

Forni, S., Aguilar, I., & Misztal, I. (2011). Different genomic relationship matrices for single-step analysis using phenotypic, pedigree and genomic information. Genetics Selection Evolution, 43: 1. doi:10.1186/1297-9686-43-1.

Garrick, D. J., Taylor, J. F., Fernando, R. L., et al. (2009). Deregressing estimated breeding values and weighting information for genomic regression analyses. Genetics, Selection, Evolution, 41: 10-1186. doi:10.1186/1297-9686-41-55.

Gelman, A., & Rubin, D. B. (1992). Inference from iterative simulation using multiplesequences. Statistical Science, 7: 457-472. doi:10.1214/ss/1177011136.

Gianola, D. (2013). Priors in whole-genome regression: The Bayesian alphabet returns. Genetics, 194: 573-596. doi:10.1534/genetics.113.151753.

Gianola, D., de los Campos, G., Hill, W. G., Manfredi, E., & Fernando, R. (2009). Additive genetic variability and the Bayesian alphabet. Genetics, 183: 347-363. doi:10.1534/genetics.109.103952.

Gilmour, A. R., Cullis, B. R., & Verbyla, A. P. (1997). Accounting for natural and extraneous variation in the analysis of field experiments. Journal of Agricultural, Biological, and Environmental Statistics, 2: 269-293. doi:10.2307/1400446.

Gilmour, A. R., Gogel, B., Cullis, B., & Thompson, R. (2009). ASReml user's guide. Release 3.0. Hemel Hempstead: VSN International, Ltd.

Gilmour, A. R., Gogel, B. J., Cullis, B. R., Welham, C. J., & Thompson, R. (2014). ASReml user guide release 4.1, functional specification. Hemel Hempstead: VSN International Ltd. www.vsni.co.uk.

Grattapaglia, D., & Resende, M. D. (2011). Genomic selection in forest tree breeding. Tree Genetics & Genomes, 7: 241-255. doi:10.1007/s11295-010-0328-4.

Grattapaglia, D., Ribeiro, V. J., & Rezende, G. D. S. P. (2004). Retrospective selection of elite parent trees using paternity testing with microsatellite markers: An alternative short term breeding tactic for Eucalyptus. Theoretical and Applied Genetics, 109: 192-199. doi:10.1007/s00122-004-1617-9.

Habier, D., Fernando, R. L., & Dekkers, J. C. M. (2007). The impact of genetic relationship information on genome-assisted breeding values. Genetics, 177: 2389-2397. doi:10.1534/genetics.107.081190.

Habier, D., Fernando, R. L., & Dekkers, J. C. M. (2009). Genomic selection using low-density marker panels. Genetics, 182: 343-353. doi:10.1534/genetics.108.100289.

Habier, D., Fernando, R. L., Kizilkaya, K., & Garrick, D. J. (2011). Extension of the bayesian alphabet for genomic selection. BMC Bioinformatics, 12: 186. doi:10.1186/1471-2105-12-186.

Habier, D., Fernando, R. L., & Garrick, D. J. (2013). Genomic BLUP decoded: A look into the black box of genomic prediction. Genetics, 194: 597-607. doi:10.1534/genetics.113.152207.

Hallauer, A. R., & Miranda, J. B. (1988). Quantitative genetics in maize breeding (2nd ed.). Ames: Iowa State Univ. Press. doi:10.1007/978-1-4419-0766-0.

Hallauer, A.R., Carena, M.J., Filho, J.B.M. (2010). Testers and combining ability. In Quantitative genetics in maize breeding, handbook of plant breeding (pp. 383-423). New York: Springer. doi:10.1007/978-1-4419-0766-0_8.

Hastie, T., Tibshirani, R., & Friedman, J. (2009). The elements of statistical learning data mining, inference, and prediction (2nd ed.). New York: Springer. doi:10.1007/978-0-387-21606-5.

Hayes, B. J., Bowman, P. J., Chamberlain, A. J., & Goddard, M. E. (2009). Invited review: Genomic selection in dairy cattle: Progress and challenges. Journal of Dairy Science, 92: 433-443. doi:10.3168/jds.2008-1646.

Hayes, B., & Goddard, M. (2010). Genome-wide association and genomic selection in animal breeding This article is one of a selection of papers from the conference "Exploiting Genome-wide Association in Oilseed Brassicas: a model for genetic improvement of major OECD crops for sustainable farming". Genome, 53 (11): 876-883. doi:10.1139/G10-076.

Henderson, C. R. (1949). Estimation of changes in herd environment. Journal of Dairy Science, 32: 706.

Henderson, C. R. (1990). Statistical methods in animal improvement: Historical overview. In P. D. D. Gianola & D. K. Hammond (Eds.), Advances in statistical methods for genetic improvement of livestock, advanced series in agricultural sciences (pp. 2-14). Berlin: Springer. doi:10.1007/978-3-642-74487-7_1.

Heslot, N., Yang, H.P., Sorrells, M. E., & Jannink, J.L. (2012). Genomic selection in plant breeding: A comparison of models. Crop Science, 52: 146. doi:10.2135/cropsci2011.06.0297.

Hickey, J. M., Kinghorn, B. P., Tier, B., van der Werf, J. H., & Cleveland, M. A. (2012). A phasing and imputation method for pedigreed populations that results in a single-stage genomic evaluation. Genetics, Selection, Evolution, 44: 9. doi:10.1186/1297-9686-44-9.

Hill, W. G. (1984). On selection among groups with heterogeneous variance. Animal Science, 39: 473-477. doi:10.1017/S0003356100032220.

Hill, W. G., Goddard, M. E., & Visscher, P. M. (2008). Data and theory point to mainly additive genetic variance for complex traits. PloS Genetics, 4: e1000008. doi:10.1371/journal.pgen.1000008.

Hoerl, A. E., & Kennard, R. W. (1970). Ridge regression: Biased estimation for nonorthogonal problems. Technometrics, 12: 55-67. doi:10.1080/00401706.1970.10488634.

Holland, J. B. (2006). Estimating genotypic correlations and their standard errors using multivariate restricted maximum likelihood estimation with SAS Proc MIXED. Crop Science, 46: 642-654. doi:10.2135/cropsci2005.0191.

Holland, J. B., Nyquist, W. E., & Cervantes-Martinez, C. T. (2003). Estimating and interpreting heritability for plant breeding: An update. Plant Breeding Reviews, 22: 9-111. doi:10.1002/9780470650202.ch2.

Horne, D. W., Eller, M. S., & Holland, J. B. (2016). Responses to recurrent index selection for reduced fusarium ear rot and lodging and for increased yield in maize. Crop Science, 56: 85-94. doi:10.2135/cropsci2015.06.0333.

Howie, B. N., Donnelly, P., & Marchini, J. (2009). A flexible and accurate genotype imputation method for the next generation of genome-wide association studies. PLoS Genetics, 5: e1000529. doi:10.1371/journal.pgen.1000529.

Huang, Y., Hickey, J. M., Cleveland, M. A., & Maltecca, C. (2012). Assessment of alternative genotyping strategies to maximize imputation accuracy at minimal cost. Genetics, Selection, Evolution, 44: 25. doi:10.1186/1297-9686-44-25.

Isik, F., Isik, K., Lee, S. (1999). Genetic variation in Pinus brutia ten. In Turkey: I. Growth, biomass and stem quality trats. International Journal of Forest Genetics, 6: 89-99. doi:10.1080/02827589908540825.

Isik, F., Li, B., Frampton, J., & Goldfarb, B. (2004). Efficiency of seedlings and rooted cuttings for testing and selection in *Pinus taeda*. Forest Science, 50: 44-53. doi:10.1093/forestscience/50.1.44.

Isik, F., Boos, D. D., & Li, B. (2005). The distribution of genetic parameter estimates and confidence intervals from small disconnected diallels. Theoretical and Applied Genetics, 110: 1236-1243. doi:10.1007/s00122-005-1957-0.

Isik, F., Bartholomé, J., Farjat, A., Chancerel, E., Raffin, A., Sanchez, L., Plomion, C., & Bouffier, L. (2016). Genomic selection in maritime pine. Plant Science, 242: 108-119. doi:10.1016/j.plantsci.2015.08.006.

John, J. A., & Eccleston, J. A. (1986). Row-column α-designs. Biometrika, 73: 301-306. doi:10.1093/biomet/73.2.301.

Kehel, Z., Habash, D. Z., Gezan, S. A., Welham, S. J., & Nachit, M. M. (2010). Estimation of spatial trend and automatic model selection in augmented designs. Agronomy Journal, 102: 1542. doi:10.2134/agronj2010.0175.

Kenward, M. G., & Roger, J. H. (1997). Small sample inference for fixed effects from restricted maximum likelihood. Biometrics, 53: 983-997. doi:10.2307/2533558.

Kenward, M. G., & Roger, J. H. (2009). An improved approximation to the precision of fixed effects from restricted maximum likelihood. Computational Statistics and Data Analysis, 53: 2583-2595. doi:10.1016/j.csda.2008.12.013.

Legarra, A., & Ducrocq, V. (2012). Computational strategies for national integration of phenotypic, genomic, and pedigree data in a single-step best linear unbiased prediction. Journal of Dairy Science, 95: 4629-4645. doi:10.3168/jds.2011-4982.

Legarra, A., Robert-Granié, C., Manfredi, E., & Elsen, J.-M. (2008). Performance of genomic selection in mice. Genetics, 180: 611-618. doi:10.1534/genetics.108.088575.

Legarra, A., Aguilar, I., & Misztal, I. (2009). A relationship matrix including full pedigree and genomic information. Journal of Dairy Science, 92: 4656-4663. doi:10.3168/jds.2009-2061.

Lewontin, R. C. (1964). The interaction of selection and linkage. I. General considerations; heterotic models. Genetics, 49: 49-67. doi:10.1016/0005-2744(68)90215-5.

Li, Y., Willer, C. J., Ding, J., Scheet, P., & Abecasis, G. R. (2010). MaCH: Using sequence and genotype data to estimate haplotypes and unobserved genotypes. Genetic Epidemiology, 34: 816-834. doi:10.1002/gepi.20533.

Lynch, M., & Walsh, B. (1998). Genetics and analysis of quantitative traits (1st ed.). Sunderland: Sinauer Associates.

Maltecca, C., Parker, K. L., & Cassady, J. P. (2012). Application of multiple shrinkage methods to genomic predictions. Journal of Animal Science, 90: 1777-1787. doi:10.2527/jas.2011-4350.

Mangin, B., Siberchicot, A., Nicolas, S., Doligez, A., This, P., & Cierco-Ayrolles, C. (2012). Novel measures of linkage disequilibrium that correct the bias due to population structure and relatedness. Heredity, 108: 285-291. doi:10.1038/hdy.2011.73.

Marchini, J., & Howie, B. (2010). Genotype imputation for genome-wide association studies. Nature Reviews. Genetics, 11: 499-511. doi:10.1038/nrg2796.

McKeand, S. E., & Bridgwater, F. E. (1998). A strategy for the third breeding cycle of loblolly pine in the southeastern US. Silvae Genetica, 47: 223-234.

Meuwissen, T. H. E., Hayes, B. J., & Goddard, M. E. (2001). Prediction of total genetic value using genome-wide dense marker maps. Genetics,157(4):1819-1829 doi:10.1017/S0016672301004931.

Meyer, K. (2009). Factor-analytic models for genotype×environment type problems and structured covariance matrices. Genetics Selection Evolution, 41: 21. doi:10.1186/1297-9686-41-21.

Milliken, G. A., & Johnson, D. E. (2004). Analysis of messy data, Designed Experiments (Vol. 1). Boca Raton: Chapman & Hall/CRC. doi:10.1111/j.1751-5823.2009.00085_23.x.

Misztal, I., Legarra, A., & Aguilar, I. (2009). Computing procedures for genetic evaluation including phenotypic, full pedigree, and genomic information. Journal of Dairy Science, 92: 4648-4655. doi:10.3168/jds.2009-2064.

Möhring, J., & Piepho, H.P. (2009). Comparison of weighting in two-stage analysis of plant breeding trials. Crop Science, 49: 1977. doi:10.2135/cropsci2009.02.0083.

Möhring, J., Melchinger, A. E., & Piepho, H. P. (2011). REML-based diallel analysis. Crop Science, 51: 470. doi:10.2135/cropsci2010.05.0272.

Money, D., Gardner, K., Migicovsky, Z., Schwaninger, H., Zhong, G.Y., & Myles, S. (2015). LinkImpute: Fast and accurate genotype imputation for nonmodel organisms. G3: Genes|Genomes|Genetics, 5: 2383-2390. doi:10.1534/g3.115.021667.

Mrode, R. A. (2014). Linear models for the prediction of animal breeding values (3rd ed.). Boston: CABI. doi:10.1079/9780851990002.0000.

Müller, B. U., Schützenmeister, A., & Piepho, H.P. (2010). Arrangement of check plots in augmented block designs when spatial analysis is used. Plant Breeding, 129: 581-589. doi:10.1111/j.1439-0523.2010.01803.x.

Mullin, T., Andersson, B., Bastien, J. C., Beaulieu, J., Burdon, R. D., Dvorak, W. S., King, J. N., Kondo, T., Krakowski, J., Lee, S. J., McKeand, S. E., Pâques, L., Raffin, A., Russell, J. H., Skrppa, T., Stoehr, M., Yanchuk, A. (2011). Economic importance, breeding objectives and achievements. In Genetics, genomics and breeding of conifers (pp. 40-127). Science Publishers. doi:10.1201/b11075-3.

Nyquist, W. E. (1991). Estimation of heritability and prediction of selection response in plant populations. Critical Reviews in Plant Sciences, 10: 235-322. doi:10.1080/07352689109382313.

Ogut, F., Maltecca, C., Whetten, R., McKeand, S., & Isik, F. (2014). Genetic analysis of diallel progeny test data using factor analytic linear mixed models. Forest Science, 60(1): 119-127. doi:10.5849/forsci.12-108.

Park, T., & Casella, G. (2008). The Bayesian Lasso. Journal of the American Statistical Association, 103: 681-686. doi:10.1198/016214508000000337.

Patterson, H. D., & Williams, E. R. (1976). A new class of resolvable incomplete block designs. Biometrika, 63: 83-92. doi:10.1093/biomet/63.1.83.

Patterson, B., Vaillancourt, R. E., Pilbeam, D. J., & Potts, B. M. (2004). Factors affecting variation in outcrossing rate in *Eucalyptus globulus*. Australian Journal of Botany, 52: 773-780. doi:10.1071/BT03186.

Pérez, P., & de Los Campos, G. (2014). Genome-wide regression & prediction with the BGLR statistical package. Genetics, 198(2): 483-495. doi:10.1534/genetics.114.164442.

Pérez, P., de los Campos, G., Crossa, J., & Gianola, D. (2010). Genomic-enabled prediction based on molecular markers and pedigree using the Bayesian linear regression package in R. The Plant Genome Journal, 3: 106. doi:10.3835/plantgenome2010.04.0005.

Piepho, H.-P., & M€ ohring, J. (2007). Computing heritability and selection response from unbalanced plant breeding trials. Genetics, 177: 1881-1888. doi:10.1534/genetics.107.074229.

Piepho, H.-P., Mohring, J., Melchinger, A. E., & Buscher, A. (2007). BLUP for phenotypic selection in plant breeding and variety testing. Euphytica, 161: 209-228. doi:10.1007/s10681-007-9449-8.

Plomion, C., Chancerel, E., Endelman, J., Lamy, J.B., Mandrou, E., Lesur, I., Ehrenmann, F., Isik, F., Bink, M. C., Bouffier, L., et al. (2014). Genome-wide distribution of genetic diversity and linkage disequilibrium in a mass-selected population of maritime pine. BMC Genomics,15: 171. doi:10.1186/1471-2164-15-171.

Plummer, M., Best, N., Cowles, K., & Vines, K. (2006). CODA: Convergence diagnosis and output analysis for MCMC. R News, 6: 7-11.

Powell, J. E., Visscher, P. M., & Goddard, M. E. (2010). Reconciling the analysis of IBD and IBS in complex trait studies. Nature Reviews Genetics, 11: 800-805. doi:10.1038/nrg2865.

Qiao, C. G., Basford, K. E., DeLacy, I. H., & Cooper, M. (2000). Evaluation of experimental designs and spatial analyses in wheat breeding trials. Theoretical and Applied Genetics, 100: 9-16. doi:10.1007/s001220050002.

Qiao, C. G., Basford, K. E., DeLacy, I. H., & Cooper, M. (2004). Advantage of single-trial models for response to selection in wheat breeding multi-environment trials. Theoretical and Applied Genetics, 108: 1256-1264. doi:10.1007/s00122-003-1541-4.

Quaas, R. L., & Pollak, E. J. (1981). Modified equations for sire models with groups. Journal of Dairy Science, 64: 1868-1872. doi:10.3168/jds.S0022-0302(81)82778-6.

Rawlings, J. O., Pantula, S., & Dickey, D. A. (2001). Applied regression analysis: A research tool. New York: Springer. doi:10.1109/MEI.2002.981332.

Reich, D. E., Cargill, M., Bolk, S., Ireland, J., Sabeti, P. C., Richter, D. J., Lavery, T., Kouyoumjian, R., Farhadian, S. F., Ward, R., & Lander, E. S. (2001). Linkage disequilibrium in the human genome. Nature, 411: 199-204. doi:10.1038/35075590.

Ripke, S., Isaacs, A., & van Duijn, C. M. (2007). GenABEL: An R library for genome-wide association analysis. Bioinformatics, 23: 1294-1296. doi:10.1093/bioinformatics/btm108.

Robinson, G. K. (1991). That BLUP is a good thing: The estimation of random effects. Statistical Science, 6: 15-32. doi:10.1214/ss/1177011926.

Rodríguez-Álvarez, M. X., Boer, M. P., van Eeuwijk, F. A., Eilers, P. H. C. (2016). Spatial models for field trials. arXiv:1607.08255 [stat].

Ron, D., Singer, Y., Tishby, N. (1995). On the learnability and usage of acyclic probabilistic finite automata. In Journal of computer and system sciences (pp. 31-40). ACM Press. doi:10.1145/225298.225302.

Ruppert, D., Wand, M. P., & Carroll, R. J. (2003). Semiparametric regression. Cambridge, UK: Cambridge University Press. doi:10.1002/9781118890370.ch4.

Rutkoski, J. E., Poland, J., Jannink, J.L., & Sorrells, M. E. (2013). Imputation of unordered markers and the impact on genomic selection accuracy. G3, 3: 427-439. doi:10.1534/g3.112.005363.

Saatchi, M., McClure, M. C., McKay, S. D., Rolf, M. M., Kim, J., Decker, J. E., Taxis, T. M., Chapple, R. H., Ramey, H. R., Northcutt, S. L., Bauck, S., Woodward, B., Dekkers, J. C., Fernando, R. L., Schnabel, R. D., Garrick, D. J., & Taylor, J. F. (2011). Accuracies of genomic breeding values in American Angus beef cattle using K-means clustering for cross-validation. Genetics Selection Evolution, 43: 40. doi:10.1186/1297-9686-43-40.

Sargolzaei, M., Chesnais, J. P., & Schenkel, F. S. (2014). A new approach for efficient genotype imputation using information from relatives. BMC Genomics, 15: 478. doi:10.1186/1471-2164-15-478.

SAS Institute, Inc. (2011a). The MIXED procedure. In SAS/STAT(R) 9.3 user's guide.

SAS Institute, Inc. (2011b). The HPMIXED procedure. In SAS/STAT(R) 9.3 user's guide.

Scheet, P., & Stephens, M. (2006). A fast and flexible statistical model for large-scale population genotype data: Applications to inferring missing genotypes and haplotypic phase. American Journal of Human Genetics, 78: 629-644. doi:10.1086/502802.

Self, S. G., & Liang, K.Y. (1987). Asymptotic properties of maximum likelihood estimators and likelihood ratio tests under nonstandard conditions. Journal of the American Statistical Association, 82: 605-610. doi:10.2307/2289471.

Shin, J.H., Blay, S., McNeney, B., & Graham, J. (2006). LDheatmap: An R function for graphical display of pairwise linkage disequilibria between single nucleotide polymorphisms. Journal of Statistical Software, 16: 1-10. doi:10.18637/jss.v016.c03.

Smith, A., Cullis, B., & Gilmour, A. (2001). The analysis of crop variety evaluation data in Australia. Australian & New Zealand Journal of Statistics, 43: 129-145. doi:10.1111/1467-842X.00163.

Smith, A., Cullis, B., & Thompson, R. (2002). Exploring variety-environment data using random effects AMMI models with adjustments for spatial field trend: Part 1: Theory. In M. S. Kang (Ed.), Quantitative genetics, genomics, and plant breeding (pp. 323-335). Wallingford: CABI. doi:10.1079/9780851996011.0337.

Smith, A. B., Cullis, B. R., & Thompson, R. (2005). The analysis of crop cultivar breeding and evaluation trials: An overview of current mixed model approaches. The Journal of Agricultural Science, 143: 449-462. doi:10.1017/S0021859605005587.

Smith, A. B., Ganesalingam, A., Kuchel, H., & Cullis, B. R. (2014). Factor analytic mixed models for the provision of grower information from national crop variety testing programs. Theoretical and Applied Genetics, 128: 55-72. doi:10.1007/s00122-014-2412-x.

Sorensen, D., & Gianola, D. (2007). Likelihood, Bayesian, and MCMC methods in quantitative genetics. New York: Springer Science & Business Media. doi:10.1007/b98952.

Speed, D., & Balding, D. J. (2015). Relatedness in the post-genomic era: Is it still useful? Nature Reviews Genetics, 16: 33-44. doi:10.1038/nrg3821.

Spiegelhalter, D. J., Best, N. G., Carlin, B. P., & Van Der Linde, A. (2002). Bayesian measures of model complexity and fit. Journal of the Royal Statistical Society, Series B: Statistical Methodology, 64: 583-639. doi:10.1111/1467-9868.00353.

Steel, R. G. D., Torrie, J. H., & Dickey, D. A. (1997). Principles and procedures of statistics. A biometrical approach. New York: McGraw-Hill. doi:10.2307/2333165.

Thompson, R., Cullis, B., Smith, A., & Gilmour, A. (2003). A sparse implementation of the average information algorithm for factor analytic and reduced rank variance models. Australian & New Zealand Journal of Statistics, 45: 445-459. doi:10.1111/1467-842X.00297.

Tibshirani, R. (1996). Regression shrinkage and selection via the Lasso. Journal of the Royal Statistical Society: Series B: Methodological, 58: 267-288. doi:10.1111/j.1467-9868.2011.00771.x.

Tiezzi, F., Maltecca, C., Cecchinato, A., & Bittante, G. (2015). Comparison between different statistical models for the prediction of direct genetic component on embryo establishment and survival in Italian Brown Swiss dairy cattle. Livestock Science, 180: 6-13. doi:10.1016/j.livsci.2015.06.029.

Toft, N., Innocent, G. T., Gettinby, G., & Reid, S. W. J. (2007). Assessing the convergence of Markov Chain Monte Carlo methods: An example from evaluation of diagnostic tests in absence of a gold standard. Preventive Veterinary Medicine, 79: 244-256. doi:10.1016/j.prevetmed.2007.01.003.

VanRaden, P. M. (2008). Efficient methods to compute genomic predictions. Journal of Dairy Science, 91: 4414-4423. doi:10.3168/jds.2007-0980.

VanRaden, P. M., Van Tassell, C. P., Wiggans, G. R., Sonstegard, T. S., Schnabel, R. D., Taylor, J. F., & Schenkel, F. S. (2009). Invited review: Reliability of genomic predictions for North American Holstein bulls. Journal of dairy science, 92(1): 16-24. doi:10.3168/jds.2008-1514.

VanRaden, P. M., Null, D. J., Sargolzaei, M., Wiggans, G. R., Tooker, M. E., Cole, J. B., Sonstegard, T. S., Connor, E. E., Winters, M., van Kaam, J. B. C. H. M., Valentini, A., Van Doormaal, B. J., Faust, M. A., & Doak, G. A. (2013). Genomic imputation and evaluation using high-density Holstein genotypes. Journal of Dairy Science, 96: 668-678. doi:10.3168/jds.2012-5702.

Warnes, G., Gorjanc, G., Leisch, F., & Man, M. (2013). Genetics: a package for population genetics. R Package (Version 1.3. 8.1). R Foundation. Accessed 2016 Oct 1.

Welham, S. J., Gogel, B. J., Smith, A. B., Thompson, R., & Cullis, B. R. (2010). A comparison of analysis methods for late-stage variety evaluation trials. Australian & New Zealand Journal of Statistics, 52: 125-149. doi:10.1111/j.1467-842X.2010.00570.x.

White, T. L., Adams, T. W., & Neale, D. B. (2007). Forest genetics. Cambridge, MA: CABI. doi:10.1079/9781845932855.0000.

Wickham, H. (Ed.). (2010). ggplot2: Elegant graphics for data analysis (1. 2009. Corr. 3rd printing 2010 edition. ed.). New York: Springer. doi:10.1111/j.1467-985x.2010.00676_9.x.

Wimmer, V., Albrecht, T., Auinger, H. J., & Schön, C. C. (2012). Synbreed: A framework for the analysis of genomic prediction data using R. Bioinformatics, 28: 2086-2087. doi:10.1093/bioinformatics/bts335.

Wolc, A., Stricker, C., Arango, J., Settar, P., Fulton, J. E., O'Sullivan, N. P., et al. (2011). Breeding value prediction for production traits in layer chickens using pedigree or genomic relationships in a reduced animal model. Genetics Selection Evolution, 43(1): 5. doi:10.1186/1297-9686-43-5.

Wright, S. (1922). Coefficients of inbreeding and relationship. The American Naturalist, 56: 330-338. doi:10.1086/279872.

Yamada, Y. (1962). Genotype by environment interaction and genetic correlation of the same trait under different environments. The Japanese Journal of Genetics, 37: 498-509. doi:10.1266/jjg.37.498.

Yang, R.C., Crossa, J., Cornelius, P. L., & Burgueño, J. (2009). Biplot analysis of genotype-environment interaction: Proceed with caution. Crop Science, 49: 1564-1576. doi:10.2135/cropsci2008.11.0665.

Yang, J., Benyamin, B., McEvoy, B. P., Gordon, S., Henders, A. K., Nyholt, D. R., Madden, P. A., Heath, A. C., Martin, N. G., Montgomery, G. W., Goddard, M. E., & Visscher, P. M. (2010). Common SNPs explain a large proportion of the heritability for human height. Nature Genetics, 42: 565-569. doi:10.1038/ng.608.

Yang, J., Lee, S. H., Goddard, M. E., & Visscher, P. M. (2011). GCTA: A tool for genome-wide complex trait analysis. The American Journal of Human Genetics, 88: 76-82. doi:10.1016/j.ajhg.2010.11.011.

Yi, N., & Xu, S. (2008). Bayesian LASSO for quantitative trait loci mapping. Genetics, 179: 1045-1055. doi:10.1534/genetics.107.085589.

Yu, J., Holland, J. B., McMullen, M. D., & Buckler, E. S.（2008）. Genetic design and statistical power of nested association mapping in maize. Genetics, 178: 539-551. doi:10.1534/genetics.107.074245.

Zapata-Valenzuela, J., Whetten, R. W., Neale, D., McKeand, S., & Isik, F.（2013）. Genomic estimated breeding values using genomic relationship matrices in a cloned population of loblolly pine. G3, 3: 909-916. doi:10.1534/g3.113.005975.